“十二五”职业教育国家规划教材
经全国职业教育教材审定委员会审定
高等职业院校精品教材系列

电气控制与PLC技术应用
（第2版）

刘小春　主　编
黄有全　副主编

電子工業出版社
Publishing House of Electronics Industry
北京·BEIJING

内 容 简 介

本书在第 1 版得到广泛使用的基础上，根据行业企业岗位技能需求，充分征求职教专家和教师意见，结合新的国家示范专业建设课程改革成果，以生产实践中典型的工作任务为项目进行修订编写。全书以电气控制为主线，分两部分讲解电气控制和 PLC 应用知识与操作技能。电气控制部分以生产现场最常用的工作任务——工作台的自动往返控制、钻床电气控制线路分析、卧式镗床电气控制线路分析、桥式起重机电气控制线路分析 4 个项目为实例，介绍常用低压电器、电气控制基本环节、常用机床的电气线路分析及故障诊断方法等。PLC 应用部分通过生产实践中常见的工作任务——送料小车的自动往返控制、工业机械手运动控制、机械手步进电动机控制以及电动机运行控制 4 个典型项目，介绍 PLC 的结构、工作原理、编程器件、编程语言、基本指令及顺序控制指令、功能指令及其应用技巧等。本书配有“职业导航”、“教学导航”、“知识分布网络”、“知识梳理与总结”，便于高效率地学习知识与技能。

本书为高等职业本专科院校相应课程的教材，也可作为开放大学、成人教育、自学考试、中职学校、培训班的教材，以及电气工程技术人员的参考工具书。

本书配有免费的电子教学课件、习题参考答案与**精品课网站**，详见前言。

图书在版编目（CIP）数据

电气控制与 PLC 技术应用 / 刘小春主编．—2 版．—北京：电子工业出版社，2015.2（2022.7 重印）
高等职业院校精品教材系列
ISBN 978-7-121-25415-4

Ⅰ.①电… Ⅱ.①刘… Ⅲ.①电气控制—高等职业教育—教材②plc 技术—高等职业教育—教材
Ⅳ.①TM571.2②TM571.6

中国版本图书馆 CIP 数据核字（2015）第 010612 号

策划编辑：陈健德（E-mail:chenjd@phei.com.cn）
责任编辑：陈健德
印　　刷：北京虎彩文化传播有限公司
装　　订：北京虎彩文化传播有限公司
出版发行：电子工业出版社
　　　　　北京市海淀区万寿路 173 信箱　邮编　100036
开　　本：787×1 092　1/16　印张：17.25　字数：441.6 千字
版　　次：2009 年 9 月第 1 版
　　　　　2015 年 2 月第 2 版
印　　次：2023 年 1 月第 14 次印刷
定　　价：46.00 元

凡所购买电子工业出版社图书有缺损问题，请向购买书店调换。若书店售缺，请与本社发行部联系，联系及邮购电话：（010）88254888，88258888。

质量投诉请发邮件至 zlts@phei.com.cn，盗版侵权举报请发邮件至 dbqq@phei.com.cn。

本书咨询联系方式：chenjd@phei.com.cn。

前　言

本书在第 1 版得到全国许多院校老师认可和选用的基础上，充分征求职教专家和教师意见，结合新的国家示范专业建设课程改革成果，以生产实践中典型的工作任务为项目进行修订编写。全书以电气控制为主线，以满足行业企业岗位技能需求为目标，突出技术应用性和针对性，强化实践操作能力。

为方便教学，教材分为两个部分：电气控制部分和 PLC 技术应用部分。

电气控制部分以生产现场最常用的 4 个项目：工作台的自动往返控制、钻床电气控制线路分析、卧式镗床电气控制线路分析、桥式起重机电气控制线路分析为实例，介绍常用低压电器、电气控制基本环节、常用机床的电气线路分析及故障诊断方法等。

PLC 技术应用部分通过生产实践中常见的 4 个典型项目：送料小车的自动往返控制、工业机械手运动控制、机械手步进电动机控制以及电动机运行控制，介绍 PLC 的结构、工作原理、编程器件、编程语言、基本指令及顺序控制指令、功能指令及其应用技巧等。本书主要以西门子 S7-200 系列 PLC 为主进行介绍，考虑到职业需求的全面性，以方便学生就业，最后一个项目结合三菱 FX_{2N} 系列 PLC 的应用进行介绍。

本书的编写特点如下。

（1）教材采用模块化结构，以项目为形式组织全书内容，通过完成项目来学习相关知识和操作技能。项目来源于企业工程实践，紧密结合行业企业的岗位工作任务。

（2）突出实践操作与技能训练，以能力培养为目标，以完成每个项目为引导，使学生对相应知识的学习有针对性、目的性和主动性。

（3）教学中融入大量的工程实例，不仅使学生了解专业知识和技能的应用，完整的实际项目更使学生在项目化学习中加强了职业技能，也逐步养成了良好的职业习惯。

（4）教材配有"职业导航"，说明本课程培养能力的应用岗位；在各项目正文前配有"教学导航"，为本项目的教与学过程提供指导；正文中的"知识分布网络"，便于学习者掌握本节内容的重点；项目结尾有"知识梳理与总结"，以便于学习者高效率地学习、提炼与归纳。

本书建议学时分配如下表所示，总课时 158，电气控制部分 80，PLC 技术应用部分 78。课程教学建议采用理实一体化授课形式，理论课和实践课的安排可以灵活掌握，交融渐进。各院校可根据实际教学环境适当地对课时与教学方式进行调整，以方便教学。

部　分	项　目		建议学时	
			理论	实践
第一部分 电气控制	项目 1	工作台的自动往返控制	10	8
	项目 2	Z3050 型钻床电气控制线路分析	10	8
	项目 3	T68 型卧式镗床电气控制线路分析	12	14
	项目 4	桥式起重机电气控制线路分析	8	10
第二部分 PLC 技术应用	项目 5	送料小车自动往返的 PLC 控制	14	12
	项目 6	工业机械手运动的 PLC 控制	8	10
	项目 7	机械手步进电动机的 PLC 控制	12	8
	项目 8	三菱 PLC 控制电动机运行	8	6
总　计			82	76
			158	

本书由湖南铁道职业技术学院刘小春任主编，长沙民政职业技术学院黄有全任副主编。其中项目 6～7、项目 3 的知识拓展及附录由刘小春编写，项目 5、项目 8 由黄有全编写，项目 1、项目 3 由湖南铁道职业技术学院李庆梅编写，项目 2、项目 4 由长沙民政职业技术学院邱俊编写。全书由刘小春统稿，由湖南铁道职业技术学院华满香教授主审。

在本书的编写过程中，参考了其他大量教材及技术资料，在此一并表示衷心感谢！

由于编者水平有限，书中疏漏和不妥之处，恳请读者批评指正。

为了方便教师教学，本书配有电子教学课件与习题参考答案，请有此需要的教师登录华信教育资源网（http://www.hxedu.com.cn）免费注册后进行下载，有问题时请在网站留言或与电子工业出版社联系（E-mail:hxedu@phei.com.cn）。读者也可通过该精品课网站（http://218.75.196.218:90/ec2006/C29/Course/Index.htm）浏览和参考更多的教学资源。

编　者

目 录

职业导航

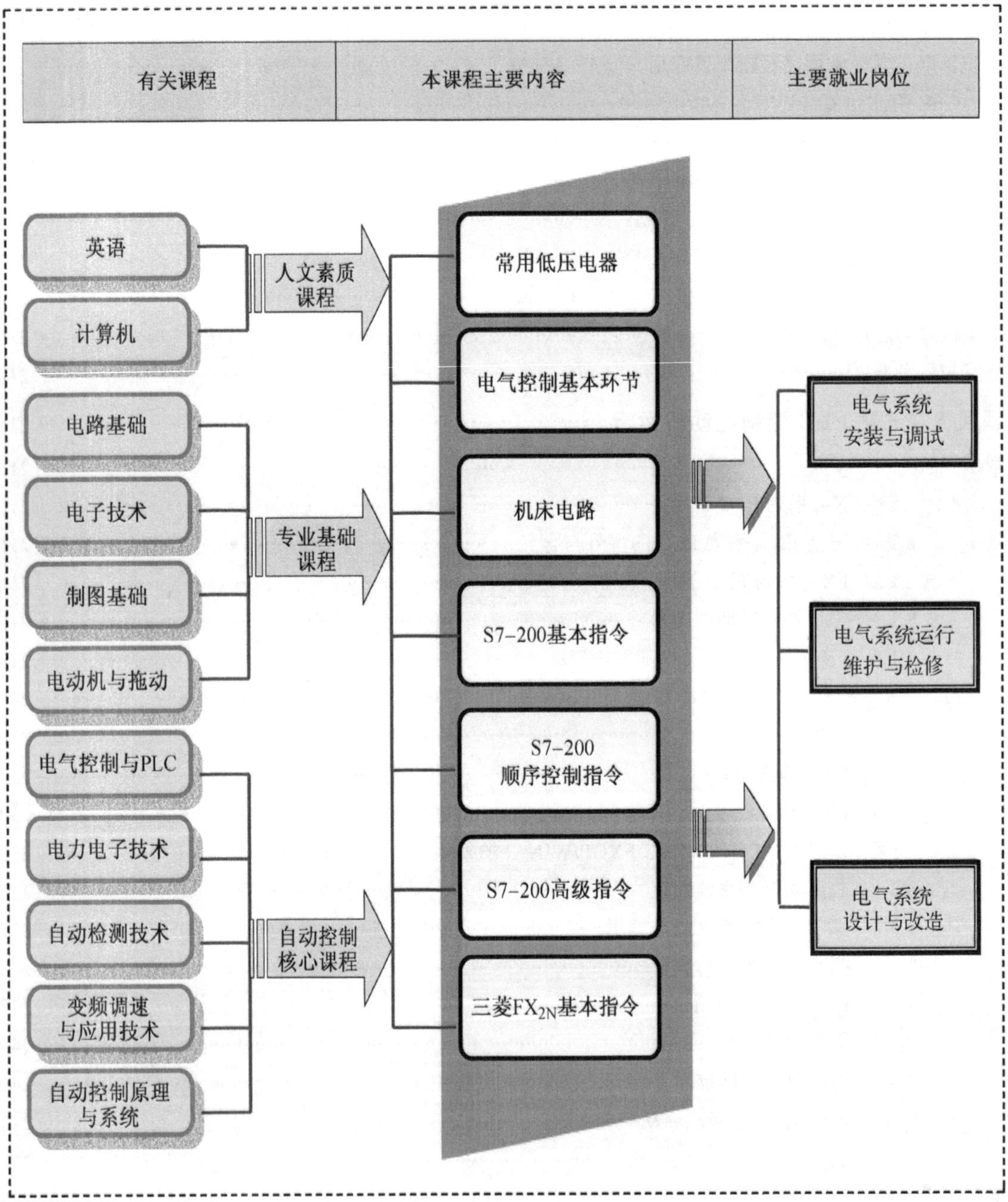
有关课程
本课程主要内容
主要就业岗位
英语
计算机
人文素质课程
电路基础
电子技术
制图基础
电动机与拖动
专业基础课程
电气控制与PLC
电力电子技术
自动检测技术
变频调速与应用技术
自动控制原理与系统
自动控制核心课程
常用低压电器
电气控制基本环节
机床电路
S7-200基本指令
S7-200 顺序控制指令
S7-200高级指令
三菱FX_{2N}基本指令
电气系统安装与调试
电气系统运行维护与检修
电气系统设计与改造

项目1 工作台的自动往返控制

教学导航

教	建议课时	18
	推荐教学方法	1．理论实践一体化教学； 2．以工作台自动往返为项目，引导学生学习相关知识
	重　　点	1．低压电器的结构、工作原理、型号、规格、正确选择和使用方法、以及在控制线路中的作用； 2．正、反转控制线路及联锁控制线路； 3．电力拖动控制线路常见故障及其排除方法
	难　　点	安装与检修三相异步电动机位置控制与自动往返控制线路
学	推荐学习方法	1．以小组为单位，模拟车间班组，每位小组成员扮演工艺员、质检员、安全员、操作员等不同角色完成项目； 2．边学边做，小组讨论
	学习目标	1．熟悉低压电器的结构、工作原理、型号、规格、正确选择和使用方法、以及在控制线路中的作用； 2．能识读相关的电气原理图、安装图； 3．会安装与检修三相异步电动机正、反转控制线路及联锁控制线路； 4．会安装与检修三相异步电动机位置控制与自动往返控制线路； 5．能分析相关控制线路的电气原理，掌握电气控制线路中的保护措施； 6．了解电力拖动控制线路的常见故障及其排除方法； 7．了解现代低压电器的应用及发展

项目描述

在工农业生产中，有很多的机械设备都是需要往复运动的。例如，平面磨床矩形工作台的往返加工运动，铣床加工中工作台的左右运动、前后和上下运动，这都需要电气控制线路对电动机实现自动正反转换相控制来实现。

1.1 限位控制线路

限位控制线路如图1-1所示。图中SQ为行程开关，又称限位开关，它装在预定的位置上，在工作台的梯形槽中装有撞块，当撞块移动到此位置时，碰撞行程开关，使其触点动作，从而控制工作台的停止和换向，这样工作台就能实现往返运动。其中撞块1只能碰撞SQ2和SQ4，撞块2只能碰撞SQ1和SQ3，工作台的行程可通过移动撞块位置来调节，以适于加工不同的工件。

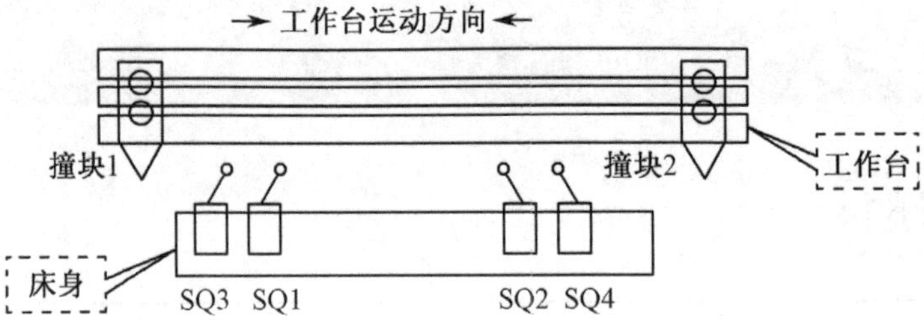

图1-1 限位控制示意图

图中SQ1、SQ2装在机床床身上，用来控制工作台的自动往返，SQ3和SQ4用来做终端保护，即限制工作台的极限位置。SQ3和SQ4分别安装在向左或向右的某个极限位置上，如果SQ1或SQ2失灵，工作台会继续向左或向右运动，当工作台运行到极限位置时，撞块就会碰撞SQ3或SQ4，从而切断控制线路，迫使电动机M停转，工作台就停止移动。SQ3和SQ4在这里实际上起终端保护作用，因此称为终端保护开关或简称为终端开关。

1.2 自动循环控制线路

工作台前进-后退自动循环控制要求如下。

按下启动按钮，工作台向前运动，当工作台前进到一定位置时，固定在工作台上的撞块1压动行程开关SQ2（固定在床身上），电动机反转使工作台向后运动；当工作台向后运动到一定位置时，撞块又使行程开关SQ1动作，电动机从反转变为正转。工作台就这样往复循环工作。按下停止按钮，电动机停止转动，工作台停止。SQ3和SQ4起极限保护作用。

某机床工作台需自动往返运行，由三相异步电动机拖动，其控制要求如下，完成其控制电路的设计与安装。

（1）按下启动按钮，工作台开始前进，到终端后自动后退，后退到原位后又自动前进，如此反复。

（2）要求能在前进或后退途中任意位置都能停止或启动。

（3）电路设有短路、失压、欠压、过载和位置极限保护。

相关知识

1.3　电气控制器件

低压电器的种类很多，分类方法也很多。按操作方式可分为手动操作方式和自动切换电器，前者主要用手直接操作来进行切换；后者依靠本身参数的变化或外来信号的作用，自动完成接通或分断等动作。按用途可分为低压配电电器和低压控制电器两大类，低压配电电器是指正常或事故状态下接通和断开用电设备和供电电网所用的电器；低压控制电器是指电动机完成生产机械要求的启动、调速、反转和停止所用的电器。

本任务涉及的低压电器有刀开关、熔断器、按钮开关、转换开关、交流接触器、热继电器等。

1.3.1　按钮开关、刀开关、行程开关、转换开关

1. 按钮开关

按钮开关是一种用人力（一般为手指或手掌）操作，并具有储能（弹簧）复位的一种控制开关。按钮的触点允许通过的电流较小，一般不超过 5 A，因此一般情况下它不直接控制主电路，而是在控制电路中发出指令或信号去控制接触器、继电器等电器，再由它们去控制主电路的通断、功能转换或电气联锁。

1）结构

按钮开关一般由按钮帽、复位弹簧、桥式动触点、动合静触点、支柱连杆及外壳等部分组成，按钮的外形、结构与符号如图 1-2 所示。图中按钮是一个复合按钮，工作时常开和常闭触点是联动的，当按钮被按下时，常闭触点先断开，常开触点随后闭合；而松开按钮时，常开触点先断开，常闭触点后闭合，也就是说两种触点在改变工作状态时，有个先后时间差，尽管这个时间差很短，但在分析线路控制过程时应特别注意。

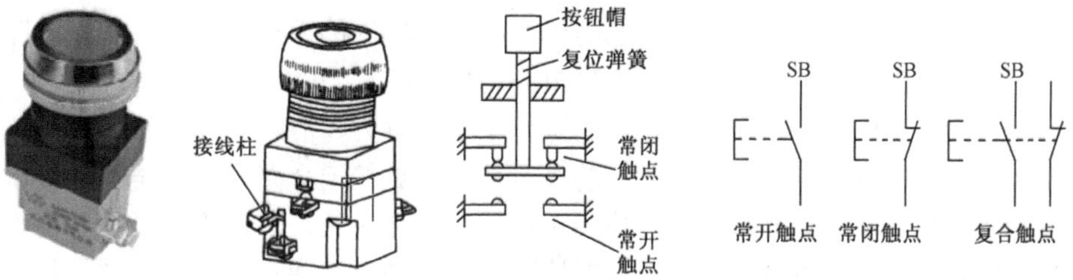

图 1-2　按钮开关的外形、结构与符号

2）型号

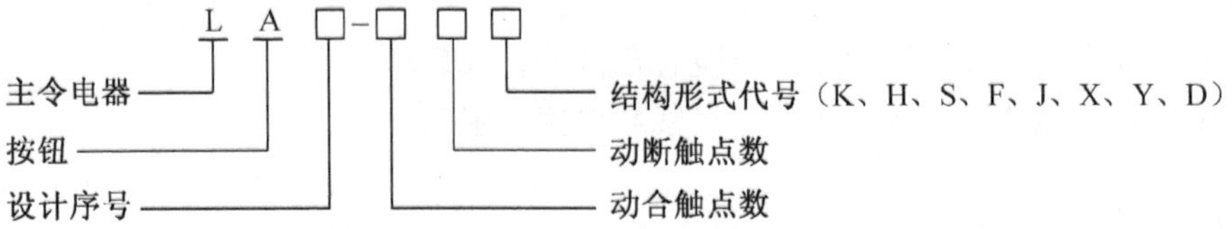

其中结构形式代号的含义为：

K——开启式，适于嵌装在操作面板上；

H——保护式，带保护外壳，可防止内部零件受机械损伤或人偶然触及带电部分；

S——防水式，具有密封外壳，可防止雨水侵入；

F——防腐式，能防止腐蚀性气体进入；

J——紧急式，作为紧急切断电源用；

X——旋钮式，用旋钮旋转进行操作，有通和断两个位置；

Y——钥匙操作式，用钥匙插入进行操作，可防止误操作或供专人操作；

D——光标按钮，按钮内装有信号灯，兼作信号指示。

按钮的颜色有红、绿、黑、黄、白、蓝等几种，供不同场合选用。一般以红色表示停止按钮，绿色表示启动按钮。几款常用按钮如图 1-3 所示。

图 1-3　几款常用按钮

3）选用

按钮选择的基本原则为：

（1）根据使用场合和具体用途选择按钮的种类，如嵌装在操作面板上的按钮可选用开启式。

（2）根据工作状态指示和工作情况要求，选择按钮或指示灯的颜色，如启动按钮可选用绿色、白色或黑色。

（3）根据控制回路的需要选择按钮的数量，如单联钮、双联钮和三联钮等。

2. 刀开关

刀开关又称闸刀开关，是一种结构最简单、应用最广泛的手动电器。在低压电路中，刀开关用于不频繁接通和分断电路，或用来将电路与电源隔离。

图 1-4 所示为刀开关的典型结构。它由操作手柄、触刀、静插座和绝缘底板组成。推动操作手柄来实现触刀插入插座与脱离插座的控制，以达到接通电路和分断电路的要求。

刀开关的种类很多，按刀的极数可分为单极、双极和三极，其图形表示符号见图 1-5。按刀的转换方向可分为单掷和双掷；按灭弧情况可分为带灭弧罩和不带灭弧罩；按接线方式可分为板前接线式和板后接线式。下面只介绍由刀开关和熔断器组合而成的负荷开关，负荷开关分为开启式负荷开关和封闭式负荷开关两种。

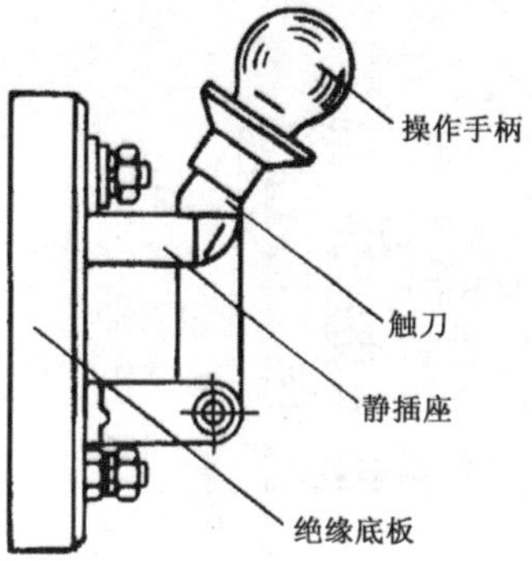

图 1-4　刀开关的典型结构

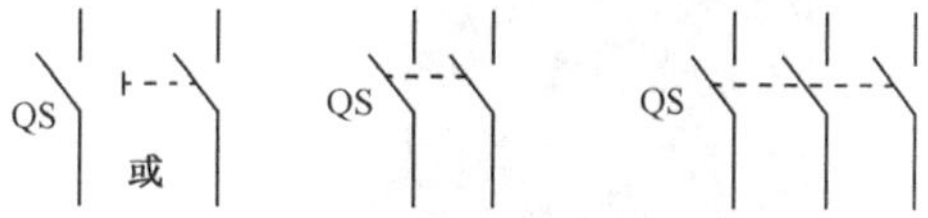

（a）单极　（b）双极　（c）三极

图 1-5　刀开关的符号

1）开启式负荷开关

开启式负荷开关又称为瓷底胶盖刀开关，简称闸刀开关。生产中常用的是 HK 系列开启式负荷开关，适用于照明和小容量电动机控制线路中，供手动不频繁地接通和分断电路，并起短路保护作用。

开启式负荷开关的结构及符号如图 1-6 所示。

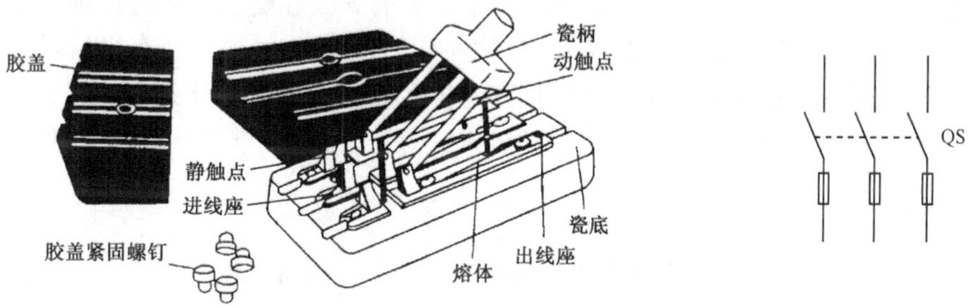

（a）实物　（b）符号

图 1-6　开启式负荷开关的结构及符号

其型号含义说明如下。

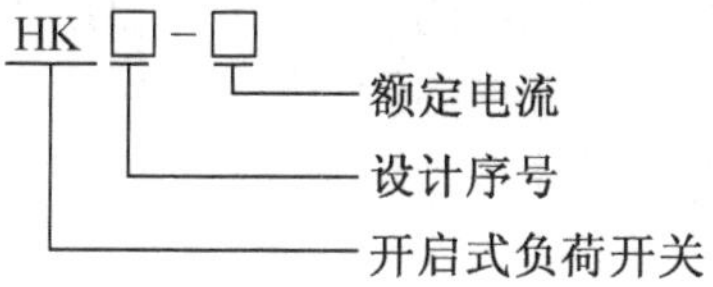

2）封闭式负荷开关

封闭式负荷开关是在开启式负荷开关的基础上改进设计的一种开关，可用于手动不频繁地接通和断开带负载的电路，以及作为线路末端的短路保护，也可用于控制 15 kW 以下的交流电动机不频繁地直接启动和停止。

常用的封闭式负荷开关有 HH3、HH4 系列，其中 HH4 系列为全国统一设计产品，它的结构如图 1-7 所示。它主要由触点及灭弧系统、熔断器及操作机构三部分组成。三把闸刀固定在一根绝缘方轴上，由手柄完成分、合闸的操作。在操作机构中，手柄转轴与底座之间装有速动弹簧，使刀开关的接通与断开速度与手柄操作速度无关。

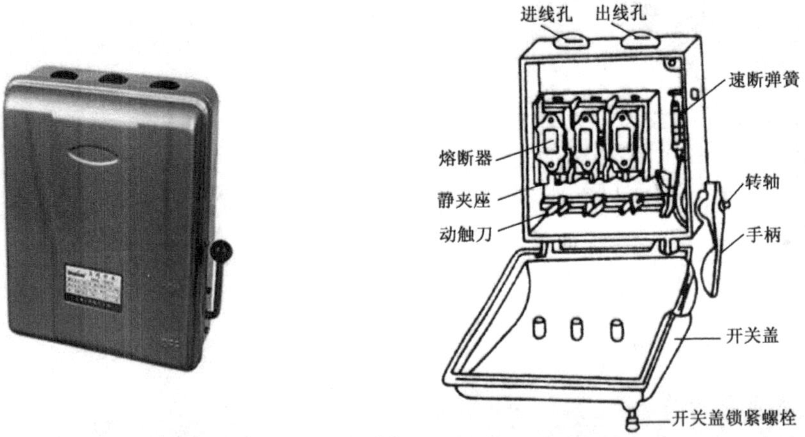

（a）实物外形　　（b）结构

图 1-7　HH 系列封闭式负荷开关

封闭式负荷开关的操作机构有两个特点：一是采用了储能合闸方式，利用一根弹簧使开关的分合速度与手柄操作速度无关，这既改善了开关的灭弧性能，又能防止触点停滞在中间位置，从而提高开关的通断能力，延长其使用寿命；二是操作机构上装有机械联锁，它可以保证开关合闸时不能打开防护铁盖，而当打开防护铁盖时，不能将开关合闸。

封闭式负荷开关在电路图中的符号与开启式负荷开关相同。其型号含义说明如下：

HH 4-□/□

- HH —— 封闭式负荷开关
- 4 —— 设计序号
- □（前）—— 额定电流
- □（后）—— 极数

3）刀开关的选用及安装注意事项

（1）选用刀开关时首先根据刀开关的用途和安装位置选择合适的型号和操作方式，然后根据控制对象的类型和大小，计算出相应负载电流的大小，再选择相应等级额定电流的刀开关。

（2）刀开关在安装时必须垂直安装，闭合操作时手柄操作方向应从下向上合，不允许平装或倒装，以防误合闸；电源进线应接在静触点一边的进线座，负载接在动触点一边的出线座；在分闸和合闸操作时，应动作迅速，使电弧尽快熄灭。

3. 行程开关

行程开关是用以反映工作机械的行程，发出命令以控制其运动方向和行程大小的开关，主要用于机床、自动生产线和其他机械的限位及程序控制。

1）结构及工作原理

各系列行程开关的基本结构大体相同，都由触点系统、操作机构和外壳组成。常见的有直动式和滚轮式。JLXK1 系列行程开关的外形如图 1-8 所示。

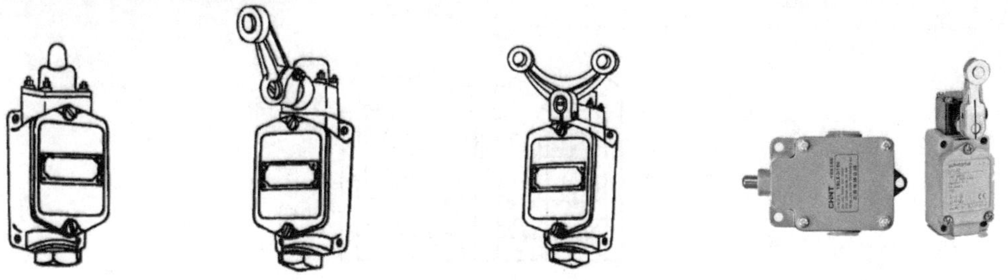

（a）JLXK1–311直动式 （b）JLXK1–111单轮旋转式 （c）JLXK1–211双轮旋转式 （d）实物

图 1-8 JLXK1 系列行程开关的外形

JLXK1-111 型行程开关的结构和动作原理如图 1-9 所示。当运动部件的挡铁碰压行程开关的滚轮时，杠杆连同转轴一起转动，使凸轮推动撞块，当撞块被压到一定位置时，推动微动开关快速动作，使其动断触点断开，动合触点闭合。

行程开关的触点动作方式有蠕动型和瞬动型两种。蠕动型的触点结构与按钮相似，其特点是结构简单，价格便宜，触点的分合速度取决于生产机械挡铁的移动速度。当挡铁的移动速度小于 0.47 m/min 时，触点分合太慢，易产生电弧会灼烧触点，从而缩短触点的使用寿命，也影响动作的可靠性及行程控制的位置精度。为克服这些缺点，行程开关一般都采用具有快速换接动作机构的瞬动型触点。瞬动型行程开关的触点动作速度与挡铁的移动速度无关，性能显然优于蠕动型。

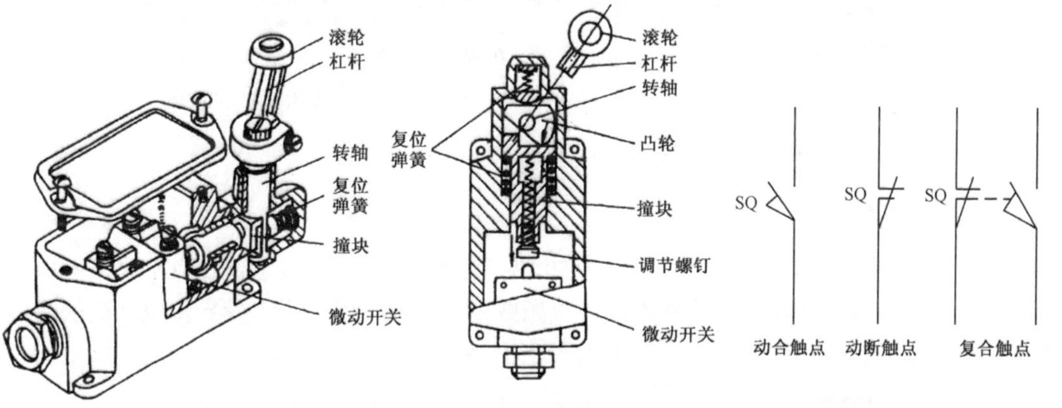

（a）结构 （b）动作原理 （c）符号

图 1-9 JLXK1-111 型行程开关的结构和动作原理

LX19K 型行程开关即是瞬动型，其工作原理如图 1-10 所示。当运动部件的挡铁碰压顶杆时，顶杆向下移动，压缩触点弹簧使之储存一定的能量。当顶杆移动到一定位置时，触点弹簧的弹力方向发生改变，同时储存的能量得以释放，完成跳跃式快速换接动作。当挡铁离开顶杆时，顶杆在复位弹簧的作用下上移，上移到一定位置，接触板瞬时进行快速换接，触点迅速恢复到原状态。

行程开关动作后，复位方式有自动复位和非自动复位两种，如图 1-8（a）、（b）所示的直动式和单轮旋转式均为自动复位式。但有的行程开关动作后不能自动复位，如图 1-8（c）所示的双轮旋转式行程开关。只有运动机械反向移动，挡铁从相反方向碰压另一滚轮时，触点才能复位。

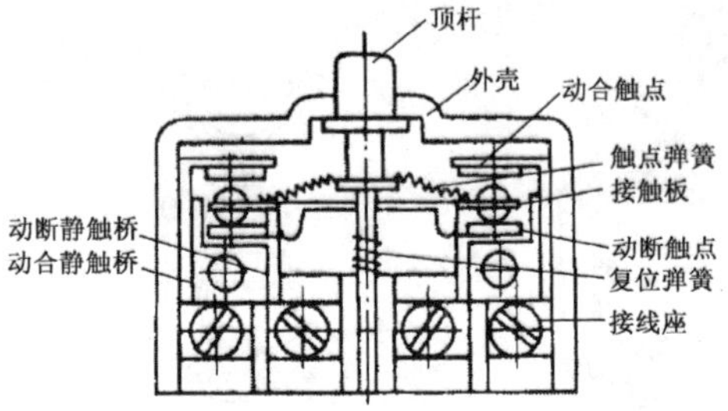

图 1-10　LX19K 型行程开关的工作原理

2）型号

常用的行程开关有 JLXK1、LX19 和 JLXL1 等系列。其中 JLXK1 系列和 LX19 系列的型号及含义如下：

J L X K 1 -□□□M

- J：机床电器
- L：主令电器
- X：行程开关
- K：快速
- 1：设计序号
- 第一个□：传动装置型代号，1：单轮转动式；2：双轮转动式；3：直动不带轮；4：直动带轮
- 第二个□：常开触头数量
- 第三个□：常闭触头数量
- M：密封式

L X 19□-□□□

- L：主令电器
- X：行程开关
- 19：设计序号
- 19 后的□：K：开启式，无字母表示保护式
- 第一个□：0：无滚轮；1：单滚轮；2：双滚轮
- 第二个□：0：直动式；1：滚轮装在传动杆内侧；2：滚轮装在传动杆外侧；3：滚轮装在传动杆凹槽内或内外各有一个滚轮
- 第三个□：1：能自动复位；2：不能自动复位

行程开关在电路中的符号如图 1-9（c）所示。

4．转换开关

组合开关又称转换开关，常用于交流 50 Hz、380 V 以下，以及直流 220 V 以下的电气线路中，供手动不频繁地接通和分断电路、电源或控制 5 kW 以下小容量异步电动机的启动、停止和正、反转。各种用途的转换开关如图 1-11 所示。

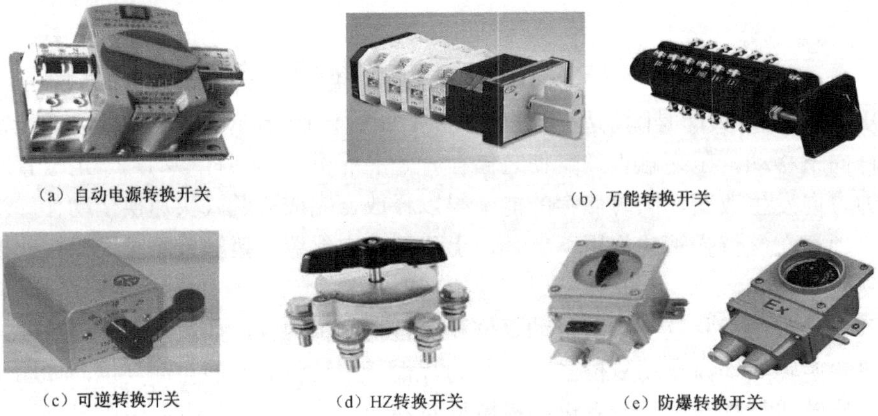

（a）自动电源转换开关　（b）万能转换开关　（c）可逆转换开关　（d）HZ转换开关　（e）防爆转换开关

图 1-11　各种用途转换开关

组合开关的常用产品有：HZ6、HZ10、HZ15 系列。一般在电气控制线路中普遍采用的是 HZ10 系列的组合开关。

组合开关有单极、双极和多极之分。普通类型的转换开关各极是同时通断的；特殊类型的转换开关是各极交替通断的，以满足不同的控制要求。其表示方法类似于万能转换开关，其型号含义如下：

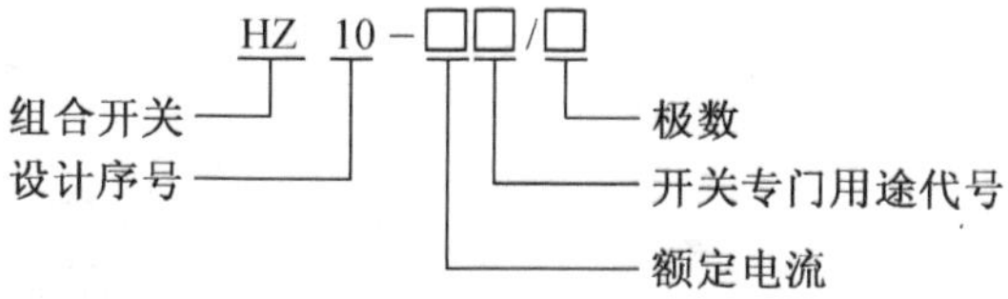

1）无限位型转换开关

无限位型转换开关手柄可以在 360° 范围内旋转，无固定方向。常用的是全国统一设计产品 HZ10 系列，其外形与结构如图 1-12 所示。

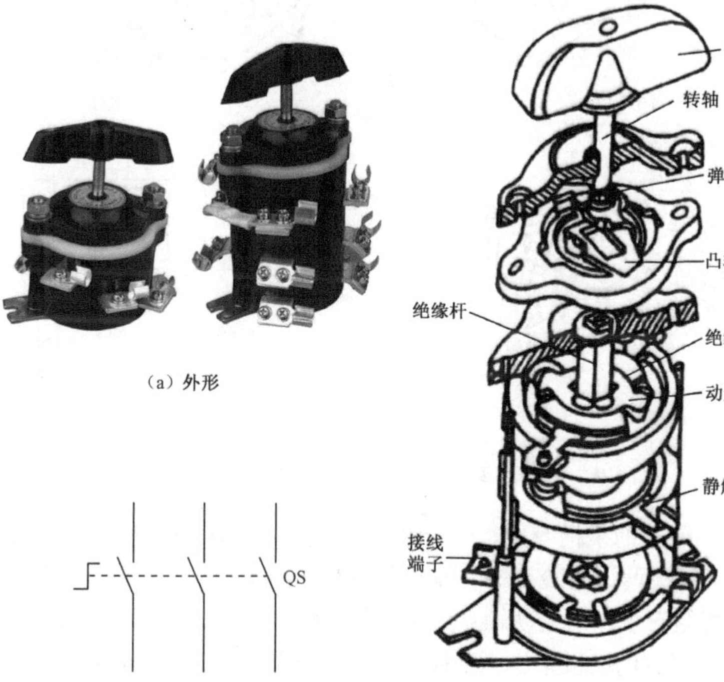

（a）外形　（b）结构　（c）符号

图 1-12　HZ10 系列组合开关

它实际上就是由多节触点组合而成的刀开关，与普通闸刀开关的区别是转换开关用动触片代替闸刀，操作手柄在平行于安装面的平面内可左右转动。开关的三对静触点分别装在三层绝缘垫板上，并附有接线柱，用于与电源及用电设备相接。动触点用磷铜片（或硬紫铜片）和具有良好灭弧性能的绝缘钢纸板铆合而成，并和绝缘垫板一起套在附有手柄的方形绝缘转轴上。手柄和转轴能在平行于安装面的平面内沿顺时针或逆时针方向每次转动 90°，带动三个动触点分别与三对静触点接触或分离，实现接通或分断电路的目的。

开关的顶盖部分是由滑板、凸轮、弹簧和手柄等构成的操作机构。由于采用了弹簧储能，可使触点快速闭合或分断，从而提高了开关的通断能力。

2）有限位型转换开关

有限位型转换开关也叫做可逆转换开关或倒顺开关，它只能在 90° 范围内旋转，有定位限制，类似双掷开关那样，即所谓两位置转换类型。常用的为 HZ3 系列，其外形、结构触点及符号如图 1-13 所示。

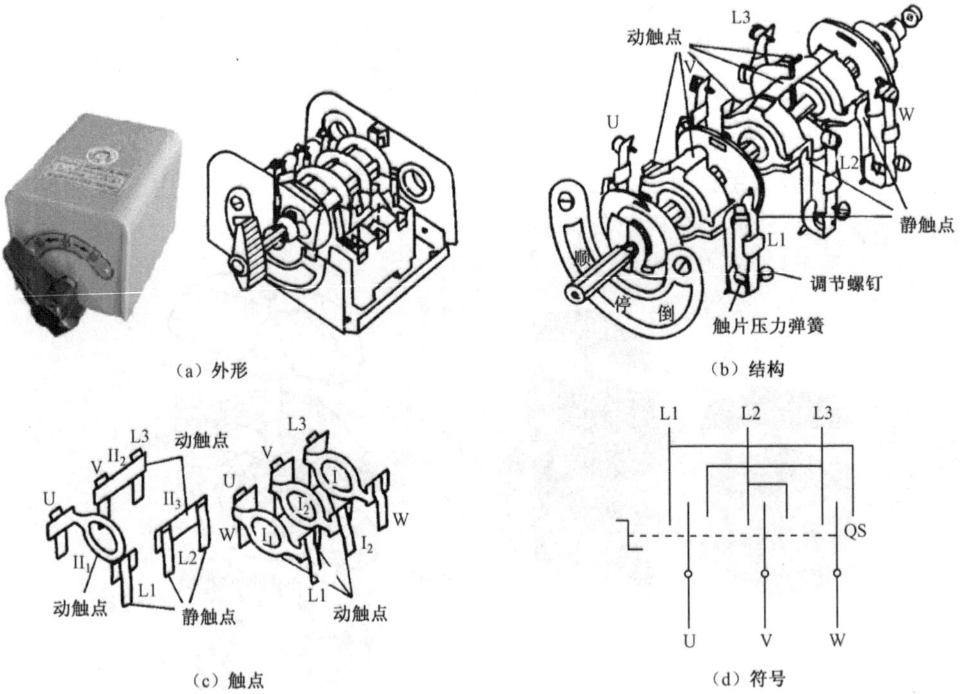

（a）外形　（b）结构　（c）触点　（d）符号

图 1-13　HZ3-132 型倒顺开关外形结构、触点及符号

HZ3-132 型转换开关的手柄有倒、停、顺三个位置，手柄只能从“停”位置左转 45° 和右转 45°。移去上盖可见两边各装有三个静触点，转轴上固定着六个不同形状的动触点，六个动触点分成两组，每组三个。两组动触点不同时与静触点接触。手柄从“停”位置左转 45° 和一组静触点接触，控制电动机正转；手柄从“停”位置右转 45° 和另一组静触点接触，控制电动机反转。

HZ3 系列转换开关多用于控制小容量异步电动机的正、反转及双速异步电动机△/YY、Y/YY 的变速切换。

转换开关根据电源种类、电压等级、所需触点数、接线方式进行选用。应用转换开关控制异步电动机的启动、停止时，每小时的接通次数不超过 15～20 次，开关的额定电流也应该选得略大一些，一般取电动机额定电流的 1.5～2.5 倍。用于电动机的正、反转控制时，应当在电动机完全停止转动后，方可允许反向启动，否则会烧坏开关触点或造成弧光短路事故。

HZ5、HZ10 系列转换开关主要技术数据如表 1-1 所示，HZ10 系列组合开关在电路图中的符号如图 1-12 所示。

表 1-1 常见转换开关主要技术数据

型号	额定电压(V)	额定电流(A)	控制功率(kW)	用途	备注
HZ5-10 HZ5-20 HZ5-40 HZ5-60	交流 380	10 20 40 60	1.7 4 7.5 10	在电气设备中用于电源引入，接通或分断电路，换接电源或负载（电动机等）	可取代 HZ1～3 等老产品
HZ10-10 HZ10-25 HZ10-60 HZ10-100	直流 220	10 25 60 100		在电气线路中用于接通或分断电路，换接电源或负载，测量三相电压，控制小型异步电动机正、反转	可取代 HZ1、HZ2 等老产品

注：HZ10-10 为单极时，其额定电流为 6 A，HZ10 系列具有二极和三极。

HZ3 系列转换开关在电气原理图中的符号如图 1-13 所示。

HZ3 系列转换开关的形式和用途如表 1-2 所示。

表 1-2 HZ3 系列转换开关的形式和用途

型号	额定电流（A）	电动机容量（kW）			手柄形式	用途
		220 V	380 V	500 V		
HZ3-131	10	2.2	3	3	普通	控制电动机启动、停止
HZ3-431	10	2.2	3	3	加长	控制电动机启动、停止
HZ3-132	10	2.2	3	3	普通	控制电动机倒、顺、停
HZ3-432	10	2.2	3	3	加长	控制电动机倒、顺、停
HZ3-133	10	2.2	3	3	普通	控制电动机倒、顺、停
HZ3-161	35	5.5	7.5	7.5	普通	控制电动机倒、顺、停
HZ3-452	5(110 V) 2.5(220 V)	—	—	—	加长	控制电磁吸盘
HZ3-451	10	2.2	3	3	加长	控制电动机△/YY、Y/YY 变速

1.3.2 接触器

接触器是一种能频繁地接通和断开远距离用电设备主回路及其他大容量用电回路的自动控制电路，它分交流和直流两类，它的控制对象主要是电动机、电热设备、电焊机及电容器组等。

1. 交流接触器的结构、原理

交流接触器主要由电磁系统、触点系统、灭弧装置及辅助部件等组成，常见交流接触器的外形如图 1-14 所示。CJ10-20 型交流接触器的结构和工作原理如图 1-15 所示。

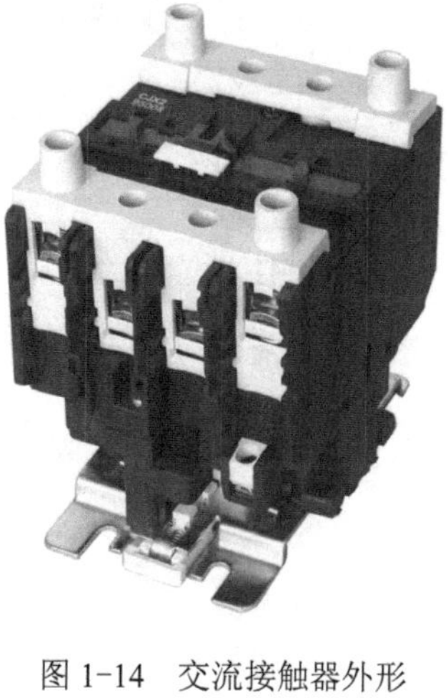

图 1-14 交流接触器外形

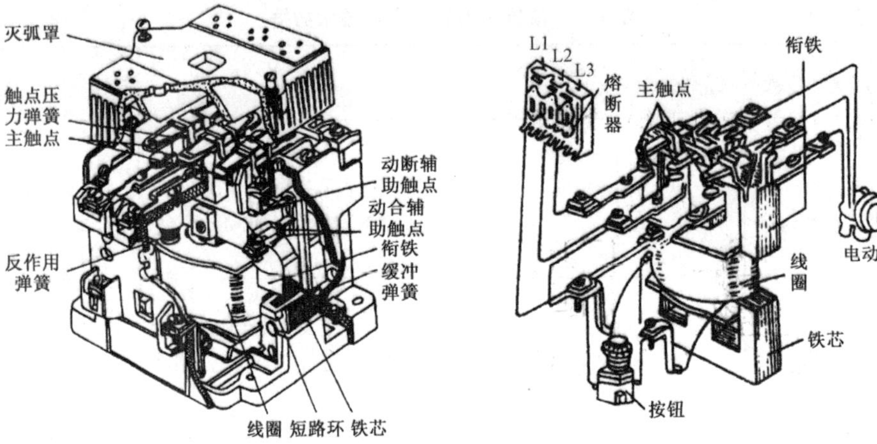

（a）结构　　（b）工作原理

图 1-15　交流接触器的结构和工作原理

1）电磁系统

交流接触器的电磁系统主要由线圈、铁芯（静铁芯）和衔铁（动铁芯）三部分组成。其作用是利用电磁线圈的通电或断电，使衔铁和铁芯吸合或释放，从而带动动触点与静触点闭合或分断，实现接通或断开电路的目的。

交流接触器在运行过程中，线圈中通入的交流电在铁芯中产生交变的磁通，因此铁芯与衔铁间的吸力也是变化的。这会使衔铁产生振动，发出噪声。为消除这一现象，在交流接触器铁芯和衔铁的两个不同端部各开一个槽，槽内嵌装一个用铜、康铜或镍铬合金材料制成的短路环，又称减振环或分磁环，如图 1-16（a）所示。铁芯装短路环后，当线圈通以交流电时，线圈电流产生磁通 Φ_1，Φ_1 一部分穿过短路环，在环中产生感生电流，进而会产生一个磁通 Φ_2，由电磁感应定律知，Φ_1 和 Φ_2 的相位不同，即 Φ_1 和 Φ_2 不同时为零，则由 Φ_1 和 Φ_2 产生的电磁吸力 F_1 和 F_2 不同时为零，如图 1-16（b）所示。这就保证了铁芯与衔铁在任何时刻都有吸力，衔铁将始终被吸住，振动和噪声会显著减小。

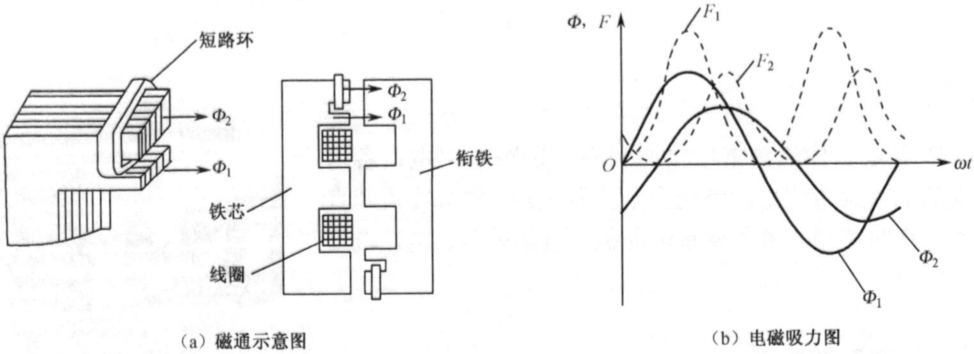

（a）磁通示意图　　（b）电磁吸力图

图 1-16　加短路环后的磁通和电磁吸力图

2）触点系统

触点系统包括主触点和辅助触点，主触点用以控制电流较大的主电路，一般由三对接触面较大的常开触点组成；辅助触点用于控制电流较小的控制电路，一般由两对常开和两对常闭触点组成。触点的常开和常闭，是指电磁系统没有通电动作时触点的状态。因此常闭触点和常开触点有时又分别被称为动断触点和动合触点。工作时常开和常闭触点是联动的，当线圈通电时，常闭触点先断开，常开触点随后闭合；而线圈断电时，常开触点先恢复断开，随后常闭触点恢复闭合。也就是说，两种触点在改变工作状态时，先后有个时间差，尽管这个时间差很短，但在分析线路控制过程时应特别注意。

触点按接触情况可分为点接触式、线接触式和面接触式三种，分别如图 1-17（a）、（b）、（c）所示。按触点的结构形式划分，有双断点桥式触点和指形触点两种，如图 1-17（d）、（e）所示。

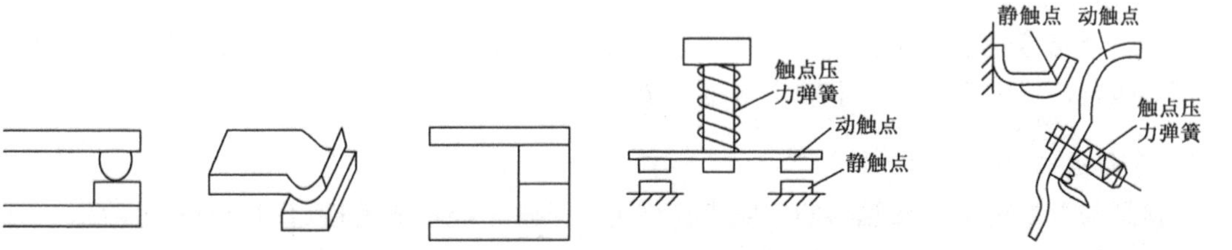

（a）点接触　（b）线接触　（c）面接触　（d）双断点桥式触点　（e）指形触点

图 1-17　触点的接触形式与结构形式

CJ10 系列交流接触器的触点一般采用双断点桥式触点。

3）灭弧装置

交流接触器在断开大电流或高电压电路时，在动、静触点之间会产生很强的电弧。电弧的产生，一方面会灼伤触点，缩短触点的使用寿命；另一方面会使电路切断时间延长，甚至造成弧光短路或引起火灾事故。容量在 10 A 以上的接触器中都装有灭弧装置。在交流接触器中常用的灭弧方法有双断口电动力灭弧、纵缝灭弧、栅片灭弧等；直流接触器因直流电弧不存在自然过零点熄灭特性，因此只能靠拉长电弧和冷却电弧来灭弧，一般采取磁吹式灭弧装置来灭弧。

4）辅助部件

交流接触器的辅助部件有反作用弹簧、缓冲弹簧、触点压力弹簧、传动机构及底座、接线柱等。反作用弹簧的作用是线圈断电后，推动衔铁释放，使各触点恢复原状态。缓冲弹簧的作用是缓冲衔铁在吸合时对铁芯和外壳的冲击力。触点压力弹簧作用是增加动、静触点间的压力，从而增大接触面积，以减小接触电阻。传动机构的作用是在衔铁或反作用弹簧的作用下，带动动触点实现与静触点的接通或分断。

2. 接触器的主要技术参数

1）额定电压

接触器铭牌额定电压是指主触点上的额定电压。通常用的电压等级为：

直流接触器：110 V、220 V、440 V、660 V 等。

交流接触器：127 V、220 V、380 V、500 V 等。

如某负载是 380 V 的三相感应电动机，则应选 380 V 的交流接触器。

2）额定电流

接触器铭牌额定电流是指主触点的额定电流。通常用的电流等级为：

直流接触器：25 A、40 A、60 A、100 A、250 A、400 A、600 A。

交流接触器：5 A、10 A、20 A、40 A、60 A、100 A、150 A、250 A、400 A、600 A。

3）线圈的额定电压

通常用的电压等级为：

直流线圈：24 V、48 V、220 V、440 V。

交流线圈：36 V、127 V、220 V、380 V。

4）动作值

动作值指接触器的吸合电压与释放电压。原部颁标准规定接触器在额定电压85%以上时，应可靠吸合，释放电压不高于额定电压的70%。

5）接通与分断能力

接通与分断能力指接触器的主触点在规定的条件下能可靠地接通和分断的电流值，而不应该发生熔焊、飞弧和过分磨损等。

6）额定操作频率

额定操作频率指每小时接通次数。交流接触器最高为600次/小时，直流接触器可高达1 200次/小时。

3. 接触器的型号及电路图中的符号

（1）接触器的型号及含义表示如下：

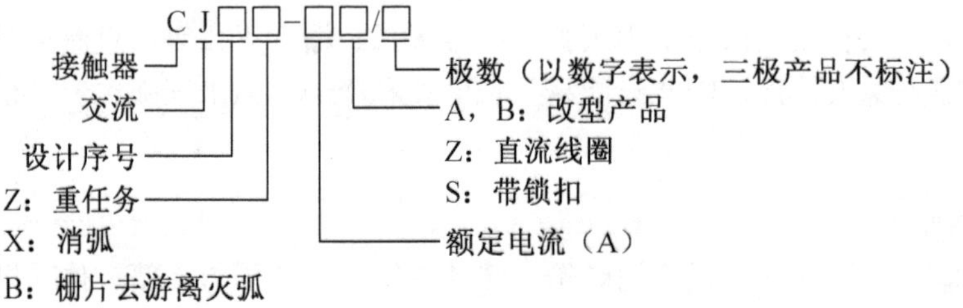

例如，CJ12T-250，该型号的意义为CJ12T系列接触器，额定电流为250 A，主触点为三极。CZ0-100/20表示CZ0系列直流接触器，额定电流为100 A，双极常开主触点。

（2）交流接触器在电路图中的符号如图1-18所示。

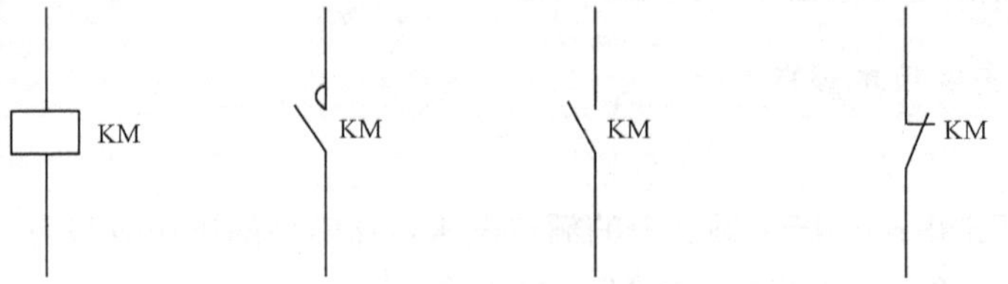

（a）线圈　（b）主触点　（c）动合辅助触点　（d）动断辅助触点

图1-18　交流接触器在电路图中的符号

4. 接触器的选用

（1）根据控制对象所用电源类型选择接触器类型，一般交流负载用交流接触器，直流负载用直流接触器。当直流负载容量较小时，也可选用交流接触器，但交流接触器的额定电流应适当选大一些。

（2）所选接触器主触点的额定电压应大于或等于控制线路的额定电压。

（3）应根据控制对象类型和使用场合，合理选择接触器主触点的额定电流。

控制电阻性负载时，主触点的额定电流应等于负载的额定电流。控制电动机时，主触点的额定电流应大于或稍大于电动机的额定电流。当接触器使用在频繁启动、制动及正、反转的场合时，应将主触点的额定电流降低一个等级使用。

（4）选择接触器线圈的电压。当控制线路简单，使用电器较少时，应根据电源等级选用 380 V 或 220 V 的电压。当线路复杂，从人身和设备安全角度考虑，可选择 36 V 或 110 V 电压的线圈，此时增加相应变压器设备。

（5）根据控制线路的要求，合理选择接触器的触点数量及类型。

1.3.3　中间继电器

中间继电器实质上是一个电压线圈继电器，是用来增加控制电路中的信号数量或将信号放大的继电器。其输入信号是线圈的通电和断电，输出信号是触点的动作。它具有触点多，触点容量大，动作灵敏等特点。由于触点的数量较多，所以用来控制多个元件或回路。

1. 结构及工作原理

中间继电器的结构及工作原理与接触器基本相同，但中间继电器的触点对数多，且没有主辅之分，各对触点允许通过的电流大小相同，多数为 5 A。因此，对于工作电流小于 5 A 的电气控制线路，可用中间继电器代替接触器实施控制。JZ7 系列为交流中间继电器，其结构如图 1-19（a）所示。

JZ7 系列中间继电器采用立体布置，由铁芯、衔铁、线圈、触点系统、反作用弹簧和缓冲弹簧等组成。触点采用双断点桥式结构，上下两层各有四对触点，下层触点只能是动合触点，故触点系统可按 8 动合触点或 6 动合触点、2 动断触点及 4 动合触点、4 动断触点组合。继电器吸引线圈额定电压有 12 V、36 V、110 V、220 V、380 V 等。

JZ14 系列中间继电器有交流操作和直流操作两种，该系列继电器带有透明外罩，可防止尘埃进入内部而影响工作的可靠性。

中间继电器的选用主要依据是被控制电路的电压等级、所需触点的数量、种类和容量等要求。

2. 型号

中间继电器的型号及含义表示如下：

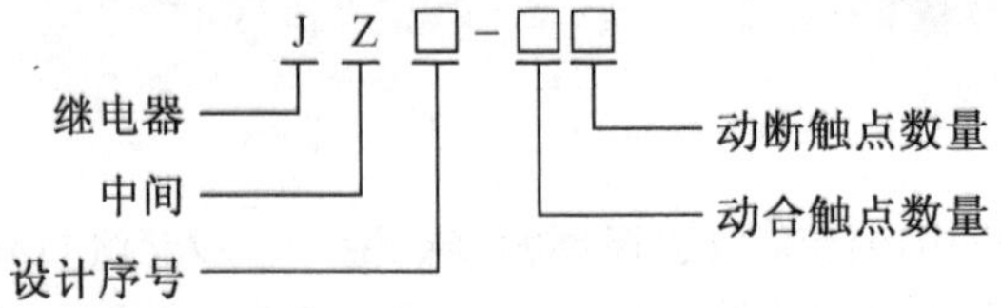

中间继电器在电路图中的符号如图 1-19（b）所示。

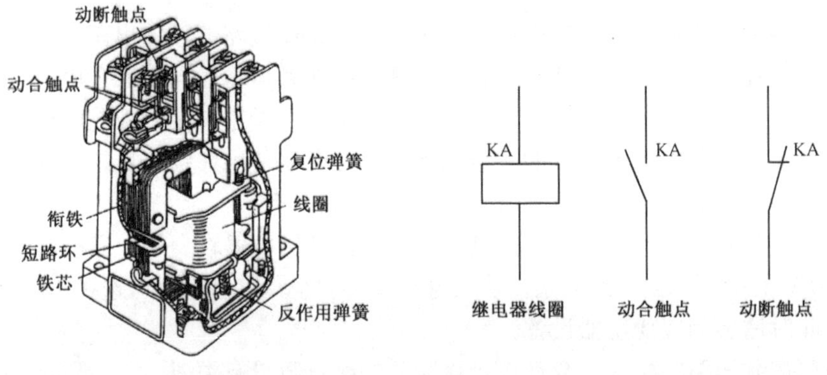

（a）结构　　（b）符号

图 1-19　JZ7 系列交流中间继电器

1.3.4　热继电器

热继电器是利用流过继电器的电流所产生的热效应而反时限动作的继电器。所谓反时限动作，是指热继电器动作时间随电流的增大而减小的性能。热继电器主要用于电动机的过载、断相、三相电流不平衡运行的保护及其他电气设备发热状态的控制。

1. 分类和型号

热继电器的形式有多种，其中双金属片式热继电器应用最多。按极数划分，热继电器可分为单极、两极和三极三种，其中三极热继电器又包括带断相保护装置的和不带断相保护装置的；按复位方式分，有自动复位式（触点动作后能自动返回原来位置）和手动复位式。目前常用的有国产的 JR16、JR20 等系列，以及国外的 T 系列和 3UA 等系列产品。

常用的 JRS1 系列和 JR20 系列热继电器的型号及含义说明如下。

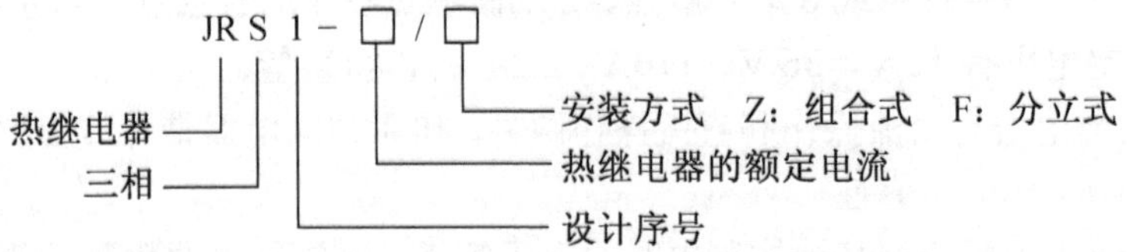

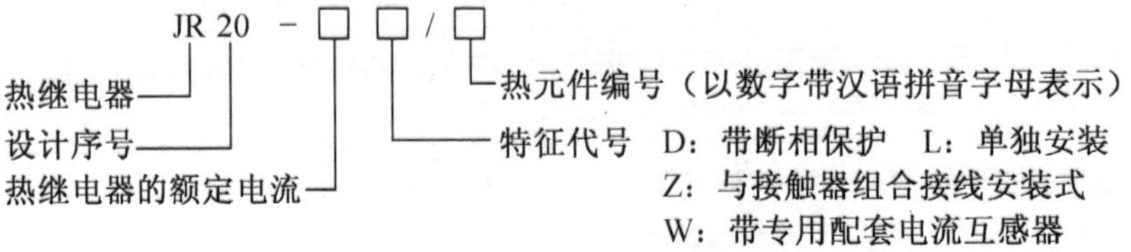

2. 工作原理

热继电器主要由加热元件、动作机构和复位机构三大部分组成。动作系统常设有温度补偿装置，保证在一定的温度范围内，热继电器的动作特性基本不变。典型的热继电器外形、内部结构及符号如图 1-20 所示。

（a）外形

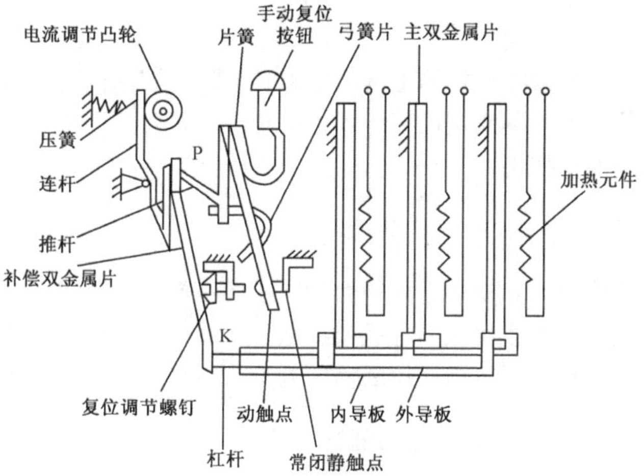

（b）内部结构

（c）符号

图 1-20　JR20 系列热继电器外形、内部结构及符号

在图 1-20 中，加热元件串接在接触器负载（电动机电源端）的主回路中，当电动机过载时，主双金属片受热弯曲推动导板，并通过补偿双金属片与推杆使常闭触点（串接在接触器线圈回路的热继电器常闭触点）分开，以切断电路保护电动机。电流调节凸轮是一个偏心轮。改变它的半径即可改变补偿双金属片与导板的接触距离，因而达到调节整定动作电流值的目的。此外，靠调节复位螺钉来改变常开静触点的位置使热继电器能动作在自动复位或手动复位两种状态。调成手动复位时，在排除故障后要按下手动复位按钮才能使动触点恢复初始位置。

热继电器的常闭触点常串入控制回路，常开触点可接入信号回路。

三相异步电动机的电源或绕组断相是导致电动机过热烧毁的主要原因之一，尤其是定子绕组采用△形接法的电动机，必须采用三相结构带断相保护装置的热继电器实行断相保护。

3. 选用

选择热继电器主要根据所保护电动机的额定电流来确定热继电器的规格和热元件的电

流等级。

根据电动机的额定电流选择热继电器的规格，一般情况下，应使热继电器的额定电流稍大于电动机的额定电流。

根据需要的整定电流值选择热元件的编号和电流等级。一般情况下，热继电器的整定值为电动机额定电流的0.95～1.05倍。但如果电动机拖动的负载是冲击性负载或启动时间较长及在拖动的设备不允许停电的场合，热继电器的整定值可取电动机额定电流的1.1～1.5倍。如果电动机的过载能力较差，热继电器的整定值可取电动机额定电流的0.6～0.8倍。同时整定电流应留有一定的上下限调整范围。

根据电动机定子绕组的连接方式选择热继电器的结构形式，即Y形连接的电动机可选用普通三相结构的热继电器，△形接法的电动机应选用三相带断相保护装置的热继电器。

对于频繁正、反转和频繁启动、制动工作的电动机，不宜采用热继电器来保护。

1.3.5 熔断器

熔断器在电气线路中主要用做短路保护的电器，使用时串联在被保护的电路中，当电路发生短路故障，通过熔断器的电流达到或超过某一规定值时，以其自身产生的热量使熔体熔断，从而自动分断电路，起到保护作用。

1. 结构

熔断器主要由熔体（俗称熔丝）和安装熔体的熔管（或熔座）两部分组成。 熔体由铅、锡、锌、银、铜及其合金制成，常做成丝状、片状或栅状。熔管是装熔体的外壳，由陶瓷、绝缘钢纸制成，在熔体熔断时兼有灭弧作用。熔断器的外形、结构及符号如图1-21所示。

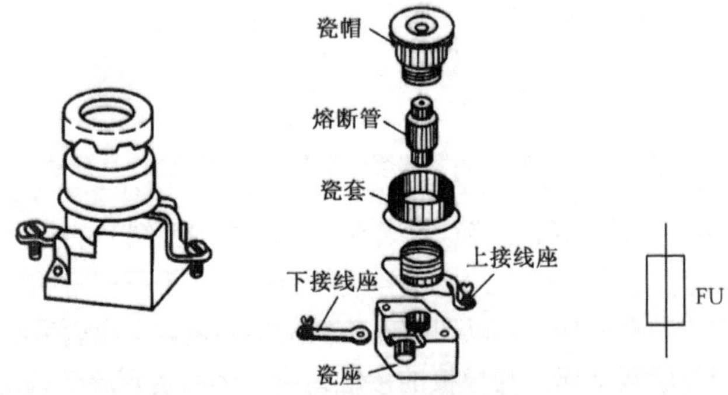

（a）螺旋式熔断器外形　（b）螺旋式熔断器结构　（c）符号

图1-21　熔断器的外形、结构及符号

2. 种类与型号

熔断器按结构形式分为半封闭插入式、无填料封闭管式、有填料封闭管式、螺旋式、自复式熔断器等。其中有填料封闭管式熔断器又分为：刀形触点熔断器、螺栓连接熔断器和圆筒形帽熔断器。

熔断器型号说明如下：

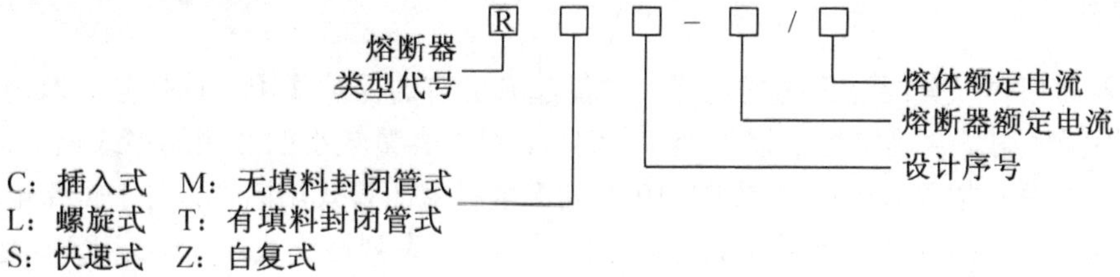

常用熔断器型号有：RL1、RT0、RT15、RT16（NT）、RT18 等，如图 1-22 所示。可根据使用场合选用。

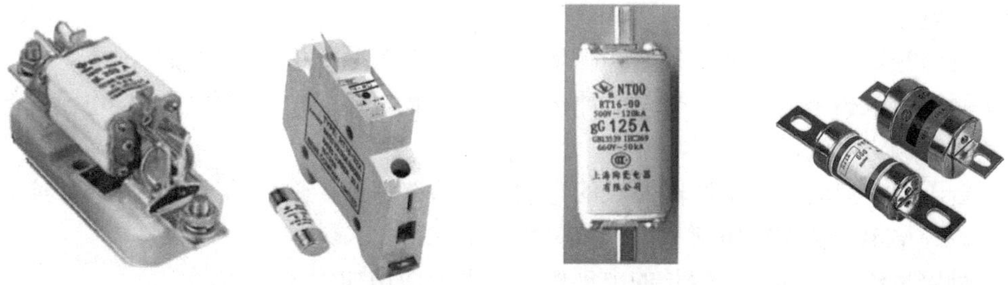

（a）RT0系列有填料封闭管式熔断器　（b）RT18圆筒形帽熔断器　（c）NT刀型触点熔断器　（d）RT15型螺栓连接熔断器

图 1-22　常用熔断器

3. 主要技术参数

额定电压：能保证熔断器长期正常工作的电压。若熔断器的实际工作电压大于其额定电压，熔体熔断时可能发生电弧不能熄灭的危险。

额定电流：保证熔断器在长期工作下，各部件温升不超过极限允许温升所能承载的电流值。它与熔体的额定电流是两个不同的概念。熔体的额定电流是指在规定工作条件下，长时间通过熔体而熔体不熔断的最大电流值。通常一个额定电流等级的熔断器可以配用若干个额定电流等级的熔体，但熔体的额定电流不能大于熔断器的额定电流值。

分断能力：熔断器在规定的使用条件下，能可靠分断的最大短路电流值。通常用极限分断电流值来表示。

时间-电流特性：又称保护特性，表示熔断器的熔断时间与流过熔体电流的关系。一般熔断器的时间-电流特性如图 1-23 所示，熔断器的熔断时间随着电流的增大而减少，即反时限保护特性。

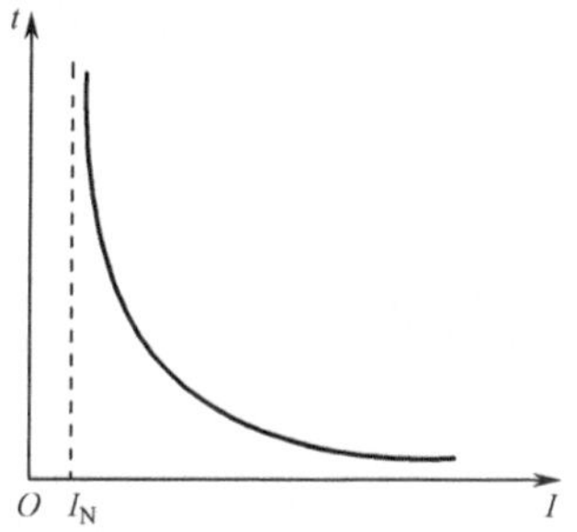

图 1-23　熔断器的时间-电流特性

4．选用

熔断器和熔体只有经过正确的选择，才能起到应有的保护作用，选择基本原则如下。

（1）根据使用场合确定熔断器的类型。例如，对于容量较小的照明线路或电动机的保护，宜采用RC1A系列插入式熔断器或RM10系列无填料密闭管式熔断器；对于短路电流较大的电路或有易燃气体的场合，宜采用具有高分断能力RL系列螺旋式熔断器或RT（包括NT）系列有填料封闭管式熔断器；对于保护硅整流器件及晶闸管的场合，应采用快速熔断器（RLS或RS系列）。

（2）熔断器的额定电压必须等于或高于线路的额定电压。额定电流必须等于或大于所装熔体的额定电流。

（3）熔体额定电流的选择应根据实际使用情况按以下原则进行计算。

对于照明、电热等电流较平稳，无冲击电流的负载短路保护，熔体的额定电流应等于或稍大于负载的额定电流。

对一台不经常启动且启动时间不长的电动机的短路保护，熔体的额定电流 I_{RN} 应大于或等于1.5～2.5倍电动机额定电流 I_N，即 $I_{RN} \geqslant (1.5\sim2.5) I_N$。

对于频繁启动或启动时间较长的电动机，其系数应增加到3～3.5。

对多台电动机的短路保护，熔体的额定电流应等于或大于其中最大容量电动机的额定电流 I_{Nmax} 1.5～2.5倍，再加上其余电动机额定电流的总和 ΣI_N，即

$$I_{RN} \geqslant I_{Nmax} (1.5\sim2.5) + \Sigma I_N$$

（4）熔断器的分断能力应大于电路中可能出现的最大短路电流。

5．安装与使用

（1）安装熔断器除保证足够的电气距离外，还应保证足够的间距，以保证拆卸、更换熔体方便。

（2） 安装前应检查熔断器的型号、额定电压、额定电流和额定分断能力等参数是否符合规定要求。

（3）安装熔体必须保证接触良好，不能有机械损伤。

（4）安装引线要有足够的截面积，而且必须拧紧接线螺钉，避免接触不良。

（5）插入式熔断器应垂直安装，螺旋式熔断器的电源线应接在瓷底座的下接线座上，负载线接在螺纹壳的上接线座上，这样在更换熔管时，旋出螺帽后螺纹壳上不带电，保证了操作者的安全。

（6）更换熔体或熔管时，必须切断电源，尤其不允许带负荷操作，以免发生电弧灼伤。

1.4 电气控制线路

1.4.1 三相异步电动机启停控制

1．电动机点动控制

点动控制是指按下按钮，电动机就得电运转；松开按钮，电动机就失电停转的控制方式。电气设备工作时常常需要进行点动调整，如车刀与工件位置的调整，因此需要用点动控制电路

来完成。图 1-24 所示的线路是由按钮、接触器来控制电动机运转的最简单的正转控制线路。

图 1-24 所示点动控制线路中，组合开关 QS 做电源隔离开关；熔断器 FU1、FU2 分别做主电路、控制电路的短路保护；由于电动机只有点动控制，运行时间较短，主电路不需要接热继电器，启动按钮 SB 控制接触器 KM 的线圈得电、失电；接触器 KM 的主触点控制电动机 M 的启动与停止。

其工作原理如下。

启动：合上开关 QS，按下启动按钮 SB 使接触器 KM 线圈得电，其中 KM 主触点闭合时电动机 M 启动运行；

停止：松开按钮 SB，接触器 KM 线圈失电，KM 主触点断开，这时电动机 M 失电停转。

值得注意的是，停止使用时，应断开电源开关 QS。

2．电动机单向连续运行直接启动控制电路

在要求电动机启动后能连续运转时，采用点动正转控制线路显然是不行的。为实现连续运转，可采用如图 1-25 所示的接触器自锁控制线路。它与点动控制线路相比较，主电路由于电动机连续运行，所以要添加热继电器进行过载保护，而在控制电路中又多串接了一个停止按钮 SB1，并在启动按钮 SB2 的两端并接了接触器 KM 的一对常开辅助触点。

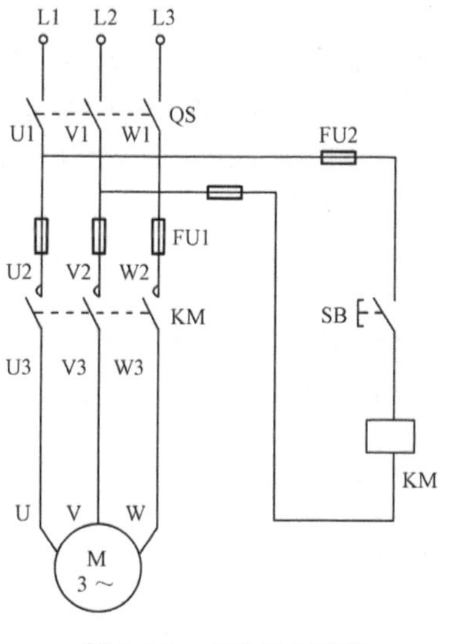

图 1-24　点动控制线路

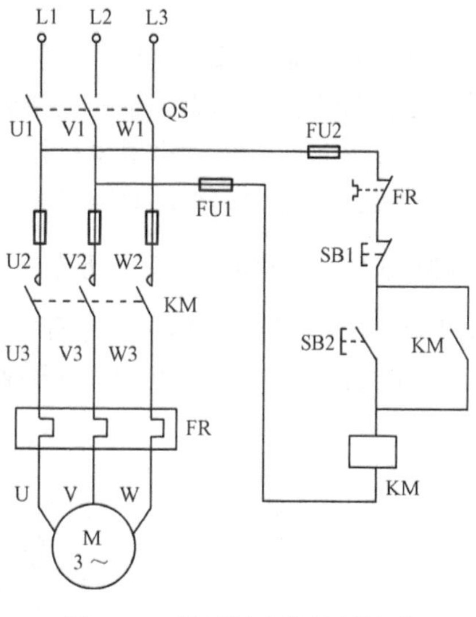

图 1-25　接触器自锁控制线路

电路工作原理如下。

启动：先合上电源开关 QS，按下启动按钮 SB2，KM 线圈得电，KM 主触点闭合，使电动机通电启动运行；KM 常开辅助触点也闭合。

当松开 SB2 时，由于 KM 的常开辅助触点闭合，控制电路仍然保持接通，所以 KM 线圈继续得电，电动机 M 实现连续运转。这种利用接触器 KM 本身常开辅助触点而使线圈保持得电的控制方式叫做自锁。与启动按钮 SB2 并联起自锁作用的常开辅助触点叫做自锁触点。

停止：按下 SB1，SB1 常闭触点断开，KM 线圈断电，KM 主触点和自锁触点都断开，电动机 M 失电自由停车。当松开 SB1 时，其常闭触点恢复闭合，但由于此时 KM 的自锁触点已经断开，故 KM 线圈保持失电，电动机不会得电。

电路所具有的保护环节如下。

（1）短路保护。主电路和控制电路分别由熔断器 FU1 和 FU2 实现短路保护。当控制回路和主回路出现短路故障时，能迅速有效地断开电源，实现对电器和电动机的保护。

（2）过载保护。由热继电器 FR 实现对电动机的过载保护。当电动机出现过载且超过规定时间时，热继电器双金属片发热变形，推动导板，经过传动机构，使动断辅助触点断开，从而使接触器线圈失电，电动机停转，实现过载保护。

（3）欠压保护。当电源电压由于某种原因而下降时，电动机的转矩将显著下降，将使电动机无法正常运转，甚至引起电动机堵转而烧毁。采用带自锁的控制线路可避免出现这种事故。因为当电源电压低于接触器线圈额定电压的 75%左右时，接触器就会释放，自锁触点断开，同时动合主触点也断开，使电动机断电，起到保护作用。

（4）失压保护。电动机正常运转时，电源可能停电，当恢复供电时，如果电动机自行启动，很容易造成设备和人身事故。采用带自锁的控制线路后，断电时由于自锁触点已经打开，当恢复供电时，电动机不能自行启动，从而避免了事故的发生。

欠压和失压保护作用是按钮、接触器控制连续运行的控制线路的一个重要特点。

1.4.2　接触器控制三相异步电动机正、反转

许多生产机械的运动部件，根据工艺要求经常需要进行正、反方向两种运动。例如，起重机吊钩的上升和下降，运煤小车的来回运动，工作台的前进和后退等，都可以通过电动机的正转和反转来实现。从电动机原理可知，改变电动机三相电源的相序即可改变电动机的旋转方向。而改变三相电源的相序只需任意调换电源的两根进线即可。

1．倒顺开关控制的电动机正、反转

如图 1-26 所示，启动电源后，把开关 Q1 合向“左合”位置，电动机正转。当需要反转时，把开关 Q1 旋至“断开”位置后，再扳向“右合”位置，此时电动机反转。

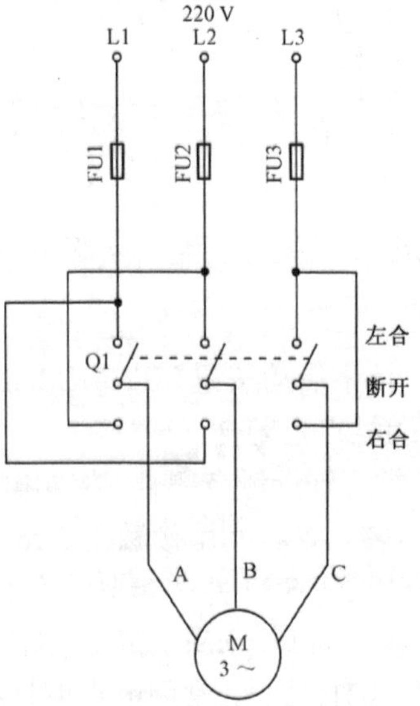

图 1-26　倒顺开关控制的电动机正、反转电路

2．接触器控制三相异步电动机正、反转电路

设计时，在主电路中应该用两个接触器的主触点来构成正反转相序接线，电路图如图 1-27 所示。

图中 KM1 为正转接触器，KM2 为反转接触器，它们分别由 SB2 和 SB3 控制。从主电路中可以看出，这两个接触器的主触点所接通电源的相序不同，KM1 按 U-V-W 相序接线，KM2 则按 W-V-U 相序接线。相应的控制线路有两条，分别控制两个接触器的线圈。

电路工作过程如下（先合上电源开关 QS）。

1）*正转启动*

按下启动按钮 SB2，KM1 线圈得电，KM1 主触点和自锁触点闭合，电动机正转启动运行。

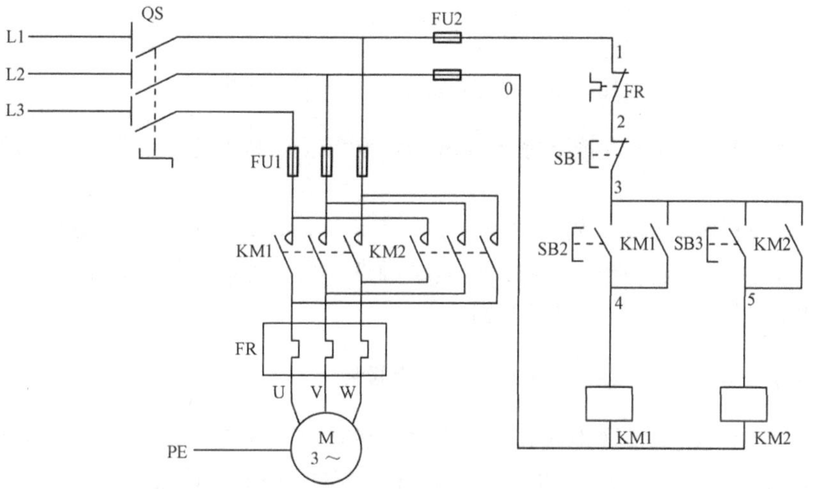

图 1-27　接触器控制电动机正、反转控制电路图

2）*反转启动*

当电动机原来处于正转运行时，必须先按下停止按钮使 KM1 失电，然后按下反转启动按钮 SB3，则 KM2 线圈得电，KM2 主触点和自锁触点闭合，电动机反转启动运行。

此种电路的控制是很不安全的，必须保证在切换电动机运行方向之前要先按下停止按钮，然后再按下相应的启动按钮，否则将会发生主电源侧电源短路的故障。为克服这一不足，提高电路的安全性，需采用互锁（联锁）控制的电路。

互锁控制就是在同一时间里两个接触器只允许一个工作的控制方式。实现互锁控制的常用方法有接触器联锁、按钮联锁和复合联锁控制等，如图 1-28 所示。可见联锁控制的特点是将本身控制支路元件的常闭触点串联到对方控制电路支路中。

图 1-28 所示电路的工作原理如下：首先合上开关 QS，按下正转启动按钮 SB2，正转接触器 KM1 线圈通电吸合，一方面使主触点 KM1 闭合和自锁触点闭合，使电动机 M 通电正转；另一方面，KM1 常闭辅助触点断开，切断反转接触器 KM2 线圈支路，使得它无法通电，实现互锁。此时，即使按下反转启动按钮 SB3，反转接触器 KM2 线圈因 KM1 互锁触点断开也不能通电。

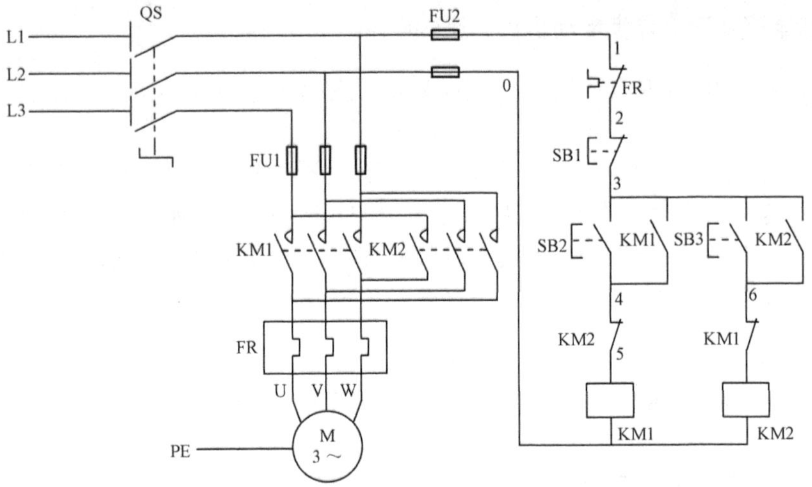

图 1-28　具有联锁的正、反转电气原理图

要实现反转控制，必须先按下停止按钮 SB1 切断正转控制电路，然后才能启动反转控制电路。

同理可知，反转启动按钮 SB3 按下（正转停止）时，反转接触器 KM2 线圈通电。一方面接通主电路反转主触点和控制电路反转自锁触点，另一方面反转互锁触点断开，使正转接触器 KM1 线圈支路无法接通，进行互锁。

3. 三相异步电动机带按钮互锁的正、反转控制

图 1-28 所示电路就实现正向和反向启动、运转这一功能来说没有什么问题，但是当电动机正转后，需要反转时，必须按电动机停止按钮 SB1，不能直接按反向按钮 SB3 实现反转，故操作不太方便。原因是按 SB3 时，不能断开 KM1 的电路，故 KM1 的常闭触点会继续互锁。图 1-29 所示是利用按钮和接触器互锁实现的正、反转电路。

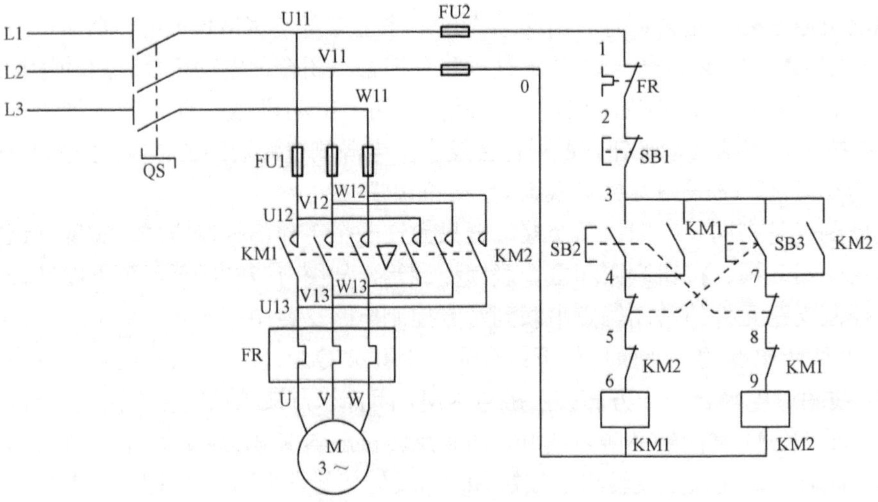

图 1-29　三相异步电动机带按钮互锁的正、反转控制线路

电路的工作原理如下（首先合上开关QS）。

1）正转控制

启动：按SB2→KM1线圈得电
- KM1常闭触点打开→使KM2线圈无法得电（联锁）
- KM1主触点闭合→电动机M通电启动正转
- KM1常开触点闭合→自锁

停止：按SB1→KM1线圈失电
- KM1常闭触点闭合→解除对KM2的联锁
- KM1主触点打开→电动机M停止正转
- KM1常开触点打开→解除自锁

2）反转控制

启动：按SB3→KM2线圈得电
- KM2常闭触点打开→使KM1线圈无法得电（联锁）
- KM2主触点闭合→电动机M通电启动反转
- KM2常开触点闭合→自锁

停止：按SB1→KM2线圈失电
- KM2常闭触点闭合→解除对KM1的联锁
- KM2主触点打开→电动机M停止反转
- KM2常开触点打开→解除自锁

由此可见，通过SB2、SB3控制KM1、KM2动作，改变接入电动机的交流电三相的顺序，就改变了电动机的旋转方向。

电动机直接从正转变为反转的控制如下。

按下SB3→SB3常闭触点先断开→KM1线圈失电解除自锁，互锁触点复位（闭合）。主触点断开，电动机断开电源→SB3常开触点后闭合→KM2线圈得电→KM2主触点和自锁触点闭合，电动机反向启动运行，常闭辅助触点断开，切断KM1线圈支路，实现互锁。

由于电动机直接从正转变为反转时，将产生比较大的制动电流，因此这种直接正、反转控制电路只适用于小容量电动机，且正、反向转换不频繁，拖动的机械装置惯量较小的场合。

项目实施：工作台自动往返控制设计与实施

1. 工作任务

工作台自动往返控制要求见1.2节内容。

2. 电路图

设计的工作台自动往返控制电路图如图1-30所示。

3. 工作准备

1）工具、仪表及器材

（1）工具：测电笔、螺钉旋具、尖嘴钳、斜口钳、剥线钳、电工刀等。

（2）仪表：5050型兆欧表、T301-A型钳形电流表、MF47型万用表。

（3）器材：各种规格的紧固体、针形及叉形端头、金属软管、编码套管等。

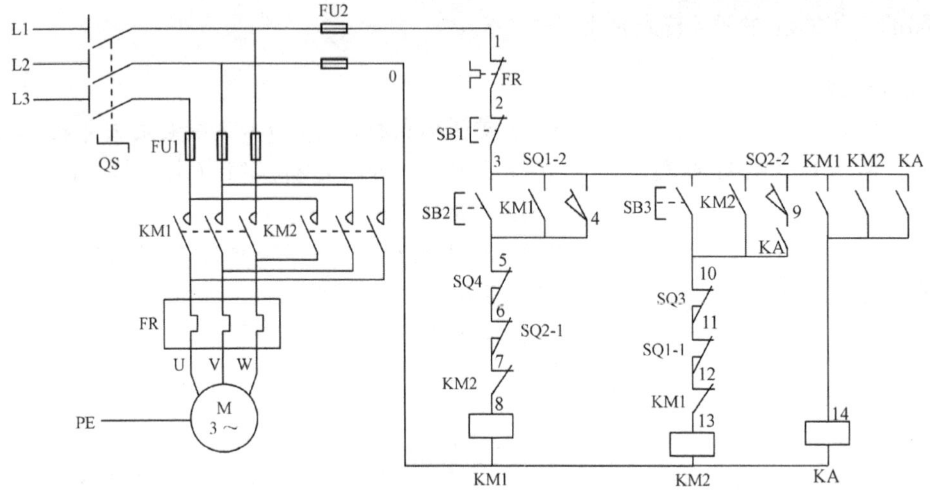

图 1-30　工作台自动往返电气控制电路图

2）元器件明细表

元器件明细表见表 1-3。

3）场地要求

电拖实训室，电拖工作台。

表 1-3　元器件明细表

代　　号	名　　称	型　　号	规　　格	数量
M	三相异步电动机	Y112M-4	4 kW、380 V、8.8 A、△形接法、1 440 r/min	1
QS	.组合开关	HZ10-25/3	三极、25 A、380 V	1
FU1	熔断器	RL1-60/25	60 A、配熔体 25 A	3
FU2	熔断器	RL1-15/2	15 A、配熔体 2 A	2
KM1、KM2	接触器	CJ10-20	20 A、线圈电压 380 V	2
FR	热继电器	JR16-20/3D	三极、20 A、整定电流 8.8 A	1
SQ1～SQ4	位置开关	JLXK1-111	单轮旋转式	4
SB1～SB3	按钮	LA10-3H	保护式、按钮数 3	1
XT	端子板	JDO-1020	380 V、10 A、20 节	1
	主电路导线	BVR-1.5	1.5 mm^2(7 mm×0.52 mm)	若干
	控制电路导线	BVR-1.0	1 mm^2(7 mm×0.43 mm)	若干
	按钮线	BVR-0.75	0.75 mm^2	若干
	接地线	BVR-1.5	1.5 mm^2	若干
	走线槽		18 mm×25 mm	若干
	控制板		500 mm×400 mm×20 mm	1
KA	中间继电器	JZ7	线圈电压 380 V	1

4．读图

1）本任务涉及的低压电器及其作用

本任务涉及的低压电器有组合开关、熔断器、按钮开关、交流接触器、中间继电器、热继电器、三相异步电动机。它们的作用如下。

（1）组合开关 QS 作为电源隔离开关；

（2）熔断器 FU1、FU2 分别作主电路、控制电路的短路保护；

（3）停止按钮 SB1 控制接触器 KM1、KM2 的线圈失电，启动按钮 SB2 控制接触器 KM1 的线圈得电，按钮 SB3 控制接触器 KM2 的线圈得电；

（4）接触器 KM1、KM2 的主触点控制电动机 M 正、反向运行；

（5）接触器 KM1、KM2 的常开辅助触点自锁，接触器 KM1、KM2 的常闭辅助触点联锁；

（6）热继电器对电动机进行过载保护；

（7）SQ1～SQ4 位置开关控制工作台自动往返运行和极限位置保护；

（8）中间继电器 KA 起失压保护作用。

2）识别元器件

对照工作原理图、元件安装布置图、接线图识别相对应的元器件。

3）控制电路工作过程

为了使电动机的正、反转控制与工作台的左右运动相配合，在控制线路中设置了四个位置开关 SQ1、SQ2、SQ3 和 SQ4，并把它们安装在工作台需限位的地方。其中 SQ1、SQ2 被用来自动换接电动机正、反转控制电路，实现工作台的自动往返行程控制；SQ3、SQ4 被用来作终端保护，以防止 SQ1、SQ2 失灵，工作台越过限定位置而造成事故。在工作台边的 T 形槽中装有两块挡铁，挡铁 1 只能和 SQ2、SQ4 相碰撞，挡铁 2 只能和 SQ1、SQ3 相碰撞。当工作台运动到所限位置时，挡铁碰撞位置开关，使其触点动作，自动换接电动机正、反转控制电路，通过机械传动机构使工作台自动往返运动。工作台行程可通过移动挡铁位置来调节。

线路的工作原理如下（先合上 QS）。

按下SB2→KM1线圈得电 {
- KM1自锁触点闭合自锁
- KM1另一对辅助触点闭合KA得电KA常开触点闭合
- KM1主触点闭合
- KM1联锁触点断开，对KM2实现联锁
}

→电动机M正转→工作台右移→至限定位置挡铁1碰SQ2

→ {
- SQ2-1先分断→KM1线圈失电→ { KM1自锁触点断开解除自锁；KM1主触点分断→电动机停止正转 工作台停止右移；KM1联锁触点恢复闭合 }
- SQ2-2后闭合
}

→KM2线圈得电→ {
- KM2自锁触点闭合自锁
- KM2主触点闭合
- KM2联锁触点分断对KM1联锁
}

→电动机M反转→工作台左移（SQ2触点复位）

→至限定位置挡铁2碰SQ1 {
- SQ2→SQ1-1先分断→KM2线圈失电→ { KM2自锁触点分断；KM2主触点分断工作台停止左移；KM2联锁触点恢复闭合 }
- SQ1-2后闭合
}

→KM1线圈得电→工作台又右移（SQ1触点复位）→以后重复上述过程，工作台就在限定的行程内自动往返运动。

停止时，按下 SB1→整个控制电路失电→KM1（或 KM2）主触点分断→电动机 M 失电停转→工作台停止运动。

这里 SB2、SB3 分别作为正转启动按钮和反转启动按钮，若启动时工作台在右端，则应按下 SB3 进行启动。

5. 工作步骤

（1）根据电路图画出接线图。

（2）按表配齐所用电气元件，并检验元件质量。

（3）在控制板上按如图 1-30 所示安装走线槽和所有电气元件，并贴上醒目的文字符号。安装走线槽时，应做到横平竖直，排列整齐匀称，安装牢固和便于走线等。

（4）按图 1-30 所示的电路图进行板前线槽配线，并在导线端部套编码套管和冷压接线头。板前线槽配线的具体工艺要求如下。

① 布线时，严禁损伤线芯和导线绝缘。

② 各电气元件接线端子引出导线，以元件的水平中心线为界线，在水平中心线以上接线端子引出的导线，必须进入元件上面的走线槽；在水平中心线以下接线端子引出的导线，必须进入元件下面的走线槽。任何导线都不允许从水平方向进入走线槽内。

③ 各电气元件接线端子上引出或引入的导线，除间距很小和元件机械强度很差允许直接架空敷设外，其他导线必须经过走线槽进行连接。

④ 进入走线槽内的导线要完全置于走线槽内，并应尽可能避免交叉，装线不要超过其容量的 70%，以便于能盖上线槽盖和以后的装配及维修。

⑤ 各电气元件与走线槽之间的外露导线，应走线合理，并尽可能做到横平竖直，变换走向要垂直。同一个元件上位置一致的端子和同型号电气元件中位置一致的端子上引出或引入的导线，要敷设在同一平面上，并应做到高低一致或前后一致，不得交叉。

⑥ 所有接线端子、导线线头上都应套有与电路图上相应接点线号一致的编码套管，并按线号进行连接，连接必须牢靠，不得松动。

⑦ 在任何情况下，接线端子必须与导线截面积和材料性质相适应。当接线端子不适合连接软线或较小截面积的软线时，可以在导线端头穿上针形或叉形端头并压紧。

⑧ 一般一个接线端子只能连接一根导线，如果采用专门设计的端子，可以连接两根或多根导线，但导线的连接方式必须是公认的，在工艺上成熟的各种方式，如夹紧、压接、焊接、绕接等，并应严格按照连接工艺的工序要求进行。

（5）根据电路图检验控制板内部布线的正确性。

（6）安装电动机。

（7）可靠连接电动机和各电气元件金属外壳的保护接地线。

（8）连接电源、电动机等控制板外部的导线。

（9）自检。

① 主电路接线检查。按电路图或接线图从电源端开始，逐段核对接线有无漏接、错接之处，检查导线接点是否符合要求，压接是否牢固，以免带负载运行时产生闪弧现象。

② 控制电路接线检查。用万用表电阻挡检查控制电路接线情况。

（10）检查无误后通电试车。

为保证人身安全，在通电试车时，要认真执行安全操作规程的有关规定，并有专人监护。

接通三相电源 L1、L2、L3，合上电源开关 QS，用电笔检查熔断器出线端，氖管亮说明电源接通。分别按下 SB2→SB1 和 SB3→SB1，观察是否符合线路功能要求，观察电气元件动作是否灵活，有无卡阻及噪声过大现象，观察电动机运行是否正常。若有异常，立即停车检查。

特别提示：

① 位置开关可以先安装好，不占定额时间。位置开关必须牢固安装在合适的位置上。安装后，必须对手动工作台或受控机械进行试验，合格后才能使用。

② 通电校验时，必须先手动操作位置开关，试验各行程控制和终端保护动作是否正常可靠。

③ 安装训练应在规定定额时间内完成，同时要做到安全操作和文明生产。

6．工作质量检测

工作任务训练记录与成绩评定见表 1-4。

表 1-4　工作任务训练记录与成绩评定

<table>
<tr><th>项目内容</th><th>配分</th><th colspan="4">评 分 标 准</th><th>扣分</th></tr>
<tr><td>装前检查</td><td>15</td><td colspan="3">(1) 电动机质量检查，每漏一处
(2) 电气元件漏检或错检，每处</td><td>扣 5 分
扣 2 分</td><td></td></tr>
<tr><td>安装元件</td><td>15</td><td colspan="3">(1) 元件布置不整齐、不匀称、不合理，每只
(2) 元件安装不紧固，每只
(3) 安装元件时漏装木螺钉，每只
(4) 走线槽安装不符合要求，每处
(5) 损坏元件</td><td>扣 3 分
扣 4 分
扣 1 分
扣 2 分
扣 15 分</td><td></td></tr>
<tr><td>布线</td><td>30</td><td colspan="3">(1) 不按电路图接线
(2) 布线不符合要求：
主、控制电路每根分别
(3) 接点松动，露铜过长，压绝缘层，每个接点
(4) 损伤导线绝缘或线芯，每根
(5) 漏套或错套编码套管，每处
(6) 漏接接地线</td><td>扣 25 分

扣 4 分、2 分
扣 1 分
扣 5 分
扣 2 分
扣 10 分</td><td></td></tr>
<tr><td>通电试车</td><td>40</td><td colspan="3">(1) 热继电器未整定或整定错
(2) 熔体规格配错，主、控电路各
(3) 第一次试车不成功
第二次试车不成功
第三次试车不成功</td><td>扣 5 分
扣 5 分
扣 20 分
扣 30 分
扣 40 分</td><td></td></tr>
<tr><td>安全文明生产</td><td colspan="4">违反安全文明生产规程</td><td>扣 5～40 分</td><td></td></tr>
<tr><td>定额时间 3.5 h</td><td colspan="4">每超时 5 min 以内</td><td>扣 5 分</td><td></td></tr>
<tr><td>备注</td><td colspan="4">除定额时间外，各项目的最高扣分不应超过配分</td><td>成绩</td><td></td></tr>
<tr><td>开始时间</td><td colspan="2"></td><td>结束时间</td><td></td><td>实际时间</td><td></td></tr>
</table>

知识拓展：电动机的两地控制

对于多数机床而言，因加工需要，为方便加工人员在机床正面和侧面均能进行操作，需具有多地控制功能。如图 1-31 所示，SB1、SB2 为机床上正、侧面两地总停开关；SB3、SB4 为电动机两地正转启动控制开关，SB5、SB6 为电动机两地反转启动控制开关。

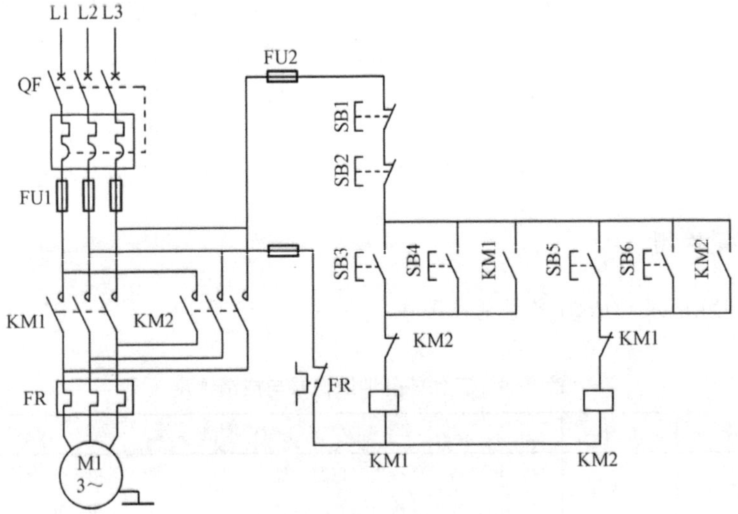

图 1-31　两地控制电动机正、反转原理图

由图可见，多地控制的原则是：启动按钮并联，停车按钮串联。

图 1-32 和图 1-33 所示是能在 A、B 两地分别控制同一台电动机单方向连续运行与点动控制的电气原理图。

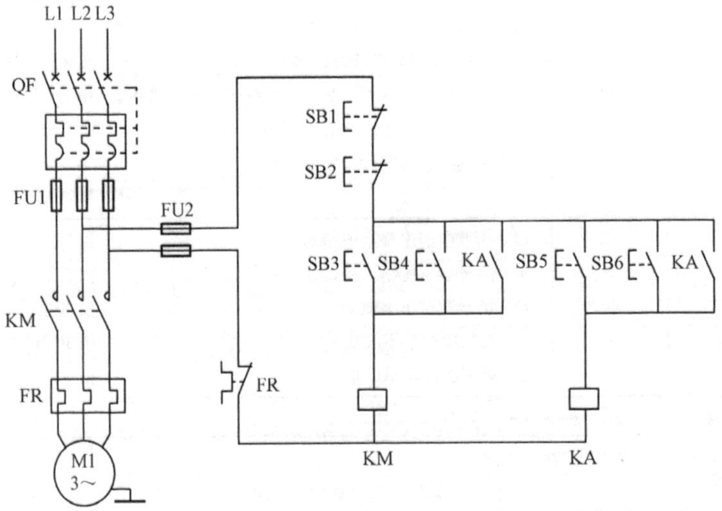

图 1-32　一台电动机两地控制原理图（1）

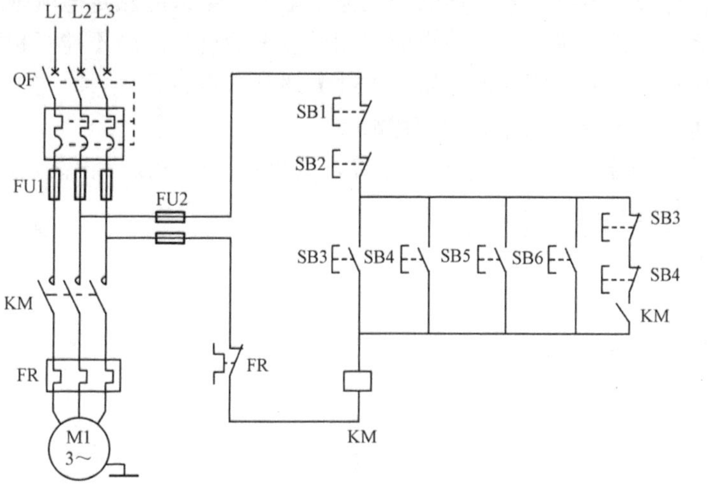

图 1-33　一台电动机两地控制原理图（2）

在两图中，SB1、SB2 为电动机的停车控制按钮，SB3、SB4 为电动机的点动控制按钮，SB5、SB6 为电动机的长车控制按钮。图 1-32 中使用了中间继电器，而图 1-33 中通过将点动按钮的常闭触点串联在接触器自锁支路中，使电动机在点动控制时自锁支路不起作用。

知识梳理与总结

本项目通过工作台自动往返的控制引出了常用的低压电器控制器件：按钮、开关、接触器和中间继电器、热继电器、熔断器等，介绍了这些低压电器的结构、工作原理、常用型号及符号、低压电器的选择；并根据项目设计需求，介绍了电动机的点动控制、电动机长车控制、电动机正/反转控制、电动机行程控制的自动往返等最基本的控制环节。这些都是在实际当中经过验证的电路。熟练掌握这些电路，是阅读、分析、设计较复杂生产机械控制线路的基础。同时，在绘制电路图时，必须严格按照国家标准规定使用各种符号、单位、名词术语和绘制原则。

生产机械要正常、安全、可靠地工作，必须要有必要的保护环节。控制线路的常用保护有：短路保护、过载保护、过电流保护、失压保护、欠压保护，它们分别用不同的电器来实现。

本项目中，我们还学习了多地控制的电路。多地控制的原则是启动按钮并联，停止按钮串联。

练习与思考题 1

1-1　电路中 FU、KM、KA、FR 和 SB 分别是什么电气元件的文字符号？

1-2　笼型异步电动机是如何改变旋转方向的？

1-3　什么是互锁（联锁）？什么是自锁？试举例说明各自的作用。

1-4　低压电器的电磁机构由哪几部分组成？

1-5　熔断器有哪几种类型？试写出各种熔断器的型号。它在电路中的作用是什么？

1-6　熔断器有哪些主要参数？熔断器的额定电流与熔体的额定电流是不是一回事？

1-7　熔断器与热继电器用于保护交流三相异步电动机时，能不能互相取代？为什么？

1-8　交流接触器主要由哪几部分组成？并简述其工作原理。

1-9　试说明热继电器的工作原理和优缺点。

1-10　试设计一个控制一台电动机的电路，要求：①可正反转；②正反向点动，两处启停控制；③具有短路和过载保护。

项目2 钻床电气控制线路分析

教学导航

<table>
<tr><td rowspan="4">教</td><td>建议课时</td><td>18</td></tr>
<tr><td>推荐教学方法</td><td>1. 理论实践一体化教学；
2. 以 Z3050 型摇臂钻床的电气控制线路为项目，引导学生学习相关知识</td></tr>
<tr><td>重　　点</td><td>1. 断路器、时间继电器的结构、工作原理及作用；
2. 时间控制原则、顺序控制方法；
3. Z3050 型钻床的结构、工作原理及电气控制线路</td></tr>
<tr><td>难　　点</td><td>时间控制原则及顺序控制方法的具体应用</td></tr>
<tr><td rowspan="2">学</td><td>推荐学习方法</td><td>1. 以小组为单位，模拟车间班组，每位小组成员扮演工艺员、质检员、安全员、操作员等不同角色完成项目；
2. 边学边做，小组讨论</td></tr>
<tr><td>学习目标</td><td>1. 掌握断路器、时间继电器的结构、工作原理、作用、符号和常用型号；
2. 掌握时间原则控制多台电动机顺序启停控制方法；
3. 能利用时间继电器设计时间原则控制电路；
4. 了解机床中机械、电气和液压的配合关系；
5. 熟悉 Z3050 型钻床的结构、工作原理及电气控制线路；
6. 能根据 Z3050 型钻床线路故障现象分析故障、排除故障</td></tr>
</table>

项目描述

Z3050 型摇臂钻床是工件加工中的常用机床，主要用来进行孔加工。本项目以 Z3050 型摇臂钻床电气控制线路为例，分析断路器、时间继电器的结构、工作原理及作用，熟悉时间继电器的控制线路；熟悉电动机顺序启停控制方法；了解机床中机械、电气和液压的配合关系。通过 Z3050 型摇臂钻床的故障现象进行故障诊断和排除。

2.1 钻床的分类与控制要求

钻床是一种用途广泛的孔加工机床。它主要用钻头钻削精度要求不太高的孔，另外还可用来扩孔、铰孔、镗孔以及攻螺纹等。

钻床的结构形式很多，分为立式钻床、卧式钻床、台式钻床、深孔钻床及多轴钻床等。摇臂钻床是一种立式钻床，它适用于单件或批量生产中带有多孔的大型零件的孔加工，是一种机械加工车间常用的机床。下面以 Z3050 型摇臂钻床为例进行分析。

该钻床型号意义：

Z 3 0 50

Z —— 钻床

3 —— 摇臂钻床组

0 —— 摇臂钻床型

50 —— 最大钻孔直径50 mm

摇臂钻床的主运动为主轴带着钻头的旋转运动；辅助运动有摇臂连同外立柱围绕着内立柱的回旋运动，摇臂在外立柱上的上升、下降运动，主轴箱在摇臂上的左右运动等；而主轴带动钻头的前进移动是机床的进给运动。Z3050 型摇臂钻床的外形如图 2-1 所示。

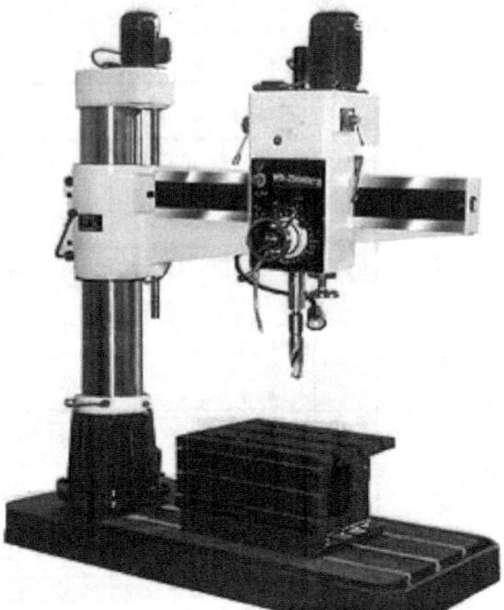

图 2-1 Z3050 型摇臂钻床外形

对钻床控制系统的要求如下。

（1）刀具主轴的正反转控制，以实现螺纹的加工及退刀。

（2）刀具主轴旋转及垂直进给速度的控制，以满足不同的工艺要求。

（3）外立柱、摇臂、主轴箱等部件位置的调整运动。

（4）为确保加工过程中刀具的径向位置不会发生变化，外立柱、摇臂、主轴箱等部件必须有夹紧与放松控制。

（5）冷却泵及液压泵电动机的启停控制。

（6）必要的保护环节及照明指示电路。

（7）摇臂钻床的主轴旋转与摇臂的升降不允许同时进行，它们之间应互锁，以确保安全。

Z3050 型摇臂钻床上采用了机、电、液三者有机结合的方式，来实现有关的控制。如主轴旋转速度及方向、主轴上下移动速度的控制均采用机械变速、换向及液压速度预选装置，内外立柱、摇臂、主轴箱等部件的夹紧与放松则利用液压和菱形块机构，液压系统的压力油是由电动机带动一个液压泵提供的。

相关知识

2.2　电气控制器件

2.2.1　断路器

断路器又叫自动空气开关或自动空气断路器，是低压配电网络和电力拖动系统中常用的一种配电电器，它集控制和多种保护功能于一体，在正常情况下可用于不频繁地接通和断开电路，以及控制电动机的运行。当电路中发生严重过载、短路及失压等故障时，能自动切断故障电路，有效地保护接在它后面的电气设备。

断路器具有操作安全，安装使用方便，工作可靠，动作值可调，分断能力较高，兼顾多种保护，动作后不需要更换组件等优点，因此得到广泛应用。

断路器按结构形式可分为塑壳式（又称装置式）、框架式（又称万能式）等。

下面以 DZ5-20 型自动空气开关为例介绍低压断路器。

1. DZ5-20 型自动空气开关的型号及含义

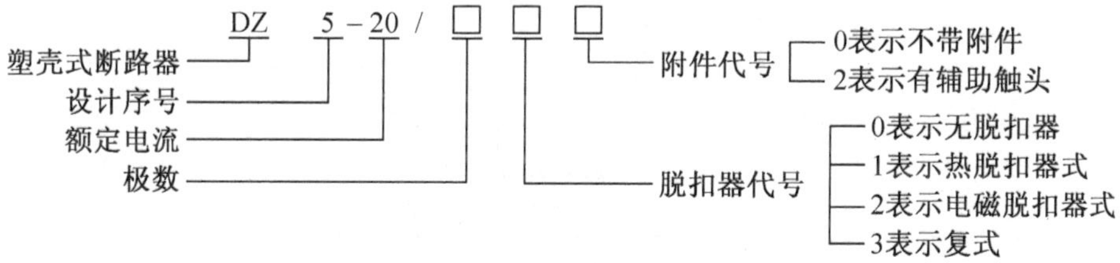

2. DZ5-20 型自动空气开关的结构及工作原理

DZ5-20 型低压断路器的外形和结构如图 2-2 所示。断路器主要由动触点、静触点、灭弧装置、操作机构、热脱扣器、电磁脱扣器及外壳等部分组成。其结构采用立体布置，操作机构在中间，上面是由加热组件和双金属片等构成的热脱扣器，做过载保护，配有电流调节装置，调节整定电流。下面是由线圈和铁芯等组成的电磁脱扣器，作短路保护，它也有一个电流调节装置，调节瞬时脱扣整定电流。主触点在操作机构后面，由动触点和静触点组成，配有栅片灭弧装置，用以接通和分断主回路的大电流。另外还有常开和常闭辅助触点各一对。主、辅触点的接线柱均伸出壳外，以便于接线。在外壳顶部还伸出接通（绿色）和分断（红色）按钮，通过储能弹簧和杠杆机构实现断路器的手动接通和分断操作。

断路器的工作原理如图 2-3 所示。使用时断路器的三副主触点串联在被控制的三相电路中，按下接通按钮时，外力使锁扣克服反作用弹簧的反作用力，将固定在锁扣上面的动触点与静触点闭合，并由锁扣锁住搭钩使动、静触点保持闭合，开关处于接通状态。

当线路发生过载时，过载电流流过热元件产生一定的热量，使双金属片受热向上弯曲，通过杠杆推动搭钩与锁扣脱开，在反作用弹簧的推动下，动、静触点分开，从而切断电路，使用电设备不致因过载而烧毁。

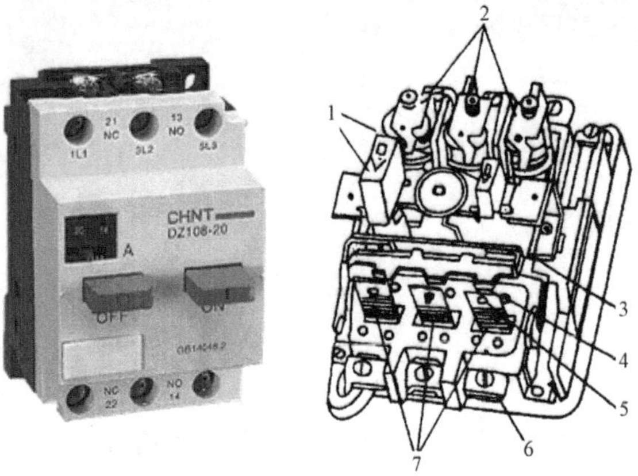

（a）外形　　（b）结构

1—按钮；2—电磁脱扣器；3—自由脱扣器；4—动触点；5—静触点；6—接线柱；7—热脱扣器

图 2-2　DZ5-20 型自动空气开关的外形和结构

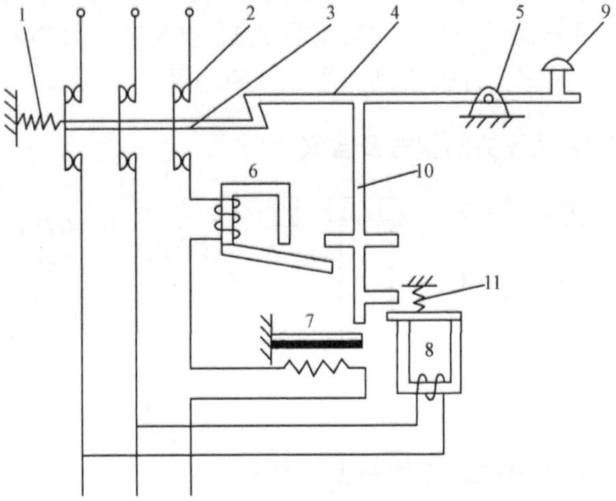

1—分闸弹簧；2—主触点；3—传动杆；4—锁扣；5—轴；6—过电流脱扣器；7—热脱扣器；
8—欠压、失压脱扣器；9—分断按钮；10—杠杆；11—拉力弹簧

图 2-3　低压断路器工作原理

当线路发生短路故障时，短路电流超过电磁脱扣器的瞬时脱扣整定电流，电磁脱扣器产生足够大的吸力将衔铁吸合，通过杠杆推动搭钩与锁扣分开，从而切断电路，实现短路保护。低压断路器出厂时，电磁脱扣器的瞬时脱扣整定电流一般整定为 $10I_N$（I_N 为断路器的额定电流）。

欠压脱扣器的动作过程与电磁脱扣器恰好相反。当线路电压正常时，欠压脱扣器的衔铁被吸合，衔铁与杠杆脱离，断路器的主触点能够闭合；当线路上的电压消失或下降到某一数值，欠压脱扣器的吸力消失或减小到不足以克服拉力弹簧的拉力时，衔铁在拉力弹簧的作用下撞击杠杆，将搭钩顶开，使触点分断。由此也可看出，具有欠压脱扣器的断路器在欠压脱扣器两端无电压或电压过低时，不能接通电路。

低压断路器在电路图中的符号如图 2-4 所示。

需要手动分断电路时，按下分断按钮即可。

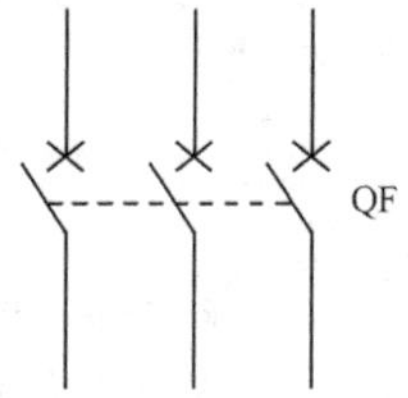

图 2-4　低压断路器的符号

3. 低压断路器的一般选用原则

（1）低压断路器的额定电压和额定电流应不小于线路的正常工作电压和计算负载电流。

（2）热脱扣器的整定电流应等于所控制负载的额定电流。

（3）电磁脱扣器的瞬时脱扣整定电流应大于负载正常工作时可能出现的峰值电流。用于控制电动机的断路器，其瞬时脱扣整定电流可按下式选取：

$$I_Z \geqslant KI_{st}$$

式中：K——安全系数，可取 1.5～1.7；

I_{st}——电动机的启动电流。

（4）欠压脱扣器的额定电压应等于线路的额定电压。

（5）断路器的极限通断能力应不小于电路最大短路电流。

4. 低压断路器的安装与使用

（1）低压断路器应垂直于配电板安装，电源引线应接到上端，负载引线接到下端。

（2）低压断路器用做电源总开关或电动机的控制开关时，在电源进线侧必须加装刀开关或熔断器等，以形成明显的断开点。

（3）低压断路器在使用前应将脱扣器工作面的防锈油脂擦干净；各脱扣器动作值一经调整好，不允许随意变动，以免影响其动作值。

（4）使用过程中若遇分断短路电流，应及时检查触点系统，若发现电灼烧痕，应及时修理或更换。

（5）断路器上的积尘应定期清除，并定期检查各脱扣器动作值，给操作机构添加润滑剂。

2.2.2　时间继电器

常用的时间继电器主要有电磁式、电动式、空气阻尼式、晶体管式等。其中，电磁式时间继电器的结构简单，价格低廉，但体积和重量较大，延时较短（如 JT3 型只有 0.3～5.5 s），且只能用于直流断电延时；电动式时间继电器的延时精度高，延时可调范围大（由几分钟～几小时），但结构复杂，价格高。目前在电力拖动线路中应用较多的是空气阻尼式时间继电器。随着电子技术的发展，近年来晶体管式时间继电器的应用日益广泛。

1. JS7-A 系列空气阻尼式时间继电器

空气阻尼式时间继电器又称气囊式时间继电器，是利用气囊中的空气通过小孔节流的原理来获得延时动作的。根据触点延时的特点，可分为通电延时动作型和断电延时复位型两种。

1）型号及含义

J S 7 - □ A

- J：继电器
- S：时间
- 7：设计序号
- □：基本规格代号 1：通电延时，无瞬时触点
  - 2：通电延时，有瞬时触点
  - 3：断电延时，无瞬时触点
  - 4：断电延时，有瞬时触点
- A：结构设计稍有改动

2）结构

JS7-A系列空气阻尼式时间继电器的外形和结构如图2-5所示。它主要由以下几部分组成。

1—线圈；2—反力弹簧；3—衔铁；4—铁芯；5—弹簧片；6—瞬时触点；7—杠杆；
8—延时触点；9—调节螺钉；10—推杆；11—活塞；12—宝塔形弹簧

图2-5　JS7-A系列空气阻尼式时间继电器的外形和结构

（1）电磁系统：由线圈、铁芯和衔铁组成。

（2）触点系统：包括两对瞬时触点（一常开、一常闭）和两对延时触点（一常开、一常闭），瞬时触点和延时触点分别是两个微动开关的触点。

（3）空气室：为一空腔，由橡皮膜、活塞等组成。橡皮膜可随空气的增减而移动，顶部的调节螺钉可调节延时时间。

（4）传动机构：由推杆、活塞杆、杠杆及各种类型的弹簧等组成。

（5）基座：用金属板制成，用以固定电磁机构和气室。

3）工作原理

JS7-A系列空气阻尼式时间继电器的工作原理图如图2-6所示。

（1）通电延时型时间继电器的工作原理。当线圈1通电后，铁芯2产生吸力，衔铁3克服反力弹簧4的阻力与铁芯吸合，带动推板5立即动作，压合微动开关SQ2，使其常闭触点瞬时断开，常开触点瞬时闭合。同时活塞杆6在宝塔形弹簧7的作用下向上移动，带动与活塞13相连的橡皮膜9向上运动，运动的速度受进气孔12进气速度的限制。这时橡皮膜下面形成空气较稀薄的空间，与橡皮膜上面的空气形成压力差，对活塞的移动产生阻尼作用。活塞杆带动杠杆15只能缓慢地移动。经过一定时间，活塞才能完成全部行程而压动微动开关SQ1，使其常闭触点断开，常开触点闭合。由于从线圈通电到触点动作需要延时一段时间，

因此 SQ1 的两对触点分别被称为延时闭合瞬时断开的常开触点和延时断开瞬时闭合的常闭触点。这种时间继电器延时时间的长短取决于进气的快慢，旋动调节螺钉 11 可调节进气孔的大小，即可达到调节延时时间长短的目的。JS7-A 系列时间继电器的延时范围有 0.4～60 s 和 0.4～180 s 两种。

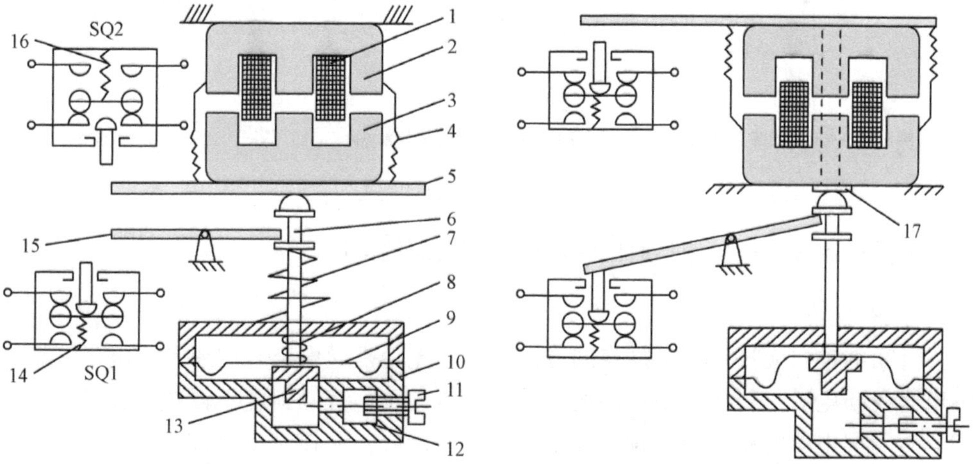

（a）通电延时型　　　（b）断电延时型

1—线圈；2—铁芯；3—衔铁；4—反力弹簧；5—推板；6—活塞杆；7—宝塔形弹簧；8—弱弹簧；9—橡皮膜；10—空气室壁；11—调节螺钉；12—进气孔；13—活塞；14，16—微动开关；15—杠杆；17—推杆

图 2-6　JS7-A 系列空气阻尼式时间继电器工作原理图

当线圈 1 断电时，衔铁 3 在反力弹簧 4 的作用下，通过活塞杆 6 将活塞推向下端，这时橡皮膜 9 下方腔内的空气通过橡皮膜 9、弱弹簧 8 和活塞 13 局部所形成的单向阀迅速从橡皮膜上方的气室缝隙中排掉，使微动开关 SQ1、SQ2 的各对触点均瞬时复位。

（2）断电延时型时间继电器。JS7-A 系列断电延时型和通电延时型时间继电器的组成元件是通用的。如果将通电延时型时间继电器的电磁机构翻转 180° 安装，即成为断电延时型时间继电器。其工作原理读者可自行分析。

空气阻尼式时间继电器的优点是：延时范围较大（0.4～180 s），且不受电压和频率波动的影响；可以做成通电和断电两种延时形式；结构简单，寿命长，价格低。其缺点是：延时误差大，难以精确地整定延时值，且延时值易受周围环境温度、尘埃等的影响。因此，对延时精度要求较高的场合不宜采用。

时间继电器在电路图中的符号如图 2-7 所示。

4）选用

（1）根据系统的延时范围和精度选择时间继电器的类型和系列。在延时精度要求不高的场合，一般可选用价格较低的 JS7-A 系列空气阻尼式时间继电器；反之，对精度要求较高的场合，可选用晶体管式时间继电器。

（2）根据控制线路的要求选择时间继电器的延时方式（通电延时或断电延时）。同时，还必须考虑线路对瞬时动作触点的要求。

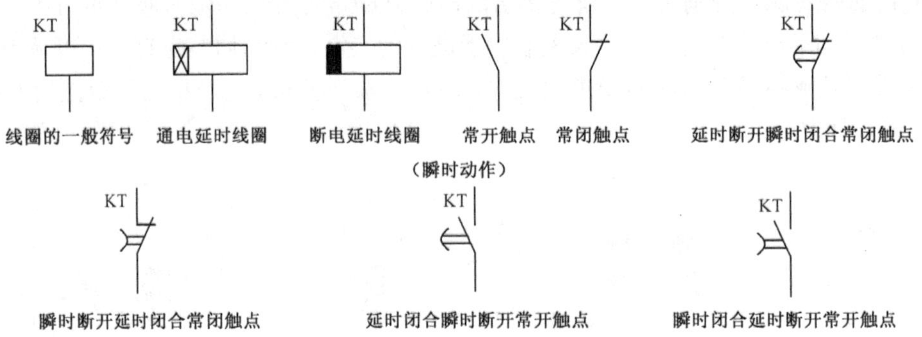

图2-7　时间继电器的符号

（3）根据控制线路电压选择时间继电器吸引线圈的电压。

5）安装和使用

（1）时间继电器应按说明书规定的方向安装。无论是通电延时型还是断电延时型，都必须使继电器在断电后，释放时衔铁的运动方向垂直向下，其倾斜度不得超过5°。

（2）时间继电器的整定值应预先在不通电时整定好，并在试车时校正。

（3）时间继电器金属底板上的接地螺钉必须与接地线可靠连接。

（4）通电延时型和断电延时型可在整定时间内自行调换。

（5）使用时，应经常清除灰尘及油污，否则延时误差将更大。

2. 晶体管时间继电器

晶体管时间继电器也称为半导体时间继电器或电子式时间继电器，具有机械结构简单，延时范围广，精度高，消耗功率小，调整方便及寿命长等优点，所以发展迅速，其应用越来越广泛。晶体管时间继电器按结构分为阻容式和数字式两类；按延时方式分为通电延时型、断电延时型及带瞬动触点的通电、断电延时型。常用的JS20系列晶体管时间继电器是全国推广的统一设计产品，适用于交流50 Hz、电压380 V及以下或直流110 V及以下的控制电路，作为时间控制元件，按预定的时间延时，周期性地接通或分断电路。

1）型号及含义

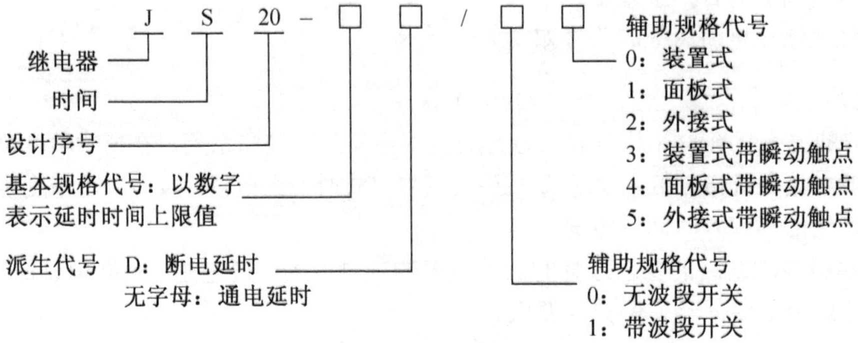

2）结构

JS20 系列时间继电器的外形如图 2-8（a）所示。继电器具有保护外壳，其内部结构采用印制电路组件。安装和接线采用专用的插接座，并配有带插脚标记的下标牌作接线指示，上标盘上还带有发光二极管作为动作指示。

结构形式有外接式、装置式和面板式三种。外接式的整定电位器可通过插座用导线接到所需的控制板上；装置式具有带接线端子的胶木底座；面板式采用通用八大脚插座，可直接安装在控制台的面板上，另外还带有延时刻度和延时旋钮供整定延时时间用。

JS20 系列通电延时型时间继电器的接线示意图如图 2-8（b）所示。

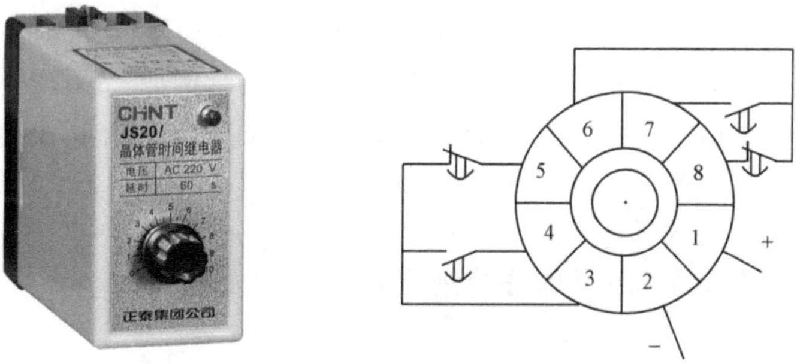

（a）外形　　　　（b）接线示意图

图 2-8　JS20 系列时间继电器的外形与接线

3）工作原理

JS20 系列通电延时型时间继电器的线路如图 2-9 所示。它由电源、电容充放电电路、电压鉴别电路、输出电路和指示电路五部分组成。电源接通后，经整流滤波和稳压后的直流电经过 RP1 和 R2 向电容 C2 充电。当场效应管 VT1 的栅源电压 U_{gs} 低于夹断电压 U_p 时，VT1 截止，因而 VT2、VD6 也处于截止状态。随着充电的不断进行，电容 C2 的电位按指数规律上升，当满足 U_{gs} 高于 U_p 时，VT1 导通，VT2、VD6 也导通，继电器 KA 吸合，输出延时信号。同时电容 C2 通过 R8 和 KA 的常开触点放电，为下次动作做好准备。当切断电源时，继电器 KA 释放，电路恢复原始状态，等待下次动作。调节 RP1 和 RP2 即可调整延时时间。

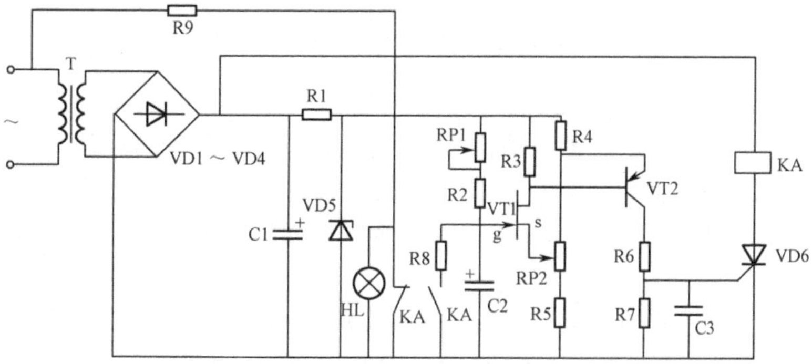

图 2-9　JS20 系列通电延时型时间继电器的线路

晶体管时间继电器适用于以下场合。

（1）当电磁式时间继电器不能满足要求时。

（2）当要求的延时精度较高时。

（3）控制回路相互协调需要无触点输出等。

2.3 电气控制线路

2.3.1 顺序控制

在装有多台电动机的生产机械上，各电动机所起的作用是不同的，有时需按一定的顺序启动或停止，才能保证操作过程的合理和工作的安全可靠。例如，X62W 型万能铣床上要求主轴电动机启动后，进给电动机才能启动；M7120 型平面磨床的冷却泵电动机，要求当砂轮电动机启动后才能启动。像这种要求几台电动机的启动或停止必须按一定的先后顺序来完成的控制方式，叫做电动机的顺序控制。

几种在控制电路中实现电动机顺序控制的电路如图 2-10 所示。

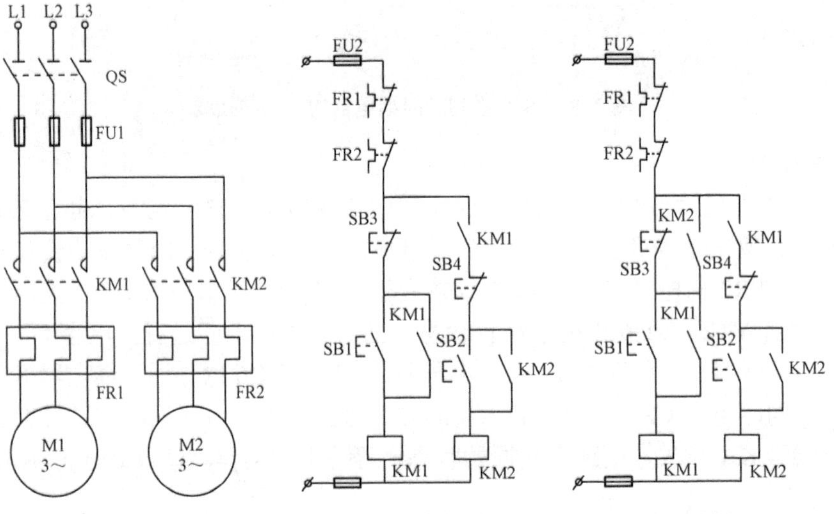

（a）主电路　（b）顺序启动控制电路　（c）顺序启动、逆序停止控制电路

图 2-10　控制电路实现顺序控制电路图

如图 2-10（b）所示控制线路的特点是：在电动机 M2 的控制电路中串接了接触器 KM1 常开辅助触点。显然，只要电动机 M1 不启动，即使按下 SB2，由于 KM1 的常开辅助触点未闭合，KM2 线圈也不能得电，从而保证了电动机 M1 启动后，电动机 M2 才能启动的控制要求。线路中停止按钮 SB3 控制两台电动机同时停止，SB4 控制电动机 M2 单独停止。

如图 2-10（c）所示控制线路，在图 2-10（b）所示线路中的 SB3 的两端并接了接触器 KM2 的常开辅助触点，从而实现了电动机 M1 启动后电动机 M2 才能启动，而电动机 M2 停止后，电动机 M1 才能停止的控制要求，电动机 M1、M2 是顺序启动，逆序停止。

2.3.2　时间控制

在生产中经常需要按一定的时间间隔来对生产机械进行控制，例如，电动机的降压启动需要一定的时间，然后才能加上额定电压；在一条自动线中的多台电动机，经常需要分批启动，在第一批启动后，需经过一定时间，才能启动第二批等。这类自动控制称为时间控制。时间控制通常是利用时间继电器来实现的。时间继电器广泛用于需要按时间顺序进行控制的电气控制线路中。

如图 2-11 所示控制线路就是将图 2-10（c）所示控制线路改为由时间继电器 KT 控制的两台电动机顺序启动、逆序停止的控制电路。按下 SB1，KM1 线圈、KT 线圈同时得电，电动机 M1 启动，过一定时间后 KT 常开延时闭合触点闭合，KM2 线圈得电，电动机 M2 启动；因 SB2 的两端并接了接触器 KM2 的常开辅助触点，所以电动机 M2 停止后，电动机 M1 才能停止。

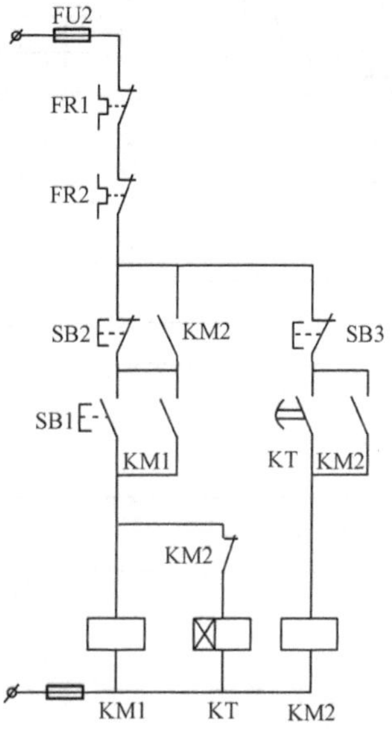

图 2-11　由时间继电器 KT 控制顺序启动、逆序停止的控制电路

项目实施：Z3050 型钻床电气控制线路分析与故障诊断

2.4　摇臂钻床电气线路分析

Z3050 型摇臂钻床的电气图如图 2-12 所示。

2.4.1　主电路分析

Z3050 型钻床有四台电动机，除冷却泵采用开关直接启动外，其余三台异步电动机均采用接触器启动。

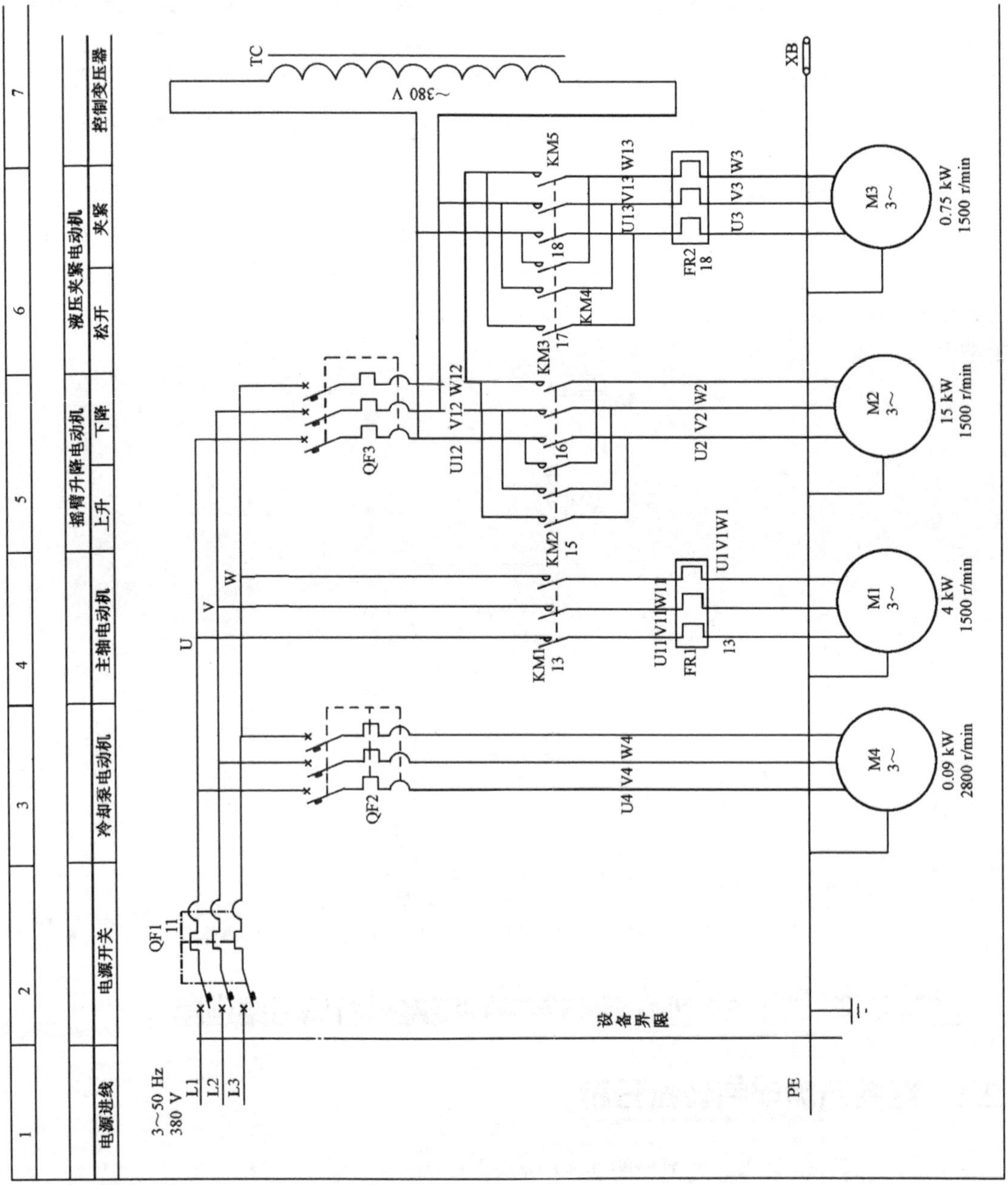

（a）Z3050型钻床电气控制主电路

图 2-12　Z3050 型摇臂钻床的电气图

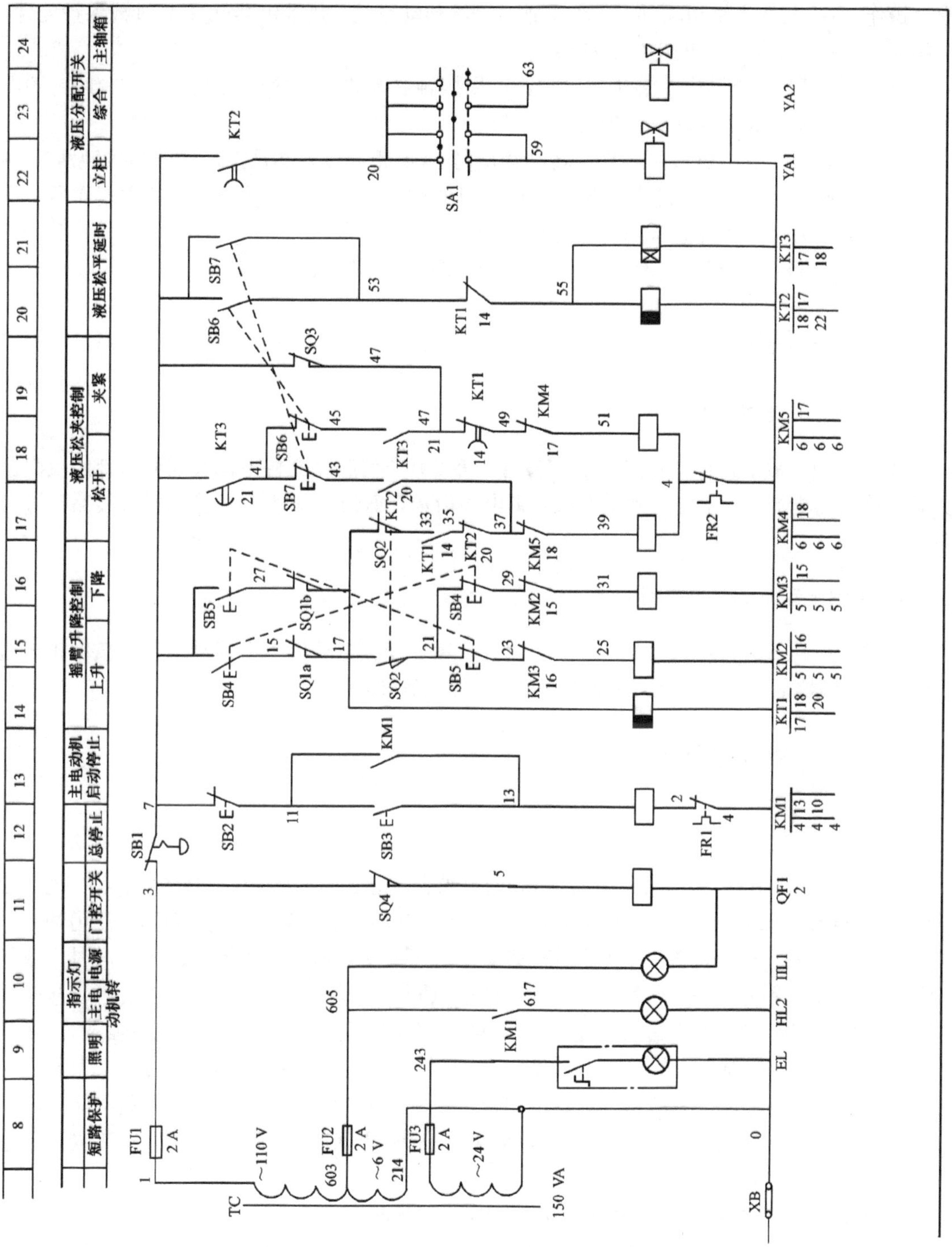

（b）Z3050型钻床电气控制电路

图 2-12　Z3050 型摇臂钻床的电气图（续）

M1 是主轴电动机，由交流接触器 KM1 控制，只要求单方向旋转，主轴的正反转由机械手柄操作，M1 装在主轴箱顶部，带动主轴及进给传动系统，热继电器 FR1 是过载保护元件，短路保护是总电源开关中的电磁脱扣装置。

M2 是摇臂升降电动机，装于主轴顶部，用接触器 KM2 和 KM3 控制正反转。因为该电动机短时间工作，故不设过载保护电器。

M3 是液压油泵电动机，可以正向转动和反向转动。正向旋转和反向旋转的由接触器 KM4 和 KM5 控制。热继电器 FR2 是液压油泵电动机的过载保护电器。该电动机的主要作用是供给夹紧装置压力油，实现摇臂和立柱的夹紧和松开。

M4 是冷却泵电动机，功率很小，由开关直接启动和停止。

2.4.2 控制电路分析

1. 开车前的准备工作

为了安全，钻床具有“开门断电”功能。所以开车前应将立柱下部及摇臂后部的电门盖关好方能接通电源，合上电源开关 QF1，则电源指示灯 HL1 亮，表示机床的电气线路已进入带电状态。

2. 主轴电动机 M1 的控制

按启动按钮 SB3，则接触器 KM1 吸合并自锁，使主电动机 M1 启动运行。按停止按钮 SB2，则接触器 KM1 释放，使主轴电动机 M1 停止旋转。

2.4.3 摇臂升降控制

1. 摇臂上升

按上升按钮 SB4，则时间继电器 KT1 通电吸合，它的瞬时闭合的动合触点（17 区）闭合，接触器 KM4 线圈通电，液压油泵电动机 M3 启动正向旋转，供给压力油，压力油经分配阀进入摇臂的“松开油腔”，推动活塞移动，活塞推动菱形块，将摇臂松开。同时活塞杆通过弹簧片使位置开关 SQ2 动作，使其动断触点断开，动合触点闭合。前者切断了接触器 KM4 的线圈电路，KM4 主触点断开，液压油泵电动机停止工作，后者使交流接触器 KM2 的线圈通电，主触点接通 M2 的电源，摇臂升降电动机启动正向旋转，带动摇臂上升，如果此时摇臂未松开，则位置开关 SQ2 常开触点不闭合，接触器 KM2 就不能吸合，摇臂就不能上升。

当摇臂上升到所需位置时，松开按钮 SB4，则接触器 KM2 和时间继电器 KT1 同时断电释放，M2 停止工作，随之摇臂停止上升。

由于时间继电器 KT1 断电释放，经 1～3 s 时间延时后，其延时闭合的常闭触点（18 区）闭合，使接触器 KM5 吸合，液压油泵电动机 M3 反向旋转，随之泵内压力油经分配阀进入摇臂的“夹紧油腔”，摇臂夹紧。在摇臂夹紧的同时，活塞杆通过弹簧片使位置开关 SQ3 的动断触点断开，KM5 断电释放，最终停止电动机 M3 的工作，完成摇臂的松开、上升、夹紧的整套动作。

2. 摇臂下降

按下降按钮SB5，则时间继电器KT1通电吸合，其常开触点闭合，接通KM4的线圈电源，液压油泵电动机M3启动正向旋转，供给压力油。与前面叙述的过程相似，先使摇臂松开，接着压着位置开关SQ2，其常闭触点断开，使KM4断电释放，液压油泵电动机停止工作；其常开触点闭合，使KM3线圈通电，摇臂升降电动机M2反向运行，带动摇臂下降。

当摇臂下降到所需位置时，松开按钮SB5，则接触器KM3和时间继电器KT1同时断电释放，电动机M2停止工作，摇臂停止下降。

由于时间继电器KT1断电释放，经1～3 s时间的延时后，其延时闭合的常闭触点闭合，KM5线圈获电，液压泵电动机M3反向旋转，随之摇臂夹紧。在摇臂夹紧的同时，使位置开关SQ3常闭触点断开，KM5断电释放，最终停止电动机M3的工作，完成摇臂的松开、下降、夹紧的整套动作。

位置开关SQ1a和SQ1b用来限制摇臂的升降超程。当摇臂上升到极限位置时，SQ1a动作，接触器KM2断电释放，电动机M2停止运行，摇臂停止上升；当摇臂下降到极限位置时，SQ1b动作，接触器KM3断电释放，电动机M2停止旋转，摇臂停止下降。摇臂的自动夹紧由位置开关SQ3控制。

2.4.4 立柱和主轴箱的夹紧与松开控制

立柱和主轴箱的松开（或夹紧）既可以同时进行，也可以单独进行，由转换开关SA1和按钮SB6（或SB7）进行控制。SA1有三个位置，扳到中间位置时，立柱和主轴箱的松开（或夹紧）同时进行；扳到左边位置时，立柱夹紧（或松开）；扳到右边位置时，主轴箱夹紧（或松开）。按钮SB6是松开控制按钮，SB7是夹紧控制按钮。

1. 立柱和主轴箱同时松开、夹紧

将转换开关SA1扳到中间位置，然后按松开按钮SB6，时间继电器KT2、KT3同时得电。KT2的延时断开的常开触点闭合，电磁铁YA1、YA2得电吸合。而KT3的延时闭合的常开触点经1～3 s后才闭合，随后，KM4得电，液压泵电动机M3正转，供出的压力油进入立柱和主轴箱松开油腔，使立柱和主轴箱同时松开。

立柱和主轴箱同时夹紧的工作原理与松开相似，只要把SB6换成SB7，接触器KM4换成KM5，M3由正转换成反转即可。

2. 立柱和主轴箱单独松开、夹紧

如果希望单独控制主轴箱，可将转换开关SA1扳到右侧位置，按下松开按钮SB6（或夹紧按钮SB7），此时时间继电器KT2和KT3的线圈同时得电，电磁铁YA2单独通电吸合，即可实现主轴箱的单独松开（或夹紧）。

松开按钮开关SB6（或SB7），时间继电器KT2和KT3的线圈断电释放，KT3的通电延时闭合的常开触点瞬时断开，接触器KM4（或KM5）的线圈断电释放，液压泵电动机停转。经1～3 s的延时，电磁铁YA2的线圈断电释放，主轴箱松开（或夹紧）的操作结束。

同理，把转换开关扳到左侧，则可使立柱单独松开或夹紧。

2.5 摇臂钻床常见故障的分析与检修

摇臂钻床电气控制的特殊环节是摇臂升降、立柱和主轴箱的夹紧与松开。Z3050型摇臂钻床的工作过程是由电气、机械以及液压系统紧密配合实现的。因此，在维修中不仅要注意电气部分能否正常工作，而且也要注意它与机械和液压部分的协调关系。

1．摇臂不能升降

由摇臂升降过程可知，升降电动机M2旋转，带动摇臂升降，其条件是使摇臂从立柱上完全松开后，活塞杆压合位置开关SQ2。所以发生故障时，应首先检查位置开关SQ2是否动作，如果SQ2不能动作，常见的故障是SQ2的安装位置移动或已损坏。这样，摇臂虽已松开，但活塞杆压不上SQ2，摇臂就不能升降。有时，液压系统发生故障，使放松不够，也会压不上SQ2，使摇臂不能运动。由此可见，SQ2的位置非常重要，排除故障时，应配合机械、液压调整好后紧固。

另外，电动机M3电源相序接反时，按上升按钮SB4（或下降按钮SB5），M3反转，使摇臂夹紧，压不上SQ2，摇臂也就不能升降。所以，在钻床大修或安装后，一定要检查电源相序。

2．摇臂升降后，摇臂夹不紧

由摇臂夹紧的动作过程可知，夹紧动作的结束是由位置开关SQ3来完成的，如果SQ3动作过早，会使电动机M3尚未充分夹紧就停转。常见的故障原因是SQ3安装位置不合适，或固定螺钉松动造成SQ3移位，使SQ3在摇臂夹紧动作未完成时就被压下，切断了KM5回路，电动机M3停转。

排除故障时，首先判断是液压系统的故障（如活塞杆阀芯卡死或油路堵塞造成的夹紧力不够），还是电气系统故障。对电气方面的故障，应重新调整SQ3的动作距离，固定好螺钉即可。

3．立柱、主轴箱不能夹紧或松开

立柱、主轴箱不能夹紧或松开的可能原因是油路堵塞，接触器KM4或KM5不能吸合。出现故障时，应检查按钮SB6、SB7接线情况是否良好。若接触器KM4或KM5能吸合，电动机M3能运转，可排除电气方面的故障，则应请液压、机械修理人员检修油路，以确定是否是油路故障。

4．摇臂上升或下降限位保护开关失灵

组合开关SQ1的失灵分两种情况：一是组合开关SQ1损坏，SQ1触点不能因开关动作而闭合或接触不良使线路断开，由此使摇臂不能上升或下降；二是组合开关SQ1不能动作，触点熔焊，使线路始终处于接通状态，当摇臂上升或下降到极限位置后，摇臂升降电动机M2发生堵转，这时应立即松开SB4或SB5。根据上述情况进行分析，找出故障原因，更换

或修理失灵的组合开关 SQ1 即可。

5．按下 SB6，立柱、主轴箱能夹紧，但释放后就松开

由于立柱、主轴箱的夹紧和放松机构都采用机械菱形块结构，所以这种故障多为机械原因造成（可能是菱形块和承压块的角度方向装错，或者距离不合适。如果菱形块立不起来，这是因为夹紧力调得太大或夹紧液压系统压力不够所致），可找机械维修工检修。

知识梳理与总结

本项目以 Z3050 型摇臂钻床为学习目标，从其基本组成器件断路器、时间继电器等的结构、工作原理入手，着重讲述了时间控制原则和顺序控制电路设计方法。在项目中还重点对 Z3050 型摇臂钻床的电气控制线路进行了分析和讨论。从分析中发现，各种机床的电气控制线路都是从各种机床加工工艺出发，由若干典型控制环节有机组合而成的。因此，在分析机床电路时，应首先对机床的基本结构、运动形式、工艺要求等有全面的了解，并由此出发明确其对电气控制的要求，在此基础上去分析控制电路。

分析机床电气控制时，首先分析主电路，看机床由几台电动机拖动，其作用如何，各台电动机的启动方法、制动方式以及各电动机的保护环节等，进而分析其控制电路。分析时，以对电动机的各个控制环节为索引，一个环节一个环节去分析，看其控制方式、操作方法，尤其要注意机械与电气的联动，注意各环节之间联锁与保护。项目的最后对 Z3050 型摇臂钻床常见故障进行了分析，并指出了一般的故障排除方法。

练习与思考题 2

2-1　简述空气阻尼式时间继电器的结构。

2-2　晶体管时间继电器适用于什么场合？

2-3　什么是顺序控制？常见的顺序控制有哪些？各举一例说明。

2-4　图 2-13 所示是两种在控制电路中实现电动机顺序控制的线路（主电路略），试分析各线路有什么特点，能满足什么控制要求。

2-5　某控制线路可以实现以下控制要求：（1）电动机 M1、M2 可以分别启动和停止；（2）电动机 M1、M2 可以同时启动、同时停止；（3）当一台电动机发生过载时，两台电动机同时停止。试设计该控制线路，并分析工作原理。

2-6　试设计一小车运行电路，要求：

（1）小车由原位开始前进，到终点后自动停止；

（2）小车在终点停留 2 min 后自动返回到原位停止；

（3）要求能在前进或后退中任一位置均可停止或启动。

2-7　Z3050 型摇臂钻床电路中，摇臂上升时液压松开无效，且 KT1 线圈不得电，试分析故障可能原因。

2-8　Z3050 型摇臂钻床电路中，摇臂升降控制、液压松紧控制、立柱与主轴箱控制失效，试分析故障可能原因。

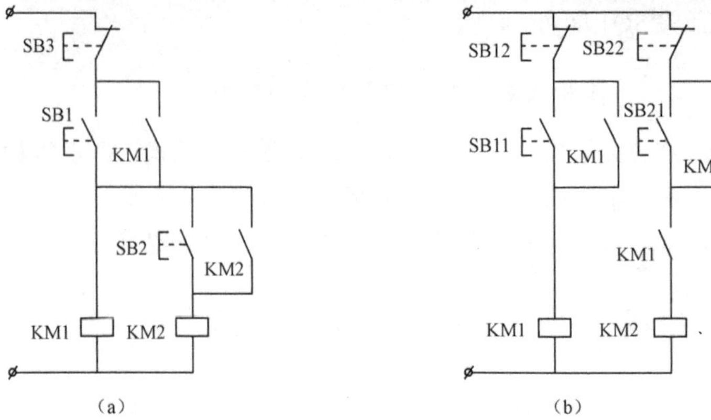

图 2-13

2-9 Z3050 型摇臂钻床电路中，除冷却泵电动机可正常运转外，其余电动机及控制回路均失效，试分析故障可能原因。

项目 3

卧式镗床电气控制线路分析

教学导航

教	建议课时	26
	推荐教学方法	1．理论实践一体化教学； 2．以 T68 型卧式镗床为项目，引导学生学习相关知识
	重　　点	1．电动机降压启动控制电路； 2．双速异步电动机的调速原理及控制电路； 3．制动控制方法，分析、设计制动控制电路
	难　　点	T68 型卧式镗床线路故障现象、分析故障、排除故障
学	推荐学习方法	1. 以小组为单位，模拟车间班组，每位小组成员扮演工艺员、质检员、安全员、操作员等不同角色完成项目； 2．边学边做，小组讨论
	学习目标	1．掌握速度继电器的结构、作用及工作原理； 2．掌握电动机降压启动控制电路； 3．掌握三相异步电动机的制动控制电路； 4．能正确选择启动方法，分析、设计降压启动控制电路； 5．能分析、设计双速电动机启动运行控制电路； 6．能正确选择制动控制方法，分析、设计制动控制电路； 7．熟悉镗床的结构、工作原理及电气控制线路； 8．能根据 T68 型卧式镗床线路故障现象分析故障、排除故障

项目描述

镗床也是用于孔加工的机床，与钻床比较，镗床主要用于加工精确的孔和各孔间的距离要求较精确的零件，如一些箱体零件（机床主轴箱、变速箱等）。镗床的加工形式主要是用镗刀镗削在工件上已铸出或已粗钻的孔，除此之外，大部分镗床还可以进行铣削、钻孔、扩孔、铰孔等加工。

镗床的主要类型有卧式镗床、坐标镗床、金刚镗床和专用镗床等，其中以卧式镗床应用最广。本章介绍T68型卧式镗床的电气控制电路。

T68型卧式镗床型号的含义为：

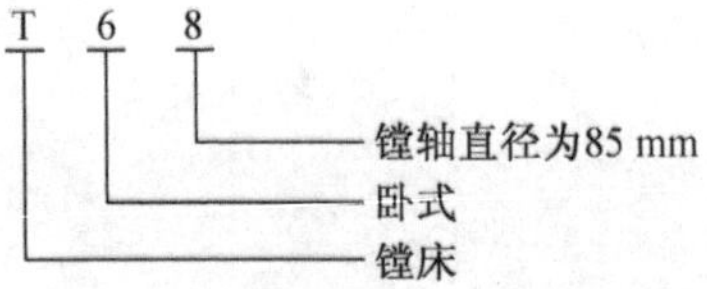

3.1　T68型卧式镗床的主要结构和运动形式

T68型卧式镗床主要由床身、前立柱、镗头架、工作台、后立柱和尾架等部分组成，如图3-1所示。

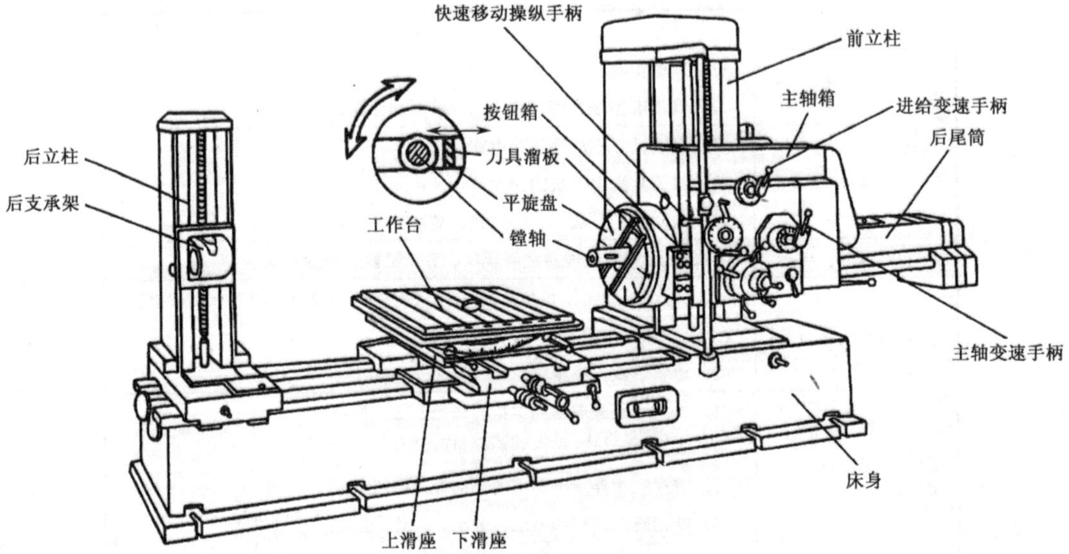

图3-1　卧式镗床结构示意图

T68型卧式镗床的运动形式如下。

（1）主运动：镗轴和平旋盘的旋转运动。

（2）进给运动包括：

- 镗轴的轴向进给运动；
- 平旋盘上刀具溜板的径向进给运动；
- 主轴箱的垂直进给运动；
- 工作台的纵向和横向进给运动。

（3）辅助运动包括：

- 主轴箱、工作台等的进给运动上的快速调位移动；
- 后立柱的纵向调位移动；
- 后支承架与主轴箱的垂直调位移动；
- 工作台的转位运动。

3.2　T68型卧式镗床的电力拖动形式和控制要求

（1）卧式镗床的主运动和进给运动都用同一台异步电动机拖动。为了适应各种形式和各种工件的加工，要求镗床的主轴有较宽的调速范围，因此多采用由双速或三速笼型异步电动机拖动的滑移齿轮有级变速系统。采用双速或三速电动机拖动，可简化机械变速机构。目前，采用电力电子器件控制的异步电动机无级调速系统已在镗床上获得广泛应用。

（2）镗床的主运动和进给运动都采用机械滑移齿轮变速，为有利于变速后齿轮的啮合，要求有变速冲动。

（3）要求主轴电动机能够正反转，可以点动进行调整，并要求有电气制动，通常采用反接制动。

（4）卧式镗床的各进给运动部件要求能快速移动，一般由单独的快速进给电动机拖动。

以下具体分析与该项目相关的知识内容：速度继电器和双速异步电动机，三相异步电动机降压启动和调速等内容。

相关知识

3.3　电气控制器件

3.3.1　速度继电器

速度继电器是反映转速和转向的继电器，主要用于笼型异步电动机的反接制动控制，所以也称为反接制动继电器。它主要由转子、定子和触点三部分组成。转子是一个圆柱形永久磁铁；定子是一个笼形空心圆环，由硅钢片叠成，并装有笼型绕组；触点由两组转换触点组成，一组在转子正转时动作，另一组在转子反转时动作。图3-2所示为JY1型速度继电器外形及结构原理图，速度继电器电路图形符号如图3-3所示。

速度继电器工作原理为：速度继电器转子的轴与被控电动机的轴相连接，而定子空套在转子上。当电动机转动时，速度继电器的转子随之转动，定子内的短路导体便切割磁场，产生感应电动势，从而产生电流。此电流与旋转的转子磁场作用产生转矩，于是定子开始转动；当转到一定角度时，装在定子轴上的摆锤推动簧片动作，使常闭触点分断，常开触点闭合。

当电动机转速低于某一值时，定子产生的转矩减小，触点在弹簧作用下复位。

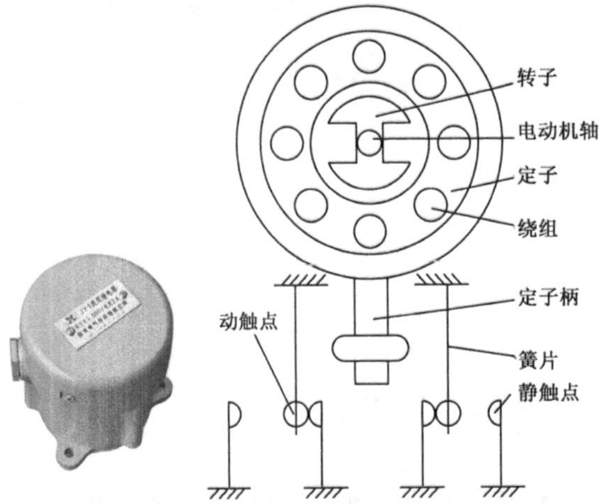

图 3-2　速度继电器外形及结构原理图

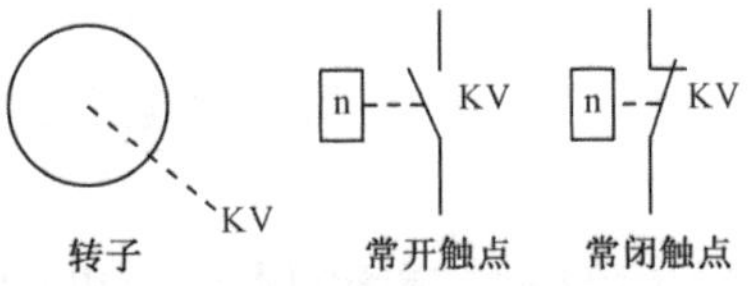

图 3-3　速度继电器电路图形符号

3.3.2　双速异步电动机

1．双速电动机简介

双速电动机属于异步电动机变极调速，它主要是通过改变定子绕组的连接方法达到改变定子旋转磁场磁极对数的目的，从而改变电动机的转速。变极调速主要用于调速性能要求不高的场合，如铣床、镗床、磨床等机床及其他设备上，它所需设备简单，体积小，质量轻，但电动机绕组引出头较多，调速级数少，级差大，不能实现无级调速。

2．变极调速原理

变极原理：“定子一半绕组中电流方向变化，磁极对数成倍变化”。如图 3-4 所示，每相绕组由两个线圈组成，每个线圈看做一个半相绕组。若两个半相绕组顺向串联，电流同向，可产生四极磁场；其中一个半相绕组电流反向，可产生两极磁场。

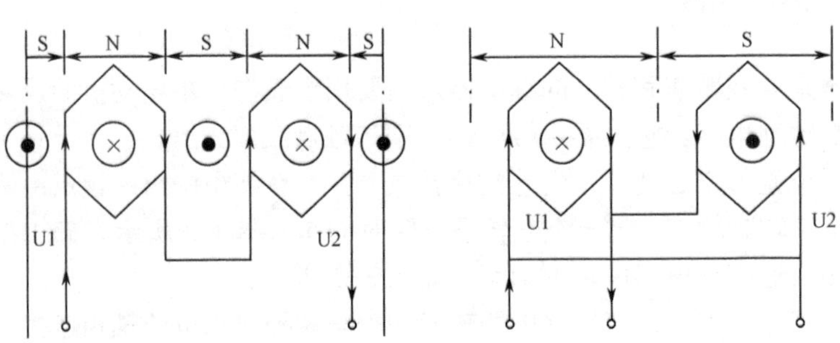

（a）$2p=4$　　（b）$2p=2$

图 3-4　变极调速电机绕组展开示意图

根据公式 $n_1=60f/p$，可在电源频率不变的条件下，异步电动机的同步转速与磁极对数成反比，磁极对数增加一倍，同步转速 n_1 下降至原转速的一半，电动机额定转速 n 也将下降近似一半，所以改变磁极对数可以达到改变电动机转速的目的。

3. 双速异步电动机定子绕组的连接方式

双速异步电动机的形式有两种：Y-YY 和△-YY。这两种形式都能使电动机极数减少一半。图 3-5（a）所示为电动机 Y-YY 连接方式，图 3-5（b）所示为△-YY 连接方式。

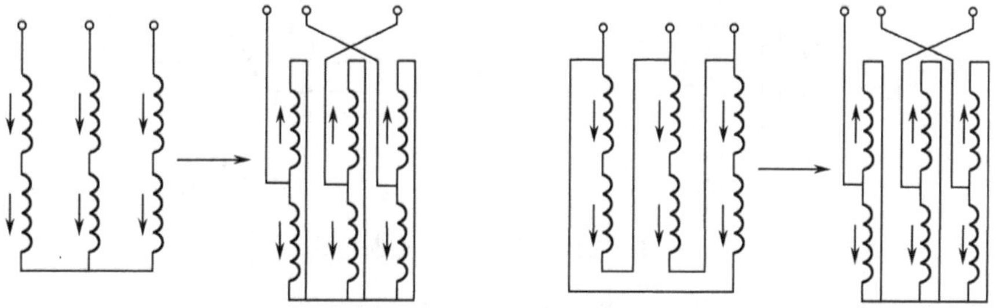

（a）Y-YY　　（b）△-YY

图 3-5　双速异步电动机定子绕制的连接方式

当变极前后绕组与电源的接线如图 3-5 所示时，变极前后电动机转向相反，因此，若要使变极后电动机保持原来转向不变，应调换电源相序。

本项目介绍的是最常见的单绕组双速电动机，转速比等于磁极倍数比，如 2 极/4 极、4 极/8 极。对 2 极/4 极的双速电动机，当定子绕组△（或 Y）形接法变为 YY 接法，磁极对数从 $p=2$ 变为 $p=1$，因此转速比等于 2。

3.4　电气控制线路

3.4.1　电动机降压启动控制电路

1. Y-△降压启动控制电路

定子绕组接成 Y 形时，由于电动机每相绕组额定电压只为△形接法的 $1/\sqrt{3}$，电流为△形接法的 1/3，电磁转矩也为△形接法的 1/3。因此，对于△形接法运行的电动机，在电动机启动时，先将定子绕组接成 Y 形，实现降压启动，减小启动电流；当启动即将完成时再换接成△形，各相绕组承受额定电压工作，电动机进入正常运行，故这种降压启动方法称为 Y-△降压启动。

图 3-6 所示为 Y-△降压启动控制电路，图中主电路由三组接触器主触点分别将电动机的定子绕组接成△形和 Y 形，即 KM1、KM3 主触点闭合时，绕组接成 Y 形；KM1、KM2 主触点闭合时，接为△形。两种接线方式的切换要在很短的时间内完成，在控制电路中采用时间继电器实现定时自动切换。

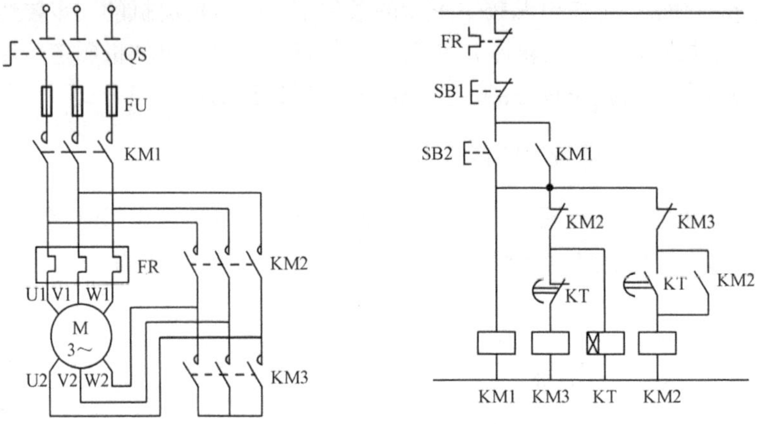

（a）主电路　　　　（b）控制电路

图 3-6　Y-△降压启动控制电路

电路工作过程为：先合上电源开关 QS，再按以下步骤操作。

1）Y 降压启动→△运行

按下 SB2
- KM1 线圈通电吸合
  - KM1 自锁触点闭合
  - KM1 主触点闭合 ⎫ 定子绕组接成 Y 形，电动机降压启动
- KM3 线圈通电吸合
  - KM3 主触点闭合 ⎭
  - KM3 联锁触点断开→保证 KM2 线圈断电

KT 线圈通电吸合
- KT 常闭触点延时断开→KM3 线圈断电
- KT 常开触点延时闭合 → KM2 线圈通电吸合
  - KM2 自锁触点闭合
  - KM2 主触点闭合 ⎫ 定子绕组接成△ 形，电动机全压运行
  - KM1 主触点已闭合 ⎭
  - KM2 联锁触点断开

2）停止

按下 SB1→KM1、KM2、KM3 线圈断电释放→电动机 M 断电停车。

用 Y-△降压启动时，由于启动转矩降低很多，只适用于轻载或空载下启动的设备上。此法最大的优点是所需设备较少，价格低，因而获得较广泛的应用。由于此法只能用于正常运行时为△形连接的电动机上，因此我国生产的 JO2 系列、Y 系列、Y2 系列三相笼型异步电动机，凡功率在 4 kW 及以上者，正常运行时都采用△形连接。

2. 自耦变压器降压启动控制电路

自耦变压器降压启动利用自耦变压器来降低加在电动机三相定子绕组上的电压，达到限制启动电流的目的。自耦变压器降压启动时（如图 3-7 所示），将电源电压加在自耦变压器的高压绕组，而电动机的定子绕组与自耦变压器的低压绕组连接。当电动机启动后，将自耦变压器切除，电动机定子绕组直接与电源连接，在全电压下运行。自耦变压器降压启动比

Y-△降压启动的启动转矩大，并且可用抽头调节自耦变压器的变比以改变启动电流和启动转矩的大小。这种启动需要一个庞大的自耦变压器，并且不允许频繁启动。因此，自耦变压器降压启动适用于容量较大但不能用 Y-△降压启动方法启动的电动机的降压启动。一般自耦变压器降压启动采用成品的补偿降压启动器，包括手动、自动两种操作形式，手动操作的补偿器有 QJ3、QJ5 等型号，自动操作的有 XJ01 型和 CTZ 系列等。

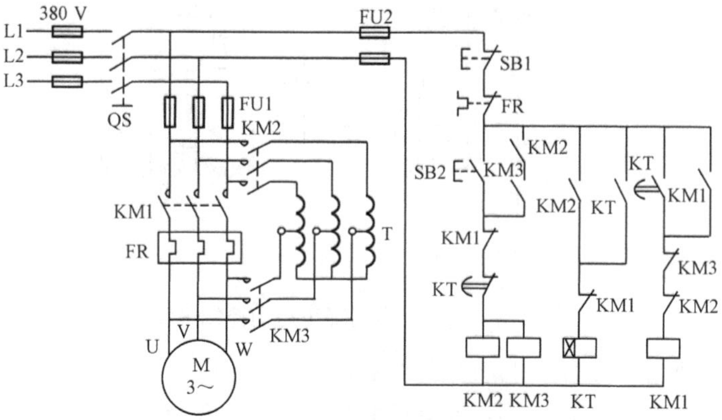

图 3-7　自耦变压器降压启动控制电路图

控制线路工作过程：先合上电源开关 QS，再按以下步骤完成。

1）自耦变压器降压启动，全压运行

按下 SB2：
- KM2 线圈通电吸合：
  - KM2 自锁常开触点闭合
  - KM2 主触点闭合
  - KM2 辅助常开触点闭合→KT 线圈通电吸合 ——降压启动
  - KM2 联锁常闭触点断开 } KM1 线圈断电
- KM3 线圈通电吸合：
  - KM3 联锁常闭触点断开 } KM1 线圈断电
  - KM3 主触点闭合
  - KM3 自锁常开触点闭合 ——降压启动

→
- KT 自锁常开触点闭合
- KT 常闭触点延时先断开→KM2 、KM3 线圈断电
- KT 常开触点延时闭合→KM1 线圈通电吸合：
  - KM1 自锁常开触点闭合
  - KM1 主触点闭合→电动机全压运行
  - KM1 联锁常闭触点断开→KT 线圈断电
  - KM1 联锁常闭触点断开→KM2、KM3 线圈断电

2）停止

按下 SB1→控制电路断电→KM1、KM2、KM3 线圈断电释放→电动机 M 断电停车。

3．串电阻降压启动控制电路

图 3-8 所示为定子串电阻降压启动控制电路，电动机启动时在三相定子电路中串接电阻，使电动机定子绕组电压降低，启动后再将电阻短路，电动机仍然在正常电压下运行。这种启动方式由于不受电动机接线形式的限制，设备简单，因而在中小型机床中也有应用，机床中也常用这种串接电阻的方法限制点动调整时的启动电流。

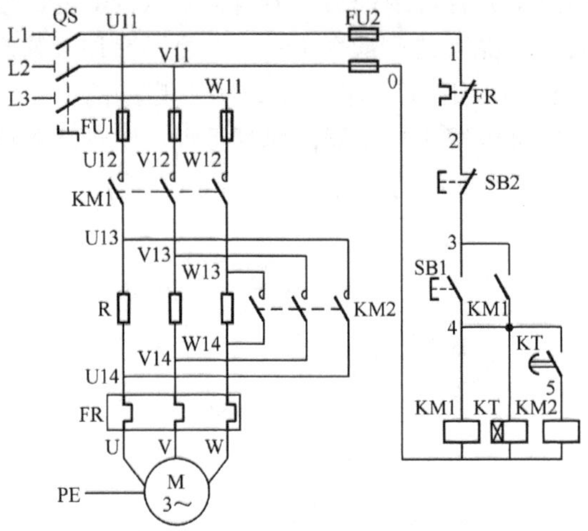

图 3-8　定子串电阻降压启动控制电路

线路的工作原理如下（合上电源开关 QS）：

按下 SB1
- KM1 线圈得电→
  - KM1 自锁触点闭合自锁
  - KM1 主触点闭合→电动机 M 串电阻 R 降压启动
- KT 线圈得电→至转速上升一定值时，KT 延时结束→KT 常开触点闭合→KM2 线圈得电→KM2 主触点闭合→R 被短接→电动机 M 全压运转

停止时，按下 SB2 即可实现。

由以上分析可见，当电动机 M 全压正常运转时，接触器 KM1 和 KM2、时间继电器 KT 的线圈均需长时间通电，从而使能耗增加，电器寿命缩短。为此，可以对图 3-8 所示控制电路改进，KM2 的三对主触点不直接并接在启动电阻 R 两端，而是把接触器 KM1 的主触点也并接进去，这样接触器 KM1 和时间继电器 KT 只作短时间的降压启动用，待电动机全压运转后就全部从线路中切除，从而延长了接触器KM1 和时间继电器KT 的使用寿命，节省了电能，提高了电路的可靠性（控制电路可自行设计）。

定子串电阻降压启动电路中的启动电阻一般采用由电阻丝绕制的板式电阻或铸铁电阻，电阻功率大，能够通过较大电流，但功耗较大，为了降低能耗可采用电抗器代替电阻。

3.4.2　电动机制动控制电路

1. 反接制动控制电路

反接制动是利用改变电动机电源的相序，使定子绕组产生相反方向的旋转磁场，因而产生制动转矩的一种制动方法。

反接制动刚开始时，转子与旋转磁场的相对速度接近于两倍的同步转速，所以定子绕组流过的制动电流相当于全压直接启动电流的两倍，因此，反接制动的特点是制动迅速，效果好，但冲击大。故反接制动一般用于电动机需快速停车的场合，如镗床上主电动机的停车等。为了减小冲击电流，通常要求在电动机主电路中串接一定的电阻以限制反接制动电流。对反接制动的另一个要求是在电动机转速接近于零时，必须及时切断反相序电源，以防止电动机

反向再启动。反接制动电阻的接线方法有对称和不对称两种接法。

图 3-9 所示为三相串电阻的异步电动机单向运行反接制动电路，KM1 为电动机单向旋转接触器，KM2 为反接制动接触器，制动时在电动机三相中串入制动电阻。用速度继电器来检测电动机转速。

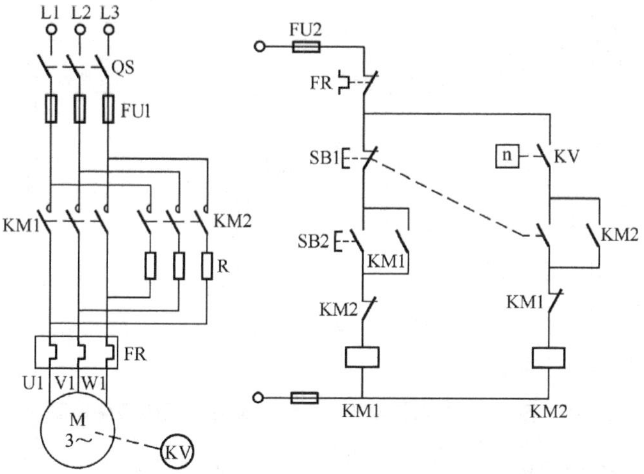

图 3-9　三相串电阻的异步电动机单向运行反接制动电路

电路工作过程如下：假设速度继电器的动作值为 120 r/min，释放值为 100 r/min。合上开关 QS，按下启动按钮 SB2→KM1 动作，电动机转速很快上升至 120 r/min，速度继电器动合触点闭合。电动机正常运转时，此对触点一直保持闭合状态，为进行反接制动做好准备→当需要停车时，按下停止按钮 SB1→SB1 动断触点先断开，使 KM1 断电释放。主回路中，KM1 主触点断开，使电动机脱离正相序电源→SB1 动合触点后闭合，KM2 通电自锁，主触点动作，电动机定子串入对称电阻进行反接制动，使电动机转速迅速下降→当电动机转速下降至 100 r/min 时，KV 动合触点断开，使 KM2 断电解除自锁，电动机断开电源后自由停车。

2．能耗制动控制电路

能耗制动是指电动机脱离交流电源后，立即在定子绕组的任意两相中加入一直流电源，在电动机转子上产生一制动转矩，使电动机快速停下来。由于能耗制动采用直流电源，故也称为直流制动。按控制方式有时间原则与速度原则。

（1）按速度原则控制的电动机单向运行能耗制动控制电路。电路如图 3-10 所示，由 KM2 的一对主触点接通交流电源，经整流后，由 KM2 的另两对主触点通过限流电阻向电动机的两相定子绕组提供直流。

电路工作过程如下：假设速度继电器的动作值调整为 120 r/min，释放值为 100 r/min。合上开关 QS，按下启动按钮 SB2→KM1 通电自锁，电动机启动→当转速上升至 120 r/min 时，KV 动合触点闭合，为 KM2 通电做准备。电动机正常运行时，KV 动合触点一直保持闭合状态→当需停车时，按下停车按钮 SB1→SB1 动断触点首先断开，使 KM1 断电接触自锁，主回路中，电动机脱离三相交流电源→SB1 动合触点后闭合，使 KM2 线圈通电自锁。KM2 主触点闭合，交流电源经整流后经限流电阻向电动机提供直流电源，在电动机转子上产生一制动转矩，使电动机转速迅速下降→当转速下降至 100 r/min 时，KV 动合触点断开，KM2 断电释放，切断直流电源，制动结束。电动机最后阶段自由停车。

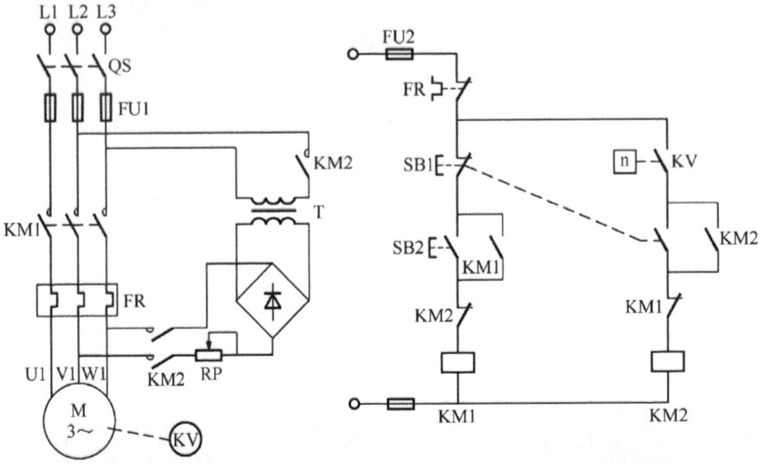

图 3-10　按速度原则控制的电动机单向运行能耗制动控制电路

对于功率较大的电动机应采用三相整流电路，而对于 10 kW 以下的电动机，在制动要求不高的场合，为减少设备，降低成本，减小体积，可采用无变压器的单管直流制动。制动电路可参考相关书籍。

（2）按时间原则进行控制的电动机可逆运行能耗制动控制电路。图 3-11 所示为按时间原则控制的可逆运行能耗制动控制电路。图中 KM1、KM2 分别为电动机正反转接触器，KM3 为能耗制动接触器；SB2、SB3 分别为电动机正反转启动按钮。

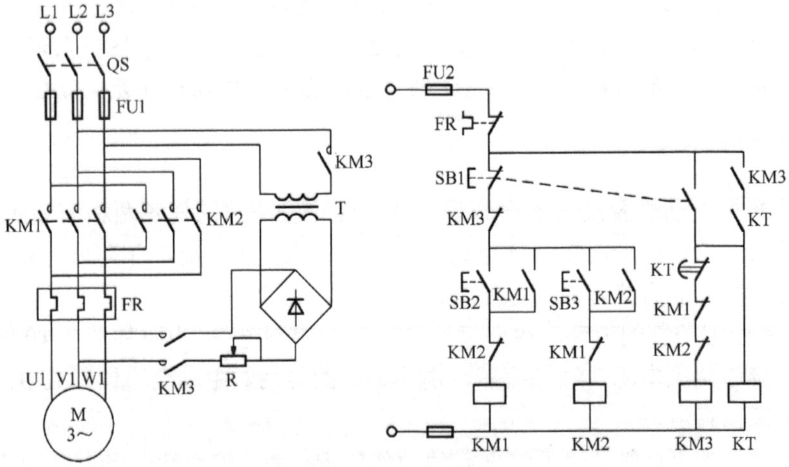

图 3-11　按时间原则控制的可逆运行能耗制动控制电路

线路的工作原理如下（合上电源开关 QS）：

按下 SB2（SB3）KM1（KM2）线圈得电→
- KM1（KM2）自锁触点闭合自锁
- KM1（KM2）主触点闭合→电动机正向（反向）启动、运行

停车时按下停止按钮 SB1 时，SB1 动断触点首先断开，使 KM1（正转时）或 KM2（反转时）断电并解除自锁，电动机断开交流电源→SB1 动合触点闭合，使 KM3、KT 线圈通电并自锁。KM3 动断辅助触点断开，进一步保证 KM1、KM2 失电。主回路中，KM3 主触点闭合，电动机定子绕组串电阻进行能耗制动，电动机转速迅速降低→当转速接近零时，KT 延时结束，其延时动断触点断开，使 KM3、KT 线圈相继断电释放。主回路中，KM3 主触点断开，切断直流电源，直流制动结束。电动机最后阶段自由停车。

按时间原则控制的直流制动，一般适合于负载转矩和转速较稳定的电动机，这样，时间继电器的整定值无须经常调整。

3. 电磁离合器制动

电磁离合器制动是一种机械制动方式。电磁离合器的工作原理是，电磁离合器的主动部分和从动部分借接触面的摩擦作用，或是用液体作为介质（液力耦合器），或是用磁力传动（电磁离合器）来传动转矩，使得两者之间可以暂时分离，又逐渐接合，在传动过程当中又允许两部分相互转动。

电磁离合器又称为电磁联轴节，它是利用表面摩擦和电磁感应原理，在两个旋转运动的物体间传递力矩的执行电器。由于它便于远距离控制，控制能量小，动作迅速、可靠，结构简单，可广泛用于机床的自身控制。铣床上采用的是摩擦式电磁离合器。

摩擦式电磁离合器按摩擦片数量可以分为单片式与多片式两种，机床上普遍采用多片式电磁离合器，在主动轴的花键轴端，装有主动摩擦片，它可以沿轴向自由移动，但因为是花键连接，故将随主轴一起转动。从动摩擦片与主动摩擦片交替叠装，其外缘凸起部分卡在从动齿轮固定在一起的套筒内，因而可以随从动齿轮转动，并在主动轴转动时，它不可以转。

当线圈通电后产生磁场，将摩擦片吸向铁芯，衔铁也被吸住，紧紧压住各摩擦片，于是，依靠主动摩擦片与从动摩擦片之间的摩擦力，使从动齿轮随主动轴转动，实现力矩的传递。当电磁离合器线圈电压达到额定值的 85%～105%时，离合器就能可靠地工作。当线圈断电时，装在内外摩擦片之间的圈状弹簧使衔铁和摩擦片复原，离合器便失去传递力矩的作用。

多片式摩擦电磁离合器具有传递力矩大，体积小，容易安装的优点。多片式电磁离合器的数量在 2～12 片时，随着片数的增加，传递力矩也增加，但片数大于 12 片后，由于磁路气隙增大等原因，所传递的力矩会减小。因此多片式电磁离合器的摩擦片以 2～12 片最为合适。

图 3-12 所示为线圈旋转（带滑环）多片摩擦式电磁离合器，在磁轭的外表面和线圈槽中分别用环氧树脂固定连接滑环和励磁线圈，线圈引出线的一端焊在滑环上，另一端焊在磁轭上接地。外连接件与外摩擦片组成回转部分，内摩擦片与轴套、磁轭组成另一回转部分。当线圈通电时，衔铁被吸引沿花键套右移压紧摩擦片组，离合器接合。这种结构的摩擦片位于励磁线圈产生的磁力线回路内，因此需用导磁材料制成。由于受摩擦片的剩磁和涡流影响，其脱开时间较非导磁摩擦片长，常在湿式条件下工作，因而广泛用于远距离控制的传动系统和随动系统中。

摩擦片处在磁路外的电磁离合器，摩擦片既可用导磁材料制成，也可用摩擦性能较好的铜基粉末冶金等非导磁材料制成，或在钢片两侧面黏合具有高耐磨性、韧性而且摩擦因数大的石棉橡胶材料。它可在湿式或干式情况下工作。

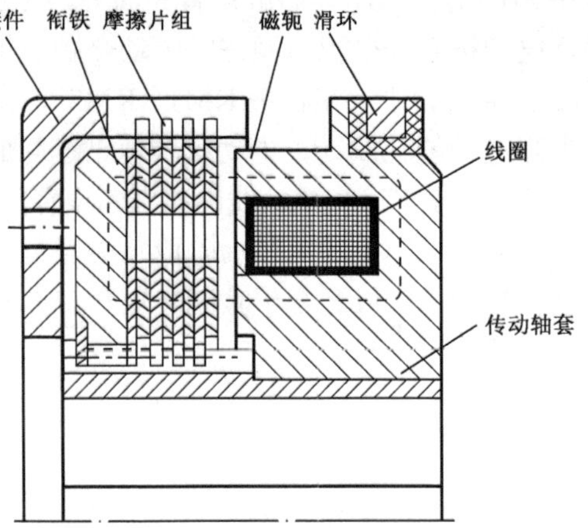

图 3-12　多片摩擦式电磁离合器

为了提高导磁性能和减少剩磁影响，磁轭和衔铁可用电工纯铁或 08 号、10 号低碳钢制成，滑环一般用淬火钢或青铜制成。

3.4.3　双速异步电动机控制电路

根据变极调速原理，图 3-13（a）将绕组的 U1、V1、W1 三个端子接三相电源，将 U2、V2、W2 三个端子悬空，三相定子绕组接成三角形（△）。这时每相的两个绕组串联，电动机以 4 极运行，为低速。图 3-13（b）将 U2、V2、W2 三个端子接三相电源，U1、V1、W1 连成星点，三相定子绕组连接成双星（YY）形。这时每相两个绕组并联，电动机以 2 极运行，为高速。根据变极调速理论，为保证变极前后电动机转动方向不变，要求变极的同时改变电源相序。

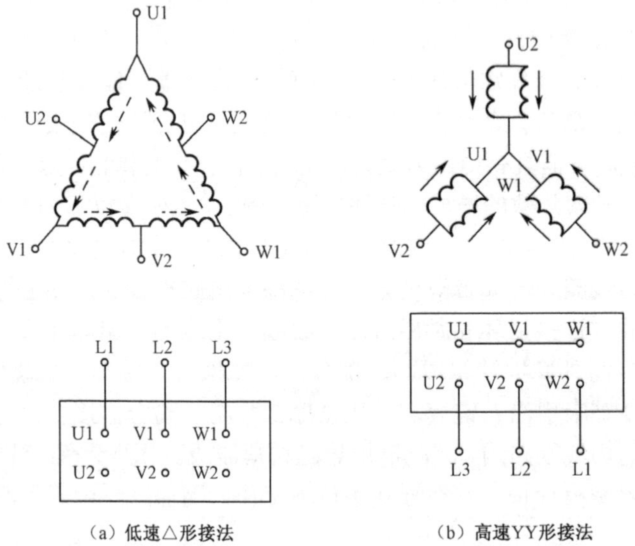

（a）低速△形接法　　（b）高速YY形接法

图 3-13　4/2 极△/YY 形的双速电动机定子绕组接线图

如图 3-14 所示为△/YY 双速异步电动机按钮控制电路。

其控制原理如下。

1. 低速控制工作原理

合上电源开关 QS，按下低速按钮 SB2，接触器 KM1 线圈通电，其自锁和互锁触点动作，实现对 KM1 线圈的自锁和对 KM2、KM3 线圈的互锁。主电路中的 KM1 主触点闭合，电动机定子绕组作三角形连接，电动机低速启动、运转。

2. 高速控制工作原理

合上电源开关 QS，按下高速按钮 SB3，接触器 KM1 线圈断电，在解除其自锁和互锁的同时，主电路中的 KM1 主触点也断开，电动机定子绕组暂时断电。因为 SB3 是复合按钮，动断触点断开后，动合触点就闭合，此刻接通接触器 KM2 和 KM3 线圈。KM2 和 KM3 自锁和互锁同时动作，完成对 KM2 和 KM3 线圈的自锁及对 KM1 线圈的互锁。KM2 和 KM3 在主电路的主触点闭合，电动机定子绕组作双星形连接，电动机高速运转。

利用时间继电器可使电动机在低速启动后自动切换至高速状态。图 3-15 所示为双速电动机自动加速控制电路，其主电路与图 3-14 所示一致。

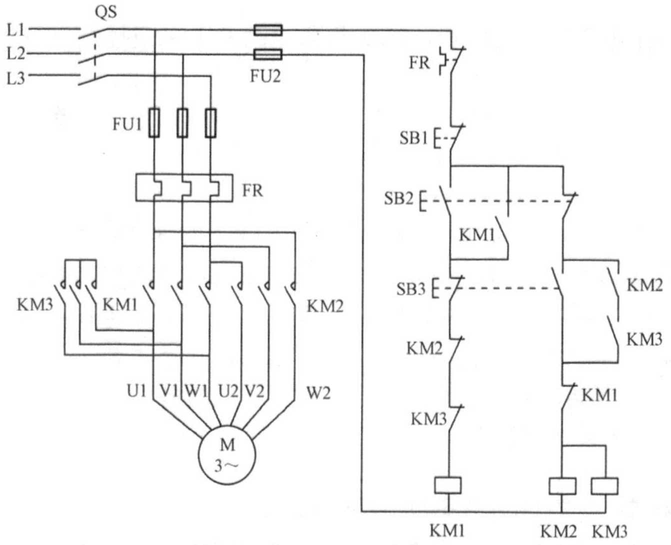

图 3-14　双速异步电动机按钮控制电路

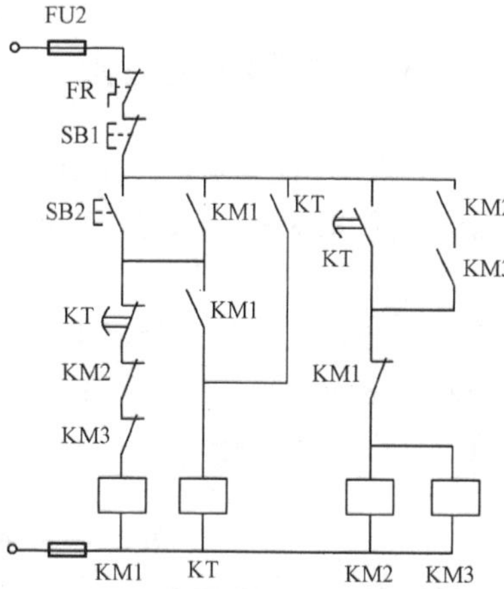

图 3-15　双速电动机自动加速控制电路

电路控制过程为：合上电源开关 QS，按下启动按钮 SB2→KM1 通电自锁，主触点闭合，电动机接成△形启动。同时，KM1 动合辅助触点闭合，使 KT 线圈通电自锁，KT 开始延时→KT 延时时间到，KT 延时动断辅助触点断开，KM1 断电解除自锁，电动机断开电源。KT 延时动合辅助触点闭合，KM2、KM3 通电自锁。主回路中，KM2、KM3 的主触点闭合，电动机 YY 连接进入高速运转。

项目实施：T68 型卧式镗床电气控制线路分析与故障诊断

3.5 卧式镗床电气控制线路分析

T68 型卧式镗床电气原理图如图 3-16 所示。

3.5.1 主电路分析

T68 型卧式镗床电气控制线路有两台电动机：一台是主轴电动机 M1，作为主轴旋转及常速进给的动力，同时还带动润滑油泵；另一台为快速进给电动机 M2，作为各进给运动的快速移动的动力。

M1 为双速电动机，由接触器 KM4、KM5 控制：低速时 KM4 吸合，电动机 M1 的定子绕组为三角形连接，n_N=1 460 r/min；高速时 KM5 吸合，KM5 为两只接触器并联使用，定子绕组为双星形连接，n_N=2 880 r/min。KM1、KM2 控制 M1 的正反转。KV 为与电动机 M1 同轴的速度继电器，在电动机 M1 停车时，由 KV 控制进行反接制动。为了限制启动、制动电流和减小机械冲击，电动机 M1 在制动、点动及主轴和进给的变速冲动时串入了限流电阻器 R，运行时由 KM3 短接。热继电器 FR 作电动机 M1 的过载保护。

M2 为快速进给电动机，由 KM6、KM7 控制正反转。由于电动机 M2 是短时工作制，所以不需要用热继电器进行过载保护。

QS 为电源引入开关，FU1 提供全电路的短路保护，FU2 提供电动机 M2 及控制电路的短路保护。

3.5.2 控制电路分析

控制回路由控制变压器 TC 提供 110 V 工作电压，FU3 提供变压器二次侧的短路保护。控制电路包括 KM1～KM7 七个交流接触器和 KAl、KA2 两个中间继电器，以及时间继电器 KT 共十个电器的线圈支路，该电路的主要功能是对主轴电动机 M1 进行控制。在启动电动机 M1 之前，首先要选择好主轴的转速和进给量（在主轴和进给变速时，与之相关的行程开关 SQ3～SQ6 的状态见表 3-1），并且调整好主轴箱和工作台的位置（在调整好后行程开关 SQ1、SQ2 的动断触点（1—2）均处于闭合接通状态）。

表 3-1 主轴和进给变速行程开关 SQ3～SQ6 状态表

项　目	相关行程开关的触点	①正常工作时	②变速时	③变速后手柄推不上时
主轴变速	SQ3（4—9）	+	−	−
	SQ3（3—13）	−	+	+
	SQ5（14—15）	−	−	+
进给变速	SQ4（9—10）	+	−	−
	SQ4（3—13）	−	+	+
	SQ6（14—15）	−	+	+

注：+表示接通，−表示断开。

1. M1 的正反转控制

SB2、SB3 分别为正、反转启动按钮，下面以正转启动为例。

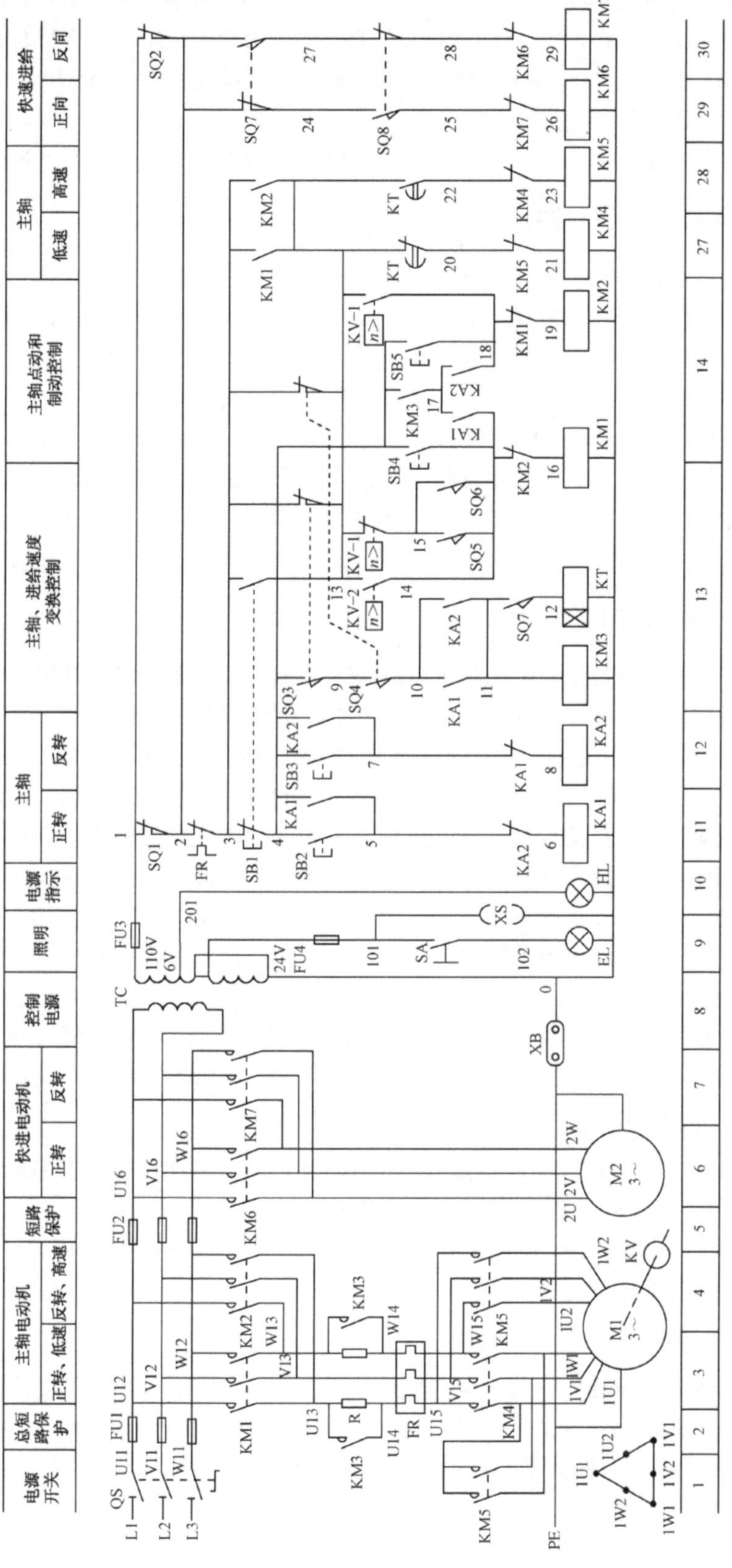

图3-16 T68型卧式镗床电气原理图

按下 SB2→KA1 线圈通电自锁→KA1 动合触点（10—11）闭合，KM3 线圈通电→KM3 主触点闭合短接电阻 R；KA1 另一对动合触点（14—17）闭合，与闭合的 KM3 辅助动合触点（4—17）使 KM1 线圈通电→KM1 主触点闭合；KM1 动合辅助触点（3—13）闭合，KM4 通电，电动机 M1 低速启动。

同理，在反转启动运行时，按下 SB3，相继通电的电器为：KA2→KM3→KM2→KM4。

2．电动机 M1 的高速运行控制

若按上述启动控制，电动机 M1 为低速运行，此时机床的主轴变速手柄置于“低速”位置，微动开关 SQ7 不吸合，由于 SQ7 动合触点（11—12）断开，时间继电器 KT 线圈不通电。要使电动机 M1 高速运行，可将主轴变速手柄置于“高速”位置，SQ7 动作，其动合触点（11—12）闭合，这样在启动控制过程中 KT 与 KM3 同时通电吸合，经过 3 s 左右的延时后，KT 的动断触点（13—20）断开而动合触点（13—22）闭合，使 KM4 线圈断电而 KM5 通电，电动机 M1 为 YY 连接高速运行。无论电动机 M1 原来处于低速运行还是停车状态，若将变速手柄由低速挡转至高速挡，电动机 M1 都是先低速启动或运行，再经 3 s 左右的延时后自动转换至高速运行。

3．电动机 M1 的停车制动

电动机 M1 采用反接制动，KV 为与电动机 M1 同轴的反接制动控制用的速度继电器，它在控制电路中有三对触点：动合触点（13—18）在电动机 M1 正转时动作，另一对动合触点（13—14）在反转时闭合，还有一对动断触点（13—15）提供变速冲动控制。当电动机 M1 的转速达到 120 r/min 以上时，KV 的触点动作；当转速降至 40 r/min 以下时，KV 的触点复位。下面以电动机 M1 正转高速运行，按下停车按钮 SB1 停车制动为例进行分析。

按下 SB1→SB1 动断触点（3—4）先断开，先前得电的线圈 KA1、KM3、KT、KM1、KM5 相继断电→然后 SB1 动合触点（3—13）闭合，经 KV-1 使 KM2 线圈通电→KM4 通电 M1 △形接法串电阻反接制动→电动机转速迅速下降至 KV 的复位值→KV-1 动合触点断开，KM2 断电→KM2 动合触点断开，KM4 断电，制动结束。

如果是在 M1 反转时进行制动，则由 KV-2 （13—14）闭合，控制 KM1、KM4 进行反接制动。

4．电动机 M1 的点动控制

SB4 和 SB5 分别为正反转点动控制按钮。当需要进行点动调整时，可按下 SB4（或 SB5），使 KM1 线圈（或 KM2 线圈）通电，KM4 线圈也随之通电，由于此时 KAl、KA2、KM3、KT 线圈都没有通电，所以电动机 M1 串入电阻低速转动。当松开 SB4（或 SB5）时，由于没有自锁作用，电动机 M1 停止运行。

5．主轴的变速控制

主轴的各种转速是由变速操纵盘来调节变速传动系统而取得的。在主轴运转时，如果要变速，可不必停车。只要将主轴变速操纵盘的操作手柄拉出（如图 3-17 所示，将手柄拉至②的位置），与变速手柄有机械联系的行程开关 SQ3、SQ5 均复位（见表 3-1），此后的控制过程如下（以正转低速运行为例）。

将变速手柄拉出→SQ3 复位→SQ3 动合触点断开→KM3 和 KT 都断电→KM1 断电，KM4 断电，电动机 M1 断电后由于惯性继续旋转。

SQ3 动断触点（3—13）后闭合，由于此时转速较高，故 KV-1 动合触点为闭合状态→KM2 线圈通电→KM4 通电，电动机△形接法进行制动，转速很快下降到 KV 的复位值→KV-1 动合触点断开，KM2、KM4 断电，断开电动机 M1 反向电源，制动结束。

转动变速盘进行变速，变速后将手柄推回→SQ3 动作→SQ3 动断触点（3—13）断开；动合触点（4—9）闭合，KM1、KM3、KM4 重新通电，电动机 M1 重新启动。

由以上分析可知，如果变速前主电动机处于停转状态，那么变速后主电动机也处于停转状态。若变速前主电动机处于正向低速（△形连接）状态运转，由于中间继电器仍然保持通电状态，变速后主电动机仍处于△形连接下运转。同样道理，如果变速前电动机处于高速（YY）正转状态，那么变速后，主电动机仍先连接成△形，再经 3 s 左右的延时，才进入 YY 连接高速运转状态。

6. 主轴的变速冲动

SQ5 为变速冲动行程开关，由表 3-1 可见，在不进行变速时，SQ5 的动合触点（14—15）是断开的；在变速时，如果齿轮未啮合好，变速手柄就合不上，即在图 3-17 中处于③的位置，则 SQ5 被压合→SQ5 的动合触点（14—15）闭合→KM1 由（13—15—14—16）支路通电→KM4 线圈支路也通电→M1 低速串电阻启动→当电动机 M1 的转速升至 120 r/min 时→KV 动作，其动断触点（13—15）断开→KM1、KM4 线圈支路断电→KV-1 动合触点闭合→KM2 通电→KM4 通电，M1 进行反接制动，转速下降→当电动机 M1 的转速降至 KV 复位值时，KV 复位，其动合触点断开，电动机 M1 断开制动电源；动断触点（13—15）又闭合→KM1、KM4 线圈支路再次通电→电动机 M1 转速再次上升……这样使电动机 M1 的转速在 KV 复位值和动作值之间反复升降，进行连续低速冲动，直至齿轮啮合好以后，方能将手柄推合至图 3-17 中①的位置，使 SQ3 被压合，而 SQ5 复位，变速冲动才告结束。

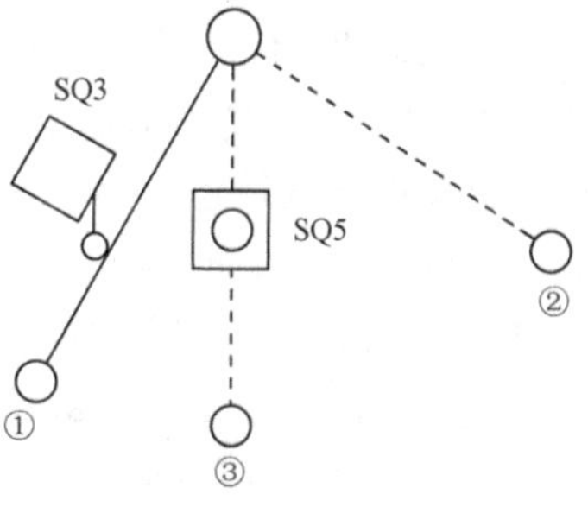

图 3-17　主轴变速手柄位置示意图

7. 进给变速控制

与上述主轴变速控制的过程基本相同，只是在进给变速控制时，拉动的是进给变速手柄，动作的行程开关是 SQ4 和 SQ6。

8. 快速移动电动机 M2 的控制

为缩短辅助时间，提高生产效率，由快速移动电动机 M2 经传动机构拖动镗头架和工作台作各种快速移动。运动部件及运动方向的预选由装在工作台前方的操作手柄进行，而控制则由镗头架的快速操作手柄进行。当扳动快速操作手柄时，将压合行程开关 SQ8 或 SQ7，接触器 KM6 或 KM7 通电，实现 M2 快速正转或快速反转。电动机带动相应的传动机构拖动预选的运动部件快速移动。将快速移动手柄扳回原位时，行程开关 SQ8 或 SQ7 不再受压，KM6 或 KM7 断电，电动机 M2 停转，快速移动结束。

9. 联锁保护

为了防止工作台及主轴箱与主轴同时进给，将行程开关SQ1和SQ2的动断触点并联接在控制电路（1—2）中。当工作台及主轴箱进给手柄在进给位置时，SQ1的触点断开；而当主轴的进给手柄在进给位置时，SQ2的触点断开。如果两个手柄都处在进给位置，则SQ1、SQ2的触点都断开，机床不能工作。

3.5.3 照明电路和指示灯电路

由变压器TC提供24 V安全电压供给照明灯EL，EL的一端接地，SA为灯开关，由FU4提供照明电路的短路保护。XS为24 V电源插座。HL为6 V的电源指示灯。

3.6 卧式镗床常见故障的分析与诊断

镗床常见电气故障的诊断与其他机床大致相同，但由于镗床的机-电联锁较多，且采用双速电动机，所以会有一些特有的故障，现举例分析如下。

1. 主轴的转速与标牌的指示不符

这种故障一般有两种现象：第一种是主轴的实际转速比标牌指示转数增加或减少一倍，第二种是电动机M1只有高速或只有低速。前者大多是由于安装调整不当而引起的。T68型镗床有18种转速，是由双速电动机和机械滑移齿轮联合调速来实现的。第1，2，4，6，8，…挡是由电动机以低速运行驱动的，而3，5，7，9，…挡是由电动机以高速运行来驱动的。由以上分析可知，电动机M1的高低速转换是靠主轴变速手柄推动微动开关SQ7，由SQ7的动合触点（11—12）通、断来实现的。如果安装调整不当，使SQ7的动作恰好相反，则会发生第一种故障。而产生第二种故障的主要原因是SQ7损坏（或安装位置移动）：如果SQ7的动合触点（11—12）总是接通，则电动机M1只有高速；如果总是断开，则电动机M1只有低速。此外，KT的损坏（如线圈烧断，触点不动作等），也会造成此类故障发生。

2. 电动机M1能低速启动，但置“高速”挡时，不能高速运行而自动停机

电动机M1能低速启动，说明接触器KM3、KM1、KM4工作正常；而低速启动后不能换成高速运行且自动停机，又说明时间继电器KT是工作的，其动断触点（13—20）能切断KM4线圈支路，而动合触点（13—22）不能接通KM5线圈支路。因此，应重点检查KT的动合触点（13—22）；此外，还应检查KM4的互锁动断触点（22—23）。按此思路，接下去还应检查KM5有无故障。

3. 电动机M1不能进行正反转点动、制动及变速冲动控制

其原因往往是上述各种控制功能的公共电路部分出现故障，如果伴随着不能低速运行，则故障可能出在控制电路13—20—21—0支路中有断开点。否则，故障可能出在主电路的制动电阻器R及引线上有断开点。如果主电路仅断开一相电源，电动机还会伴有断相运行时发出的“嗡嗡”声。

知识拓展：万能铣床的结构、电路分析及故障诊断

X62W 型万能铣床与 T68 型镗床一样，动作比较复杂，主轴旋转和进给都具有变速及变速冲动。但 X62W 的主轴电动机是普通的三相异步电动机，制动采用的是电磁离合器，传动机构也通过接通不同的离合器实现正常进给和快速移动。以下以 X62W 型万能铣床为例，介绍其型号、拖动及控制要求、电气控制电路及故障诊断。

铣床是一种用途十分广泛的金属切削机床，其使用范围仅次于车床。铣床可用于加工平面、斜面和沟槽；如果装上分度头，可以铣削直齿齿轮和螺旋面；如果装上圆工作台，还可以加工凸轮和弧形槽等。铣床的种类很多，主要有卧式铣床、立式铣床、龙门铣床、仿形铣床及各种专用铣床等，其中卧式铣床的主轴是水平的，而立式铣床的主轴是垂直的。常用的万能铣床有 X62W 型卧式万能铣床和 X53K 型立式万能铣床，其电气控制电路经改进后两者通用。

X62W 型万能铣床型号的含义为：

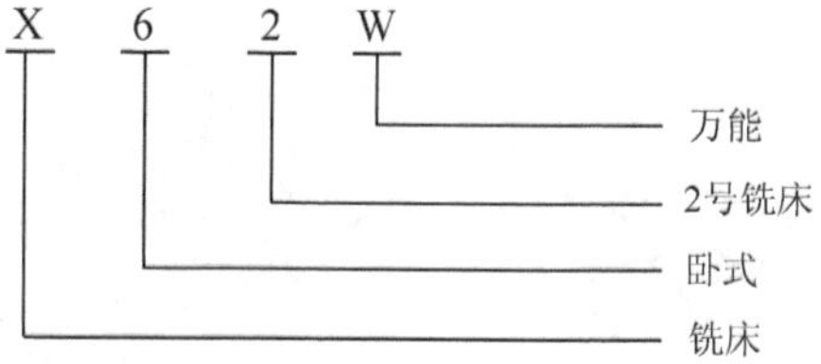

3.7　铣床的主要结构和运动形式

由于铣床的加工范围较广，运动形式较多，其结构也较为复杂。

X62W 型万能铣床的主要结构如图 3-18 所示。床身固定于底座上，用于安装和支承铣床的各部件，在床身内还装有主轴部件、主传动装置及其变速操纵机构等。床身顶部的导轨上装有悬梁，悬梁上装有刀杆支架。铣刀则装在刀杆上，刀杆的一端装在主轴上，另一端装在刀杆支架上。刀杆支架可以在悬梁上水平移动，悬梁又可以在床身顶部的水平导轨上水平移动，因此可以适应各种不同长度的刀杆。

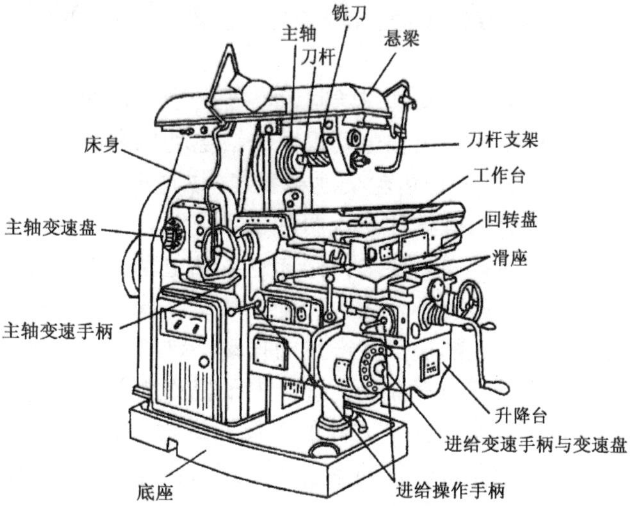

图 3-18　X62W 型万能铣床结构示意图

床身的前部有垂直导轨，升降台可以沿导轨上下移动，升降台内装有进给运动和快速移动的传动装置及其操纵机构等。在升降台的水平导轨上装有滑座，可以沿

导轨作平行于主轴轴线方向的横向移动；工作台又经过回转盘装在滑座的水平导轨上，可以沿导轨作垂直于主轴轴线方向的纵向移动。这样，紧固在工作台上的工件，通过工作台、回转盘、滑座和升降台，可以在相互垂直的三个方向上实现进给或调整运动。在工作台与滑座之间的回转盘还可以使工作台左右转动45°角，因此工作台在水平面上除了可以作横向和纵向进给外，还可以实现在不同角度的各个方向上的进给，用以铣削螺旋槽。

由此可见，铣床的主运动是主轴带动刀杆和铣刀的旋转运动；进给运动包括工作台带动工件在水平的纵、横方向及垂直方向三个方向的运动；辅助运动则是工作台在三个方向的快速移动。图3-19所示为铣床几种主要的加工形式的主运动和进给运动示意图。

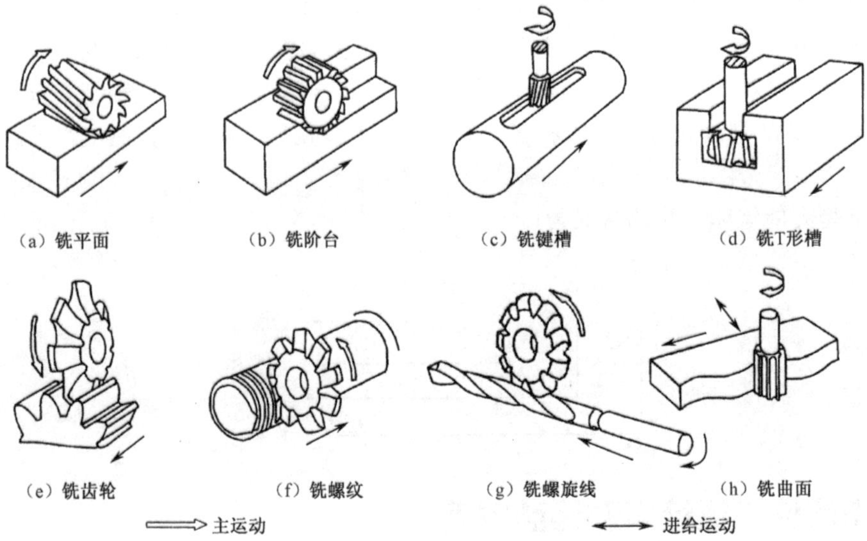

图3-19　铣床主运动和进给运动示意图

3.8　铣床的电力拖动形式和控制要求

铣床的主运动和进给运动各由一台电动机拖动，这样铣床的电力拖动系统一般由三台电动机所组成：主轴电动机、进给电动机和冷却泵电动机。主轴电动机通过主轴变速箱驱动主轴旋转，并由齿轮变速箱变速，以适应铣削工艺对转速的要求，电动机则不需要调速。由于铣削分为顺铣和逆铣两种加工方式，分别使用顺铣刀和逆铣刀，所以要求主轴电动机能够正反转，但只要求预先选定主轴电动机的转向，在加工过程中则不需要主轴反转。又由于铣削是多刃不连续的切削，负载不稳定，所以主轴上装有飞轮，以提高主轴旋转的均匀性，消除铣削加工时产生的振动，这样主轴传动系统的惯性较大，因此还要求主轴电动机在停机时有电气制动。进给电动机作为工作台进给运动及快速移动的动力，也要求能够正反转，以实现三个方向的正反向进给运动；通过进给变速箱，可获得不同的进给速度。为了使主轴和进给传动系统在变速时齿轮能够顺利地啮合，要求主轴电动机和进给电动机在变速时能够稍微转动一下（称为变速冲动）。三台电动机之间还要求有联锁控制，即在主轴电动机启动之后另两台电动机才能启动运行。由此，铣床对电力拖动及其控制有以下要求。

（1）铣床的主运动由一台笼型异步电动机拖动，直接启动，能够正反转，并设有电气制动环节，能进行变速冲动。

（2）工作台的进给运动和快速移动均由同一台笼型异步电动机拖动，直接启动，能够正反转，也要求有变速冲动环节。

（3）冷却泵电动机只要求单向旋转。

（4）三台电动机之间有联锁控制，即主轴电动机启动之后，才能对其余两台电动机进行控制。

3.9 X62W型万能铣床电路线路分析

铣床的电路如图3-20所示。

1. 主电路

三相电源由电源引入开关QS1引入，FU1作全电路的短路保护。主轴电动机M1的运行由接触器KM1控制，由换相开关SA3预选其转向。冷却泵电动机M3由QS2控制其单向旋转，但必须在电动机M1启动运行之后才能运行。进给电动机M2由KM3、KM4实现正反转控制。三台电动机分别由热继电器FRl、FR2、FR3提供过载保护。

2. 控制电路

由控制变压器TC1提供110 V工作电压，FU4提供变压器二次侧的短路保护。该电路的主轴制动、工作台常速进给和快速进给分别由控制电磁离合器YC1、YC2、YC3实现，电磁离合器需要的直流工作电压由整流变压器TC2降压后经桥式整流器VC提供，FU2、FU3分别提供交、直流侧的短路保护。

1）主轴电动机M1的控制

电动机M1由交流接触器KM1控制，为操作方便，在机床的不同位置各安装了一套启动和停机按钮：SB2和SB6装在床身上，SB1和SB5装在升降台上。对电动机M1的控制包括有主轴的启动、停机制动、换刀制动和变速冲动。

（1）启动：在启动前先按照顺铣或逆铣的工艺要求，用组合开关SA3预先确定电动机M1的转向。按下SB1或SB2→KM1线圈通电→电动机M1启动运行，同时KM1动合辅助触点（7—13）闭合，为KM3、KM4线圈支路接通做好准备。

（2）停车与制动：按下SB5或SB6→SB5或SB6动断触点断开（3—5或1—3）→KM1线圈断电，电动机M1停车→SB5或SB6动合触点闭合（105—107），制动电磁离合器YC1线圈通电→电动机M1制动。

制动电磁离合器YC1装在主轴传动系统与电动机M1转轴相连的第一根传动轴上，当YC1通电吸合时，将摩擦片压紧，对电动机M1进行制动。停转时，应按住SB5或SB6直至主轴停转才能松开，一般主轴的制动时间不超过0.5 s。

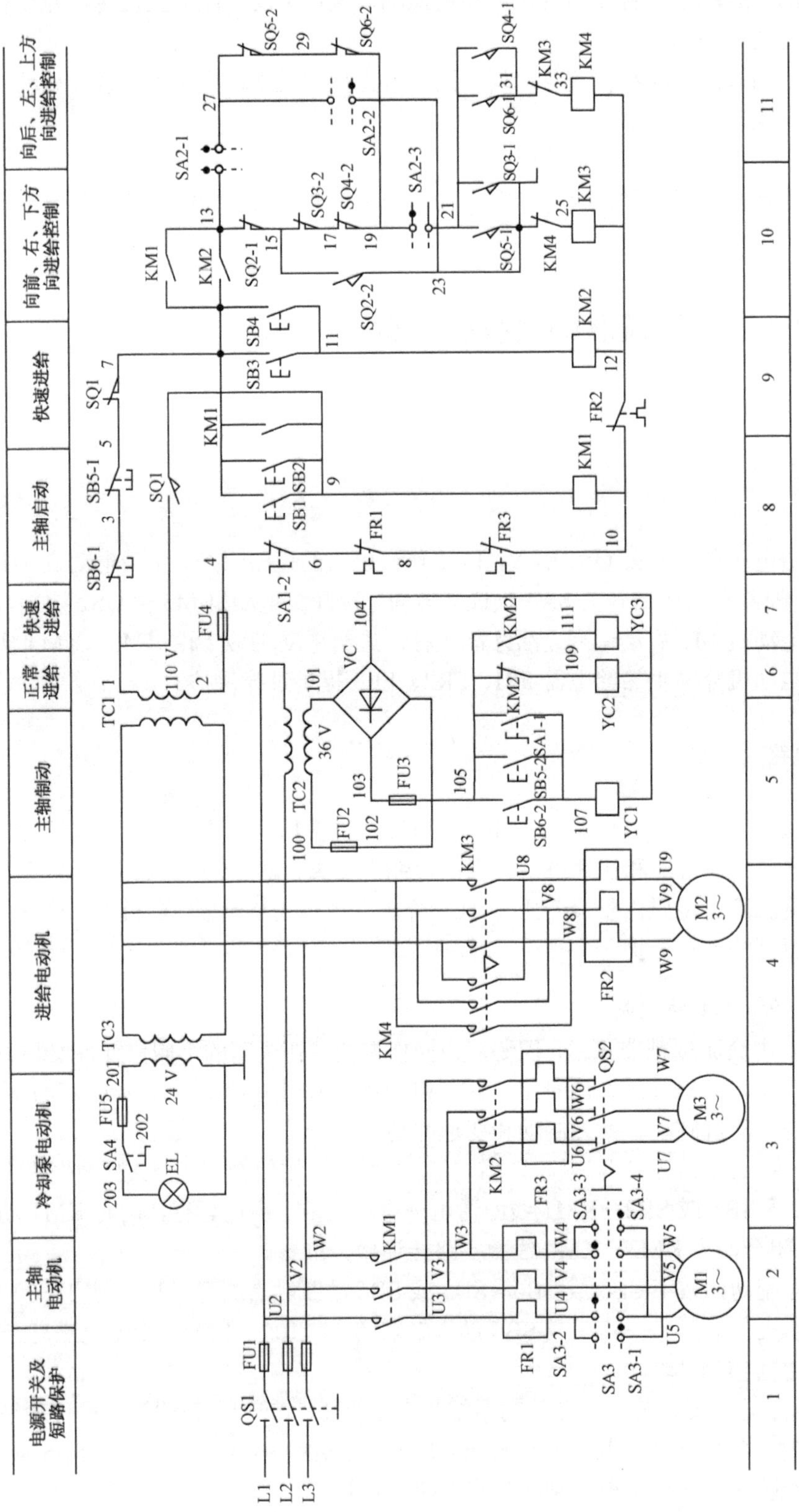

图3-20　X62W型万能铣床电气原理图

（3）主轴的变速冲动：主轴的变速是通过改变齿轮的传动比实现的。在需要变速时，将变速手柄（见图 3-18）拉出，转动变速盘至所需的转速，然后再将变速手柄复位。在手柄复位的过程中，在瞬间压动了行程开关 SQ1，手柄复位后，SQ1 也随之复位。在 SQ1 动作的瞬间，SQ1 的动断触点（5—7）先断开其他支路，然后动合触点（1—9）闭合，点动控制 KM1，使 M1 产生瞬间的冲动，利于齿轮的啮合；如果点动一次齿轮还不能啮合，可重复进行上述动作。

（4）主轴换刀控制：在上刀或换刀时，主轴应处于制动状态，以避免发生事故。只要将换刀制动开关 SA1 拨至“接通”位置，其动断触点 SA1—2（4—6）即断开控制电路，保证在换刀时机床没有任何动作；其动合触点 SA1—1（105—107）接通 YC1，使主轴处于制动状态。换刀结束后，要记住将 SA1 扳回“断开”位置。

2）进给运动控制

工作台的进给运动分为常速（工作）进给和快速进给，常速进给必须在电动机 M1 启动运行后才能进行，而快速进给属于辅助运动，可以在电动机 M1 不启动的情况下进行。工作台在六个方向上的进给运动是由机械操作手柄（见图 3-18）带动相关的行程开关 SQ3～SQ6，通过控制接触器 KM3、KM4 来控制进给电动机 M2 正反转来实现的。行程开关 SQ5 和 SQ6 分别控制工作台的向右和向左运动，而 SQ3 和 SQ4 则分别控制工作台的向前、向下和向后、向上运动。

进给拖动系统使用的两个电磁离合器 YC2 和 YC3 都安装在进给传动链中的第四根传动轴上。当 YC2 吸合而 YC3 断开时，为常速进给；当 YC3 吸合而 YC2 断开时，为快速进给。

（1）工作台的纵向进给运动：将纵向进给操作手柄扳向右边→行程开关 SQ5 动作→其动断触点 SQ5—2（27—29）先断开，动合触点 SQ5—1（21—23）后闭合→KM3 线圈通过（13—15—17—19—21—23—25）路径通电→电动机 M2 正转→工作台向右运动。

若将操作手柄扳向左边，则 SQ6 动作→KM4 线圈通电→电动机 M2 反转→工作台向左运动。

SA2 为圆工作台控制开关，此时应处于“断开”位置，其三组触点状态为：SA2—1、SA2—3 接通，SA2—2 断开。

（2）工作台的垂直与横向进给运动：工作台垂直与横向进给运动由一个十字形手柄操纵，十字形手柄有上、下、前、后和中间五个位置，将手柄扳至“向下”或“向上”位置时，分别压动行程开关 SQ3 或 SQ4，控制电动机 M2 正转或反转，并通过机械传动机构使工作台分别向下和向上运动；而当手柄扳至“向前”或“向后”位置时，虽然同样是压动行程开关 SQ3 和 SQ4，但此时机械传动机构则使工作台分别向前和向后运动；当手柄在“中间”位置时，SQ3 和 SQ4 均不动作。下面就以向上运动的操作为例分析电路的工作情况，其余的可自行分析。

将十字形手柄扳至“向上”位置，SQ4 的动断触点 SQ4—2 先断开，动合触点 SQ4—1 后闭合→KM4 线圈经（13—27—29—19—21—31—33）路径通电→M2 反转→工作台向上运动。

（3）进给变速冲动：与主轴变速时一样，进给变速时也需要使 M2 瞬间点动一下，使齿轮易于啮合。进给变速冲动由行程开关 SQ2 控制，在操纵进给变速手柄和变速盘时，瞬间压动了行程开关 SQ2，在 SQ2 通电的瞬间，其动断触点 SQ2—1（13—15）先断开，而动合触点 SQ2—2（15—23）后闭合，使 KM3 线圈经（13—27—29—19—17—15—23—25）路径通电，M2 正向点动。由 KM3 的通电路径可见：只有在进给操作手柄均处于零位（SQ3—SQ6 均不动作）时，才能进行进给变速冲动。

（4）工作台快速进给的操作：要使工作台在六个方向上快速进给，在按常速进给的操作方法操纵进给控制手柄的同时，还要按下快速进给按钮开关 SB3 或 SB4（两地控制），使 KM2 线圈通电，其动断触点（105—109）切断 YC2 线圈支路，动合触点（105—111）接通 YC3 线圈支路，使机械传动机构改变传动比，实现快速进给。由于与 KM1 的动合触点（7—13）并联了 KM2 的一个动合触点，所以在电动机 M1 不启动的情况下，也可以进行快速进给。

3）圆工作台的控制

在需要加工弧形槽、弧形面和螺旋槽时，可以在工作台上加装圆工作台。圆工作台的回转运动也是由进给电动机 M2 拖动的。在使用圆工作台时，将控制开关 SA2 扳至“接通”的位置，此时 SA2—2 接通而 SA2—1、SA2—3 断开。在主轴电动机 M1 启动的同时，KM3 线圈经（13—15—17—19—29—27—23—25）的路径通电，使电动机 M2 正转，带动圆工作台作旋转运动（圆工作台只需要单向旋转）。由 KM3 线圈的通电路径可见，只要扳动工作台进给操作的任何一个手柄，SQ3～SQ6 其中一个行程开关的动断触点断开，都会切断 KM3 线圈支路，使圆工作台停止运动，从而保证了工作台的进给运动和圆工作台的旋转运动不会同时进行。

3. 照明电路

照明灯 EL 由照明变压器 TC3 提供 24 V 的工作电压，SA4 为灯开关，FU5 提供短路保护。

3.10 万能铣床常见电气故障的诊断与检修

X62W 型万能铣床电气控制线路较常见的故障主要是主轴电动机控制电路和工作台进给控制电路的故障。

1. 主轴电动机控制电路故障

1）M1 不能启动

与前面已分析过的机床的同类故障一样，可从电源、QS1、FU1、KM1 的主触点、FR1 到换相开关 SA3，从主电路到控制电路进行检查。因为电动机 M1 的容量较大，应注意检查 KM1 的主触点、SA3 的触点有无被熔化，有无接触不良。

此外，如果主轴换刀制动开关 SA1 仍处在“换刀”位置，SA1—2 断开；或者 SA1 虽处于正常工作的位置，但 SA1—2 接触不良，使控制电源未接通，电动机 M1 也不能启动。

2）电动机 M1 停车时无制动

重点是检查电磁离合器 YC1，如 YC1 线圈有无断线，接点有无接触不良，整流电路有无故障等。此外，还应检查控制按钮 SB5 和 SB6。

3）主轴换刀时无制动

如果在电动机 M1 停车时主轴的制动正常，而在换刀时制动不正常，从电路分析可知应重点检查制动控制开关 SA1。

4）按下停车按钮后电动机 M1 不停

故障的主要原因可能是：KM1 的主触点熔焊。如果在按下停车按钮后，KM1 不释放，则可断定故障是由 KM1 主触点熔焊引起的。应注意此时电磁离合器 YC1 正在对主轴起制动作用，会造成电动机 M1 过载，并产生机械冲击。所以一旦出现这种情况，应马上松开停车按钮，进行检查，否则会很容易烧坏电动机。

5）主轴变速时无瞬时冲动

由于主轴变速行程开关 SQ1 在频繁动作后，造成开关位置移动，甚至开关底座被撞碎或触点接触不良，都将造成主轴无变速时的瞬时冲动。

2. 工作台进给控制电路故障

铣床的工作台应能够进行前、后、左、右、上、下六个方向的常速和快速进给运动，其控制是由电气和机械系统配合进行的，所以在出现工作台进给运动的故障时，如果对机、电系统的部件逐个进行检查，是难以尽快查出故障所在的。可依次进行其他方向的常速进给、快速进给、进给变速冲动和圆工作台的进给控制试验，来逐步缩小故障范围，分析故障原因，然后再在故障范围内逐个对电气元件、触点、接线和接点进行检查。在检查时，还应考虑机械磨损或移位使操纵失灵等非电气的故障原因。这部分电路的故障较多，下面仅以一些较典型的故障为例来进行分析。

1）工作台不能纵向进给

此时应先对横向进给和垂直进给进行试验检查，如果正常，则说明进给电动机 M2、主电路、接触器 KM3、KM4 及与纵向进给相关的公共支路都正常，就应重点检查图 3-20 中的行程开关 SQ2—1、SQ3—2 及 SQ4—2，即接线端编号为 13—15—17—19 的支路，因为只要这三对动断触点之中有一对不能闭合、接触不良或者接线松脱，纵向进给就不能进行。同时，可检查进给变速冲动是否正常，如果也正常，则故障范围已缩小到在 SQ2—1 及 SQ5—1、SQ6—1 上了。一般情况下 SQ5—1、SQ6—1 两个行程开关的动合触点同时发生故障的可能性较小，而 SQ2—1（13—15）由于在进给变速时，常常会因用力过猛而损坏，所以应先检查它。

2）工作台不能向上进给

首先进行进给变速冲动试验，若进给变速冲动正常，则可排除与向上进给控制相关的支路 13—27—29—19 存在故障的可能性；再进行向左方向的进给试验，若又正常，则又排除 19—21 和 31—33—12 支路存在故障的可能性。这样，故障点就已缩小到 21—（SQ4—1）—31 的范围内，例如，可能是在多次操作后，行程开关 SQ4 因安装螺钉松动而移位，造成操作手柄虽已到位，但其触点 SQ4—1（21—31）仍不能闭合，因此工作台不能向上进给。

3）工作台各个方向都不能进给

此时可先进行进给变速冲动和圆工作台的控制，如果都正常，则故障可能在圆工作台控制开关 SA2—3 及其接线（19—21）上；但若变速冲动也不能进行，则要检查接触器 KM3 能否吸合，如果 KM3 不能吸合，除了 KM3 本身的故障之外，还应检查控制电路中有关的电气部件、接点和接线，如接线端2—4—6—8—10—12、7—13等部分；若KM3能吸合，则应着重检查主电路，包括M2的接线及绕组有无故障。

4）工作台不能快速进给

如果工作台的常速进给运行正常，仅不能快速进给，则应检查SB3、SB4和KM2。如果这三个电器无故障，电磁离合器电路的电压也正常，则故障可能发生在YC3本身，常见的有YC3线圈损坏或机械卡死，离合器的动、静摩擦片间隙调整不当等。

知识梳理与总结

本项目以T68型卧式镗床为项目，引出速度继电器、双速异步电动机及启动、制动、调速控制的相关电路。速度继电器是反映转速和转向的继电器，其结构类似于笼型异步电动机，它也主要用于笼型异步电动机的反接制动控制，所以也称为反接制动继电器。双速异步电动机调速属于变极调速，它是通过改变定子绕组的接线方法来改变旋转磁场极对数，从而实现调速的。

三相异步电动机常见的降压启动有定子绕组串电阻启动、Y-△降压启动、自耦变压器降压启动等。本项目介绍了这些降压启动线路及其工作原理，在项目T68型镗床电路中使用了Y-△降压启动电路。

三相异步电动机常用电气制动方法有能耗制动和反接制动。能耗制动是在电动机需要停车时切断交流电源，在定子绕组任意两相中通入直流电流，从而在电动机转子上产生一制动转矩，使电动机快速停下来。能耗制动常用的控制原则有时间原则和速度原则。电源反接制动是停车时改变电动机所接电源相序，使定子绕组产生相反方向的电磁转矩。在制动时，绕组上将产生很大的制动电流，因此反接制动一般必须在定子绕组中串入电阻进行限流。电源反接制动的另一特点是，在转速变为零以前必须将制动电源切除，否则电动机将反向启动，电源反接制动常用的原则是速度原则，而不能使用时间原则。

项目还详细分析了T68型镗床的基本结构、运动形式、拖动及控制要求，分析了其电气控制电路，并对T68型镗床的电气系统常见故障进行了分析和诊断。铣床也是加工中的一种常用机床，X62W型万能铣床与T68型镗床一样，进给运动比较复杂，且同样具有主运动和进给运动的变速及变速冲动，本项目同样对铣床电气系统进行了分析，并介绍了电气故障诊断。

练习与思考题3

3-1　什么叫降压启动？三相鼠笼式异步电动机常采用哪些降压启动方法？

3-2　T68型镗床在进给时能否变速？

3-3　T68型卧式镗床能低速启动，但不能高速运行，试分析故障的原因。

3-4　双速电动机高速运行时通常须先低速启动而后转入高速运行，这是为什么？

3-5　简述速度继电器的结构、工作原理及用途。

3-6　一台电动机Y-△接法，允许轻载启动，设计满足下列要求的控制电路。

（1）采用手动和自动控制降压启动；

（2）实现连续运转和点动工作，且当点动工作时要求处于降压状态工作。

（3）具有必要的联锁和保护环节。

3-7　有一输送带采用 50 kW 电动机进行拖动，试设计其控制电路。设计要求：

（1）电动机采用 Y-△降压启动控制；

（2）采用两地控制方式；

（3）加装启动预告装置；

（4）至少有一个现场紧停开关。

3-8　控制电路工作的准确性和可靠性是电路设计的核心和难点，在设计时必须特别重视。试分析图 3-21 是否合理，如不合理，请改之。设计本意：按下 SB2，KM1 得电，延时一段时间后，KM2 得电运行，KM1 失电。按下 SB1，整个电路失电。

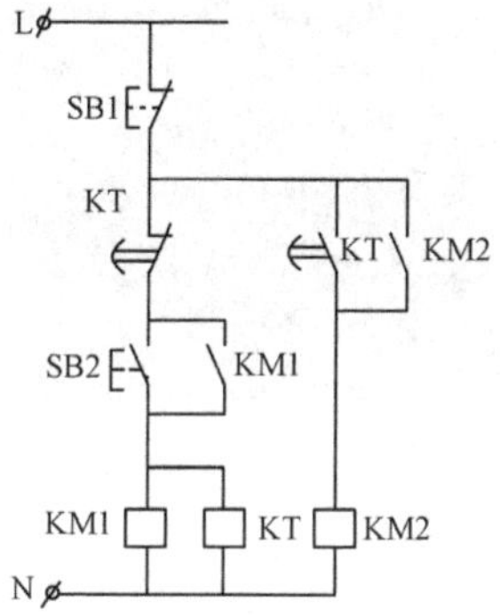

图 3-21

项目4

起重机电气控制线路分析

教学导航

教	建议课时	18
	推荐教学方法	1. 理论实践一体化教学； 2. 以桥式起重机电气控制线路为项目，引导学生学习相关知识
	重　　点	1. 凸轮控制器、主令控制器、电磁抱闸器的结构及工作原理； 2. 电压、电流继电器的结构、作用及工作原理； 3. 绕线式异步电动机的启动、调速控制方法； 4. 桥式起重机的结构、拖动、控制、保护要求及电气控制线路
	难　　点	桥式起重机电气控制线路分析
学	推荐学习方法	1. 以小组为单位，模拟车间班组，每位小组成员扮演工艺员、质检员、安全员、操作员等不同角色完成项目； 2. 边学边做，小组讨论
	学习目标	1. 熟悉凸轮控制器、主令控制器的结构及工作原理； 2. 熟悉电磁抱闸器的结构及工作原理； 3. 掌握电压、电流继电器的结构、作用及工作原理； 4. 熟悉桥式起重机的结构、拖动、控制、保护要求及电气控制线路； 5. 掌握绕线式异步电动机的启动、调速控制方法； 6. 能正确设计绕线式异步电动机的启停及调速控制电路； 7. 会正确使用电流、电压继电器

项目描述

起重机是一种专门用来起吊或放下重物，并使重物在短距离内水平移动的一种大型起重机械。其工作特点是：工作频繁，具有周期性和间歇性，要求工作可靠并确保安全。

本项目以 10 t 桥式起重机电气控制为例，学习凸轮控制器、主令控制器、电磁抱闸器结构和工作原理，学习电流继电器和电压继电器的结构、工作原理及用途，掌握电流继电器和电压继电器动作值整定及返回系数测量，并熟悉绕线转子异步电动机的启动及调速控制。

4.1　起重机的分类与结构

1. 起重机的用途和分类

起重机广泛应用于工矿企业、车站、港口、仓库、建筑工地等场所。按其结构可分为桥式起重机、门式起重机、塔式起重机、旋转起重机及缆索起重机等；按起吊的重量可分为小型 5～10 t、中型 10～50 t、重型 50 t 以上三级。其中，以桥式起重机的应用最为广泛，并具有一定的代表性。

2. 桥式起重机的结构及运动情况

桥式起重机由桥架、装有提升机构的小车、大车运行机构及操纵室等几部分组成，如图 4-1 所示。

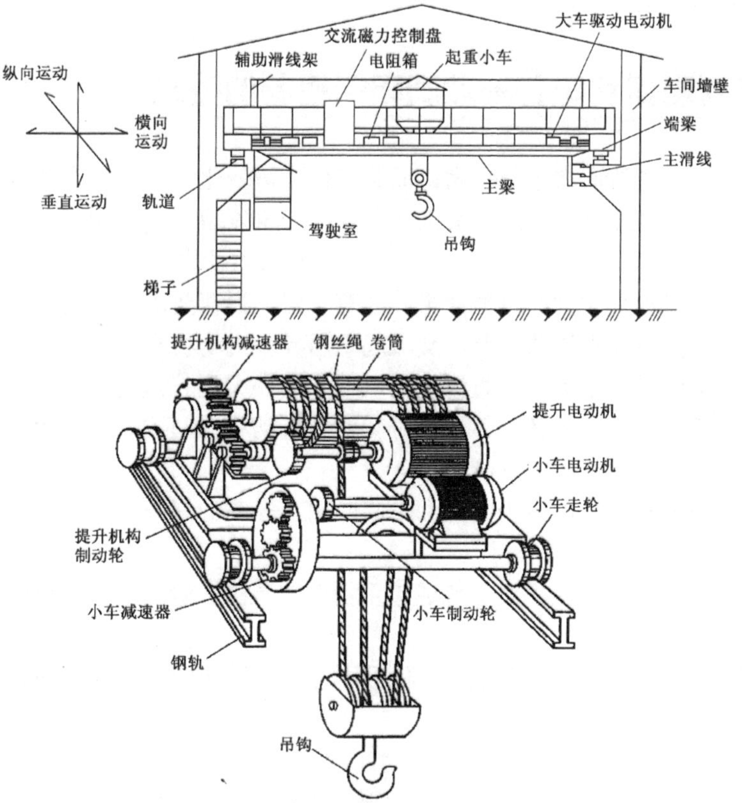

图 4-1　桥式起重机结构示意图

1）桥架

桥架由主梁、端梁等几部分组成。主梁跨架在车间上空，其两端连有端梁，主梁外侧装有走台并设有安全栏杆。桥架上装有大车拖动电动机、交流磁力控制盘、起吊机构和小车运行轨道以及辅助滑线架。桥架的一头装有驾驶室，另一头装有引入电源的主滑线。

2）大车移动行走机构

大车移动行走机构由驱动电动机、制动器、传动轴（减速器）和车轮等几部分组成。其驱动方式有集中驱动和分别驱动两种。整个起重机在大车移动行走机构驱动下，可沿车间长度方向前后移动。

3）小车运行机构

小车运行机构由小车架、小车移动行走机构和提升机构组成。小车架由钢板焊成，其上装有小车移动行走机构（简称移行机构）、提升机构、栏杆及提升限位开关。小车可沿桥架主梁上的轨道左右移行。在小车运动方向的两端装有缓冲器和限位开关；小车移行机构由电动机、减速器、卷筒、制动器等组成，电动机经减速后带动主动轮使小车运动；提升机构由电动机、减速器、卷筒、制动器等组成，提升电动机通过制动轮、联轴节与减速器连接，减速器输出轴与起吊卷筒相连。

通过对桥式起重机的结构分析可知，其运动形式有由大车拖动电动机驱动的前后运动，由小车拖动电动机驱动的左右运动，以及由提升电动机驱动的重物的升降运动三种形式，每种运动都要求有极限位置保护。

4.2 桥式起重机对电力拖动和电气控制的要求

起重机械的工作条件通常十分恶劣，而且工作环境变化大，大都是在粉尘大、高温、高湿度或室外露天场所等环境中使用，其工作负载属于重复短时工作制。由于起重机的工作性质是间歇的（时开时停，有时轻载，有时重载），要求电动机经常处于频繁启动、制动、反向工作状态，同时能承受较大的机械冲击，并有一定的调速要求。为此，专门设计了起重用的电动机，它分为交流和直流两大类，交流起重用异步电动机有绕线和笼型两种，一般在中小型起重机上用交流异步电动机，直流电动机一般用在大型起重机上。

为了提高起重机的生产率及可靠性，对其电力拖动和自动控制等方面都提出了很高要求，主要要求是：

（1）空钩能快速升降，以减少上升和下降时间，轻载的提升速度应大于额定负载的提升速度。

（2）具有一定的调速范围，对于普通起重机调速范围一般为 3:1，而要求高的地方则要求达到 5:1～10:1。

（3）在开始提升或重物接近预定位置附近时，都需要低速运行。因此应将速度分为几挡，以便灵活操作。

（4）提升第一挡的作用是为了消除传动间隙，使钢丝绳张紧。为避免过大的机械冲击，这一挡的电动机的启动转矩不能过大，一般限制在额定转矩的 50%以下。

（5）在负载下降时，根据重物的大小，拖动电动机的转矩可以是电动转矩，也可以是制动转矩，两者之间的转换是自动进行的。

（6）为确保安全，要采用电气与机械双重制动，既减小机械抱闸的磨损，又可防止突然断电而使重物自由下落造成设备和人身事故。

（7）要有完备的电气保护与联锁环节。由于起重机使用很广泛，所以它的控制设备已经标准化。根据拖动电动机容量的大小，常用的控制方式有两种。一种是采用凸轮控制器直接去控制电动机的启停、正反转、调速和制动。这种控制方式由于受到控制器触点容量的限制，故只适用于小容量起重电动机的控制。另一种是采用主令控制器与磁力控制屏配合的控制方式，适用于容量较大，调速要求较高的起重电动机和工作十分繁重的起重机。对于 15 t 以上的桥式起重机，一般同时采用两种控制方式，主提升机构采用主令控制器配合控制屏控制的方式，而大车、小车移动机构和副提升机构则采用凸轮控制器控制方式。

相关知识

4.3　电气控制器件

4.3.1　凸轮控制器

凸轮控制器就是利用凸轮来操作动触头动作的控制器。它主要用于容量不大于 30 kW 的中小型绕线转子异步电动机线路中，借助其触头系统直接控制电动机的启动、停止、调速、反转和制动，具有线路简单，运行可靠，维护方便等优点，在桥式起重机等设备中得到广泛应用。

常用的凸轮控制器有 KTJ1、KTJ15、KT10、KT12 及 KT14 等系列，下面以 KTJ1 系列为例进行介绍。

1. 凸轮控制器的型号及含义

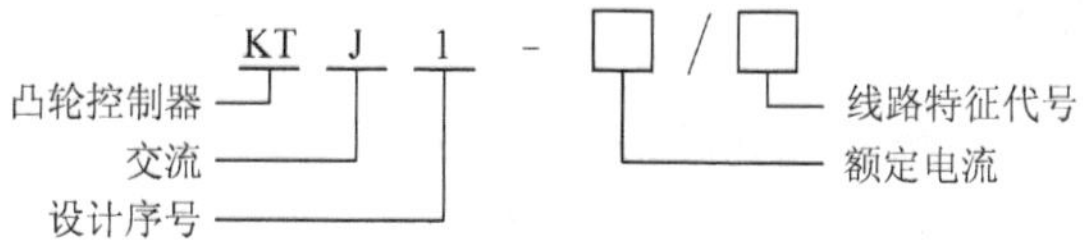

2. 凸轮控制器的结构及工作原理

KTJ1-50/1 型凸轮控制器外形与结构如图 4-2 所示。它主要由手柄（或手轮）、触头系统、转轴、凸轮和外壳等部分组成。其触头系统共有 12 对触头，9 对常开，3 对常闭。其中，4 对常开触头接在主电路中，用于控制电动机的正反转，配有石棉水泥制成的灭弧罩；其余 8 对触头用于控制电路中，不带灭弧罩。

凸轮控制器的工作原理：动触头与凸轮固定在转轴上，每个凸轮控制一个触头。当转动手柄时，凸轮随轴转动，当凸轮的凸起部分顶住滚轮时，动、静触头分开；当凸轮的凹处与滚轮相碰时，动触头受到触头弹簧的作用压在静触头上，动、静触头闭合。在方轴上叠装形状不同的凸轮片，可使各个触头按预定的顺序闭合或断开，从而实现不同的控制目的。

凸轮控制器的触头分合情况，通常用触头分合表来表示。KTJ1-50/1 型凸轮控制器的触头分合表如图 4-3 所示。图的上面第二行表示手轮的 11 个位置，左侧就是凸轮控制器的 12 对触头。各触头在手轮处于某一位置时的通、断状态用某些符号标记，符号“×”表示对应触头在手轮处于此位置时是闭合的，无此符号表示是分断的。例如：手轮在反转“3”位置时，触头 AC2、AC4、AC5、AC6 及 AC11 处有“×”标记，表示这些触头是闭合的，其余触头是断开的。两触头之间有短接线的（如 AC2～AC3 左边的短接线），表示它们一直是接通的。

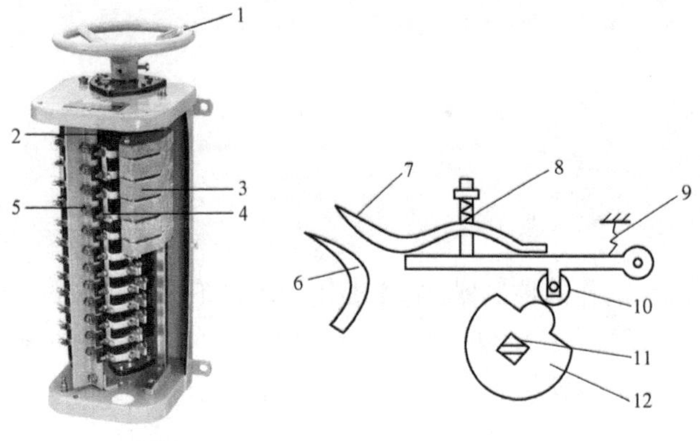

（a）结构外形图　　（b）动作原理示意图

1—手轮；2，11—转轴；3—灭弧罩；4，7—动触头；
5，6—静触头；8—触头弹簧；9—弹簧；10—滚轮；12—凸轮

图 4-2　KTJ1 系列凸轮控制器

	反转					零位	正转				
	5	4	3	2	1	0	1	2	3	4	5
AC1							×	×	×	×	×
AC2	×	×	×	×	×						
AC3							×	×	×	×	×
AC4	×	×	×	×	×						
AC5	×	×	×	×				×	×	×	×
AC6	×	×	×						×	×	×
AC7	×	×								×	×
AC8	×										×
AC9	×										×
AC10						×	×	×	×	×	×
AC11	×	×	×	×	×	×					
AC12											

图 4-3　凸轮控制器触头分合表

3．凸轮控制器的选用

凸轮控制器主要根据所控制电动机的容量、额定电压、额定电流、工作制和控制位置数目等来选择。

4．凸轮控制器的安装与使用

（1）凸轮控制器在安装前应检查外壳及零件有无损坏，并清除内部灰尘。

（2）安装前应操作控制器手柄不少于五次，检查有无卡轧现象。检查触头的分合顺序是否符合规定的分合表要求，以及每一对触头是否动作可靠。

（3）凸轮控制器必须牢固可靠地安装在墙壁或支架上，其金属外壳上的接地螺钉必须与接地线可靠连接。

（4）应按触头分合表或电路图要求接线，经反复检查，确认无误后才能通电。

（5）凸轮控制器安装结束后，应进行空载试验。启动时若凸轮控制器转到 2 位置后电动机仍未转动，则应停止启动，检查线路。

（6）启动操作时，手轮不能转动太快，应逐级启动，防止电动机的启动电流过大。

（7）凸轮控制器停止使用时，应将手轮准确地停在零位。

4.3.2　主令控制器

主令控制器是用于频繁地按照预定程序操纵多个控制电路的主令电器，用它通过控制接触器来实现电动机的启动、制动、调速和反转，其触点的工作电流不大。

1. 主令控制器的型号及含义

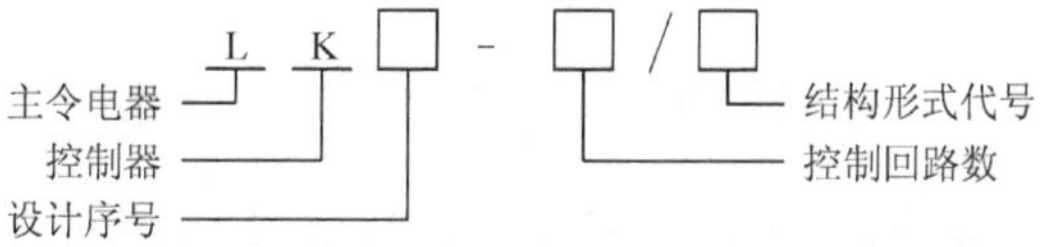

2. 主令控制器的结构及工作原理

主令控制器的外形及结构如图 4-4 所示。主令控制器所有的静触头都安装在绝缘板上，动触头固定在转动轴 6 转动的支架 5 上；凸轮鼓由多个凸轮块 1、7 嵌装而成，凸轮块根据触头系统的开闭顺序制成不同角度的几处轮缘，每个凸轮块控制两副触头。

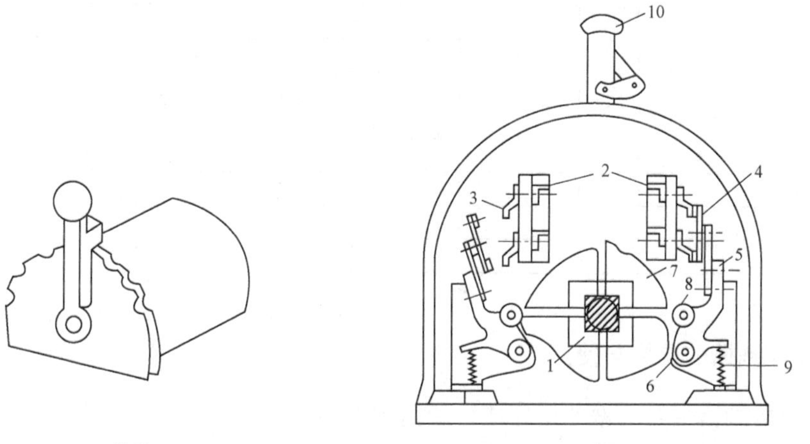

（a）外形　　（b）结构

1，7—凸轮块；2—接线柱；3—静触点；4—动触点；5—支架；6—转动轴；8—小轮；9—复位弹簧；10—手柄

图 4-4　主令控制器的外形及结构

主令控制器的工作原理为：

转动手柄→方形转轴带动凸轮块转动→凸轮块的凸出部分压动小轮 8，使动触头 4 离开静触头 3，分断电路。

转动手柄→小轮 8 位于凸轮块 7 的凹处，在复位弹簧 9 的作用下→动触头和静触头闭合，接通电路。

主令控制器的触点分合情况也用触点分合表来表示。LK1-12/90 型主令控制器的符号如图 4-5 所示，其触点分合表如表 4-3 所示。

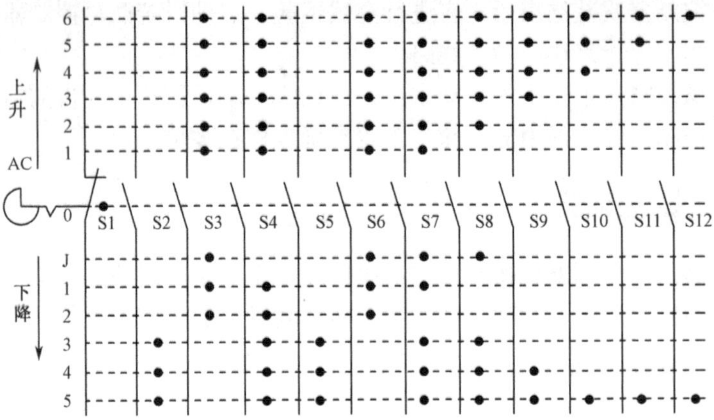

图 4-5　LK1-12/90 型主令控制器的符号

表 4-3　LK1-12/90 型主令控制器触点分合表

触点	下降						零位	上升					
	5	4	3	2	1	J	0	1	2	3	4	5	6
S1							×						
S2	×	×	×										
S3				×	×	×		×	×	×	×	×	×
S4	×	×	×	×	×			×	×	×	×	×	×
S5	×	×	×										
S6				×	×	×		×	×	×	×	×	×
S7	×	×	×		×	×		×	×	×	×	×	×
S8	×	×	×			×			×	×	×	×	×
S9	×	×								×	×	×	×
S10	×										×	×	×
S11	×											×	×
S12	×												×

3．主令控制器的选择与使用

（1）主令控制器主要根据使用环境、所需控制的电路数、触点闭合顺序进行选择。

（2）主令控制器投入运行前，应使用 500 V 或 1 000 V 兆欧表测量其绝缘电阻，绝缘电阻一般应大于 0.5 MΩ，同时根据接线图检查接线是否正确。

（3）主令控制器外壳上的接地螺栓应与接地网可靠连接。

（4）主令控制器不使用时手柄应停在零位。

4.3.3　电磁抱闸器

电磁铁利用电磁吸力来操纵牵引机械装置，以完成预期的动作，或用于钢铁零件的吸持固定，铁磁物体的起重搬运等，因此它是将电能转化为机械能的一种低压电器。

电磁铁主要由铁芯、衔铁、线圈和工作机构四部分组成。

按线圈中通过电流的种类，电磁铁可分为交流电磁铁和直流电磁铁。下面只简单分析交流短行程制动电磁铁。

交流短行程制动电磁铁为转动式，制动力矩较小，多为单相或二相结构，常用的有 MZD1 系列，其型号及含义如下。

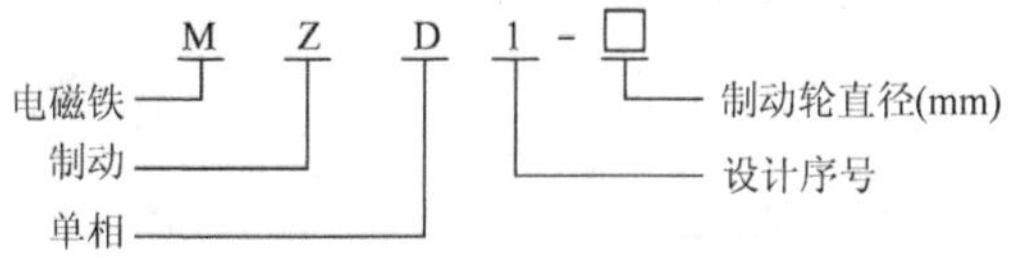

该系列电磁铁常与 TJ2 型闸瓦制动器配合使用，共同组成电磁抱闸制动器，其结构如图 4-6 所示。

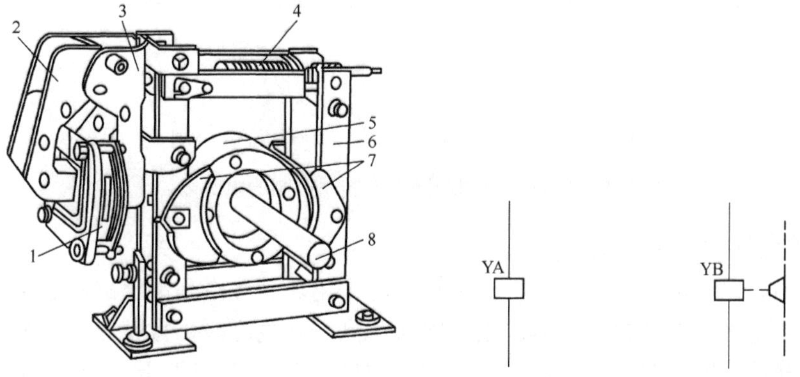

（a）结构　（b）电磁铁的一般符号　（c）电磁制动器符号

1—线圈；2—衔铁；3—铁芯；4—弹簧；5—闸轮；6—杠杆；7—闸瓦；8—轴

图 4-6　MZD1 型制动电磁铁与制动器

制动电磁铁由铁芯、衔铁和线圈三部分组成。闸瓦制动器包括闸轮、闸瓦、杠杆和弹簧等部分。闸轮装在被制动轴上，当线圈通电后，U 形衔铁绕轴转动吸合，衔铁克服弹簧拉力，迫使制动杠杆带动闸瓦向外移动，使闸瓦离开闸轮，闸轮和被制动轴可以自由转动。当线圈断电后，衔铁会释放，在弹簧作用下，制动杠杆带动闸瓦向里运动，使闸瓦紧紧抱住闸轮完成制动。

1. 电磁抱闸制动器断电制动控制线路

电磁抱闸制动器分为断电制动型和通电制动型两种。断电制动型的工作原理如下：当制动电磁铁的线圈得电时，制动器的闸瓦与闸轮分开，无制动作用；当线圈失电时，闸瓦紧紧抱住闸轮制动。通电制动型的工作原理如下：当线圈得电时，闸瓦紧紧抱住闸轮制动；当线圈失电时，闸瓦与闸轮分开，无制动作用。

电磁抱闸制动器断电制动控制的电路如图 4-7 所示。

线路工作原理如下（先合上电源开关 QS）。

启动运转：按下启动按钮 SB1，接触器 KM 线圈得电，其自锁触头和主触头闭合，电动机 M 接通电源，同时电磁抱闸制动器 YB 线圈得电，衔铁与铁芯吸合，衔铁克服弹簧拉力，迫使制动杠杆向上移动，从而使制动器的闸瓦与闸轮分开，电动机正常运转。

制动停转：按下停止按钮 SB2，接触器 KM 线圈失电，其自锁触头和主触头分断，电动机 M 失电，同时电磁抱闸制动器 YB 线圈也失电，衔铁与铁芯分开，在弹簧拉力的作用下闸

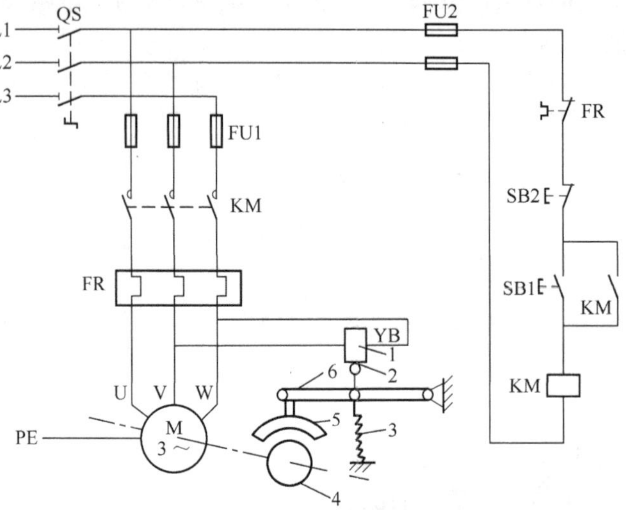

1—线圈；2—衔铁；3—弹簧；4—闸轮；5—闸瓦；6—杠杆

图 4-7　电磁抱闸制动器断电制动控制的电路图

瓦紧紧抱住闸轮，使电动机迅速制动而停转。

电磁抱闸制动器断电制动在起重机械上被广泛采用。其优点是能够准确定位，同时可防止电动机突然断电时重物的自行坠落。当重物起吊到一定高度时，按下停止按钮，电动机和电磁抱闸制动器的线圈同时断电，闸瓦立即抱住闸轮，电动机立即制动停转，重物随之被准确定位。如果电动机在工作时，线路发生故障而突然断电，电磁抱闸制动器同样会使电动机迅速制动停转，从而避免重物自行坠落。这种制动方法的缺点是不经济，因为电磁抱闸制动器线圈耗电时间与电动机一样长。另外，切断电器后，由于电磁抱闸制动器的制动作用，使手动调整工件很困难。因此，对要求电动机制动后能调整工件位置的机床设备不能采用这种制动方法，可采用下述通电制动控制线路。

2. 电磁抱闸制动器通电制动控制线路

电磁抱闸制动器通电制动控制的电路如图 4-8 所示。这种通电制动与上述断电制动方法稍有不同。当电动机得电运转时，电磁抱闸制动器线圈断电，闸瓦与闸轮分开，无制动作用；当电动机失电需停转时，电磁抱闸制动器的线圈得电，使闸瓦紧紧抱住闸轮制动；当电动机处于停转常态时，电磁抱闸制动器线圈也无电，闸瓦与闸轮分开，这样操作人员可以用手扳动主轴调整工件、对刀等。

线路的工作原理如下（先合上电源开关 QS）。

（1）启动运转：按下启动按钮 SB1，接触器 KM1 线圈得电，其自锁触头和主触头闭合，电动机 M 启动运转。由于接触器 KM1 联锁触头分断，使接触器 KM2 不能得电动作，所以电磁抱闸制动器的线圈无电，衔铁与铁芯分开，在弹簧拉力的作用下，闸瓦与闸轮分开，电动机不受制动正常运转。

（2）制动停转：按下复合按钮 SB2，其常闭触头先分断，使接触器 KM1 线圈失电，其自锁触头和主触头分断，电动机 M 失电，KM1 联锁触头恢复闭合，待 SB2 常开触头闭合后，接

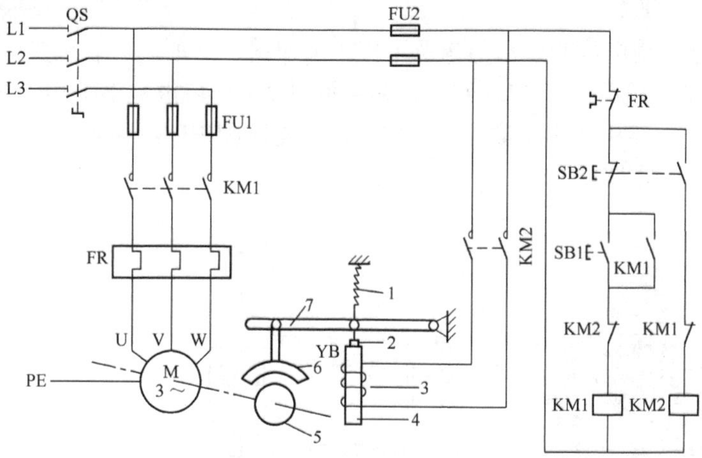

1—弹簧；2—衔铁；3—线圈；4—铁芯；5—闸轮；6—闸瓦；7—杠杆

图 4-8　电磁抱闸制动器通电制动控制的电路图

触器 KM2 线圈得电，KM2 主触头闭合，电磁抱闸制动器 YB 线圈得电，铁芯吸合衔铁，衔铁克服弹簧拉力，带动杠杆向下移动，使闸瓦紧抱闸轮，电动机被迅速制动而停转。KM2 联锁触头分断对 KM1 联锁。

4.3.4　电流继电器

电流继电器是反映电流变化的控制电器。使用时，电流继电器的线圈串联在被测电路中，根据通过线圈电流值的大小而动作。为了使串入电流继电器线圈后不影响电路正常工作，电流继电器线圈的匝数要少，导线要粗，阻抗要小。

电流继电器分为过电流继电器和欠电流继电器两种。

1．过电流继电器

当继电器中的电流超过预定值时，引起开关电器有延时或无延时动作的继电器叫过电流继电器。它主要用于频繁启动和重载启动的场合，作为电动机和主电路的过载和短路保护。

1）型号及含义

常用的过电流继电器有 JT4 系列交流通用继电器和 JL14 系列交直流通用继电器，其型号及含义分别如下所示：

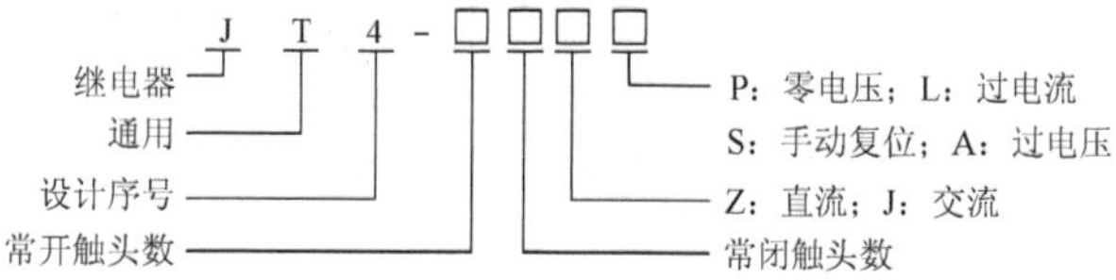

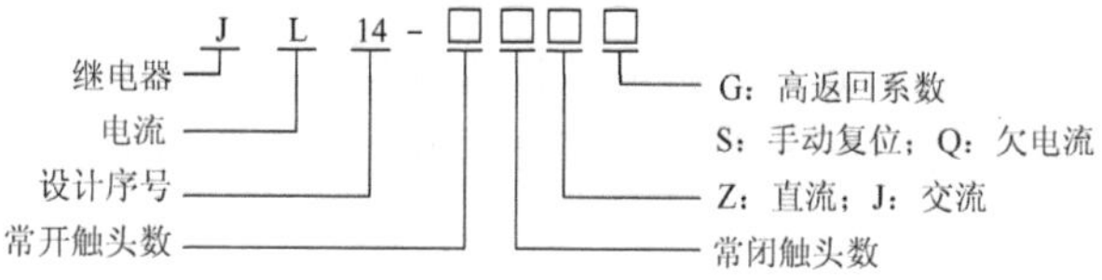

2）结构及工作原理

JT4系列过电流继电器的外形结构及工作原理如图4-9所示。它主要由线圈、圆柱形静铁芯、衔铁、触头系统和反作用弹簧等组成。JT4系列交流电磁继电器适用于交流50 Hz、380 V及以下的自动控制电路中作为零序电压、电流，过电压和中间继电器之用。过电流继电器也适用于60 Hz的控制电路中。

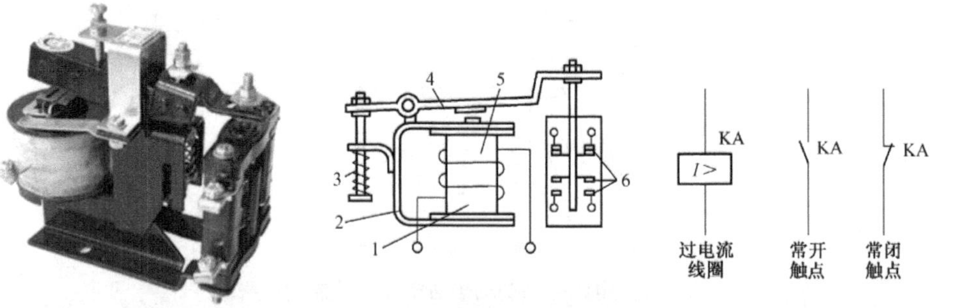

（a）外形　　（b）结构图　　（c）符号

1—铁芯；2—磁轭；3—反作用弹簧；4—衔铁；5—线圈；6—触头

图4-9　JT4系列过电流继电器

当线圈通过的电流为额定值时，它所产生的电磁吸力不足以克服反作用弹簧的反作用力，此时衔铁不动作。当线圈通过的电流超过整定值时，电磁吸力大于弹簧的反作用力，铁芯吸引衔铁动作，带动常闭触头断开，常开触头闭合。调整反作用弹簧的作用力，可整定继电器的动作电流值。该系列中有的过电流继电器带有手动复位机构，这类继电器过电流动作后，当电流再减小甚至到零时，衔铁也不能自动复位，只有当操作人员检查并排除故障后，手动松掉锁扣机构，衔铁才能在复位弹簧作用下返回，从而避免重复过电流事故的发生。

JT4和JL14系列都是瞬动型过电流继电器，主要用于电动机的短路保护。生产中还用到一种具有过载和启动延时、过流迅速动作保护特性的过电流继电器，如JL12系列，其外形结构如图4-10所示。它主要由螺管式电磁系统（包括线圈、磁轭、动铁芯、封帽、封口塞等）、阻尼系统（包括导管、硅油阻尼剂和动铁芯中的钢珠）和触头（微动开关）等组成，当通过继电器线圈的电流超过整定值时，导管中的动铁芯受到电磁力作用开始上升，当铁芯上升时，钢珠关闭油孔，使铁芯的上升受到阻尼作用，铁芯须经过一段时间的延迟后才能推动顶杆，使微动开关的常闭触头分断，切断控制回路，使电动机得到保护。触头延时动作的时间由继电器下端封帽内装有的调节螺钉调节。当故障消除后，动铁芯因重力作用返回原来的位置。这种过电流继电器从线圈过电流到触头动作须延迟一段时间，从而防止了在电动机启动过程中继电器发生误动作。

过电流继电器在电路图中的符号如图4-9（c）所示。

2. 欠电流继电器

当通过继电器的电流减小到低于其整定值时动作的继电器称为欠电流继电器。在线圈电流正常时这种继电器的衔铁与铁芯是吸合的。它常用于直流电动机励磁电路和电磁吸盘的弱磁保护。

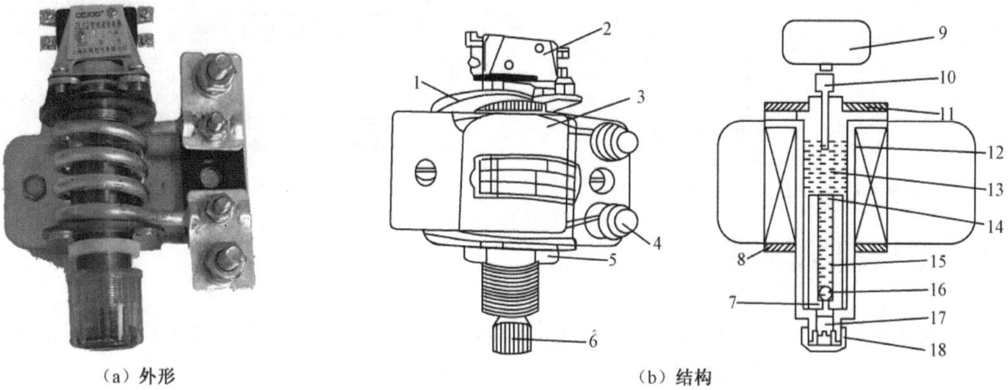

（a）外形　　　　　　　　（b）结构

1，8—磁轭；2，9—微动开关；3，12—线圈；4—接线柱；5—紧固螺母；6，18—封帽；
7—油孔；10—顶杆；11—封口塞；13—硅油；14—导管（油杯）；15—衔铁；16—钢珠；17—调节螺钉

图 4-10　JL12 系列过电流继电器

常用的欠电流继电器有 JL14-Q 等系列产品，其结构与工作原理和 JT4 系列继电器相似。这种继电器的动作电流为线圈额定电流的 30%～65%，释放电流为线圈额定电流的 10%～20%。因此，当通过欠电流继电器线圈的电流降低到额定电流的 10%～20%时，继电器即释放复位，其常开触头断开，常闭触头闭合，给出控制信号，使控制电路做出相应的反应。

欠电流继电器在电路图中的符号如图 4-11 所示。

4.3.5　电压继电器

反映输入量为电压的继电器叫电压继电器。使用时电压继电器的线圈并联在被测量的电路中，根据线圈两端电压的大小而接通或断开电路。因此这种继电器线圈的导线细，匝数多，阻抗大。

根据实际应用的要求，电压继电器分为过电压继电器、欠电压继电器和零电压继电器。过电压继电器是当电压大于其整定值时动作的电压继电器，主要用于对电路或设备作过电压保护。常用的过电压继电器为 JT4-A 系列，其动作电压可在 105%～120%额定电压范围内调整。欠电压继电器是当电压降至某一规定范围时动作的电压继电器；零电压继电器是欠电压继电器的一种特殊形式，是当继电器的端电压降至零或接近消失时才动作的电压继电器。可见欠电压继电器和零电压继电器在线路正常工作时，铁芯与衔铁是吸合的；当电压降至低于整定值时，衔铁释放，带动触头动作，对电路实现欠电压或零电压保护。常用的欠电压和零电压继电器有 JT4-P 系列，欠电压继电器的释放电压可在 40%～70%额定电压范围内整定，零电压继电器的释放电压可在 10%～35%额定电压范围内调节。

电压继电器的结构、工作原理及安装使用等知识与电流继电器类似，这里不再重复。

电压继电器主要依据继电器的线圈额定电压、触头的数目和种类进行选择。

电压继电器在电路图中的符号如图 4-12 所示。

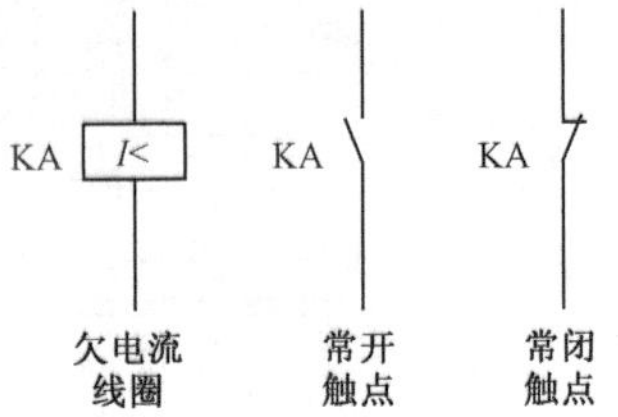

图 4-11　欠电流继电器的符号

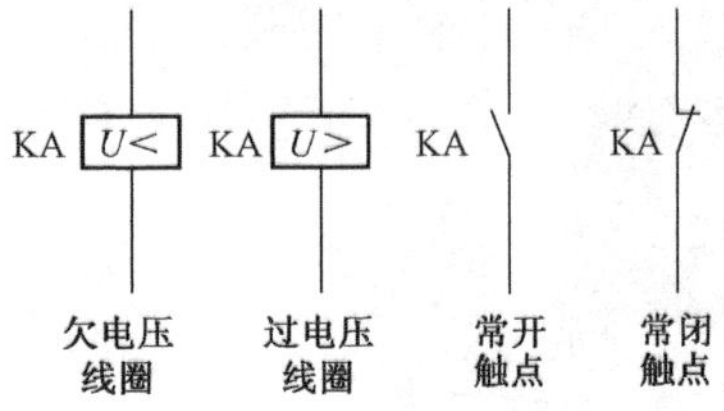

图 4-12　电压继电器的符号

4.4　电气控制线路

下面以绕线转子异步电动机转子串电阻启动控制线路设计来讲述上述相关知识的应用。

在实际生产中对要求启动转矩较大且能平滑调速的场合，常常采用三相绕线转子异步电动机。绕线转子异步电动机的优点是可以通过滑环在转子绕组中串接电阻来改善电动机的机械特性，从而达到减小启动电流，增大启动转矩以及平滑调速的目的。

电动机转子绕组中串接的外加电阻在每段切除前和切除后，三相电阻始终是对称的，称为三相对称电阻器，如图 4-13（a）所示。启动过程依次切除 R1、R2、R3，最后全部电阻被切除。与上述相反，启动时串入的全部三相电阻是不对称的，而每段切除后三相仍不对称，称为三相不对称电阻器，如图 4-13（b）所示。启动过程依次切除 R1、R2、R3、R4，R5，最后全部电阻被切除。

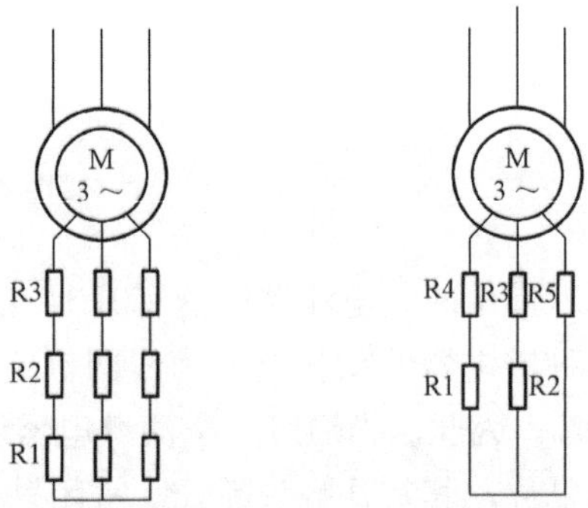

（a）三相对称电阻器　　（b）三相不对称电阻器

图 4-13　转子串接三相电阻

4.4.1　按钮操作控制线路

按钮操作转子绕组串接电阻启动的电路如图 4-14 所示。

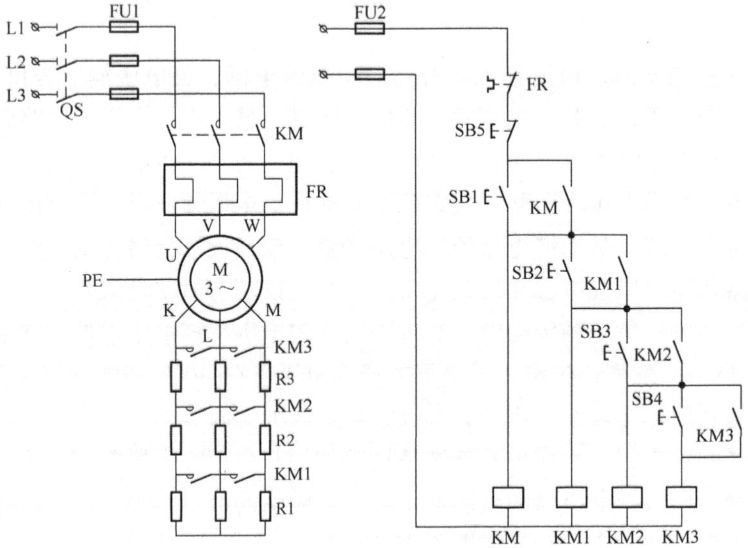

图 4-14　按钮操作转子绕组串接电阻启动的电路图

线路的工作原理如下（先合上电源开关 QS）：

按下 SB1 → KM 线圈得电 →
- → KM 主触头闭合 → 电动机 M 串接全部电阻启动 →
- → KM 自锁触头闭合自锁

—经过一定时间→ 按下 SB2 → KM1 线圈得电 →

- → KM1 主触头闭合，切除第一组启动电阻 R1，电动机串接第二组电阻继续启动
- → KM1 自锁触头闭合自锁 —经过一定时间→ 按下 SB3 → KM2 线圈得电 →

- → KM2 主触头闭合，切除第二组启动电阻 R2，电动机串接第三组电阻继续启动
- → KM2 自锁触头闭合自锁 —经过一定时间→ 按下 SB4 → KM3 线圈得电 →

- → KM3 主触头闭合，切除全部电阻，电动机启动结束，正常运转
- → KM3 自锁触头闭合自锁

停止时，按下 SB5 即可。

4.4.2　时间继电器自动控制线路

按钮操作控制线路的缺点是操作不便，工作也不安全可靠，所以在实际生产中常采用时间继电器自动控制短接启动电阻的控制线路，如图 4-15 所示。该线路是用三个时间继电器 KT1、KT2、KT3 和三个接触器 KM2、KM3、KM4 的相互配合来依次自动切除转子绕组中的三级电阻的。

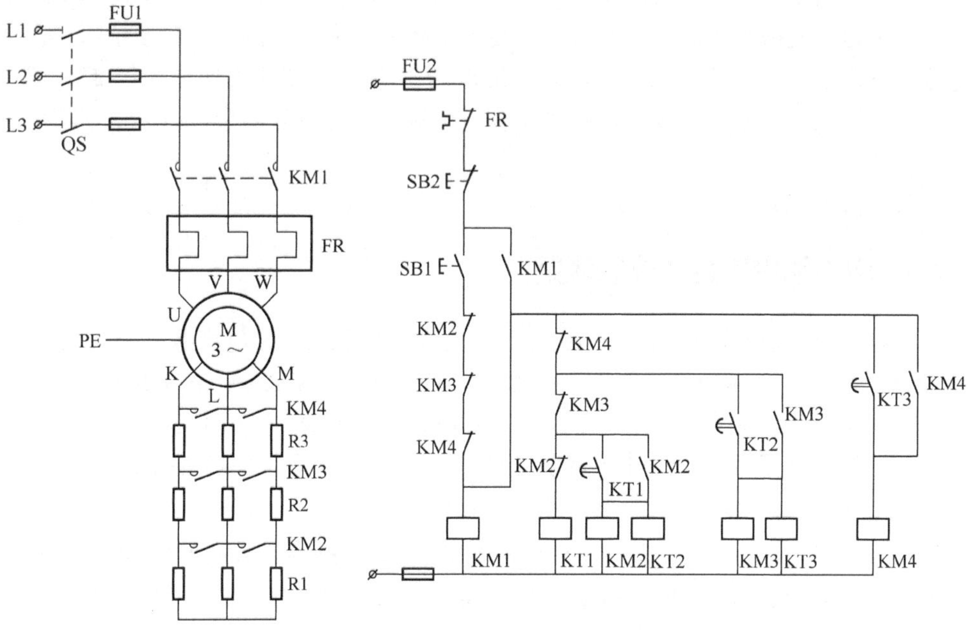

（a）　　　　　　　　　　（b）

图 4-15　时间继电器自动控制电路图

线路工作原理如下（先合上电源开关 QS）：

按下 SB1 → KM1 线圈得电 →
- → KM1 自锁触头闭合自锁 → 电动机 M 串接全部电阻启动
- → KM1 主触头闭合 → 电动机 M 串接全部电阻启动
- → KM1 常开触头闭合 → KT1 线圈得电 —经 KT1 整定时间→

→ KT1 常开触头闭合 → KM2 线圈得电 →
- → KM2 主触头闭合，切除第一组电阻 R1，电动机 M 串接两组电阻继续启动
- → KM2 常开辅助触头闭合 → KT2 线圈得电 →
- → KM2 常闭辅助触头分断

—经 KT2 整定时间→ KT2 常开触头闭合 → KM3 线圈得电 →
- → KM3 主触头闭合，切除第二组电阻 R2，电动机 M 串接第一组电阻继续启动
- → KM3 常开辅助触头闭合 →
- → KM3 常开辅助触头分断

→ KT3 线圈得电 —经 KT3 整定时间→ KT3 常开触头闭合 → KM4 线圈得电 →

- → KM4 自锁触头闭合自锁
- → KM4 主触头闭合，切除第三组电阻 R3，电动机 M 启动结束，正常运转
- → KM4 常闭辅助触头分断 → 使 KT1、KM2、KT2、KM3、KT3 依次断电释放，触头复位
- → KM4 常闭辅助触头分断

与启动按钮 SB1 串接的接触器 KM2、KM3 和 KM4 常闭辅助触头的作用是保证电动机在转子绕组中接入全部外加电阻的条件下才能启动。如果接触器 KM2、KM3 和 KM4 中任何一个触头因熔焊或机械故障而没有释放时，启动电阻就没有被全部接入转子绕组中，从而使启动电流超过规定值。若把 KM2、KM3 和 KM4 的常闭触点与 SB1 串接在一起，就可以避免这种现象的发生，因为三个接触器中只要有一个触头没有恢复闭合，电动机就不可能接通电源直接启动。

停止时，按下 SB2 即可。

4.4.3 电流继电器自动控制线路

电流继电器自动控制电路如图 4-16 所示。该线路是用三个欠电流继电器 KA1、KA2 和 KA3 根据电动机转子电流变化，来控制接触器 KM1、KM2 和 KM3 依次得电动作，逐级切除外加电阻的。三个电流继电器 KA1、KA2、KA3 的线圈串接在转子回路中，它们的吸合电流都一样，但释放电流不同，KA1 的释放电流最大，KA2 次之，KA3 最小。

线路的工作原理如下（先合上电源开关 QS）：

按下 SB1 → KM 线圈得电 →
- → KM 自锁触头闭合自锁 → 电动机 M 串接全部电阻启动
- → KM 主触头闭合 → 电动机 M 串接全部电阻启动
- → KM 常开辅助触头闭合 → KA 线圈得电 →

→ KA 常开触头闭合，为 KM1、KM2、KM3 得电作准备

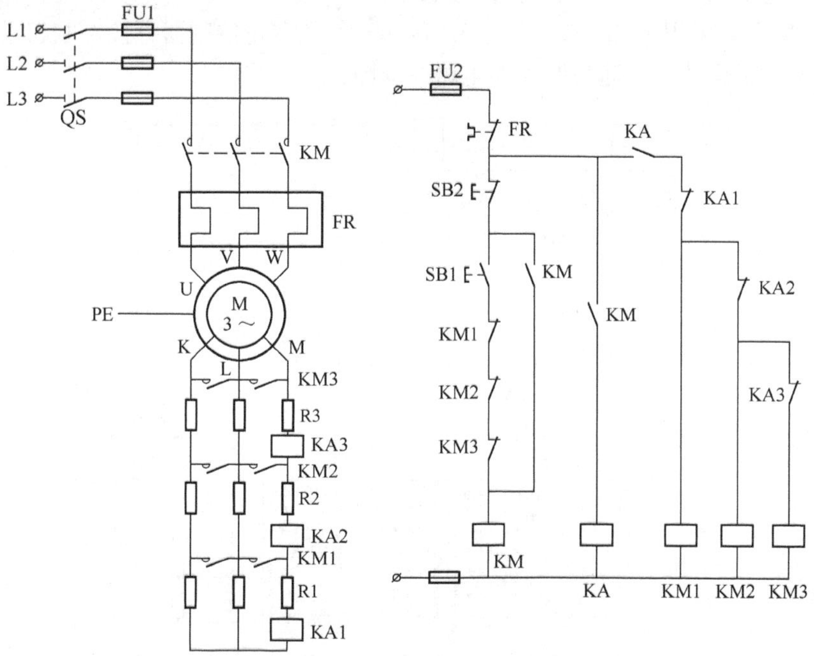

图 4-16　电流继电器自动控制电路图

由于电动机 M 刚启动时转子电流很大，三个电流继电器 KA1、KA2、KA3 都吸合，它们接在控制电路中的常闭触头都断开，使接触器 KM1、KM2、KM3 的线圈都不能得电，接在转子电路中的常开触头都处于分断状态，全部电阻均被串接在转子绕组中。随着电动机转速的升高，转子电流逐渐减小，当减小至 KA1 的释放电流时，KA1 首先释放，使控制电路中 KA1 的常闭触头恢复闭合，接触器 KM1 线圈得电，其主触头闭合，短接切除第一组电阻 R1。当 R1 被切除后，转子电流重新增大，但随着电动机转速的继续升高，转子电流又会减小，当减小至 KA2 的释放电流时，KA2 释放，它的常闭触头 KA2 恢复闭合，接触器 KM2 线圈得电，主触头闭合，把第二组电阻 R2 短接切除。如此继续下去，直到全部电阻被切除，电动机启动完毕，进入正常运转状态。

中间继电器 KA 的作用是保证电动机在转子电路中接入全部电阻的情况下开始启动。因为电动机开始启动时，启动电流由零增大到最大值需要一定的时间，这样就有可能出现 KA1、KA2、KA3 还未动作，KM1、KM2、KM3 就已吸合而把电阻 R1、R2、R3 短接，使电动机直接启动。采用 KA 后，无论 KA1、KA2、KA3 有无动作，开始启动时都可由 KA 的常开触头切断 KM1、KM2、KM3 线圈的通电回路，保证启动时串入全部电阻。

项目实施：桥式起重机控制线路分析

4.5　桥式起重机凸轮控制器控制线路分析

凸轮控制器控制电路具有线路简单，维护方便，价格便宜等优点，普遍用于中小型起重机的平移机构电动机和小型提升机构电动机的控制。

图 4-17 所示是采用 KT14-25J/1 与 KT14-60J/1 型凸轮控制器直接控制起重机平移或提升机构的启停、正反转、调速与制动的电路原理图。

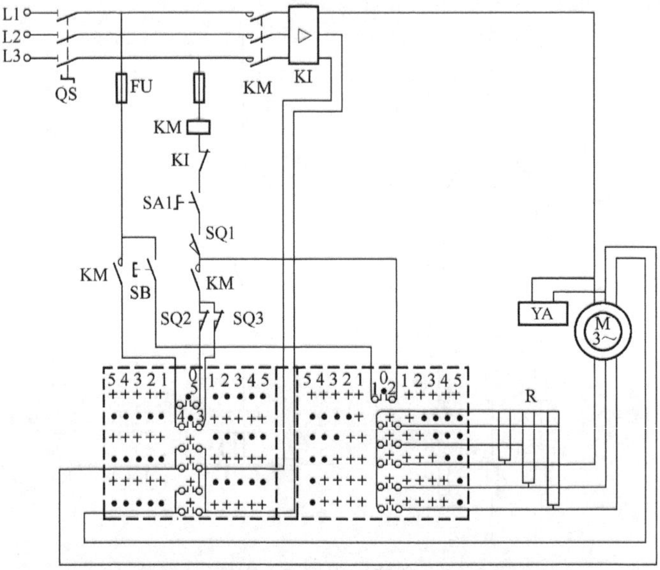

图 4-17　凸轮控制器控制起重机电路原理图

4.5.1　电动机的工作特点

本起重机械采用了三相交流绕线转子异步电动机作为提升机构的拖动电动机，被控制的绕线转子异步电动机的转子串接了不对称电阻，有利于减少转子电阻的段数及控制触点的数目。提升重物时，控制器的第 1 挡为预备级，用于张紧钢丝绳，在第 2、3、4、5 挡时提升速度逐渐提高。图 4-18 所示为凸轮控制器控制的电动机机械特性。

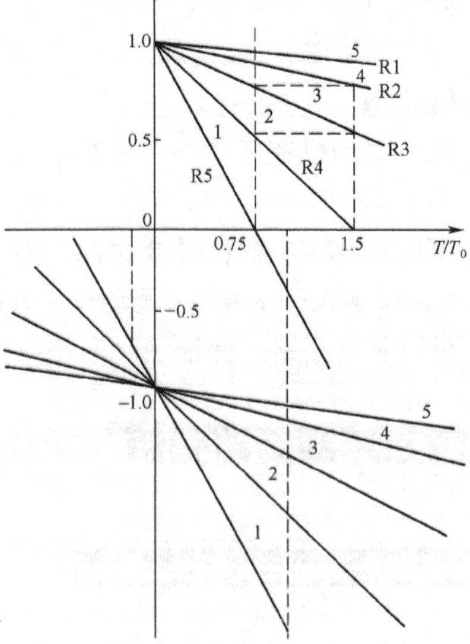

图 4-18　凸轮控制器控制的电动机机械特性

从特性曲线上工作点的变化，可以分析出其控制特点。

下放重物时，由于负载较重，电动机工作在发电制动状态，为此操作重物下降时应将控制器手柄从 0 位迅速扳至第 5 挡，中间不允许停留。往回操作时也应从下降第 5 挡快速扳至零位，以免引起重物的高速下落而造成事故。

对于轻载提升，第 1 挡为启动级，第 2、3、4、5 挡提升速度逐渐提高，但提升速度变化不大。下降时当起吊物太轻而不足以克服摩擦转矩时，电动机工作在强力下降状态，即电磁转矩与重物重力矩方向一致。

由以上分析可知，该控制电路不能获得重载或轻载的低速下降，在下降操作中需要准确定位时（如装配中），可采用点动操作方式，即控制器手柄扳至下降第 1 挡后立即扳回零位，经多次点动，并配合电磁抱闸便能实现准确定位。

4.5.2　主电路分析

QS 为电源开关，KI 为过电流继电器，用于过载保护，YA 为三相电磁制动抱闸的电磁铁，YA 断电时，在强力弹簧作用下制动器抱闸紧紧抱住电动机转轴进行制动，YA 通电时，电磁铁吸动抱闸使之松开，三相电动机由接触器 KM 进行启动和停止控制，电动机转子回路串联了几段三相不对称电阻，在控制器的不同控制位置，凸轮控制器控制转子各相电路接入不同的电阻，以得到不同的转速，实现一定范围的调速。

在电动机定子回路中，三相电源进线中有一相直接引入，其他两相经凸轮控制器控制。由图 4-17 可知，控制器手柄位于左边 1～5 挡与位于右边 1～5 挡的区别是两相电源互换，实现电动机电源相序的改变，达到正转与反转控制目的；YA 与电动机同时得电或失电，从而实现停电制动的目的。凸轮控制器操作手柄使电动机的定子和转子电路同时处在左边或右边对应各挡控制位置。左右两边 1～5 挡转子回路接线完全一样，当操作手柄处于第 1 挡时，由图 4-17 可知接转子的各对触点都不接通，转子电路电阻全部接入，电动机转速最低。而处在第 5 挡时，5 对触点全部接通，转子电路电阻全部短接，电动机转速提高。

由此可见，凸轮控制器的控制触点串联在电动机的定子、转子回路中，用来直接控制电动机的工作状态。

4.5.3　控制电路分析

凸轮控制器的另外三对触点串接在接触器 KM 的控制回路中，当操作手柄处于零位时，触点 1—2、3—4、4—5 接通。此时若按下 SB，则接触器得电吸合并自锁，电源接通，电动机的运行状态由凸轮控制器控制。

4.5.4　保护联锁环节分析

本控制电路有过电流、失电压、短路、安全门、极限位置及紧急操作等保护环节，其中主电路的过电流保护由串接在主电路中的过电流继电器 KI 来实现。KI 的控制触点串接在接触器 KM 的控制回路中，一旦发生过电流，KI 动作，KM 释放而切断控制回路电源，起重机便停止工作。由接触器 KM 线圈和 0 位触点串联来实现失电压保护。操作中一旦断电，接触器释放，必须将操作手柄扳回零位，并重新按启动按钮方能工作。控制电路的短路保护是由

FU 实现的，串联在控制电路的 SA1、SQ1、SQ2 及 SQ3 分别是紧急操作、安全门开关及提升机构上极限位置与下极限位置保护行程开关。

4.6 桥式起重机主令控制器控制线路分析

由凸轮控制器组成的起重机控制电路虽然具有线路简单，操作维护方便，经济等优点，但受到触点容量的限制，调速性能也不够好，因此，常采用主令控制器与磁力控制屏相配合的控制方式。图 4-19 和图 4-20 所示是采用主令控制器与磁力控制屏相配合的电路图。控制系统中只有尺寸较小的主令控制器安装在驾驶室，其余设备如控制屏、电阻箱、制动器等均安装在桥架上。

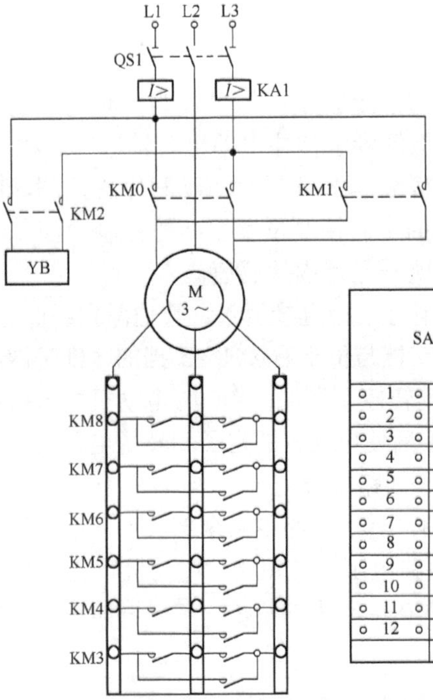

SA		下降						零位	上升					
		强力			制动				⟶					
		5	4	3	2	1	C	0	1	2	3	4	5	6
o 1 o								+						
o 2 o		+	+	+										
o 3 o					+	+	+		+	+	+	+	+	+
o 4 o	KM2	+	+	+	+	+			+	+	+	+	+	+
o 5 o	KM1	+	+	+										
o 6 o	KM0				+	+	+		+	+	+	+	+	+
o 7 o	KM3	+	+	+		+	+		+	+	+	+	+	+
o 8 o	KM4	+	+	+			+			+	+	+	+	+
o 9 o	KM5	+	+								+	+	+	+
o 10 o	KM6	+										+	+	+
o 11 o	KM7	+											+	+
o 12 o	KM8	+												+
	KV	+	+	+	+	+	+		+	+	+	+	+	+

+ 表示触点闭合

图 4-19　主令控制器与磁力控制屏相配合的主电路图

下面分析由 LK1-12/90 型主令控制器与 PQR10A 系列磁力控制屏组成的桥式起重机主提升机构和控制系统。

4.6.1 主电路分析

LK1-12/90 型主令控制器共有 12 对触点，提升、下降各有 6 个控制位置。通过 12 对触点的闭合与分断组合去控制定子电路与转子回路的接触器，决定电动机的工作状态（转向、转速等），使主钩上升、下降，高速及低速运行。

在图 4-19 中 QS1 为主电路的开关，KM0 与 KM1 为吊钩电动机正反转控制接触器（控制吊钩升降），YB 为三相制动电磁铁，KA1 为过电流保护继电器。电动机转子电路中共有 7 段对称连接的电阻，其中前 2 段为反接制动电阻，由接触器 KM3、KM4 控制，后 4 段为启

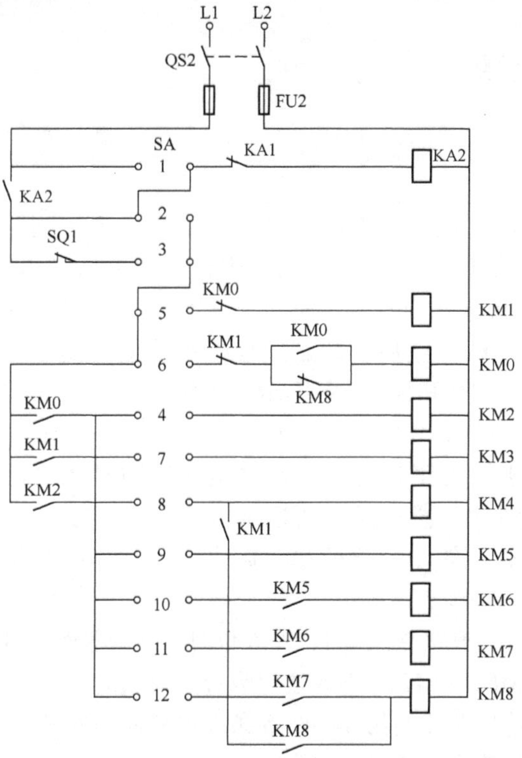

图 4-20　主令控制器与磁力控制屏相配合的控制电路图

动加速调速电阻，分别由接触器 KM5～KM8 控制；最后一段为固定的软化特性电阻，一直串接在转子电路中。当 KM3～KM8 依次闭合时，电动机的转子回路中串入的电阻依次减小，与主令控制器的各控制位置相对应的电动机的机构特性如图 4-21 所示。

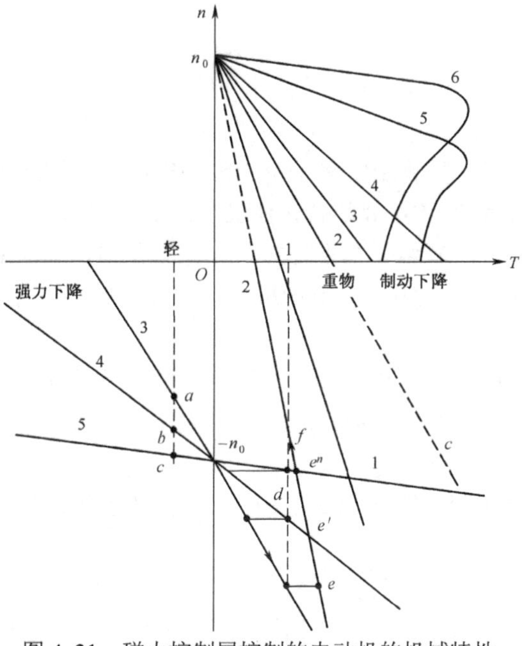

图 4-21　磁力控制屏控制的电动机的机械特性

4.6.2 控制电路分析

1. 正转提升控制

先合上QS1、QS2，主电路、控制电路上电，当主令控制器操作手柄置于零位时，SA-1（表示SA的第1对触点，以下类同）闭合，使电压继电器KA2吸合并自锁，控制电路便处于准备工作状态。当控制手柄处于工作位置时，虽然SA-1断开，但不影响KA的吸合状态，但当电源断电后，却必须使控制手柄回到零位后才能再次启动，这就是零位保护作用。如图4-19和图4-20所示，正转提升有6个控制位置，当主令控制器操作手柄转到上升第1位时，SA-3、SA-4、SA-6、SA-7闭合，接触器KM0、KM2、KM3得电吸合，电动机接上正转电源，制动电磁铁同时通电，松开电磁抱闸，由于转子电路中KM3的触点短接一段电阻，所以电动机是工作在第一象限特性曲线1上（见图4-21），对应的电磁转矩较小，一般吊不起重物，只作张紧钢丝绳和消除齿轮间隙的预备启动级。

当控制手柄依次转到上升第2、3、4、5、6位时，控制器触点SA-8～SA-12相继闭合，依次使KM4、KM5、KM6、KM7、KM8通电吸合，对应的转子电路逐渐短接各段电阻，电动机的工作点从第2条特性曲线向第3、4、5条并最终向第6条特性曲线过渡，提升速度逐渐增加，可获得5种提升速度。

主令控制器手柄在提升位置时，SA-3触点始终闭合，限位开关SQ1串入控制回路启动上升限位保护作用。当达到上升的上限时，所有接触器全部断电，电动机在制动电磁铁的作用下使重物停在空中。

2. 下降操作控制

由图4-21可知，下降控制也有6个位置，根据吊钩上负载的大小和控制要求，分三种情况。

（1）C位（第1挡）用于重物稳定停于空中或在空中作平移运动。由图可知，此时主令控制器的SA-3、SA-6、SA-7、SA-8闭合，使KM0、KM3、KM4通电吸合，电动机定子正向通电，转子短接两段电阻，产生一个提升转矩。此时KM2未通电，因此电磁抱闸对电动机起制动作用，电磁抱闸制动力矩加上电动机产生的提升转矩与吊钩上的重物力矩相平衡，使重物能安全停留在空中。

该操作挡的另一个作用是在下放重物时，控制手柄由下降任一位置扳回零位时，都要经过第1挡，这时既有电动机的倒拉反接制动，又有电磁抱闸的机械制动，在两者共同作用下，可以防止重物溜钩，以实现准确停车。

下降C位电动机转子电阻与提升第2位相同，所以该挡机械特性为上升特性曲线2及其在第四象限的延伸。

（2）下降第1、2位用于重物低速下降，操作手柄在下降第1、2位，SA-4闭合，KM2和YB通电，制动器松开，SA-8、SA-7相继断开，KM4、KM3相继断电释放，电动机转子电阻逐渐加入，使电动机产生的制动力矩减小，进而使电动机工作在不同速度的倒拉反接制动状态，获得两级重载下降速度，其机械特性如图 4-21 中第四象限的 1、2 两种特性曲线所示。

必须注意，只有在重物下降时，为获得低速才能用这两挡。倘若空钩或下放轻物时操作手柄置于第 1、2 位，非但不能下降，而且由于电动机产生的提升转矩大于负载转矩，还会上升，此时应立即将手柄推至强力下降控制位置。为防止误操作而产生空钩或轻载在第 1、2 位不下降，反而上升超过上极限位置，因而操作手柄在下降第 1、2 位置时 SA-3 闭合，将上升限位保护限位开关 SQ1 串入控制回路，以实现上升极限位置保护作用。

（3）下降第 3、4、5 位为强力下降。当操作手柄在下降第 3、4、5 位置时，KM1 及 KM2 得电吸合，电动机定子反向通电，同时电磁抱闸松开，电动机产生的电磁转矩与吊钩负载力矩方向一致，强迫推动吊钩下降，故称为强力下降，适用于空钩或轻物下降。因为提升机构存在一定的摩擦阻力，空钩或轻载时的负载力矩不足以克服摩擦转矩自动下降。

从第 3 位到第 5 位，转子电阻依次切除，可以获得三种强力下降速度，电动机的工作特性对应于图 4-21 中第三象限的 3、4、5 三条特性曲线。

4.7　桥式起重机保护电路分析

由于起重机控制是一种远距离控制，很可能发生判断失误。例如，实际上是一个重物下降，而司机估计不足，以为是轻物，而将操作手柄扳到下降第 5 位，在电磁转矩及重物力矩的共同作用下，电动机的工作状态沿下降特性 5 过渡到第四象限的 d 点，电动机转速超过同步转速而进入发电制动状态。以高速下放重物是危险的，必须迅速将手柄从第 5 位转到下降第 1 位或第 2 位，以使重物低速下降。但是，在转位过程中手柄必须经过下降的第 4 位、第 3 位，电动机的工作状态将沿下降特性 4 到下降特性 3，一直到 e 点再过渡到 f 点，才稳定下来，在转位过程中将会产生更危险的超高速，可能发生人身及设备事故。

为避免因判断错误而引起的重物高速下降危险，从下降第 5 位回转第 2 位或第 1 位的过程中，希望从特性 5 上的 d 点直接过渡到 f 点稳定下来，即希望在转换过程中，转子电路中不串入电阻，使电动机工作点变化保持在下降特性 5 上。为此，在控制电路中，采用 KM1 和 KM8 动合触点串联使 KM8 通电后自锁，转换中经第 4、3 位时，KM8 保持吸合，电动机始终运行在下降特性 5 上，由 d 点经 e 点平稳过渡到 f 点，最后稳定在低速下降状态，避免超高速下降出现危险。在 KM8 自锁触点回路中串入 KM1 触点的目的是为了不影响上升操作的调速性能。

在下降第 3 位转到第 2 位时，SA-5 断开，SA-6 接通，KM1 断电，KM0 通电吸合，电动机由电动状态进入反接制动状态。为了避免反接时的冲击电流和保证正确进入第 2 位的反接特性，应使 KM8 立即断开，以加入反接制动电阻，并且要求只有在 KM8 断开之后，KM0 才能闭合。采用 KM8 动断触点和 KM0 动合触点并联的联锁触点，保证在 KM8 动断触点复位后，KM0才能吸合并自锁。此环节也可防止由于KM8主触点因电流过大而烧结，使转子短路，造成提升操作时直接启动的危险。

控制电路中采用了KM0、KM1、KM2动合触点并联，是为了在下降第2位、第3位转换过程中，避免高速下降瞬间机械制动引起强烈振动而损坏设备和发生人身事故。因为KM0与KM1之间采用了电气互锁，一个释放后，另一个才能接通。换接过程中必然有一瞬间两个接触器均不通电，这就会造成KM2突然失电而发生突然的机械制动。采用三个触点并联，则可避免以上情况。

为了保证各级电阻按顺序切除，在每个加速电阻接触器线路中，都串入了上一级接触器的辅助动合触点，因此只有上一级接触器投入工作后，后一级接触器才能吸合，以防止工作顺序错乱。此外，该线路还具有零位保护、零电压保护、过电流保护及上限位置保护的作用。

知识梳理与总结

桥式起重机是一种应用十分普遍的生产机械。本项目对桥式起重机的各种控制设备、电气保护设备作了较为详细的介绍；对典型的凸轮控制器、主令控制器控制线路及交流起重机控制作了详尽的讨论和分析。通过本项目的学习，应对桥式起重机控制特点、操作方法有清晰的了解，对凸轮控制器控制线路、主令控制器控制线路牢固掌握。

起重机按其结构可分为桥式起重机、门式起重机、塔式起重机、旋转起重机及缆索起重机等。桥式起重机由桥架、装有提升机构的小车、大车运行机构及操纵室等几部分组成；其运动形式有由大车拖动电动机驱动的前后运动，由小车拖动电动机驱动的左右运动以及由提升电动机驱动的重物的升降运动三种形式，每种运动都要求有极限位置保护。凸轮控制器控制线路保护联锁环节有过电流、失电压、短路、安全门、极限位置及紧急操作等保护环节。

起重机械的工作条件通常十分恶劣，而且工作环境变化大，大都是在粉尘大、高温、高湿度或室外露天场所等环境中使用，其工作负载断续周期工作。为此，专门设计了起重用电动机，它分为交流和直流两大类，交流起重用异步电动机有绕线和笼型两种，一般在中小型起重机上用交流异步电动机，直流电动机一般用在大型起重机上。

练习与思考题4

4-1　起重机有哪几种分类？

4-2　桥式起重机包含哪些部件？对电力拖动和电气控制的要求是什么？

4-3　起重机有哪几种控制方式？在使用场合上有何区别？

4-4　凸轮控制器控制的起重机有哪些保护？它的提升过程如何实现？

4-5　主令控制器与磁力控制屏相配合控制的起重机有哪些保护？它的提升过程如何实现？

4-6　设计一个控制电路，要求第一台电动机 M1 启动运行 5 s 以后，第二台电动机 M2 自动启动；M2 运行 5 s 以后，M1 停止运行，同时第三台电动机 M3 自行启动；M3 运行 5 s 以后，电动机全部停止。

项目 5 送料小车自动往返的PLC控制

教学导航

教	建议课时	26
	推荐教学方法	1．基于项目实施的工作过程教学法； 2．以电动机的基本控制为项目，引导学生学习 PLC 的结构、指令和基本编程等相关知识
	重　　点	1．PLC 的端口、数据结构和内部元件； 2．基本指令、常用功能指令的应用； 3．西门子 PLC 编程软件的使用； 4. 电动机基本控制项目的实施
	难　　点	电动机基本控制项目的实施
学	推荐学习方法	1．PLC 仿真与项目实施相结合； 2．边学边做，小组讨论
	学习目标	1．掌握 PLC 端口结构、数据结构和软元件； 2．掌握 PLC 工作过程； 3．掌握西门子 S7-200 基本指令； 4．PLC 编程软件的使用； 5. 掌握 PLC 控制系统的电路组成和软件结构； 6．PLC 对电动机的基本运行控制调试

项目描述

5.1　小车自动往返运动的控制原理

小车往返运动控制广泛应用于工业生产设备中。图 5-1 所示是小车自动往复循环运动及其控制电路，它利用行程开关实现往复运动控制，通常叫做行程控制。

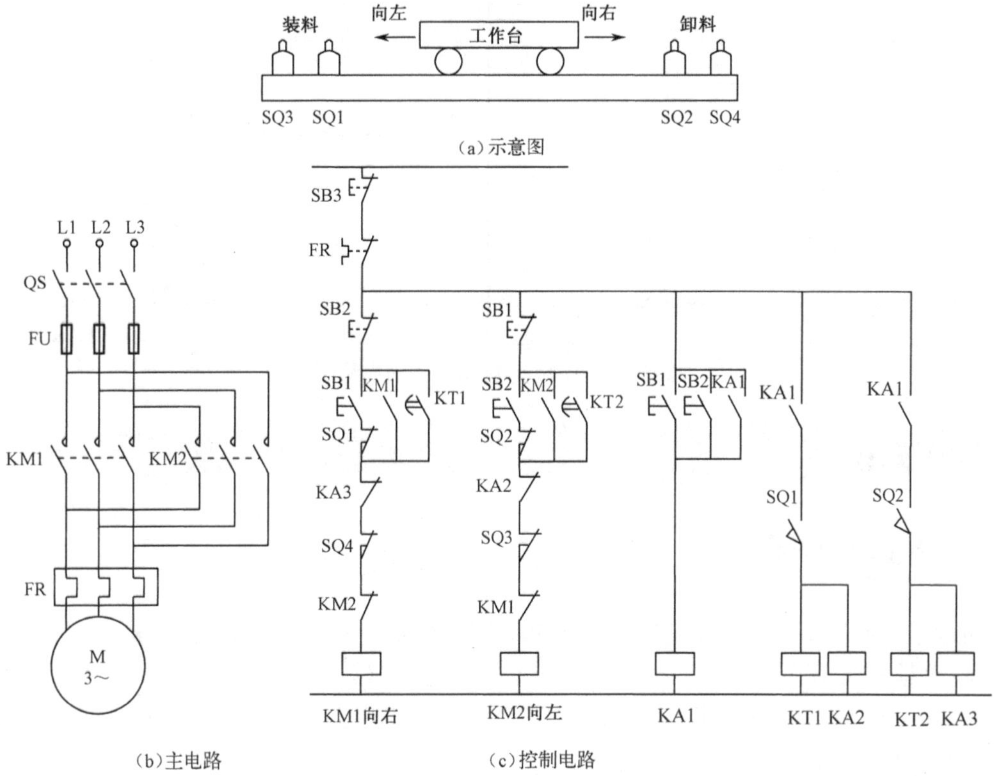

图 5-1　小车自动往复循环运动及其控制电路

图 5-1（c）所示为送料小车自动往返的继电器-接触器控制电路图。图中 KM1、KM2 分别为电动机正、反转接触器，SQ1 为左行转右行行程开关，装在左端需反向的位置，SQ2 为右行转左行行程开关，装在右端需反向的位置，SQ3、SQ4 分别为左行、右行极限保护用限位开关，机械挡铁装在运动部件上。

图中 KA1 起失压保护作用：保证送电时，即使小车停在左、右两端，KT1 和 KT2 也不会自行得电。SQ1 常闭触点与 SB1 常开触点串联，SQ2 常闭触点与 SB2 常开触点串联，保证启动时，若小车停在两端，则先完成装料或卸料，若小车停在中间，则 SQ1 和 SQ2 常闭触点都接通，可通过 SB1 和 SB2 直接控制前行和后退。

电路工作原理如下：若小车原来位于左端 SQ1 处，按下 SB1，KA1、KT1、KA2 得电，小车装料。KT1 延时结束时装料完毕，KT1 延时常开触点闭合，KM1 得电，小车右行，离开 SQ1 位置，KT1 和 KA2 失电，KM2 线圈支路中 KA2 常闭触点闭合。当小车运行到右端

SQ2 位置时，SQ2 常开触点闭合，KT2、KA3 得电，小车停止右行，开始卸料。卸料结束，KT2 延时触点动作，小车启动左行，左行至 SQ1 又开始装料，开始下一个周期。若启动时小车停在其他位置，小车同样可以开始工作。按下停止按钮 SB3，所有器件失电，小车停止工作。

除了用传统的继电器对小车进行控制外，还可利用可编程控制器对小车进行更优秀的控制。图 5-2 所示是用西门子 S7-200 PLC 控制小车往返运动的电路图。通过本项目的实施，应了解 PLC 的产生、结构、工作原理、编程语言，掌握 PLC 的结构、端口、工作原理、基本指令、控制程序设计调试方法等基本知识和技能。

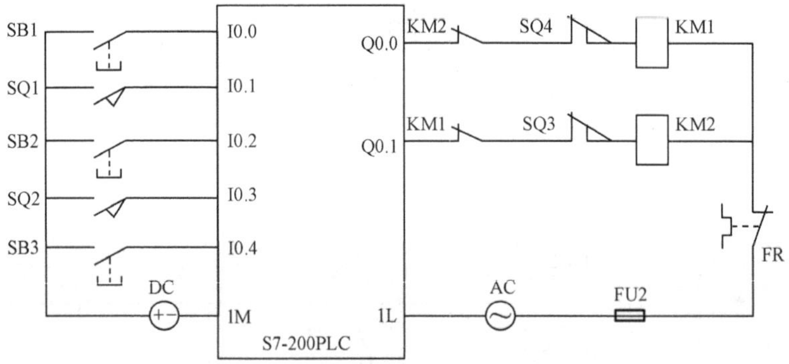

图 5-2　控制小车往返运动的电路图

相关知识

5.2　PLC 的识别

可编程控制器最先出现在美国。1969 年，美国数字设备公司（DEC）研制出了世界上第一台可编程控制器，并应用于通用汽车公司的生产线上。当时叫可编程逻辑控制器（Programmable Logic Controller，PLC），目的是用来取代继电器，以执行逻辑判断、计时、计数等顺序控制功能。

随着半导体技术，尤其是微处理器和微型计算机技术的发展，到 20 世纪 70 年代中期以后，特别是进入 80 年代以来，PLC 已广泛地使用 16 位甚至 32 位微处理器作为中央处理器，输入/输出模块和外围电路也都采用了中、大规模甚至超大规模的集成电路，使 PLC 在概念、设计、性能价格比以及应用方面都有了新的突破。这时的 PLC 已不仅仅具有逻辑判断功能，还同时具有数据处理、PID 调节和数据通信功能，称之为可编程控制器（Programmable Controller）更为合适，简称为 PC，但为了与个人计算机（Personal Computer）的简称 PC 相区别，一般仍将它简称为 PLC（Programmable Logic Controller）。

PLC 是微机技术与传统的继电器-接触器控制技术相结合的产物，其基本设计思想是把计算机功能完善、灵活、通用等优点和继电器控制系统的简单易懂、操作方便、价格便宜等优点结合起来，控制器的硬件是标准的、通用的。根据实际应用对象，将控制内容编成软件写入控制器的用户程序存储器内。继电器控制系统已有上百年历史，它是用弱电信号控制强电系统的控制方法，在复杂的继电器控制系统中，故障的查找和排除困难，花费时间长，严重地影响工业生产。在工艺要求发生变化的情况下，控制柜内的元件和接线需要作相应的变动，改造工期长，费用高，以至于用户宁愿另外制作一台新的控制柜。而 PLC 克服了继电器–接触器控制系统中机械触点的接线复杂，可靠性低，功耗高，通用性和灵活性差的缺点，充分利用微处理器的优点，并将控制器和被控对象方便地连接起来。由于 PLC 由微处理器、存储器和外围器件组成，所以应属于工业控制计算机中的一类。

5.2.1　可编程控制器的基本组成

可编程控制器主要由 CPU、存储器、基本 I/O 接口电路、外设接口、编程装置、电源等组成。

可编程控制器的结构多种多样，但其组成的一般原理基本相同，都以微处理器作为核心的结构，如图 5-3 所示。编程装置将用户程序送入可编程控制器，在可编程控制器运行状态下，输入单元接收到外部元件发出的输入信号，可编程控制器执行程序，并根据程序运行后的结果，由输出单元驱动外部设备。

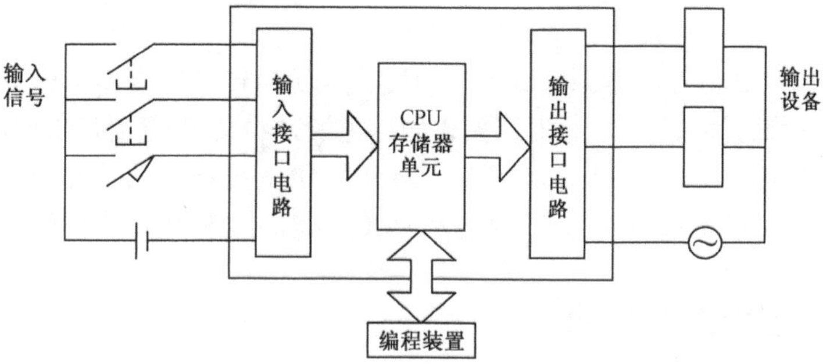

图 5-3　可编程控制器系统结构

1. CPU 单元

CPU 是可编程控制器的控制中枢，相当于人的大脑。CPU 一般由控制电路、运算器和寄存器组成。这些电路通常都被封装在一个集成的芯片上。CPU 通过地址总线、数据总线、控制总线与存储单元、输入/输出接口电路连接。CPU 的功能有：它在系统监控程序的控制下工作，通过扫描方式，将外部输入信号的状态写入输入映像寄存区域，PLC 进入运行状态后，从存储器逐条读取用户指令，按指令规定的任务进行数据的传送、逻辑运算、算术运算等，然后将结果送到输出映像寄存区域。

2. 存储器

可编程控制器的存储器由只读存储器 ROM、随机存储器 RAM 和可电擦写的存储器 EEPROM 三大部分构成，主要用于存放系统程序、用户程序及工作数据。

3. I/O 单元及 I/O 扩展接口

1）I/O 单元

PLC 内部输入电路的作用是将 PLC 外部电路（如行程开关、按钮、传感器等）提供的符合 PLC 输入电路要求的电压信号，通过光电耦合电路送至 PLC 内部电路。输入电路通常以光电隔离和阻容滤波的方式提高抗干扰能力，输入响应时间一般在 0.1～15 ms 之间。根据输入信号形式的不同，可分为模拟量 I/O 单元、数字量 I/O 单元两大类。根据输入单元形式的不同，可分为基本 I/O 单元、扩展 I/O 单元两大类。

2）I/O 扩展接口

可编程控制器利用 I/O 扩展接口使 I/O 扩展单元与 PLC 的基本单元实现连接，当基本 I/O 单元的输入或输出点数不够使用时，可以用 I/O 扩展单元来扩充开关量 I/O 点数和增加模拟量的 I/O 端子。

4. 外设接口

外设接口电路用于连接手持编程器或其他图形编程器、文本显示器，并能通过外设接口组成 PLC 的控制网络。PLC 通过 PC/PPI 电缆或使用 MPI 卡通过 RS-485 接口与计算机连接，可以实现编程、监控、连网等功能。

5. 电源

电源单元的作用是把外部电源（220 V 的交流电源）转换成内部工作电压。外部连接的电源，通过 PLC 内部配有的一个专用开关式稳压电源，将交流/直流供电电源转化为 PLC 内部电路需要的工作电源（直流 5 V、±12 V、24 V），并为外部输入元件（如接近开关）提供 24 V 直流电源（仅供输入端点使用），而驱动 PLC 负载的电源由用户提供。

5.2.2 输入/输出接口电路

输入/输出接口电路实际上是 PLC 与被控对象间传递输入/输出信号的接口部件。输入/输出接口电路要有良好的电隔离和滤波作用。

1. 输入接口电路

由于生产过程中使用的各种开关、按钮、传感器等输入器件直接接到 PLC 输入接口电路上，为防止由于触点抖动或干扰脉冲引起错误的输入信号，输入接口电路必须有很强的抗干扰能力。

如图 5-4 所示，输入接口电路提高抗干扰能力的方法主要有：

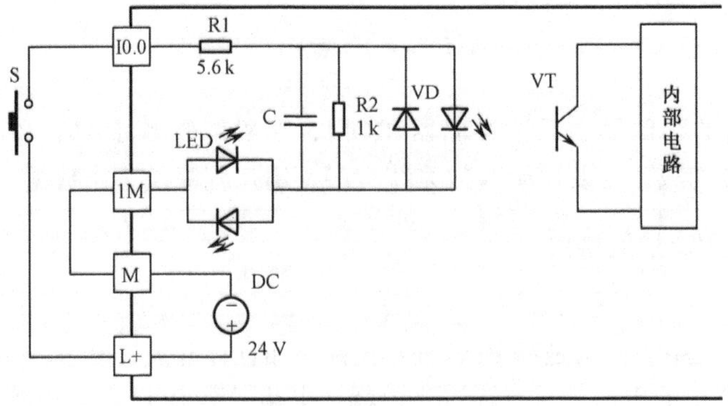

图 5-4 可编程控制器输入电路

（1）利用光电耦合器提高抗干扰能力。光电耦合器的工作原理是：发光二极管有驱动电流流过时，导通发光，光敏三极管接收到光线，由截止变为导通，将输入信号送入 PLC 内部。光电耦合器中的发光二极管是电流驱动元件，要有足够的能量才能驱动。而干扰信号虽然有的电压值很高，但能量较小，不能使发光二极管导通发光，所以不能进入 PLC 内，实现了电隔离。

（2）利用滤波电路提高抗干扰能力。最常用的滤波电路是电阻电容滤波，如图 5-4 中的 R2、C。

图 5-4 中，S 为输入开关，当 S 闭合时，LED 点亮，显示输入开关 S 处于接通状态。光电耦合器导通，将高电平经滤波器送到 PLC 内部电路中。当 CPU 在循环的输入阶段锁入该信号时，将该输入点对应的映像寄存器状态置 1；当 S 断开时，则对应的映像寄存器状态置 0。

根据常用输入电路电压类型及电路形式不同，可以分为干接点式、直流输入式和交流输入式。输入电路的电源可由外部提供，有的也可由 PLC 内部提供。

2. 输出接口电路

根据驱动负载元件不同，可将输出接口电路分为以下三种。

（1）小型继电器输出形式，如图 5-5 所示。这种输出形式既可驱动交流负载，又可驱动直流负载。它的优点是适用电压范围比较宽，导通压降小，承受瞬时过电压和过电流的能力强。缺点是动作速度较慢，动作次数（寿命）有一定的限制。建议在输出量变化不频繁时优先选用。

图 5-5 所示电路的工作原理是：当内部电路的状态为 1 时，使继电器 K 的线圈通电，产生电磁吸力，触点闭合，则负载得电，同时点亮 LED，表示该路输出点有输出。当内部电路的状态为 0 时，使继电器 K 的线圈无电流，触点断开，则负载断电，同时 LED 熄灭，表示该路输出点无输出。

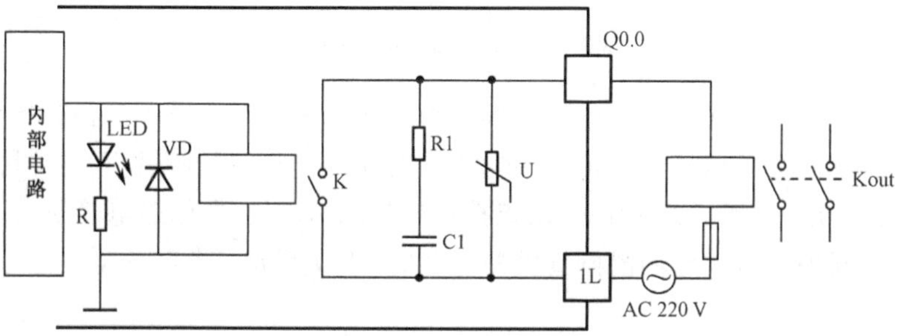

图 5-5　小型继电器输出形式

（2）大功率晶体管或场效应管输出形式，如图 5-6 所示。这种输出形式只可驱动直流负载。它的优点是可靠性强，执行速度快，寿命长，缺点是过载能力差，适合在直流供电，输出量变化快的场合选用。

图 5-6 所示电路的工作原理是：当内部电路的状态为 1 时，光电耦合器 T 导通，使大功率晶体管 VT 饱和导通，则负载得电，同时点亮 LED，表示该路输出点有输出。当内部电路的状态为 0 时，光电耦合器 T 断开，大功率晶体管 VT 截止，则负载失电，LED 熄灭，表示该路输出点无输出。当负载为电感性负载，VT 关断时会产生较高的反电势，VD 的作用是为其提供放电回路，避免 VT 承受过电压。

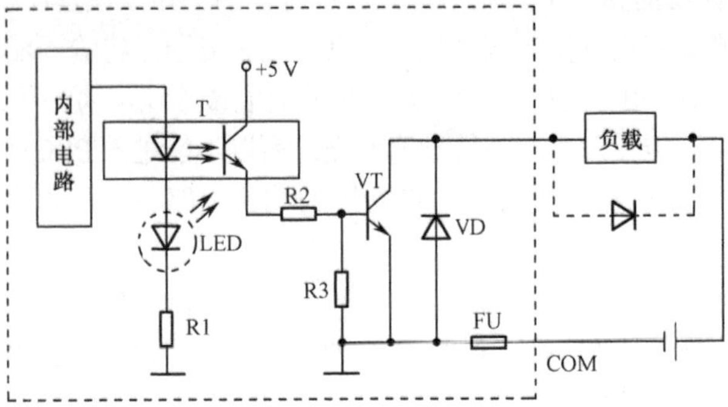

图 5-6　大功率晶体管输出形式

（3）双向晶闸管输出形式，如图 5-7 所示。这种输出形式适合驱动交流负载。由于双向晶闸管和大功率晶体管同属于半导体材料元件，所以其优缺点与大功率晶体管或场效应管输出形式相似，适合在交流供电，输出量变化快的场合选用。

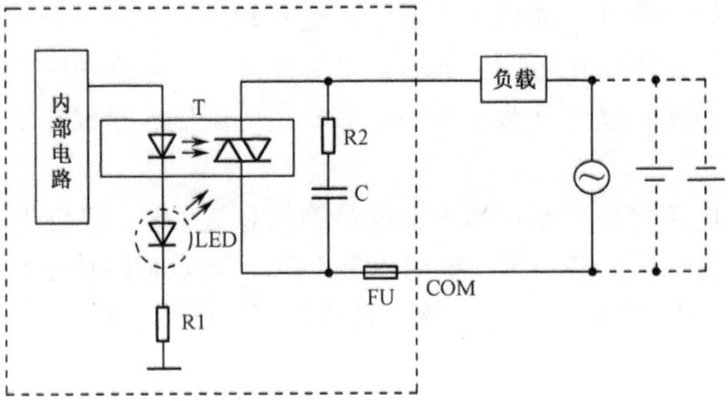

图 5-7　双向晶闸管输出形式

图 5-7 所示电路的工作原理是：当内部电路的状态为 1 时，发光二极管导通发光，相当于双向晶闸管施加了触发信号，无论外接电源极性如何，双向晶闸管 T 均导通，负载得电，同时输出指示灯 LED 点亮，表示该输出点接通；当对应 T 的内部继电器的状态为 0 时，双向晶闸管施加了触发信号，双向晶闸管关断，此时 LED 不亮，负载失电。

5.2.3　编程器

编程器是 PLC 的重要外围设备。利用编程器将用户程序送入 PLC 的存储器，还可以用编程器检查程序，修改程序，监视 PLC 的工作状态。

常见的给 PLC 编程的装置有手持式编程器和计算机编程方式。计算机的普及，使得越来越多的用户使用基于个人计算机的编程软件。目前可编程控制器厂商或经销商向用户提供编程软件，在个人计算机上添加适当的硬件接口和软件包，即可用个人计算机对 PLC 编程。利用微机作为编程器，可以直接编制并显示梯形图，程序可以存盘、打印、调试，对于查找故障非常有利。

5.3 PLC 的工作过程

结合 PLC 的组成和结构分析 PLC 的工作原理更容易理解。PLC 采用周期循环扫描的工作方式，CPU 连续执行用户程序和任务的循环序列称为扫描。CPU 对用户程序的执行过程是 CPU 的循环扫描，并用周期性的集中采样、集中输出的方式来完成。一个扫描周期主要可分为：

（1）执行 CPU 自诊断测试阶段。在此阶段 CPU 检查其硬件、用户程序存储器和所有 I/O 模块的状态。

（2）处理通信请求阶段。这是扫描周期的信息处理阶段，CPU 处理从通信端口接收到的信息。

（3）读输入阶段。每次扫描周期的开始，先读取输入点的当前值，然后写到输入映像寄存器区域。在之后的用户程序执行过程中，CPU 访问输入映像寄存器区域，而并非读取输入端口的状态，输入信号的变化并不会影响到输入映像寄存器的状态，通常要求输入信号有足够的脉冲宽度，才能被响应。

（4）执行程序阶段。用户程序执行阶段，PLC 按照梯形图的顺序，自左而右，自上而下地逐行扫描，在这一阶段 CPU 从用户程序的第一条指令开始执行直到最后一条指令结束，程序运行结果放入输出映像寄存器区域。在此阶段，允许对数字量 I/O 指令和不设置数字滤波的模拟量 I/O 指令进行处理，在扫描周期的各个部分，均可对中断事件进行响应。

（5）写输出阶段。每个扫描周期的结尾，CPU 把存在输出映像寄存器中的数据输出给数字量输出端点（写入输出锁存器中），更新输出状态。然后 PLC 进入下一个循环周期，重新执行输入采样阶段，周而复始。

如果程序中使用了中断，中断事件出现，立即执行中断程序，中断程序可以在扫描周期的任意点被执行。

如果程序中使用了立即 I/O 指令，可以直接存取 I/O 点。用立即 I/O 指令读输入点值时，相应的输入映像寄存器的值未被修改，用立即 I/O 指令写输出点值时，相应的输出映像寄存器的值被修改。

从 PLC 工作的循环扫描过程看出，输入控制指令发出到输出控制信号有一定的时间延迟，延迟的时间长短与具体 PLC 型号、用户控制程序的大小等因素有关。延迟时间一般在纳秒或微秒级别，不影响控制系统的性能。

5.4 西门子 S7-200 系列 PLC 的识别与检测

西门子 S7 系列可编程控制器分为 S7-400、S7-300、S7-200 三个系列，分别为 S7 系列的大、中、小型可编程控制器系统。S7-200 系列可编程控制器有 CPU 21X 系列、CPU 22X 系列，其中 CPU 22X 型可编程控制器提供了四个不同的基本型号，常见的有 CPU 221、CPU 222、CPU 224 和 CPU 226 四种基本型号。

小型 PLC 中，CPU 221 价格低廉，能满足多种集成功能的需要。CPU 222 是 S7-200 家族中低成本的单元，通过可连接的扩展模块即可处理模拟量。CPU 224 具有更多的输入/输出点及更大的存储器。CPU 226 和 226XM 是功能最强的单元，可完全满足一些中小型复杂控制系统的要求。四种型号的 PLC 具有下列特点。

（1）集成的 24 V 电源：可直接连接到传感器和变送器执行器，CPU 221 和 CPU 222 具有 180 mA 输出。CPU 224 输出 280 mA，CPU 226、CPU 226XM 输出 400 mA，可用做负载电源。

（2）高速脉冲输出：具有两路高速脉冲输出端，输出脉冲频率可达 20 kHz，用于控制步进电动机或伺服电动机，实现定位任务。

（3）通信口：CPU 221、CPU 222 和 CPU 224 具有一个 RS-485 通信口，CPU 226、CPU 226XM 具有两个 RS-485 通信口。支持 PPI、MPI 通信协议，有自由口通信能力。

（4）模拟电位器：CPU 221/222 有一个模拟电位器，CPU 224/226/226XM 有两个模拟电位器。模拟电位器用来改变特殊寄存器（SMB28、SMB29）中的数值，以改变程序运行时的参数，如定时器、计数器的预置值，过程量的控制参数。

（5）中断输入：允许以极快的速度对过程信号的上升沿做出响应。

（6）EEPROM 存储器模块（选件）：可作为修改与复制程序的快速工具，无须编程器并可进行辅助软件归档工作。

（7）电池模块：用户数据（如标志位状态、数据块、定时器、计数器）可通过内部的超级电容存储大约 5 天。选用电池模块能延长存储时间到 200 天（10 年寿命）。电池模块插在存储器模块的卡槽中。

（8）不同的设备类型：CPU 221～CPU 226 各有两种类型 CPU，具有不同的电源电压和控制电压。

（9）数字量输入/输出点：CPU 221 具有 6 个输入点和 4 个输出点；CPU 222 具有 8 个输入点和 6 个输出点；CPU 224 具有 14 个输入点和 10 个输出点；CPU 226/226XM 具有 24 个输入点和 16 个输出点。CPU 22X 主机的输入点为 24 V 直流双向光电耦合输入电路，输出有继电器和直流（MOS 型）两种类型。

（10）高速计数器：CPU 221/222 有 4 个 30 kHz 高速计数器，CPU 224/226/226XM 有 6 个 30 kHz 的高速计数器，用于捕捉比 CPU 扫描频率更快的脉冲信号。

5.4.1 CPU 226 型 PLC 的结构

1. CPU 226 型 PLC 外形及端子介绍

1）CPU 226 型 PLC 外形

CPU 226 型 PLC 外形如图 5-8 所示，其输入、输出、CPU、电源模块均装设在一个基本单元的机壳内，是典型的整体式结构。当系统需要扩展时，选用需要的扩展模块与基本单元连接。底部端子盖下是输入量的接线端子和为传感器提供的 24 V 直流电源端子。基本单元前盖下有工作模式选择开关、电位器和扩展 I/O 连接器，通过扁平电缆可以连接扩展 I/O 模块。西门子整体式 PLC 配有许多扩展模块，如数字量的 I/O 扩展模块、模拟量的 I/O 扩展模块、热电偶模块、通信模块等，用户可以根据需要选用，让 PLC 的功能更强大。

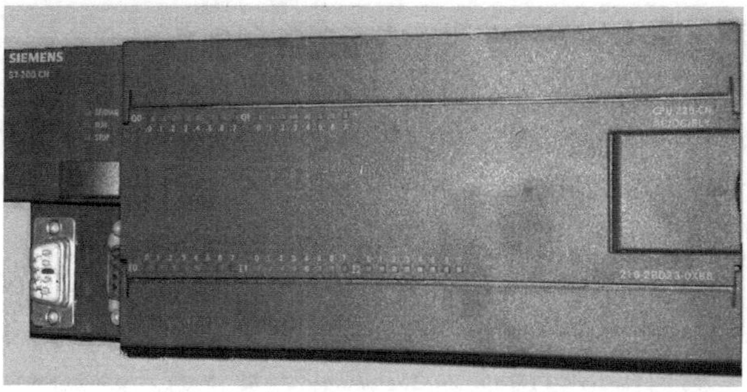

图 5-8　CPU 226 型 PLC 外形

2）CPU 226 型 PLC 端子介绍

（1）基本输入端子。CPU 226 的主机共有 24 个输入点（I0.0～I0.7、I1.0～I1.7、I2.0～I2.7）和 16 个输出点（Q0.0～Q0.7、Q1.0～Q1.7），在编写端子代码时采用八进制，没有 0.8 和 0.9。CPU 226 输入电路参见图 5-9，它采用了双向光电耦合器，24 V 直流极性可任意选择，系统设置 1M 为输入端子（I0.0～I0.7、I1.0～I1.4）的公共端，2M 为输入端子（I1.5～I1.7、I2.0～I2.7）的公共端。

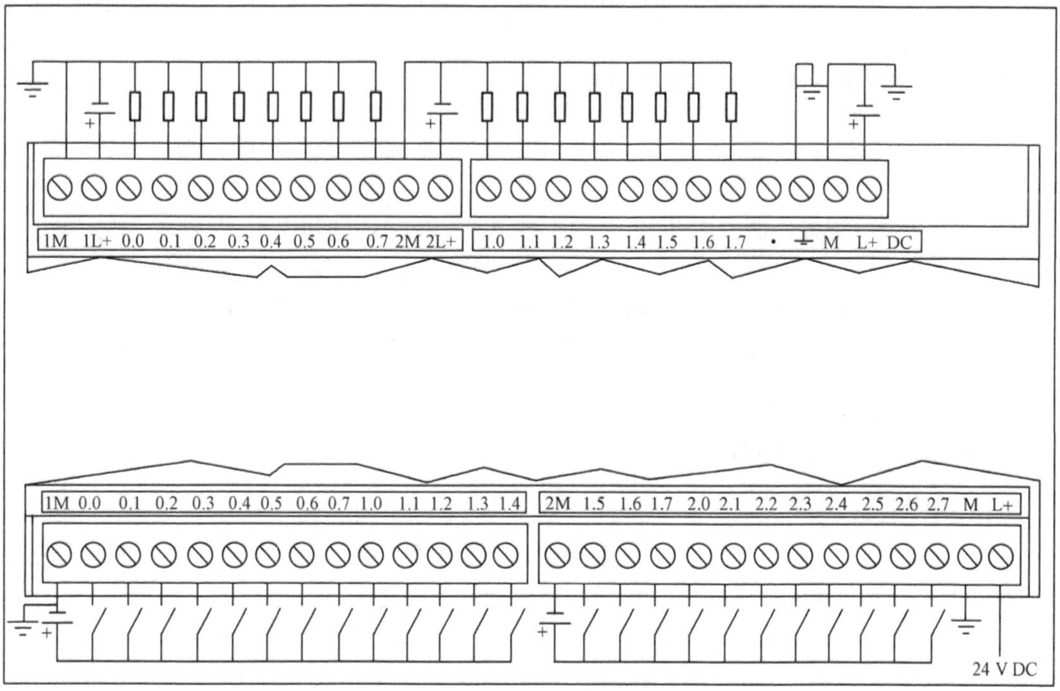

图 5-9　PLC 输入和输出端子

（2）基本输出端子。CPU 226 晶体管输出的 16 个输出端参见图 5-9。Q0.0～Q0.7 共用 1L 公共端，Q1.0～Q1.7 共用 2L 公共端。在公共端上需要用户连接适当的电源，为 PLC 的负载服务。

CPU 226 的输出电路有晶体管输出电路和继电器输出电路两种供用户选用。在晶体管输出电路中，PLC由24 V直流供电，负载采用了MOSFET功率驱动器件，所以只能用直流为负载供电。输出端将数字量输出分为两组，每组有一个公共端，共有1L、2L两个公共端，可接入不同电压等级的负载电源。在继电器输出电路中，PLC由220 V交流电源供电，负载采用了继电器驱动，所以既可以选用直流为负载供电，也可以采用交流为负载供电。

（3）高速反应性。CPU 226型PLC有6个高速计数脉冲输入端（I0.0～I0.5），最快的响应速度为30 kHz，用于捕捉比CPU扫描周期更快的脉冲信号。

CPU 226型PLC有两个高速脉冲输出端（Q0.0、Q0.1），输出频率可达20 kHz，用于PTO（高速脉冲束）和PWM（宽度可变脉冲输出）高速脉冲输出。

（4）模拟电位器。模拟电位器用来改变特殊寄存器（SM28、SM29）中的数值，以改变程序运行时的参数，如定时器、计数器的预置值，过程量的控制参数。

（5）存储卡。该卡位可以选择安装扩展卡。扩展卡有EEPROM存储卡、电池和时钟卡等模块。存储卡用于用户程序的复制。在PLC通电后插此卡，通过操作可将PLC中的程序装载到存储卡。当卡已经插在基本单元上时，PLC通电后不需任何操作，卡上的用户程序数据会自动复制在PLC中。利用这一功能，可对无数台实现同样控制功能的CPU 22X系列进行程序写入。

注意：*每次通电就写入一次，所以在PLC运行时，不要插入此卡。*

电池模块用于长时间保存数据，使用CPU 226型内部存储电容数据存储时间达190h，而使用电池模块数据存储时间可达200天。

2. CPU 226型PLC的结构及性能指标

CPU 226型可编程控制器主要由CPU、存储器、基本I/O接口电路、外设接口、编程装置、电源等组成。

CPU 226型可编程控制器有两种：一种是CPU 226 AC/DC/RLY，交流输入电源，提供24 V直流给外部元件（如传感器等），继电器方式输出，24点输入，16点输出；另一种是CPU 226 DC/DC/DC，直流24 V输入电源，提供24 V直流给外部元件（如传感器等），半导体元件直流方式输出，24点输入，16点输出。用户可根据需要选用。它们的主要技术参数参看表5-1～表5-4。

3. PLC CPU的工作方式

1）CPU的工作方式

CPU前面板上用两个发光二极管显示当前工作方式，绿色指示灯亮，表示为运行状态；红色指示灯亮，表示为停止状态；标有SF标志指示灯亮时表示系统故障，PLC停止工作。

（1）STOP（停止）。CPU在STOP工作方式下，不执行用户控制程序，此时可以通过编程装置向PLC装载程序或进行系统设置，在程序编辑、上传、下载等处理过程中，必须把CPU置于STOP方式。

（2）RUN（运行）。CPU在RUN工作方式下，PLC按照自己的工作方式运行用户程序。

2）改变工作方式的方法

（1）用工作方式开关改变工作方式。

工作方式开关有3个挡位：STOP、TERM（Terminal）、RUN。

把方式开关切到 STOP 位，可以停止程序的执行。

把方式开关切到 RUN 位，可以启动程序的执行。

把方式开关切换到 TERM（暂态）或 RUN 时，可用 STEP7-Micro/WIN 32 软件设置 CPU 工作状态。

如果工作方式开关设为 STOP 或 TERM，则电源上电时，CPU 自动进入 STOP 工作状态；如果设置为 RUN，则电源上电时，CPU 自动进入 RUN 工作状态。

（2）用编程软件改变工作方式。把方式开关切换到 TERM（暂态），可以使用 STEP 7-Micro/WIN 编程软件设置工作方式。

（3）在程序中用指令改变工作方式。在程序中插入一个 STOP 指令，CPU 可由 RUN 方式进入 STOP 工作方式。

5.4.2 扩展功能模块

1. 扩展单元及电源模块

1）扩展单元

扩展单元没有 CPU，作为基本单元输入/输出点数的扩充，只能与基本单元连接使用，不能单独使用。S7-200 的扩展单元包括数字量扩展单元，模拟量扩展单元，热电偶、热电阻扩展模块，PROFIBUS-DP 通信模块。

用户选用具有不同功能的扩展模块，可以满足不同的控制需要，节约投资费用。连接时 CPU 模块放在最左侧，扩展模块用扁平电缆与左侧的模块相连。

2）电源模块

外部提供给 PLC 的电源，有 24 V DC、220 V AC 两种，根据型号不同有所变化。S7-200 的 CPU 单元有一个内部电源模块，S7-200 小型 PLC 的电源模块与 CPU 封装在一起，通过连接总线为 CPU 模块、扩展模块提供 5 V 的直流电源；如果容量许可，还可提供给外部 24 V 直流的电源，供本机输入点和扩展模块继电器线圈使用。应根据下面的原则来确定 I/O 电源的配置。

（1）有扩展模块连接时，如果扩展模块对 5 V DC 电源的需求超过 CPU 的 5 V 电源模块的容量，则必须减少扩展模块的数量。

（2）当+24 V 直流电源的容量不满足要求时，可以增加一个外部 24 V 直流电源给扩展模块供电。此时外部电源不能与 S7-200 的传感器电源并联使用，但两个电源的公共端（M）应连接在一起。

I/O 电源的具体参数可以参看表 5-1～表 5-4。

表 5-1　CPU 22X 模块主要技术指标

型　号	CPU 221	CPU 222	CPU 224	CPU 226	CPU 226MX
用户数据存储器类型	EEPROM	EEPROM	EEPROM	EEPROM	EEPROM
程序空间（永久保存）	2 048 字	2 048 字	4 096 字	4 096 字	8 192 字
用户数据存储器	1 024 字	1 024 字	2 560 字	2 560 字	5 120 字
数据后备（超级电容）典型值/H	50	50	190	190	190
主机 I/O 点数	6/4	8/6	14/10	24/16	24/16

续表

型　号	CPU 221	CPU 222	CPU 224	CPU 226	CPU 226MX
可扩展模块	无	2	7	7	7
24 V传感器电源最大电流/电流限制 mA	180/600	180/600	280/600	400/约 1 500	400/约 1 500
最大模拟量输入/输出	无	16/16	28/7 或 14	32/32	32/32
240 V AC 电源 CPU 输入电流/最大负载电流 mA	25/180	25/180	35/220	40/160	40/160
24 V DC 电源 CPU 输入电流/最大负载电流 mA	70/600	70/600	120/900	150/1 050	150/1 050
为扩展模块提供的 5 V DC 电源的输出电流	—	最大 340 mA	最大 660 mA	最大 1 000 mA	最大 1 000 mA
内置高速计数器	4（30 kHz）	4（30 kHz）	6（30 kHz）	6（30 kHz）	6（30 kHz）
高速脉冲输出	2（20 kHz）	2（20 kHz）	2（20 kHz）	2（20 kHz）	2（20 kHz）
模拟量调节电位器	1个	1个	2个	2个	2个
实时时钟	有（时钟卡）	有（时钟卡）	有（内置）	有（内置）	有（内置）
RS-485 通信口	1	1	1	1	1
各组输入点数	4,2	4,4	8,6	13,11	13,11
各组输出点数	4（DC 电源） 1,3（AC 电源）	6（DC 电源） 3,3（AC 电源）	5,5（DC） 4,3,3（AC）	8,8（DC 电源） 4,5,7（AC）	8,8（DC） 4,5,7（AC）

表 5-2　电源的技术指标

特　性	24 V 电源	AC 电源
电压允许范围	20.4～28.8 V	85～264 V，47～63 Hz
冲击电流	10 A，28.8 V	20 A，254 V
内部熔断器（用户不能更换）	3 A，250 V 慢速熔断	2 A，250 V 慢速熔断

表 5-3　数字量输入技术指标

项　目	指　标
输入类型	漏型/源型
输入电压额定值	24 V DC
“1”信号	15～35 V，最大 4 mA
“0”信号	0～5 V
光电隔离	500 V AC，1 min
非屏蔽电缆长度	300 m
屏蔽电缆长度	500 m

表 5-4　数字量输出技术指标

特　性	24 V DC 输出	继电器型输出
电压允许范围	20.4～28.8 V DC	5～30 V DC　5～250 V AC
逻辑 1 信号最大电流	0.75 A（电阻负载）	2 A（电阻负载）
逻辑 0 信号最大电流	10 μA	0
灯负载	5 W	30 W DC/200 W AC
非屏蔽电缆长度	150 m	150 m
屏蔽电缆长度	500 m	500 m
触点机械寿命	—	10 000 000 次
额定负载时触点寿命	—	100 000 次

2. 常用扩展模块

1）数字量扩展模块

当需要本机集成的数字量输入/输出点外更多的数字量的输入/输出时，可选用数字量扩展模块。用户选择具有不同 I/O 点数的数字量扩展模块，可以满足应用的实际要求，同时节约不必要的投资费用，可选择 8、16 和 32 点输入/输出模块。

S7-200 PLC 系列目前总共可以提供 3 大类共 9 种数字量输入/输出扩展模块，见表 5-5。

表 5-5　数字量扩展模块

类　型	型　号	各组输入点数	各组输出点数
输入扩展模块 EM221	EM221 24V DC 输入	4，4	—
	EM221 230V AC 输入	8 点相互独立	—
输出扩展模块 EM222	EM222 24V DC 输出	—	4，4
	EM222 继电器输出	—	4，4
	EM222 230V AC 双向晶闸管输出	—	8 点相互独立
输入/输出扩展模块 EM223	EM223 24V DC 输入/继电器输出	4	4
	EM223 24V DC 输入/24V DC 输出	4，4	4，4
	EM223 24V DC 输入/24V DC 输出	8，8	4，4，8
	EM223 24V DC 输入/继电器输出	8，8	4，4，4，4

2）模拟量扩展模块

模拟量扩展模块提供了模拟量输入/输出的功能。在工业控制中，被控对象常常是模拟量，如温度、压力、流量等。PLC 内部执行的是数字量，模拟量扩展模块可以将 PLC 外部的模拟量转换为数字量送入 PLC 内，经 PLC 处理后，再由模拟量扩展模块将 PLC 输出的数字量转换为模拟量送给控制对象。模拟量扩展模块优点如下。

（1）最佳适应性。可适用于复杂的控制场合，直接与传感器和执行器相连，例如 EM235 模块可直接与 PT100 热电阻相连。

（2）灵活性。当实际应用变化时，PLC 可以相应地进行扩展，并可非常容易地调整用户程序。

模拟量扩展模块的数据如表 5-6 所示。

表 5-6　模拟量扩展模块

模　块	EM231	EM232	EM235
点　数	4 路模拟量输入	2 路模拟量输出	4 路输入，1 路输出

3）热电偶、热电阻扩展模块

EM231 热电偶、热电阻扩展模块是为 S7-200 CPU 222、CPU 224 和 CPU 226/226XM 设计的模拟量扩展模块。EM231 热电偶模块具有特殊的冷端补偿电路，该电路测量模块连接器上的温度，并适当改变测量值，以补偿参考温度与模块温度之间的温度差。如果在 EM231 热电偶模块安装区域的环境温度迅速地变化，则会产生额外的误差，要想达到最大的精度和重复性，热电阻和热电偶模块应安装在稳定的环境温度中。

EM231热电偶模块用于七种热电偶类型J、K、E、N、S、T和R型。用户必须用DIP开关来选择热电偶的类型，连到同模块上的热电偶必须是相同类型的。

4）PROFIBUS-DP通信模块

通过EM 277 PROFIBUS-DP扩展从站模块，可将S7-200 CPU连接到PROFIBUS-DP网络。EM277经过串行I/O总线连接到S7-200 CPU，PROFIBUS网络经过其DP通信端口，连接到EM277 PROFIBUS-DP模块。EM277 PROFIBUS-DP模块的DP端口可连接到网络上的一个DP主站上，但仍能作为一个MPI从站，与同一网络上如SIMATIC编程器或S7-300/S7-400 CPU等其他主站进行通信。

5.5 S7-200 PLC内部元器件

5.5.1 数据存储类型

1．数据的长度

在计算机中使用的都是二进制数，其最基本的存储单位是位（bit），8位二进制数组成1个字节（Byte），其中的第0位为最低位（LSB），第7位为最高位（MSB），如图5-10所示。两个字节（16位）组成1个字（Word），两个字（32位）组成1个双字（Double Word），如图5-10所示。把位、字节、字和双字占用的连续位数称为长度。

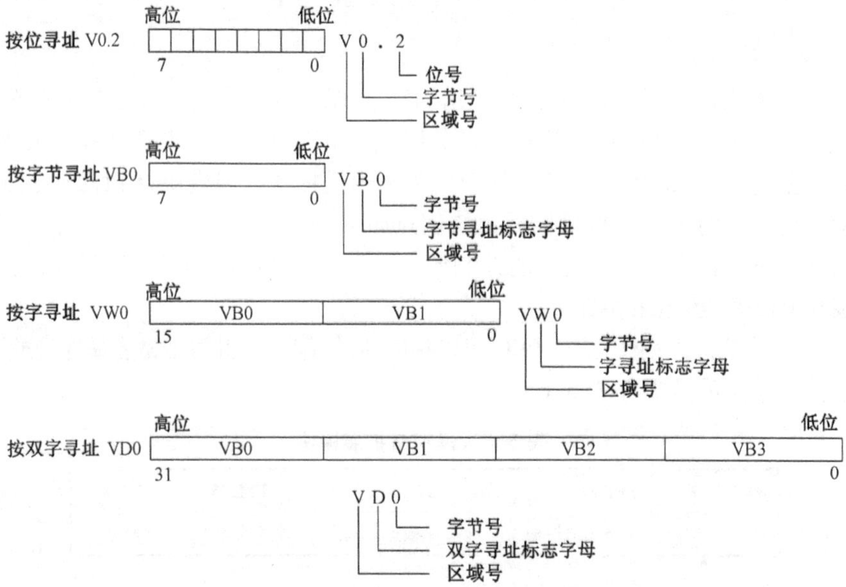

图5-10 位、字节、字和双字

二进制数的“位”只有0和1两种取值，开关量（或数字量）也只有两种不同的状态，如触点的断开和接通，线圈的失电和得电等。在S7-200梯形图中，可用“位”描述它们，如果该位为1，则表示对应的线圈为得电状态，触点为转换状态（常开触点闭合，常闭触点断开）；如果该位为0，则表示对应线圈触点的状态与前者相反。

2. 数据类型及数据范围

S7-200 系列 PLC 的数据类型可以是字符串、布尔型（0 或 1）、整数型和实数型（浮点数）。布尔型数据指字节型无符号整数；整数型数据包括 16 位符号整数(INT)和 32 位符号整数(DINT)；实数型数据采用 32 位单精度数来表示。数据类型、长度及数据范围如表 5-7 所示。

表 5-7　数据类型、长度及数据范围

数据的长度、类型	无符号整数范围		符号整数范围	
	十进制	十六进制	十进制	十六进制
字节 B（8 位）	0～255	0～FF	-128～127	80～7F
字 W（16 位）	0～65 535	0～FFFF	-32 768～32 767	8000～7FFF
双字 D（32 位）	0～4 294 967 295	0～FFFFFFFF	-2 147 483 648～2 147 483 647	80000000～7FFFFFFF
位（BOOL）	0、1			
实数	$-10^{38}\sim10^{38}$			
字符串	每个字符串以字节形式存储，最大长度为 255 个字节，第一个字节中定义该字符串的长度			

3. 常数

S7-200 的许多指令中常会使用常数。常数的数据长度可以是字节、字和双字。CPU 以二进制的形式存储常数，书写常数可以用二进制、十进制、十六进制、ASCII 码或实数等多种形式。书写格式如下。

十进制常数：1234；十六进制常数：16#3AC6；二进制常数：2#1010 0001 1110 0000；ASCII 码："Show"；实数（浮点数）：+1.175495E-38（正数），-1.175495E-38（负数）

5.5.2　编址方式

可编程控制器的编址就是对 PLC 内部的元件进行编码，以便程序执行时可以唯一地识别每个元件。PLC 内部在数据存储区为每一种元件分配一个存储区域，并用字母作为区域标志符，同时表示元件的类型。例如：数字量输入写入输入映像寄存器（区标志符为 I），数字量输出写入输出映像寄存器（区标志符为 Q），模拟量输入写入模拟量输入映像寄存器（区标志符为 AI），模拟量输出写入模拟量输出映像寄存器（区标志符为 AQ）。除了输入/输出外，PLC 还有其他元件，V 表示变量存储器，M 表示内部标志位存储器，SM 表示特殊标志位存储器，L 表示局部存储器，T 表示定时器，C 表示计数器，HC 表示高速计数器，S 表示顺序控制存储器，AC 表示累加器。掌握各元件的功能和使用方法是编程的基础。下面将介绍元件的编址方式。

存储器的单位可以是位（bit）、字节（Byte）、字（Word）、双字（Double Word），那么编址方式也可以分为位、字节、字、双字编址。详细结构见图 5-10。

1）位编址

位编址的指定方式为：（区域标志符）字节号.位号，如 I0.0、Q0.0、I1.2。

2）字节编址

字节编址的指定方式为：（区域标志符）B（字节号），如IB0表示由I0.0～I0.7这8位组成的字节。

3）字编址

字编址的指定方式为：（区域标志符）W（起始字节号），且最高有效字节为起始字节。例如，VW0表示由VB0和VB1这2字节组成的字。

4）双字编址

双字编址的指定方式为：（区域标志符）D（起始字节号），且最高有效字节为起始字节。例如，VD0表示由VB0到VB3这4字节组成的双字。

5.5.3 寻址方式

1）直接寻址

直接寻址是在指令中直接使用存储器或寄存器的元件名称（区域标志）和地址编号，直接到指定的区域读取或写入数据。有按位、字节、字、双字的寻址方式，如图5-10所示。

2）间接寻址

间接寻址时操作数并不提供直接数据位置，而是通过使用地址指针来存取存储器中的数据。在S7-200中允许使用指针对I、Q、M、V、S、T、C（仅当前值）存储区进行间接寻址。

（1）使用间接寻址前，要先创建一指向该位置的指针。指针为双字（32位），存放的是另一存储器的地址，只能用V、L或累加器AC作为指针。生成指针时，要使用双字传送指令（MOVD），将数据所在单元的内存地址送入指针，双字传送指令的输入操作数开始处加“&”符号，表示某存储器的地址，而不是存储器内部的值。指令输出操作数是指针地址。例如，MOVD &VB200，AC1指令就是将VB200的地址送入累加器AC1中。

（2）指针建立好后，利用指针存取数据。在使用地址指针存取数据的指令中，操作数前加“*”号表示该操作数为地址指针。例如，MOVW *AC1 AC0，MOVW表示字传送指令，指令将AC1中的内容为起始地址的一个字长的数据（VB200、VB201内部数据）送入AC0内。

5.5.4 元件功能及地址分配

1. 输入映像寄存器（输入继电器）

1）输入映像寄存器的工作原理

输入继电器是PLC用来接收用户设备输入信号的接口。PLC中的“继电器”与继电器控制系统中的继电器有本质性的差别，是“软继电器”，它实质上是存储单元。每一个“输入继电器”线圈都与相应的PLC输入端相连（如“输入继电器”I0.0的线圈与PLC的输入端子0.0相连），当外部开关信号闭合，则“输入继电器的线圈”得电，在程序中其常开触点闭合，常闭触点断开。由于存储单元可以无限次地读取，所以有无数对常开、常闭触点供编程时使用。编程时应注意，“输入继电器”的线圈只能由外部信号来驱动，不能在程序内部用指令来驱动，因此，在用户编制的梯形图中只应出现“输入继电器”的触点，而不应出现“输入继电器”的线圈。

2）输入映像寄存器的地址分配

S7-200 输入映像寄存器区域有 IB0～IB15 共 16 字节的存储单元。系统对输入映像寄存器是以字节（8 位）为单位进行地址分配的。输入映像寄存器可以按位进行操作，每一位对应一个数字量的输入点。如 CPU 224 的基本单元输入为 14 点，需占用 2×8=16 位，即占用 IB0 和 IB1 两个字节。而 I1.6、I1.7 因没有实际输入而未使用，用户程序中不可使用。但如果整个字节未使用如 IB3～IB15，则可作为内部标志位（M）使用。

输入继电器可采用位、字节、字或双字来存取。输入继电器位存取的地址编号范围为 I0.0～I15.7。

2．输出映像寄存器（输出继电器）

1）输出映像寄存器的工作原理

“输出继电器”是用来将输出信号传送到负载的接口，每一个“输出继电器”线圈都与相应的 PLC 输出端相连，并有无数对常开和常闭触点供编程时使用。除此之外，还有一对常开触点与相应 PLC 输出端相连（如输出继电器 Q0.0 有一对常开触点与 PLC 输出端子 0.0 相连）用于驱动负载。输出继电器线圈的通断状态只能在程序内部用指令驱动。

2）输出映像寄存器的地址分配

S7-200 输出映像寄存器区域有 QB0～QB15 共 16 字节的存储单元。系统对输出映像寄存器也是以字节（8 位）为单位进行地址分配的。输出映像寄存器可以按位进行操作，每一位对应一个数字量的输出点。如 CPU 224 的基本单元输出为 10 点，需占用 2×8=16 位，即占用 QB0 和 QB1 两个字节。但未使用的位和字节均可在用户程序中作为内部标志位使用。

输出继电器可采用位、字节、字或双字来存取。输出继电器位存取的地址编号范围为 Q0.0～Q15.7。

以上介绍的两种软继电器都是和用户有联系的，因而是 PLC 与外部联系的窗口。下面所介绍的则是与外部设备没有联系的内部软继电器。它们既不能用来接收用户信号，也不能用来驱动外部负载，只能用于编制程序，即线圈和接点都只能出现在梯形图中。

3．变量存储器 V

变量存储器主要用于存储变量。可以存放数据运算的中间运算结果或设置参数，在进行数据处理时，变量存储器会被经常使用。变量存储器可以是位寻址，也可按字节、字、双字为单位寻址，其位存取的编号范围根据 CPU 的型号有所不同，CPU 221/222 为 V0.0～V2 047.7 共 2KB 存储容量，CPU 224/226 为 V0.0～V5 119.7 共 5KB 存储容量。

4．内部标志位存储器（中间继电器）M

内部标志位存储器用来保存控制继电器的中间操作状态，其作用相当于继电器控制中的中间继电器。内部标志位存储器在 PLC 中没有输入/输出端与之对应，其线圈的通断状态只能在程序内部用指令驱动。其触点不能直接驱动外部负载，只能在程序内部驱动输出继电器的线圈，再用输出继电器的触点去驱动外部负载。

内部标志位存储器可采用位、字节、字或双字来存取。内部标志位存储器位存取的地址编号范围为M0.0～M31.7共32字节。

5．特殊标志位存储器SM

PLC中还有若干特殊标志位存储器，特殊标志位存储器位提供大量的状态和控制功能，用来在CPU和用户程序之间交换信息。特殊标志位存储器能以位、字节、字或双字来存取，CPU 224的SM的位地址编号范围为SM0.0～SM179.7共180字节。其中SM0.0～SM29.7的30字节为只读型区域。

常用的特殊标志位存储器的用途如下。

SM0.0：运行监视。当PLC处于运行（RUN）状态时，SM0.0始终为“1”状态。当PLC运行时可以利用其触点驱动输出继电器，在外部显示程序是否处于运行状态。

SM0.1：初始化脉冲。每当PLC的程序开始运行时，SM0.1线圈接通一个扫描周期，因此SM0.1的触点常用于启动控制程序中只执行一次的初使化程序。

SM0.3：开机进入RUN时，接通一个扫描周期，可用在启动操作之前，给设备提前预热。

SM0.4：输出占空比为50%的时钟脉冲。当PLC处于运行状态时，产生周期为1 min的时钟脉冲，若将时钟脉冲信号送入计数器作为计数信号，可起到定时器的作用。

SM0.5：占空比为50%的时钟脉冲。当PLC处于运行状态时，产生周期为1 s的时钟脉冲。

SM0.6：扫描时钟，一个扫描周期闭合，另一个为OFF，循环交替。

SM0.7：工作方式开关位置指示，开关放置在RUN位置时为1。

SM1.0：零标志位，运算结果为0时，该位置1。

SM1.1：溢出标志位，结果溢出或为非法值时，该位置1。

SM1.2：负数标志位，运算结果为负数时，该位置1。

SM1.3：被0除标志位。

其他特殊标志位存储器的用途可查阅相关手册。

6．局部变量存储器L

局部变量存储器L用来存放局部变量，局部变量存储器L和变量存储器V十分相似，主要区别在于全局变量是全局有效，即同一个变量可以被任何程序（主程序、子程序和中断程序）访问，而局部变量只是局部有效，即变量只和特定的程序相关联。

S7-200有64字节的局部变量存储器，其中60字节可以作为暂时存储器，或给子程序传递参数。后4字节作为系统的保留字节。PLC在运行时，根据需要动态地分配局部变量存储器，在执行主程序时，64字节的局部变量存储器分配给主程序；当调用子程序或出现中断时，局部变量存储器分配给子程序或中断程序。

局部变量存储器可以按位、字节、字、双字直接寻址，其位存取的地址编号范围为L0.0～L63.7。L可以作为地址指针。

7. 定时器 T

PLC 所提供的定时器作用相当于继电器控制系统中的时间继电器。每个定时器可提供无数对常开和常闭输出触点供编程使用。其设定时间由程序设置。每个定时器有一个 16 位的当前值寄存器，用于存储定时器累计的时基增量值（1～32 767），另有一个状态位表示定时器的状态。若当前值寄存器累计的时基增量值大于等于设定值，则定时器的状态位被置“1”，该定时器的常开触点闭合。

定时器的定时精度分别为 1 ms、10 ms 和 100 ms 三种。CPU 222、CPU 224 及 CPU 226 的定时器地址编号范围为 T0～T255，它们的分辨率、定时范围并不相同，应根据所用 CPU 型号及时基，正确选用定时器的编号。

8. 计数器 C

计数器用于累计计数输入端接收到的由断开到接通的脉冲个数。计数器可提供无数对常开和常闭触点供编程使用，其设定值由程序赋予。计数器的结构与定时器基本相同，每个计数器有一个 16 位的当前值寄存器用于存储计数器累计的脉冲数，另有一个状态位表示计数器的状态。若当前值寄存器累计的脉冲数大于等于设定值，则计数器的状态位被置“1”，该计数器的常开触点闭合。计数器的地址编号范围为 C0～C255。

9. 高速计数器 HC

一般计数器的计数频率受扫描周期的影响，不能太高。而高速计数器可用来累计比 CPU 的扫描速度更快的事件。高速计数器的当前值是一个双字长（32 位）的整数，且为只读值。高速计数器的地址编号范围根据 CPU 的型号有所不同，CPU 221/222 各有 4 个高速计数器，CPU 224/226 各有 6 个高速计数器，编号为 HC0～HC5。

10. 累加器 AC

累加器是用来暂存数据的寄存器，它可以用来存放运算数据、中间数据和结果。CPU 提供了 4 个 32 位的累加器，其地址编号为 AC0～AC3。累加器的可用长度为 32 位，可采用字节、字、双字的存取方式，按字节、字只能存取累加器的低 8 位或低 16 位，按双字可以存取累加器全部的 32 位。

11. 顺序控制继电器 S（状态元件）

顺序控制继电器是使用步进顺序控制指令编程时的重要状态元件，通常与步进指令一起使用以实现顺序功能流程图的编程。顺序控制继电器的地址编号范围为 S0.0～S31.7。

12. 模拟量输入/输出映像寄存器（AI/AQ）

S7-200 的模拟量输入电路将外部输入的模拟量信号转换成 1 个字长的数字量存入模拟量输入映像寄存器区域，区域标志符为 AI。模拟量输出电路将模拟量输出映像寄存器区域的 1 个字长（16 位）数值转换为模拟电流或电压输出，区域标志符为 AQ。

在 PLC 内的数字量字长为 16 位，即两个字节，故其地址均以偶数表示，如 AIW0、AIW2…；

AQW0、AQW2…。

对模拟量输入/输出是以 2 个字（W）为单位分配地址的，每路模拟量输入/输出占用 1 个字（2 个字节）。如有 3 路模拟量输入，需分配 4 个字（AIW0、AIW2、AIW4、AIW6），其中没有被使用的字 AIW6，不可被占用或分配给后续模块。如果有 1 路模拟量输出，需分配 2 个字（AQW0、AQW2），其中没有被使用的字 AQW2，不可被占用或分配给后续模块。

模拟量输入/输出的地址编号范围根据 CPU 的型号不同有所不同，CPU 222 为 AIW0～AIW30/AQW0～AQW30；CPU 224/226 为 AIW0～AIW62/AQW0～AQW62。

5.6 PLC 程序设计语言

在可编程控制器中有多种程序设计语言，它们是梯形图、语句表、顺序控制功能图、功能块图等。

梯形图和语句表是基本程序设计语言，它通常由一系列指令组成，用这些指令可以完成大多数简单的控制功能。

1. 梯形图（Ladder Diagram）

梯形图程序设计语言是最常用的一种程序设计语言，用图形的方式进行逻辑运算、数据处理、数据的输入/输出等达到控制目标的程序表现形式。它来源于继电器逻辑控制系统的描述。在工业过程控制领域，电气技术人员对继电器逻辑控制技术较为熟悉，因此，由这种逻辑控制技术发展而来的梯形图受到了欢迎，并得到了广泛的应用。梯形图与继电器控制原理图相对应，具有直观性和对应性；与原有的继电器逻辑控制技术的不同点是，梯形图中的能流不是实际意义的电流，内部的继电器也不是实际存在的继电器，因此，应用时，需与原有继电器逻辑控制技术的有关概念区别对待。LAD 图形指令有 3 种基本形式。

1）触点

触点对外代表输入条件，如外部开关、按钮的状态，内部实际是一个寄存器位。触点对内部是读取指定寄存器位的值并进行相关逻辑运算。CPU 运行扫描到常开触点时，读取触点指定的寄存器位的值。该位数据为 1 时，表示“能流”能通过，代表的常开触点闭合；该位数据为 0 时，表示“能流”不能通过，代表的常开触点断开。CPU 运行扫描到常闭触点时，读取该触点符号对应的寄存器位的值并取反。当常闭触点对应的寄存器位为 0 时，取反后是 1，能流可以通过；当常闭触点对应的寄存器位为 1 时，取反后是 0，能流不能通过。计算机读寄存器位的次数不受限制，因此用户程序中，常开触点、常闭触点可以使用无数次。

2）线圈

线圈表示输出结果，通过输出接口电路来控制外部的指示灯、接触器及内部的输出条件等。线圈左侧接点组成的逻辑运算结果为 1 时，“能流”可以达到线圈，使线圈得电动作，CPU 将线圈的位地址指定的存储器的位置位为 1，逻辑运算结果为 0；线圈不通电，存储器的位置 0。线圈代表 CPU 对存储器位的写操作。PLC 采用循环扫描的工作方式，所以在用户程序中，每个线圈只能使用一次。

线圈是 PLC 的 CPU 将前面逻辑运算结果写入到指定的寄存器位中去。触点、线圈如

图 5-11 所示。

3）指令盒

指令盒是西门子 PLC 中完成复杂功能的图形化指令格式，如定时器、计数器或数学运算指令等。当“能流”通过指令盒时，执行指令盒所代表的功能。指令盒如图 5-12 所示。

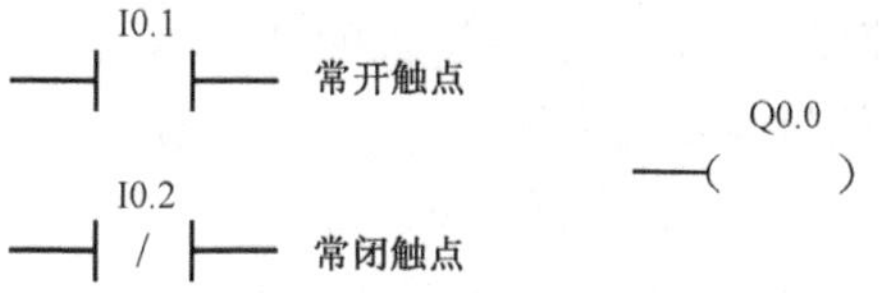

图 5-11　触点、线圈

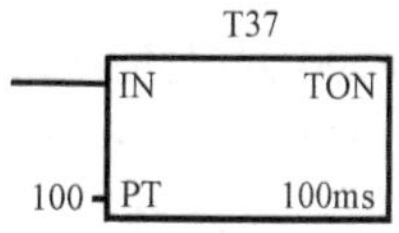

图 5-12　指令盒

梯形图按照逻辑关系可分成网络段 Network，分段只是为了阅读和调试方便。图 5-13 所示是梯形图示例。

2. 语句表（Statement List）

语句表程序设计语言是用布尔助记符来描述程序的一种程序设计语言。语句表程序设计语言与计算机中的汇编语言非常相似，采用布尔助记符来表示操作功能。

语句表程序设计语言具有下列特点。

（1）采用助记符来表示操作功能，具有容易记忆，便于撑握的特点。

（2）在编程器的键盘上采用助记符表示，具有便于操作的特点，可在无计算机的场合进行编程设计。

（3）用编程软件可以将语句表与梯形图相互转换。

3. 顺序控制功能图（SFC）

顺序控制功能图常用来编制顺序控制类程序。它将一个复杂的顺序控制过程分解为一些小的工作状态，对这些小状态的功能分别处理后再将它们依顺序连接组合成整体。顺序控制功能图的编程方法在项目六中有详细的介绍。

4. 功能块图（Function Block Diagram）

功能块图程序设计语言是采用逻辑门电路的编程语言。功能块图指令由输入、输出段及逻辑关系函数组成。方框的左侧为逻辑运算的输入变量，右侧为输出变量，输入/输出端的小圆圈表示“非”运算，信号自左向右流动。

5.7　基本指令分析与应用

5.7.1　基本位操作指令

位操作指令是 PLC 常用的基本指令，梯形图指令有触点和线圈两大类，触点又分常开触点和常闭触点两种形式；语句表指令有与、或以及输出等逻辑关系，位操作指令能够实现基本的位逻辑运算和控制。

1．逻辑取及线圈指令 LD/LDN；=

1）指令功能

LD（load）：对应梯形图为在左侧母线或线路分支点处初始装载一个常开触点。将触点对应的寄存器位的值读到 PLC 的逻辑运算器中来，是逻辑运算的开始。

LDN（load not）：对应梯形图则为在左侧母线或线路分支点处初始装载一个常闭触点。将触点对应的寄存器位的值读到 PLC 的逻辑运算器中来并进行取反。常闭触点是逻辑运算的开始。

=（OUT）：输出指令，对应梯形图则为线圈驱动。将 PLC 的逻辑运算器中的值写入到线圈对应的寄存器位中去。输出指令在同一梯形图程序中对同一元件只能使用一次。若多次对同一元件进行写入操作，只有最后写入有效，可能产生输出错误。

2）指令格式

LD/LDN、OUT 指令的使用如图 5-13 所示。

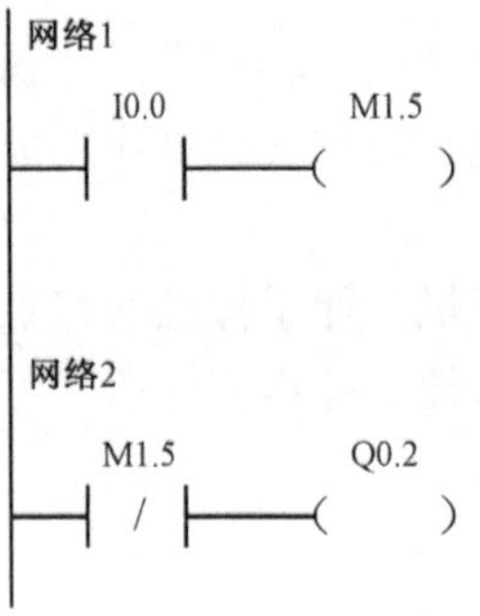

（a）梯形图

```
网络1
LD  I0.0      //装载常开触点
=   M1.5      //输出线圈
网络2
LDN M1.5      //装载常闭触点
=   Q0.2      //输出线圈
```

（b）语句表

图 5-13　LD/LDN、OUT 指令的使用

使用说明：

（1）触点代表 CPU 对存储器的读操作，常开触点和存储器的位状态一致，常闭触点和存储器的位状态相反。用户程序中同一触点可使用无数次。

例如：存储器 I0.0 的状态为 1，则对应的常开触点 I0.0 接通，表示能流可以通过；而对应的常闭触点 I0.0 断开，表示能流不能通过。存储器 I0.0 的状态为 0，则对应的常开触点 I0.0 断开，表示能流不能通过；而对应的常闭触点 I0.0 接通，表示能流可以通过。

（2）线圈代表 CPU 对存储器的写操作，若线圈左侧的逻辑运算结果为“1”，则表示能流能够达到线圈，CPU 将该线圈所对应的存储器的位置位为“1”；若线圈左侧的逻辑运算结果为“0”，则表示能流不能够达到线圈，CPU 将该线圈所对应的存储器的位写入“0”用户程序中，同一线圈只能使用一次。

（3）LD、LDN 指令用于与输入公共母线（输入母线）相连的接点，也可与 OLD、ALD 指令配合使用于分支回路的开头。LD/LDN 的操作数为：I、Q、M、SM、T、C、V、S。

（4）= 指令用于 Q、M、SM、T、C、V、S，但不能用于输入映像寄存器 I。输出端不带负载时，控制线圈应尽量使用 M 或其他，而不用 Q。= 可以并联使用任意次，不能串联。同一个线圈不能输出两次。

= (OUT)的操作数为：Q、M、SM、T、C、V、S。

2. 触点串联指令 A(And)、AN(And Not)

1）指令功能

A(And)：与操作，在梯形图中表示串联连接单个常开触点。取触点对应的寄存器位的值，并跟 PLC 逻辑运算器的原来的值进行与运算，结果存放在 PLC 的逻辑运算器中。

AN(And not)：与非操作，在梯形图中表示串联连接单个常闭触点。取触点对应的寄存器位的值并且进行取反，再跟 PLC 逻辑运算器的原来的值进行与运算，结果存放在 PLC 的逻辑运算器中。

2）指令格式

A/AN 指令的使用如图 5-14 所示。

3）使用说明

A、AN 是单个触点串联连接指令，可连续使用，如图 5-14 中的网络 2 所示。

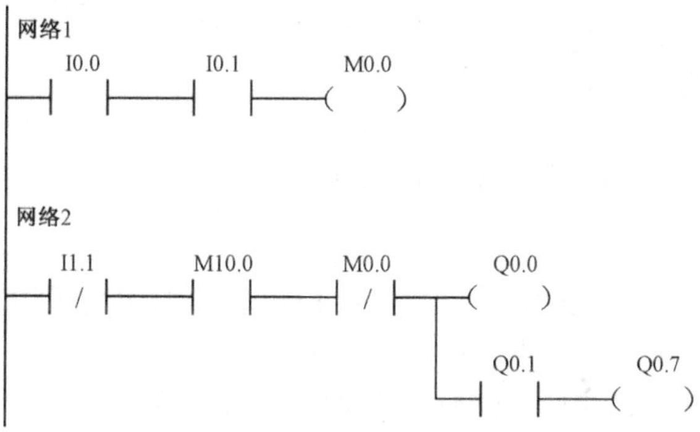

（a）梯形图

```
网络1
LD  I0.0
A   I0.1
=   M0.0
网络2
LDN I1.1
A   M10.0
AN  M0.0
=   Q0.0
A   Q0.1
=   Q0.7
```

（b）语句表

图 5-14　A/AN 指令的使用

若按正确次序编程（输入："左重右轻，上重下轻"；输出：上轻下重），则可以反复使用"="指令，如图 5-15 所示。但若按图 5-16 所示的编程次序，就不能连续使用"="指令。

A、AN 的操作数：I、Q、M、SM、T、C、V、S。

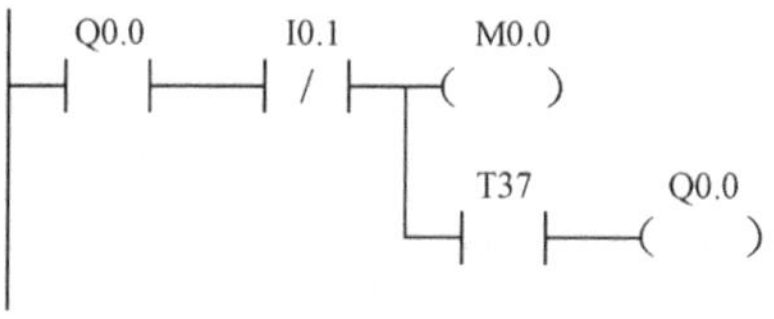


```
LD Q0.0
AN I0.1
=  M0.0
A  T37
=  Q0.1
```

图 5-15　反复使用"="指令

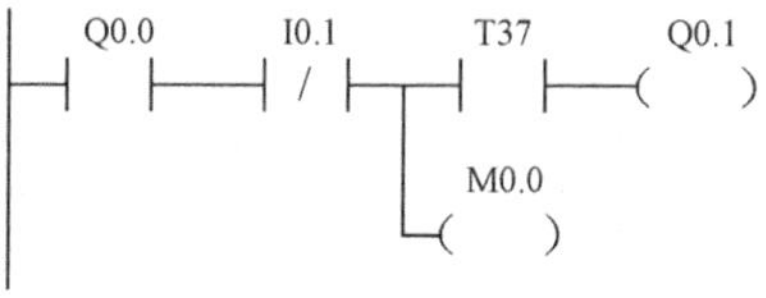

图 5-16　不能连续使用"="指令

3. 触点并联指令 O（Or）/ON（Or Not）

1）指令功能

O：或操作，在梯形图中表示并联连接一个常开触点。取触点对应的寄存器位的值，并跟 PLC 逻辑运算器的原来的值进行或运算，结果存放在 PLC 的逻辑运算器中。

ON：或非操作，在梯形图中表示并联连接一个常闭触点。取触点对应的寄存器位的值并且进行取反，再跟 PLC 逻辑运算器的原来的值进行或运算，结果存放在 PLC 的逻辑运算器中。

2）指令格式

O/ON 指令的使用如图 5-17 所示。

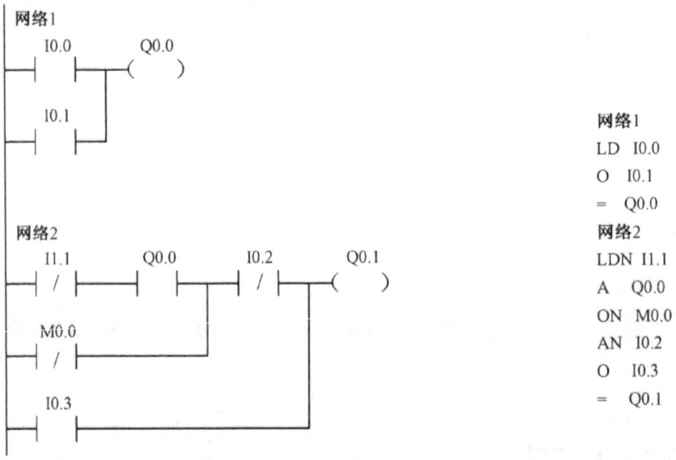

（a）梯形图　（b）语句表

图 5-17　O/ON 指令的使用

3）使用说明

O/ON 指令可作为并联一个触点指令，紧接在 LD/LDN 指令之后用，即对其前面的 LD/LDN 指令所规定的触点并联一个触点，可以连续使用。

若要并联连接两个以上触点的串联回路时，须采用 OLD 指令。

O/ON 操作数为：I、Q、M、SM、V、S、T、C。

4. 电路块的串联指令 ALD

1）指令功能

ALD：块“与”操作，用于串联连接多个并联电路组成的电路块。

2）指令格式

ALD 指令的使用如图 5-18 所示。

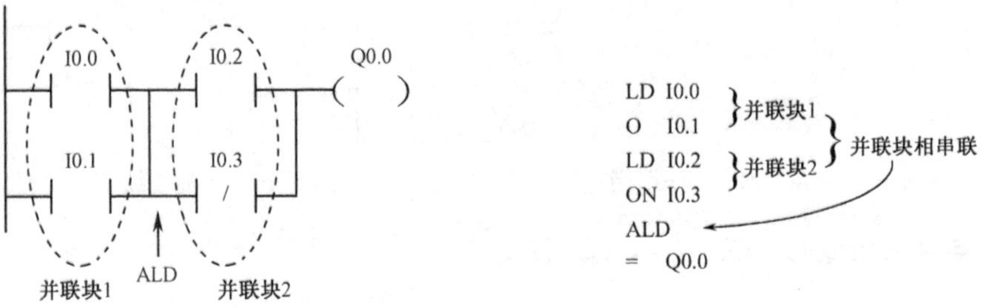

（a）梯形图　（b）语句表

图 5-18　ALD 指令的使用（1）

3）使用说明

并联电路块与前面电路串联连接时，使用 ALD 指令。分支的起点用 LD/LDN 指令，并联电路结束后使用 ALD 指令与前面电路串联。

可以顺次使用 ALD 指令串联多个并联电路块，支路数量没有限制，如图 5-19 所示。

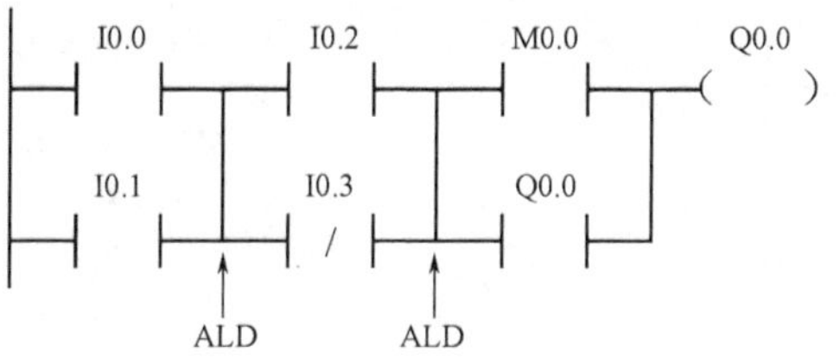

（a）梯形图

```
网络1
LD   I0.0   //并联块1开始
O    I0.1
LD   I0.2   //并联块2开始
ON   I0.3
ALD
LD   M0.0   //并联块3开始
O    Q0.0
ALD
=    Q0.0
```

（b）语句表

图 5-19　ALD 指令的使用（2）

ALD 指令无操作数。

多个并联块串联时，第二个以及后面的块开始时，系统自动将当前逻辑运算结果压入堆栈中，ALD 指令将堆栈弹出且与逻辑运算器中的值进行与运算，结果保存在逻辑运算器中，并不需要入栈和出栈指令。

5. 电路块的并联指令 OLD

1）指令功能

OLD：块“或”操作，用于并联连接多个串联电路组成的电路块。

2）指令格式

OLD 指令的使用如图 5-20 所示。

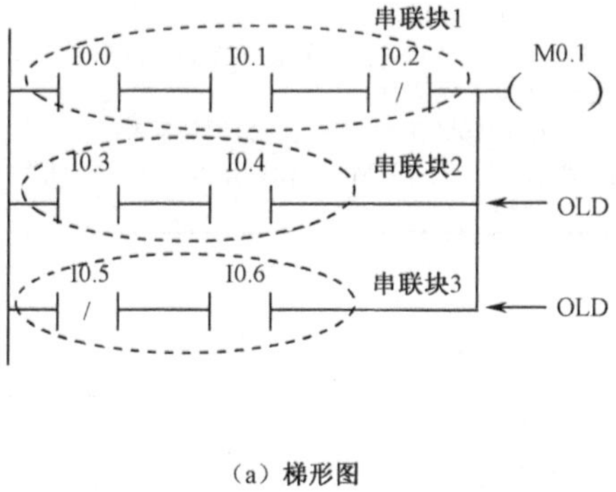

（a）梯形图

```
网络1
LD   I0.0 //串联块1开始
A    I0.1
AN   I0.2
LD   I0.3  //串联块2开始
A    I0.4
OLD
LDN  I0.5 //串联块3开始
A    I0.6
OLD
=    M0.1
```

（b）语句表

图 5-20　OLD 指令的使用

3）使用说明

并联连接几个串联支路时，其支路的起点以 LD、LDN 开始，并联结束后用 OLD。

可以顺次使用 OLD 指令并联多个串联电路块，支路数量没有限制。

OLD 指令无操作数。

实例 5-1 根据图 5-21 所示梯形图，写出对应的语句表和逻辑运算过程。

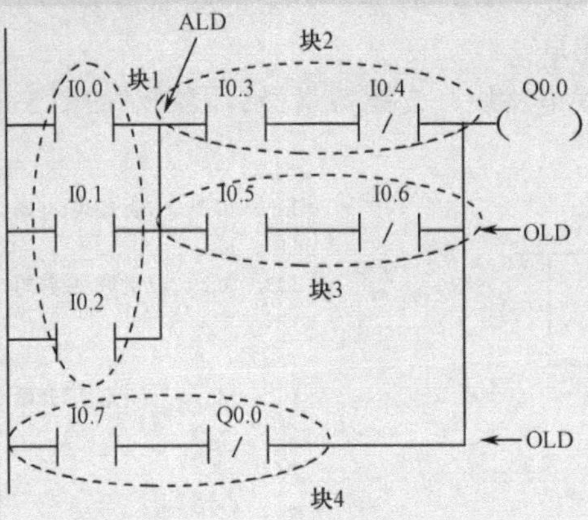

（a）梯形图

```
LD  I0.0  //并联块1开始
O   I0.1
O   I0.2
LD  I0.3  //串联块2开始
AN  I0.4
LD  I0.5  //串联块3开始
AN  I0.6
OLD       //块2、块3相或
ALD       //再跟块1相与
LD  I0.7  //串联块4开始
AN  Q0.0
OLD       //后跟块4相或
=   Q0.0
```

（b）语句表

图 5-21

6. 置位/复位指令 S/R

1）指令功能

置位指令 S：设置从位地址 bit 开始的 *N* 个寄存器位（线圈）的值为“1”并保持。

复位指令 R：设置从位地址 bit 开始的 *N* 个寄存器位（线圈）的值为“0”并保持。

2）指令格式

S/R 指令格式如表 5-8 所示，用法如图 5-22 所示。

表 5-8 S/R 指令格式

	LAD	STL	指令参数说明
置位	bit —(S) N	S bit, N	1. 置位指令“S bit, N”的作用是当输入端有效（能流到达）时，将从位地址 bit 开始的 *N* 个位写入 1 并保持为 1。 2. 复位指令“R bit, N” 的作用是当输入端有效（能流到达）时，将从位地址 bit 开始的 *N* 个位写入 0 并保持为 0。 3. 操作数 bit 为：I, Q, M, SM, T, C, V, S, L；数据类型为：布尔。 4. 操作数 N 为：常量, VB, IB, QB, MB, SMB, SB, LB, AC, *VD, *AC, *LD 取值范围为：字节（0～255）
复位	bit —(R) N	R bit, N	

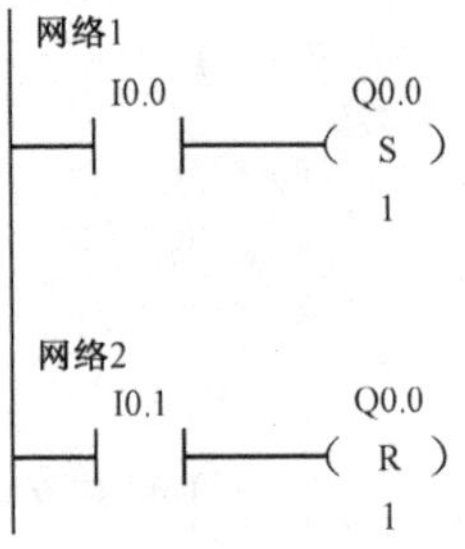

（a）梯形图

```
网络1
LD  I0.0
S   Q0.0, 1
网络2
LD  I0.1
R   Q0.0, 1
```

（b）语句表

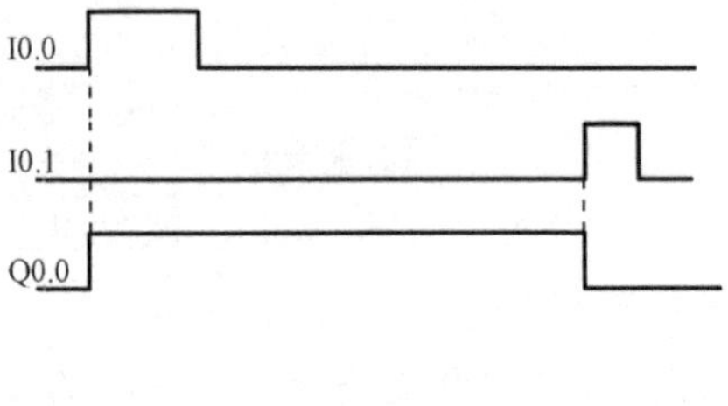

（c）时序图

图 5-22 S/R 指令的使用

3）使用说明

对同一元件（同一寄存器的位）可以多次使用 S/R 指令（与“=”指令不同）。

由于是扫描工作方式，当置位、复位指令同时有效时，写在后面的指令具有优先权。

置位复位指令通常成对使用，也可以单独使用或与指令盒配合使用。

4）=、S、R 指令比较

=、S、R 指令的比较如图 5-23 所示。

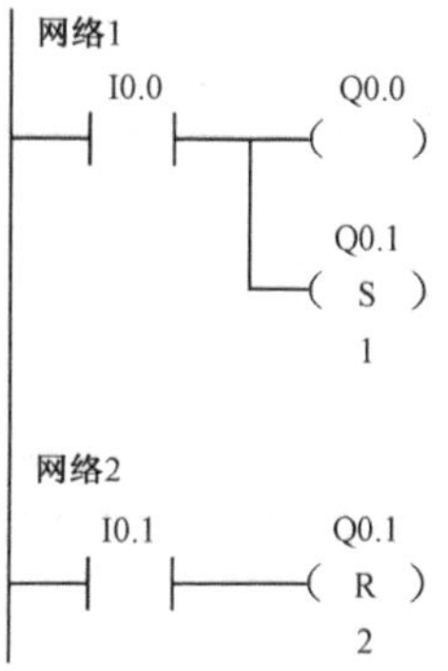

（a）梯形图

```
网络1
LD   I0.0
=    Q0.0
S    Q0.1, 1
网络2
LD   I0.1
R    Q0.1, 2
```

（b）语句表

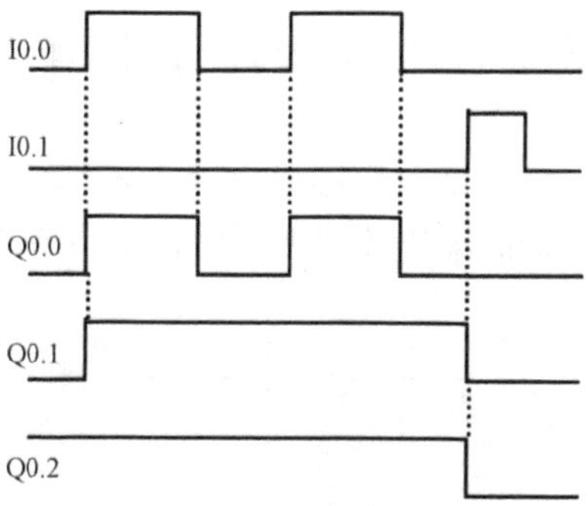

（c）时序图

图 5-23　=、S、R 指令的比较

5.7.2　编程注意事项及编程技巧

1．梯形图语言中的语法规定

（1）程序应按自上而下，从左至右的顺序编写。

（2）同一操作数的输出线圈在一个程序中不能使用两次，不同操作数的输出线圈可以并行输出，如图 5-24 所示。

（3）线圈不能直接与左母线相连。如果需要，可以通过特殊内部标志位存储器 SM0.0（该位始终为 1）来连接，如图 5-25 所示。

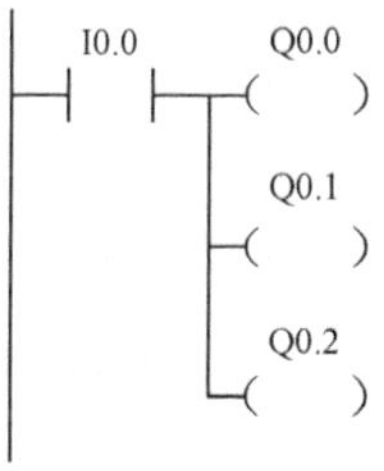

图 5-24　输出线圈的使用

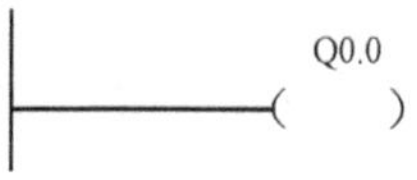

（a）不正确

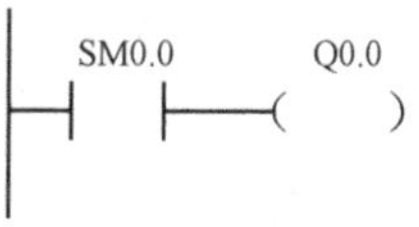

（b）正确

图 5-25　线圈与母线的连接

（4）适当安排编程顺序，以减少程序的步数。

串联触点支路并联时遵循“上重下轻”的原则，即串联多的支路应尽量放在上部，如

图 5-26 所示。

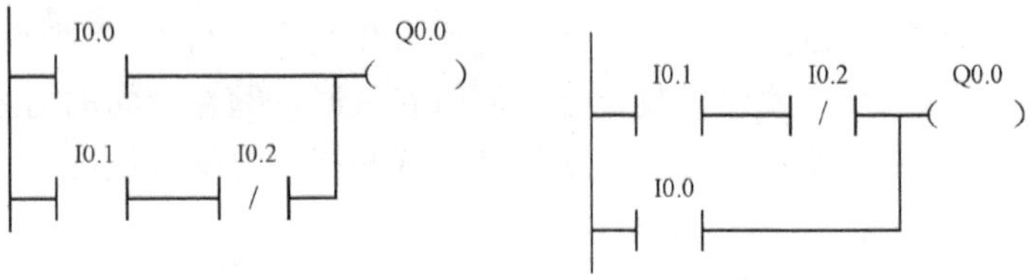

（a）电路安排不当　（b）电路安排正确

图 5-26　串联多的电路应放在上面

并联电路块串联时遵循“左重右轻”的原则，即并联多的支路应靠近左母线，如图 5-27 所示。

线圈输出部分遵循“上轻下重”的原则，即结构简单的输出线圈放置在梯形图的上面，结构较复杂的输出放置在下面，如图 5-28 所示。

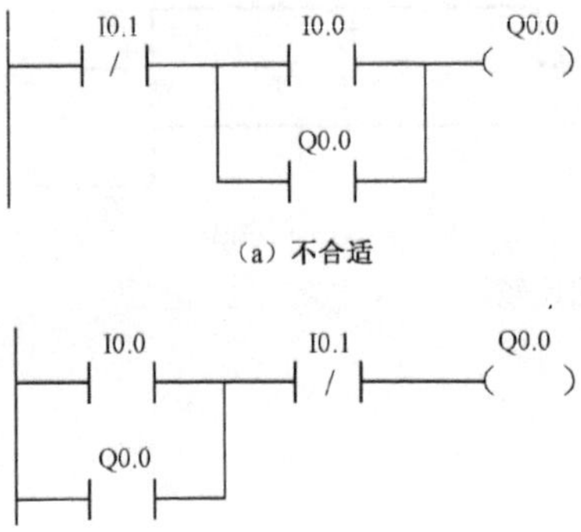

（a）不合适　（b）合适

图 5-27　并联多的支路应靠近左母线

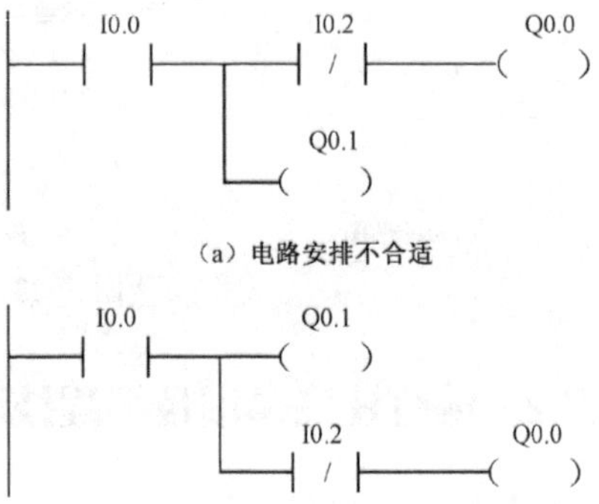

（a）电路安排不合适　（b）电路安排合适

图 5-28　结构简单的输出线圈放置在梯形图的上面

（5）触点不能放在线圈的右边。

（6）对复杂的电路，用 ALD、OLD 等指令难以编程，可重复使用一些触点画出其等效电路，然后再进行编程，如图 5-29 所示。

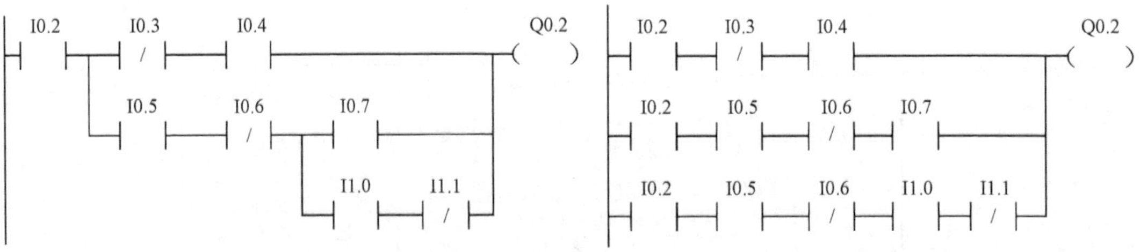

（a）复杂电路　（b）等效电路

图 5-29　复杂电路编程技巧

2. 设置中间单元

在梯形图中，若多个线圈都受某一触点串、并联电路的控制，为了简化电路，在梯形图中可设置该电路控制的存储器的位，如图 5-30 所示，这类似于继电器电路中的中间继电器。

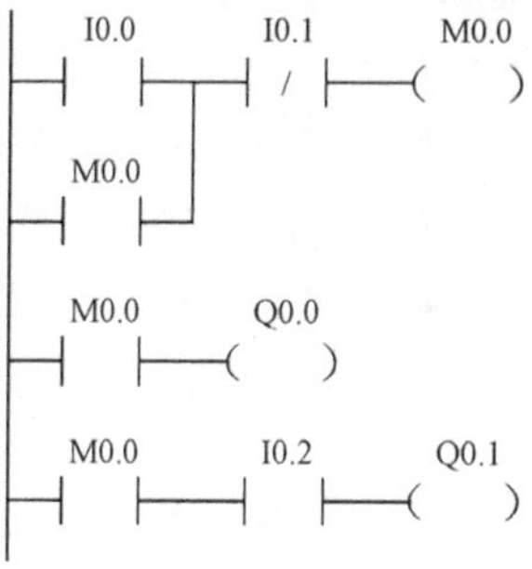

图 5-30　设置中间单元

3. 尽量减少可编程控制器的输入信号和输出信号

可编程控制器的价格与 I/O 点数有关，因此减少 I/O 点数是降低硬件费用的主要措施。如果几个输入器件触点的串、并联电路总是作为一个整体出现，可以将它们作为可编程控制器的一个输入信号，只占可编程控制器的一个输入点。如果某器件的触点只用一次并且与 PLC 输出端的负载串联，不必将它们作为 PLC 的输入信号，可以将它们放在 PLC 外部的输出回路，与外部负载串联。在图 5-2 中的热继电器 FR 的常闭触点与接触器线圈串联，不占用 PLC 的输入端口。

4. 外部联锁电路的设立

为了防止控制正、反转的两个接触器同时动作造成三相电源短路，应在 PLC 外部设置硬件联锁电路。见图 5-2 正、反转接触器的常闭触点进行互锁。

5. 外部负载的额定电压

PLC 的继电器输出模块和双向晶闸管输出模块一般只能驱动额定电压 AC 220 V 的负载，交流接触器的线圈应选用 220 V 的。PLC 输出端口是晶体管形式的，外接电源只能使用直流 24 V 电源。

5.7.3 定时器指令分析与应用

1. 定时器指令

机械空气阻尼式时间继电器的结构是采用空气经过狭窄通道进行延时的，优点是使用方便，缺点是成本高，定时不精确，可靠性差。

晶体管时间继电器是通过 RC 充放电实现延时的，延时精度较空气阻尼时间继电器高，但成本高。

在单片机中，通过定时器和中断系统，可以达到精确延时和长时间延时的要求，但系统设计和程序设计有较大的难度。

PLC 控制器的定时器具有以下优点：延时精度高，延时时间长，使用简单方便。没有单独的硬件成本。

S7-200 系列 PLC 的定时器是对内部时钟累计时间增量计时的。每个定时器均有一个 16 位的当前值寄存器用以存放当前值（16 位符号整数）；一个 16 位的预置值寄存器用以存放时间的设定值；还有一位输出控制位，反映是否达到定时时间，对外进行控制。

1）定时器的结构

定时器是 PLC 内部的软元件，可以看成由下面六个部分组成。

（1）时基脉冲发生器：产生 1 ms、10 ms、100 ms 的脉冲。不同编号的定时器有不同时基脉冲发生器。

（2）设定值寄存器 PT：16 位寄存器，用来存放定时设定值。

（3）计数器：16 位计数器，对脉冲进行计数。用定时器编号表示，字数据。

（4）输入控制位 IN：输入控制位有效时，启动定时器工作。

（5）输出控制位：当定时时间到时，发出控制信号。也用定时器的编号表示，位数据。

（6）比较器：比较计数器和设定值寄存器的值。

2）工作方式

S7-200 系列 PLC 定时器按工作方式分三大类。其指令格式如表 5-9 所示。

表 5-9　定时器的指令格式

类　型	LAD	STL	说　明
通电延时型定时器	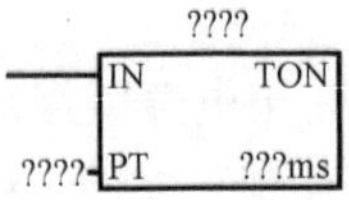	TON　Txx，PT	TON：通电延时定时器； TONR：记忆型通电延时定时器； TOF：断电延时型定时器。 IN 是使能输入端，指令盒上方输入定时器的编号 Txx，范围为 T0～T255；PT 是预置值输入端，最大预置值为 32 767。PT 的数据类型为 INT； PT 操作数有 IW，QW，MW，SMW，T，C，VW，SW，AC，常数
记忆型通电延时定时器	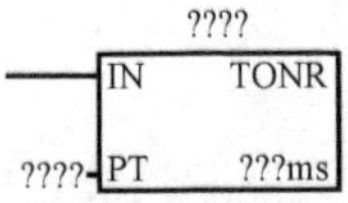	TONR Txx，PT	
断电延时型定时器	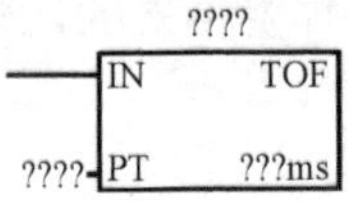	TOF　Txx，PT	

定时器的工作原理为：使能输入 IN 端有效后，计数器对 PLC 内部的时基脉冲进行增 1 计数，当计数值大于或等于定时器的设定值寄存器 PT 指定的值后，输出控制位置 1。

最小计时单位为时基脉冲的宽度，又称为定时精度；从定时器输入有效，到状态位输出有效，经过的时间为定时时间，即

$$定时时间\ T=预置值\times时基$$

当前值寄存器为 16 bit，最大计数值为 32 767，由此可推算不同分辨率的定时器的设定时间范围。CPU 22X 系列 PLC 的 256 个定时器分属 TON （TOF）和 TONR 工作方式，以及三种时基标准，如表 5-10 所示。可见时基越大，定时时间越长，但精度越差。

表 5-10　定时器的类型

工 作 方 式	定时器编号	时基（ms）	最大定时范围（s）
TONR	T0，T64	1	32.767
	T1～T4，T65～T68	10	327.67
	T5～T31，T69～T95	100	3 276.7
TON/TOF	T32，T96	1	32.767
	T33～T36，T97～T100	10	327.67
	T37～T63，T101～T255	100	3 276.7

1 ms、10 ms、100 ms 定时器的刷新方式不同。

1 ms 定时器每隔 1 ms 刷新一次，与扫描周期和程序处理无关，即采用中断刷新方式。因此当扫描周期较长时，在一个周期内可能被多次刷新，其当前值在一个扫描周期内不一定保持一致。

10 ms 定时器则由系统在每个扫描周期开始自动刷新。由于每个扫描周期内只刷新一次，故而每次程序处理期间，其当前值为常数。

100 ms 定时器则在该定时器指令执行时刷新。下一条执行的指令，即可使用刷新后的结果，非常符合正常的思路，使用方便可靠。但应当注意，如果该定时器的指令不是每个周期都执行，定时器就不能及时刷新，可能导致出错。

3）定时器指令工作过程

下面将从原理、应用等方面分别叙述通电延时型、有记忆的通电延时型、断电延时型三种定时器的使用方法。

（1）通电延时型定时器（TON）指令工作原理。

如图 5-31 所示，当 I0.0 接通，使能端（IN）输入有效时，驱动 T37 开始计时，计数当前值从 0 开始递增，计时到设定值 PT（5）时，T37 状态位置 1，其常开触点 T37 接通，驱动 Q0.0 输出，其后当前值仍增加，但不影响状态位。当前值的最大值为 32 767。当 I0.0 分断，使能端无效时，T37 复位，当前值清零，状态位也清零，即回复原始状态。若 I0.0 接通时间未到设定值就断开，T37 则立即复位，Q0.0 不会有输出。

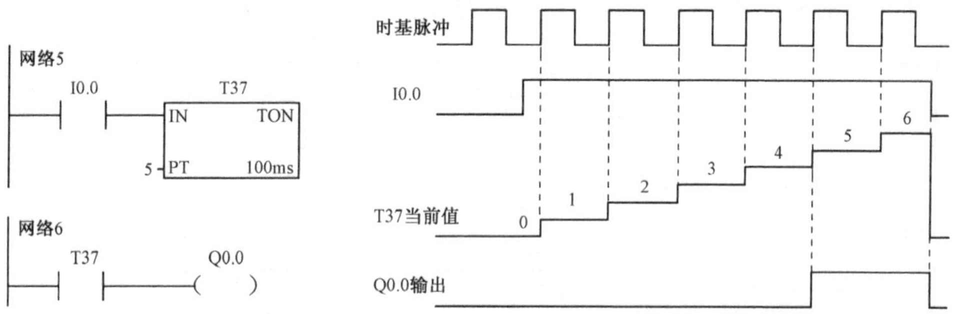

图 5-31 通电延时定时器 TON 工作原理

（2）记忆型通电延时定时器（TONR）指令工作原理。

使能端（IN）输入有效时（接通），定时器开始计时，当前值递增，在当前值大于或等于预置值 PT（4）时，输出状态位置 1。使能端输入无效（断开）时，当前值保持（记忆），使能端（IN）再次接通有效时，在原记忆值的基础上递增计时。

注意 TONR 记忆型通电延时定时器采用线圈复位指令 R 进行复位操作，当复位线圈有效时，定时器当前位清零，输出状态位置 0。

如图 5-32 所示，当输入 IN 为 1 时，定时器计时；当 IN 为 0 时，其当前值保持为 3 并不复位；下次 IN 再为 1 时，T6 当前值从原保持值开始往上加，将当前值与设定值 PT 比较，当前值大于等于设定值时，T6 状态位置 1，驱动 Q0.0 有输出，以后即使 IN 再为 0，也不会使 T6 复位。要使 T6 复位，必须使用复位指令，I0.1 为 1 时，对定时器 T6 的当前值和控制

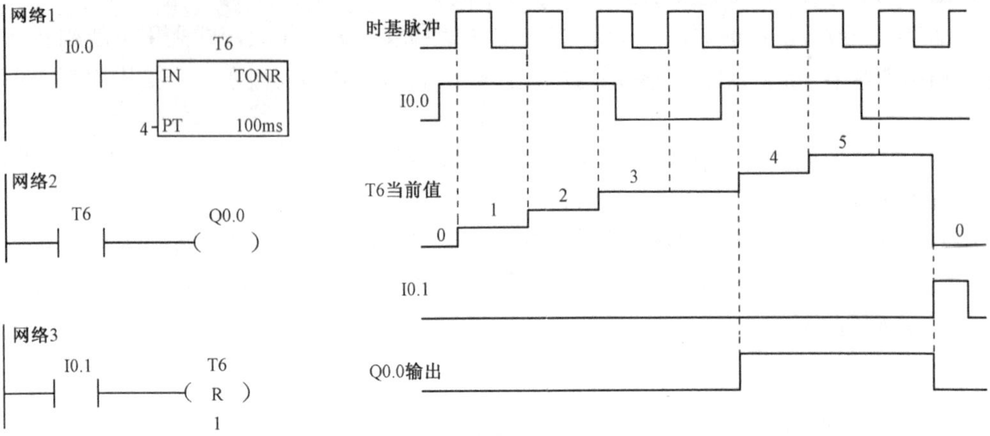

图 5-32　记忆型通电延时定时器 TONR 工作原理

位强制复位为 0。

（3）断电延时型定时器（TOF）指令工作原理。

断电延时型定时器用来在输入断开，延时一段时间后，才断开输出。使能端（IN）输入有效时，定时器输出状态位立即置 1，当前值复位为 0。使能端（IN）断开时，定时器开始计时，当前值从 0 递增，达到预置值时，定时器状态位复位为 0，并停止计时，当前值保持。

如果输入断开的时间小于预定时间，定时器仍保持接通。IN 再接通时，定时器当前值仍设为 0。断电延时型定时器的工作原理如图 5-33 所示。

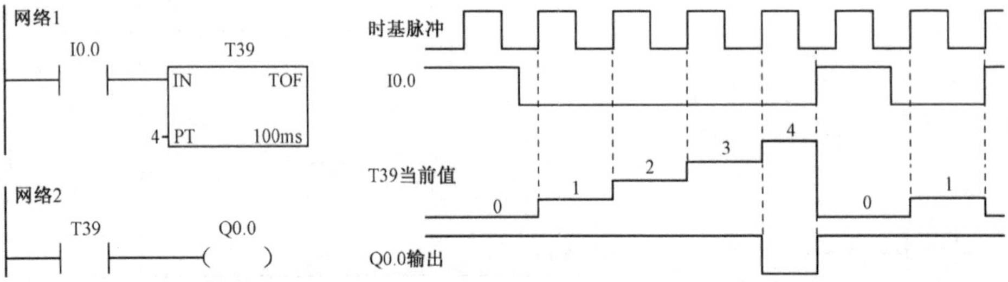

图 5-33　断电延时定时器 TOF 工作原理

注意　（1）以上介绍的三种定时器具有不同的功能。通电延时型定时器（TON）用于单一间隔的定时；记忆型通电延时定时器（TONR）用于累计时间间隔的定时；断开延时型定时器（TOF）用于故障事件发生后的时间延时。

（2）TOF 和 TON 共享同一组定时器，不能重复使用，即不能把一个定时器同时用做 TOF 和 TON。例如，不能既有 TON T32，又有 TOF T32。

2．时钟脉冲发生器

图 5-34 中 I0.0 的常开触点接通后，T37 的 IN 输入端为 1 状态，T37 开始定时。2 s 后定时时间到，T37 的常开触点接通，使 Q0.0 变为 ON，同时 T38 开始计时。3 s 后 T38 的定时时间到，它的常闭触点断开，使 T37 的 IN 输入端变为 0 状态，T37 的常开触点断开，Q0.0

变为 OFF，同时使 T38 的 IN 输入端变为 0 状态，其常闭触点接通，T37 又开始定时。以后 Q0.0 的线圈将这样周期性地“通电”和“断电”，直到 I0.0 变为 OFF，Q0.0 线圈“通电”时间等于 T38 的设定值，“断电”时间等于 T37 的设定值。从 Q0.0 输出周期为 5 s，高电平时间为 3 s 的闪烁信号。改变 T37 和 T38 的设定值，就改变了闪烁周期和占空比。端口 Q0.0 的指示灯闪烁。

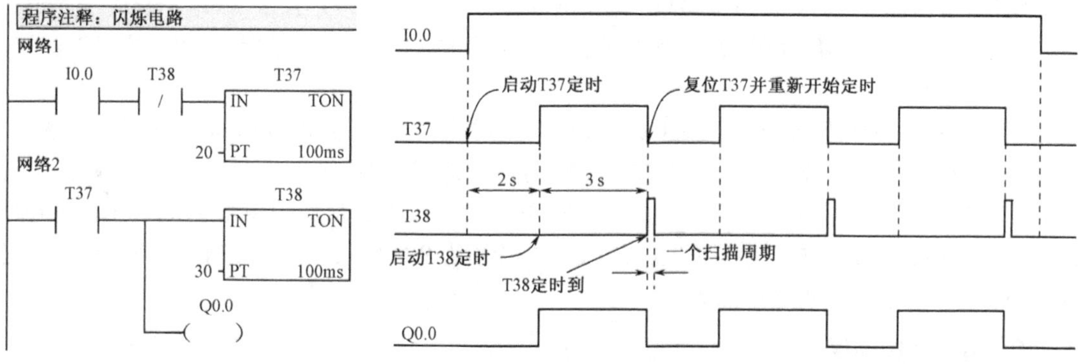

（a）闪烁程序　　（b）闪烁程序的时序图

图 5-34　时钟脉冲发生器

5.8 西门子 PLC 编程软件应用

S7-200 可编程控制器使用 STEP 7-Micro/WIN 编程软件进行编程。STEP 7-Micro/WIN 编程软件是基于 Windows 的应用软件，功能强大，主要用于开发程序，也可用于适时监控用户程序的执行状态。它有中文版和英文版等多种语言版本。

5.8.1 STEP 7-Micro/WIN 的安装、界面及设置

1. 安装条件

操作系统：Windows 95 以上的操作系统。

计算机配置：IBM 486 以上兼容机，内存 8 MB 以上，VGA 显示器，至少 50 MB 以上硬盘空间。

通信电缆：用一条 PC/PPI 电缆实现可编程控制器与计算机的通信。

2. 编程软件的安装和中文界面设置

双击编程软件中的安装程序 SETUP.EXE，根据安装提示，编程语言选择 English，完成安装。启动 STEP 7-Micro/WIN。安装完成自动选择为英文版，进行以下操作，设置为中文界面：单击菜单 Tools，选项 Options，在弹出的 Options 中选择 General，在右边的 General 标签下的语言选择 Language 窗口下选择 Chinese，单击 OK，编程软件自动关闭。重新启动软件，显示为中文界面。

3. 连接 S7-200 PLC 与计算机通信电缆

可以采用 PC/PPI 电缆建立 PC 与 PLC 之间的通信连接。这是典型的单主机与 PC 的连接，不需要其他的硬件设备。PC/PPI 电缆的两端分别为 RS-232 和 RS-485 接口，RS-232 端连接

到个人计算机 RS-232 通信口 COM1 或 COM2 接口上，RS-485 端接到 S7-200 通信口上。PC/PPI 电缆中间有通信模块，有五种支持 PPI 协议的波特率可以选择，分别为：1.2 Kb/s，2.4 Kb/s，9.6 Kb/s，19.2 Kb/s，38.4 Kb/s。系统的默认值为 9.6 Kb/s。

4. 通信参数的设置

硬件设置好后，按下面的步骤设置通信参数。

（1）在 STEP 7-Micro/WIN 运行时单击浏览栏目的查看下的“设置 PG/PC 接口”图标，则会出现一个通信对话框。

（2）在对话框中双击 PC/PPI cable（PPI）电缆图标，将出现 PC/PPI 属性设置对话框。

（3）单击“属性（Properties）”按钮，将出现接口属性对话框，检查各参数的属性是否正确。初学者可以使用默认的通信参数，在 PC/PPI 性能设置的窗口中单击“默认（Default）”按钮，可获得默认的参数。默认站地址为 0，波特率为 9 600 b/s。当多 PLC 连网工作时，必须为每台 PLC 设置不同的站地址。

5. 建立在线连接

在前几步顺利完成后，可以建立与 S7-200 CPU 的在线联系，步骤如下。

（1）在 STEP 7-Micro/WIN 运行时单击“通信”图标，出现一个通信建立结果对话框，显示是否连接了 CPU 主机。

（2）双击对话框中的“双击刷新”图标，STEP 7-Micro/WIN 编程软件将检查所连接的所有 S7-200 CPU 站。在对话框中显示已建立起连接的每个站的 CPU 图标、CPU 型号和站地址。

（3）双击要进行通信的站，在通信建立对话框中可以显示所选的通信参数。

6. 修改 PLC 的通信参数

计算机与可编程控制器建立起在线连接后，即可以利用软件检查、设置和修改 PLC 的通信参数，步骤如下。

（1）单击浏览条中的“系统块”图标，将出现系统块对话框。

（2）单击“通信端口”选项卡，检查各参数，确认无误后单击确定。若需修改某些参数，可以先进行有关的修改，再单击“确认”按钮。

（3）单击工具条的下载按钮，将修改后的参数下载到可编程控制器，设置的参数才会起作用。

7. 可编程控制器信息的读取

选择菜单命令“PLC”，找“信息”，将显示出可编程控制器 RUN/STOP 状态、扫描速率、CPU 的型号错误的情况和各模块的信息。

STEP 7-Micro/WIN 的主界面如图 5-35 所示。

8. 工具条

（1）标准工具条如图 5-36 所示。

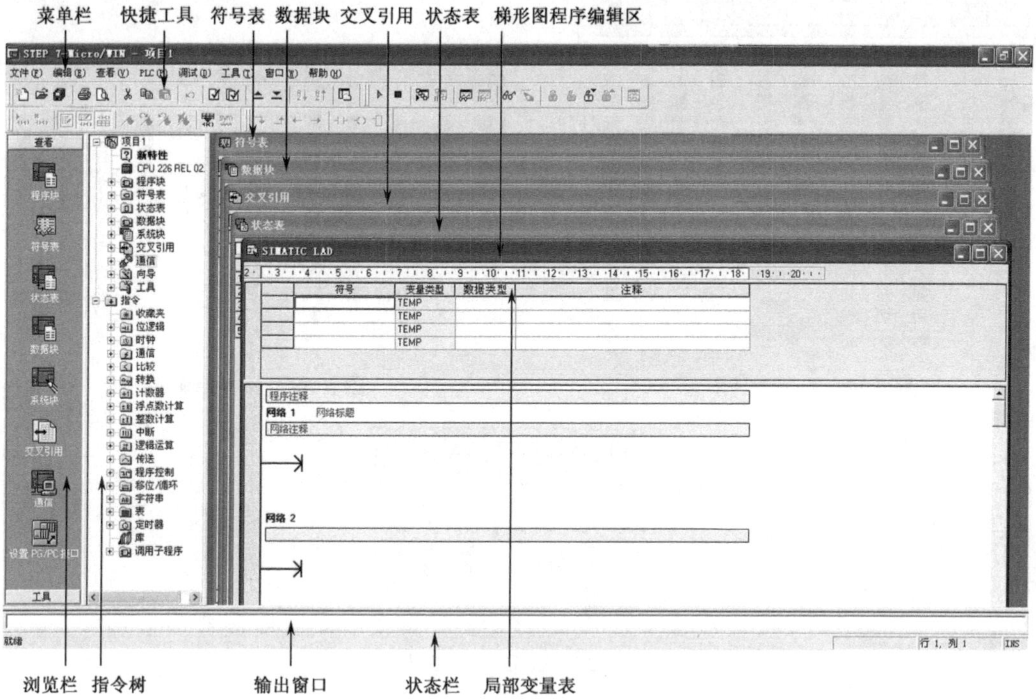

图 5-35　STEP 7-Micro/WIN 的主界面

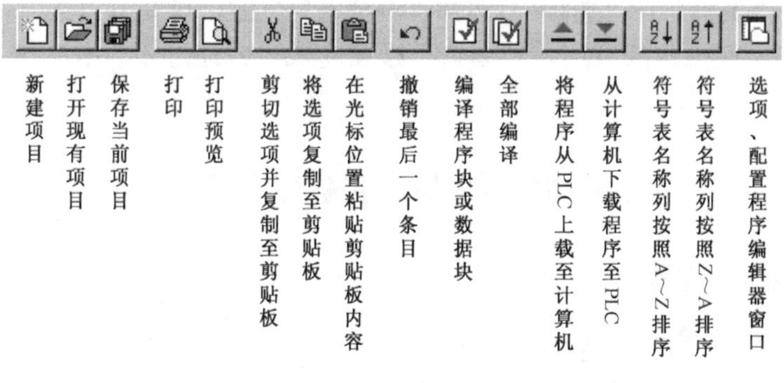

图 5-36　标准工具条

（2）调试工具条如图 5-37 所示。

（3）公用工具条如图 5-38 所示。

（4）LAD 指令工具条如图 5-39 所示。

9. 浏览条

浏览条为编程提供按钮控制，可以实现窗口的快速切换，即对编程工具执行直接按钮存取，包括程序块、符号表、状态图表、数据块、系统块、交叉引用、通信、设置 PG/PC 接口。单击上述任意按钮，则主窗口切换成此按钮对应的窗口。

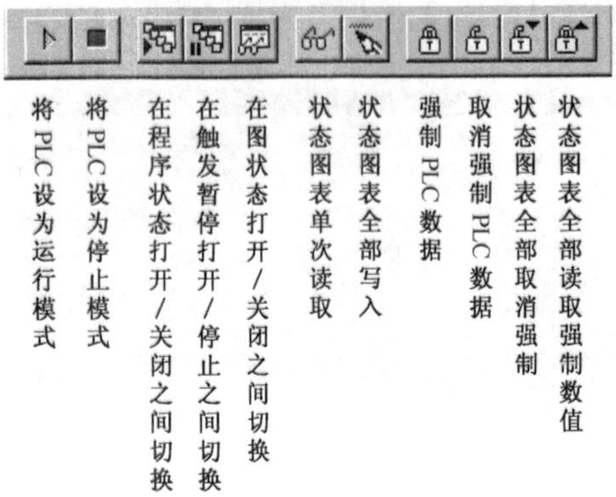

图 5-37　调试工具条

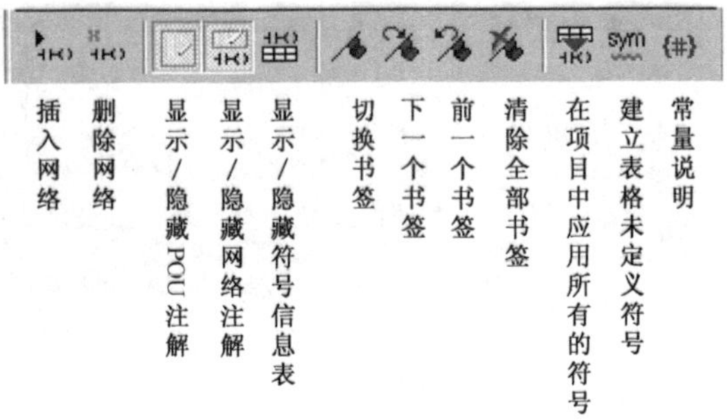

图 5-38　公用工具条

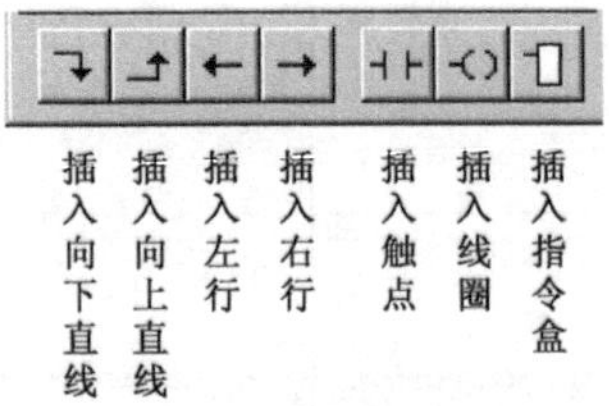

图 5-39　LAD 指令工具条

用菜单命令“查看”→“框架”→“浏览条”，浏览条可在打开（可见）和关闭（隐藏）之间切换。

用菜单命令“工具”→“选项”，选择“浏览条”标签，可在浏览条中编辑字体。

浏览条中的所有操作都可用“指令树”视窗完成，或通过“查看”→“组件”菜单来完成。

5.8.2　STEP 7-Micro/WIN 程序编辑及程序上传、下载

1．编程元素及项目组件

S7-200 的三种程序组织单位（程序）指主程序、子程序和中断程序。STEP 7-Micro/WIN 为每个控制程序在程序编辑器窗口提供分开的制表符，主程序总是第一个制表符，后面是子程序或中断程序。

一个项目（Project）包括的基本组件有程序块 Program Block、数据块 Data Block、系统块 System Block、符号表 Symbol Table、状态图表 Status Chart、交叉引用表 Cross Reference。程序块、数据块、系统块须下载到 PLC，而符号表、状态图表、交叉引用表不下载到 PLC。

程序块由可执行代码和注释组成，可执行代码由一个主程序和可选子程序或中断程序组成。程序代码被编译并下载到 PLC，程序注释被忽略。

在“指令树”中右击“程序块”图标，可以插入子程序和中断程序。

数据块由数据（包括初始内存值和常数值）和注释两部分组成。数据被编译后，下载到可编程控制器，注释被忽略。

系统块用来设置系统的参数，包括通信口配置信息、保存范围、模拟和数字输入过滤器、背景时间、密码表、脉冲截取位和输出表等选项。

单击“浏览栏”上的“系统块”按钮，或者单击“指令树”内的“系统块”图标，可查看并编辑系统块。

系统块的信息须下载到可编程控制器，为 PLC 提供新的系统配置。

符号表、状态图表、交叉引用表在前面已经介绍过，这里不再介绍。

2. 梯形图程序的输入

1）建立项目

（1）打开已有的项目文件，常用的方法如下。

用菜单命令“文件”→“打开”，在“打开文件”对话框中，选择项目的路径及名称，单击“确定”按钮，打开现有项目。

在“文件”菜单底部列出最近工作过的项目名称，选择文件名，直接选择打开。

利用 Windows 资源管理器，选择扩展名为.mwp 的文件打开。

（2）创建新项目。

单击“新建”快捷按钮。

菜单命令“文件”→“新建”。

单击浏览条中的程序块图标，新建一个项目。

2）输入程序

打开项目后就可以进行编程，本书主要介绍梯形图的相关操作。

（1）输入指令。梯形图的元素主要有触点、线圈和指令盒，梯形图的每个网络必须从触点开始，以线圈或没有 ENO 输出的指令盒结束。线圈不允许串联使用。

要输入梯形图指令首先要进入梯形图编辑器：

打开“视图”→单击“梯形图（Ladder）”选项，接着在梯形图编辑器中输入指令。输入指令可以通过指令树、工具条按钮、快捷键等方法。

在指令树中选择需要的指令，拖放到需要位置。

将光标放在需要的位置，在指令树中双击需要的指令。

将光标放到需要的位置，单击工具栏指令按钮，打开一个通用指令窗口，选择需要的指令。

使用功能键：F4=触点，F6=线圈，F9=指令盒，打开一个通用指令窗口，选择需要的指令。

当编程元件图形出现在指定位置后，再单击编程元件符号的？？？，输入操作数。红色字样显示语法出错，当把不合法的地址或符号改变为合法值时，红色消失。若数值下面出现红色的波浪线，表示输入的操作数超出范围或与指令的类型不匹配。

（2）上下线的操作。将光标移到要合并的触点处，单击“上行线” ↑ 或“下行线” ↓ 按钮。

（3）输入程序注释。LAD 编辑器中共有四个注释级别：项目组件（程序）注释、网络标题、网络注释、项目组件属性。

项目组件（程序）注释：在“网络1”上方的灰色方框中单击，输入程序注释。

单击“切换程序注释” 按钮或者用菜单命令“视图”→“程序注释”选项，可在程序注释“打开”（可视）或“关闭”（隐藏）之间切换。

每条程序注释所允许使用的最大字符数为 4 096。可视时，始终位于程序顶端，并在第一个网络之前显示。

网络注释：将光标移到网络标号下方的灰色方框中，可以输入网络注释。网络注释可对网络的内容进行简单的说明，以便于程序的理解和阅读。网络注释中可允许使用的最大字符数为 4 096。

单击“切换网络注释” 按钮或者用菜单命令“视图”→“网络注释”选项，可在网络注释“打开”（可视）和“关闭”（隐藏）之间切换。

项目组件属性：用下面的方法存取“属性”标签。

用鼠标右键单击“指令树”中的程序 →“属性”。

鼠标右键单击程序编辑器窗口中的任何一个程序标签，并从弹出菜单中选择“属性 Properties”。

属性对话框如图 5-40 所示。

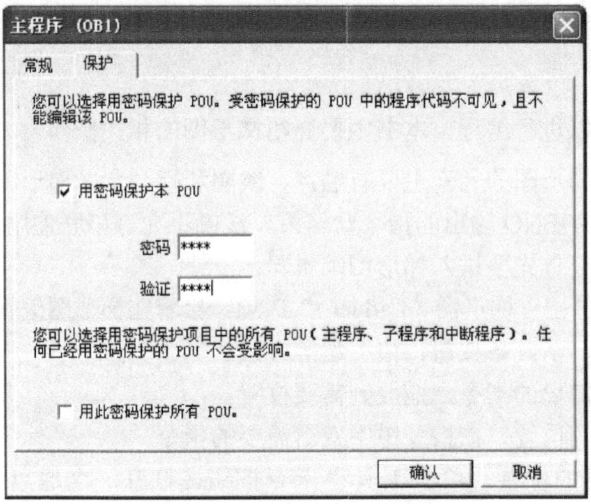

图 5-40　属性对话框“保护”标签

属性对话框中有两个标签：常规 General 和保护 Protection。选择“常规”可为子程序、中断程序和主程序块（MAIN OB1）重新编号和重新命名，并为项目指定一个作者。选择“保护”则可以选择一个密码保护程序，以便其他用户无法看到该程序，并在下载时加密。若用密码保护程序，则选择“用密码保护本 POU”复选框。输入一个四个字符的密码并核实该密码。

（4）程序的编辑。

剪切、复制、粘贴或删除多个网络：通过用 Shift 键+鼠标单击，可以选择多个相邻的网络，进行剪切、复制、粘贴或删除等操作。注意：不能选择部分网络，只能选择整个网络。

编辑单元格、指令、地址和网络：用光标选中需要进行编辑的单元，单击鼠标右键，弹出快捷菜单，可以进行插入或删除行、列、垂直线或水平线的操作。删除垂直线时把方框放在垂直线左边单元上，删除时选“行”或按“Del”键。进行插入编辑时，先将方框移至欲插入的位置，然后选“列”。

（5）程序的编译。程序经过编译后，方可下载到 PLC。编译的方法如下。

单击“编译”按钮或选择菜单命令“PLC”→“编译”（Compile），编译当前被激活的窗口中的程序块或数据块。

单击“全部编译”按钮或选择菜单命令“PLC”→“全部编译”（Compile All），编译全部项目元件（程序块、数据块和系统块）。使用“全部编译”命令，与哪一个窗口是活动窗口无关。

编译结束后，输出窗口显示编译结果。

3. 符号表操作

在符号表中符号赋值的方法如下。

（1）建立符号表：单击浏览条中的“符号表”按钮。符号表操作见图 5-41。

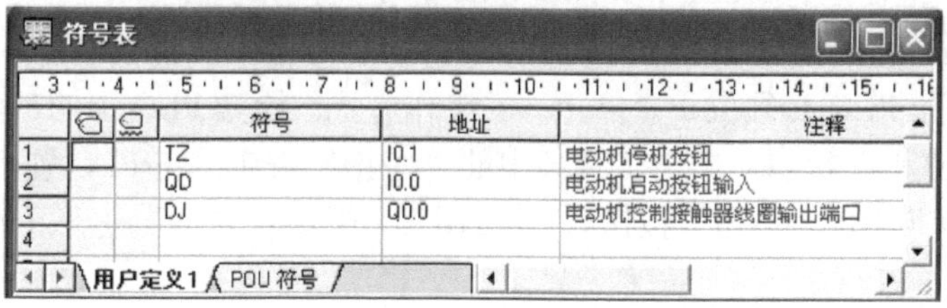

图 5-41　符号表操作

（2）在“符号 Symbol”列输入符号名（如 QD），最大符号长度为 23 个字符。注意：在给符号指定地址之前，该符号下有绿色波浪下画线。在给符号指定地址后，绿色波浪下画线自动消失。如果选择同时显示项目操作数的符号和地址，则较长的符号名在 LAD、FBD 和 STL 程序编辑器窗口中被一个波浪号（～）截断。可将鼠标放在被截断的名称上，在工具提示中查看全名。

（3）在“地址 Address”列中输入地址（例如：I0.0）。

（4）输入注释（此为可选项，最多允许 79 个字符）。

（5）符号表建立后，使用菜单命令“查看 View”→选中“符号寻址 Symbolic Addressing”，直接地址将转换成符号表中对应的符号名。并且可通过菜单命令“工具”→“选项”→“程序编辑器”标签→“符号寻址 Symbolic Addressing”选项，来选择操作数显示的形式。如选择“显示符号和地址 Display Symbol and Address”，则对应的梯形图如图 5-42 所示。

（6）使用菜单命令“视图 View”→“符号信息表 Symbol Information Table”，可选择符号表的显示与否。通过“视图 View”→“符号寻址 Symbolic Addressing”选项，可选择是否将直接地址转换成对应的符号名。

在 STEP 7-Micro/WIN 中，可以建立多个符号表（SIMATIC 编程模式）或多个全局变量表（IEC 1131-3 编程模式）。但不允许将相同的字符串多次用做全局符号赋值，在单个符号表中和几个表内均不得如此。

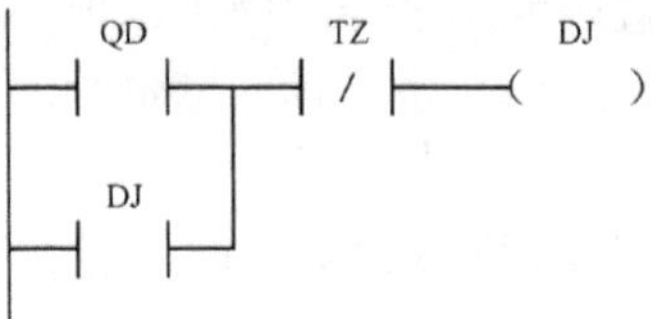

Symbol	Address	Comment
DJ	Q0.0	电动机控制接触器线圈接输出端口Q0.0
QD	I0.0	电动机启动按钮接输入I0.0
TZ	I0.1	电动机停止按钮接I0.1

图 5-42　带符号表的梯形图

4. 通信

按前述描述进行通信接口设置并完成通信。

5. 程序下载及上载

1）下载 Download

如果已经成功地在运行 STEP 7-Micro/WIN 的个人计算机和 PLC 之间建立了通信，就可以将编译好的程序下载至该 PLC。如果 PLC 中已经有内容，则将被覆盖。下载步骤如下。

（1）下载之前，PLC 必须位于“停止”的工作方式。检查 PLC 上的工作方式指示灯，如果 PLC 没有在“停止”状态，单击工具条中的“停止”按钮，将 PLC 置于停止方式。

（2）单击工具条中的“下载”按钮，或用菜单命令“文件”→“下载”，出现“下载”对话框。

（3）根据默认值，在初次发出下载命令时，“程序代码块”、“数据块”和“CPU 配置”（系统块）复选框都被选中。如果不需要下载某个块，可以清除该复选框。

（4）单击“确定”按钮，开始下载程序。如果下载成功，将出现一个确认框，会显示以下信息：下载成功。

下载成功后，单击工具条中的“运行”按钮，或用菜单命令“PLC”→“运行”，PLC 进入 RUN（运行）工作方式。

2）上载 Upload

用下面的方法从 PLC 将项目元件上载到 STEP 7-Micro/WIN 程序编辑器。

（1）单击“上载”按钮。

（2）选择菜单命令“文件”→“上载”。

（3）按快捷键“Ctrl+U”。

执行的步骤与下载基本相同，选择需要上载的块（程序块、数据块或系统块），单击“上载”按钮，上载的程序将从 PLC 复制到当前打开的项目中，随后即可保存上载的程序。

5.8.3　程序的调试与监控

在运行 STEP 7-Micro/WIN 编程设备和 PLC 之间建立通信并向 PLC 下载程序后，便可运行程序、程序状态进行监控和调试程序。

1．选择工作方式

PLC 有运行（RUN）和停止（STOP）两种工作方式。在不同的工作方式下，PLC 进行调试的操作方法不同。单击工具栏中的“运行”按钮 或“停止”按钮 ，可以进入相应的工作方式。

1）选择停止工作方式

在 STOP（停止）工作方式中，可以创建和编辑程序，PLC 处于半空闲状态：停止用户程序执行；执行输入更新；用户中断条件被禁用。PLC 操作系统继续监控 PLC，将状态数据传递给 STEP 7-Micro/WIN，并执行所有的“强制”或“取消强制”命令。

2）选择运行工作方式

当 PLC 位于 RUN（运行）工作方式时，不能使用“首次扫描”或“多次扫描”功能。可以在状态图表中写入和强制数值，或使用 LAD 或 FBD 程序编辑器强制数值，方法与在 STOP（停止）工作方式中强制数值相同。

2．程序状态显示

当程序下载至 PLC 后，可以用“程序状态”功能操作和测试程序网络。

在程序编辑器窗口，显示希望测试的程序部分和网络。

PLC 置于 RUN 工作方式，启动程序状态监控改动 PLC 数据值。方法如下。

单击“程序状态打开 / 关闭”按钮 或用菜单命令“调试”→“开始程序状态监控”，在梯形图中显示出各元件的状态。在进入“程序状态监控”的梯形图中，用彩色块表示位操作数的线圈得电或触点闭合状态。例如，表示触点闭合状态，表示位操作数的线圈得电。运行中的梯形图内的各元件的状态将随程序执行过程连续更新变换。

图 5-43 所示是状态显示与进程模拟，触点和线圈都显示当前的状态值，输出线圈 Q0.1 输出为 ON。

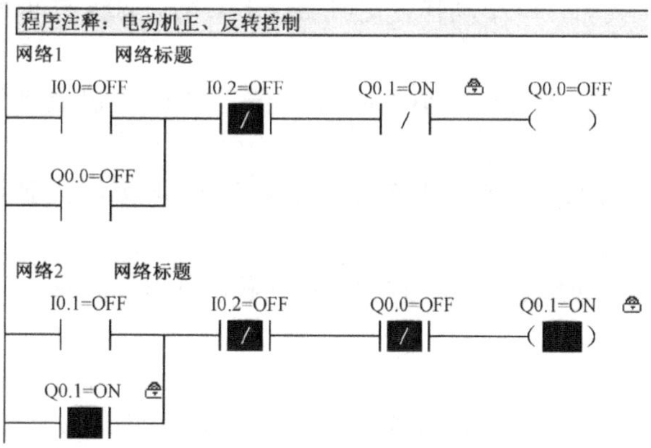

图 5-43　状态显示与进程模拟

项目实施：PLC 控制小车运行设计与安装调试

1．控制要求

小车运行要求如项目描述所示，要求用 PLC 控制实现送料小车自动往返顺序控制，具有程序设计简易、方便，可靠性高等特点。

控制要求如下。

送料小车在左端（由行程开关 SQ1 限位）装料，右端（由行程开关 SQ2 限位）卸料。行程开关 SQ3 和 SQ4 是极限位置开关。

小车在处于 SQ1 与 SQ2 之间任何位置时，可以按下按钮 SB3 让小车停止，按下 SB1 小车向左运动，按下 SB2 小车向右运动。

送料小车启动后先向左行，到左端停下装料；30 s 后装料结束，开始右行，到右端停下卸料；20 s 后卸料完毕，又开始左行。如此自动往复循环，直到按下停止按钮。

2. 系统硬件设计

送料小车自动往返 PLC 控制系统的硬件设计包括设计系统的主电路、系统 I/O 元件分配表和控制电路接线图。

系统共有四个输入点：按钮三个，左行按钮 SB2，右行按钮 SB1，停机按钮 SB3；行程开关两个，左位行程开关 SQ1，右位行程开关 SQ2。

共有两个输出点：右行接触器 KM1，左行接触器 KM2。

KM1 和 KM2 触点互锁，左右极限位置有行程开关进行限位。当右行到达 SQ4 时，行程开关 SQ4 断开，右行接触器 KM1 断电。当左行到达 SQ3 时，行程开关 SQ3 断开，左行接触器 KM2 断电。FR1 是热继电器保护。

设计的主电路图如图 5-1（b）所示，控制电路如图 5-2 所示。

3. 控制程序

根据控制要求设计的小车控制程序见图 5-44。

当小车到达装料位置时，SQ1 动作，定时器 T37 计时，30 s 时间到，定时器常开触点闭合，小车自动右行。

当下车达到卸料位置时，SQ2 动作，定时器 T38 计时，20 s 时间到，定时器常开触点闭合，小车自动左行。

按下右行按钮或装料时间到，小车右行。按下停止按钮或到达卸料位置时，小车停止。

按下左行按钮或卸料时间到，小车左行。按下停止按钮或到达装料位置时，小车停止。

控制小车左行和右行的接触器进行软触点互锁和硬件触点互锁。

4. 安装与调试

（1）连接控制电路。输入端口按钮所需的直流 24 V 电源可由 PLC 提供。

（2）连接主控制电路。如果没有小车模块，可以用 LED 灯代替小车左行和右行的接触器 KM1 和 KM2 进行模拟运行。

（3）连接 PLC 与计算机的通信电缆。启动 PLC 编程软件 STEP 7-Micro/WIN，单击“通信”图标，建立通信连接。

（4）按图 5-44 所示编辑梯形图，使用符号表对端口定义。编译，下载到 PLC，运行程序。

网络1　网络标题

到达装料位置开始计时，30s时间到，定时器T37触点闭合。

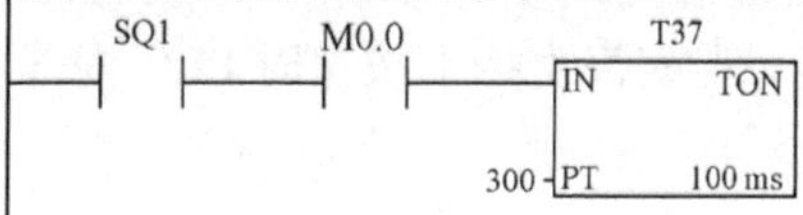

符号	地址	注释
SQ.1	I0.1	装料位置

网络2　网络标题

到达卸料位置开始计时，20s时间到，定时器T38触点闭合。

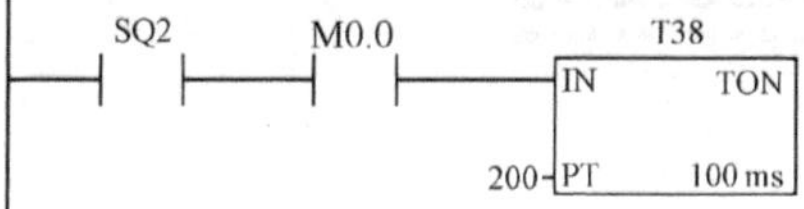

符号	地址	注释
SQ2	I0.3	卸料位置

网络3

右行控制：装料时间到或按下右行按钮，启动小车右行；
到达右边卸料位置或按下停车按钮，停机。

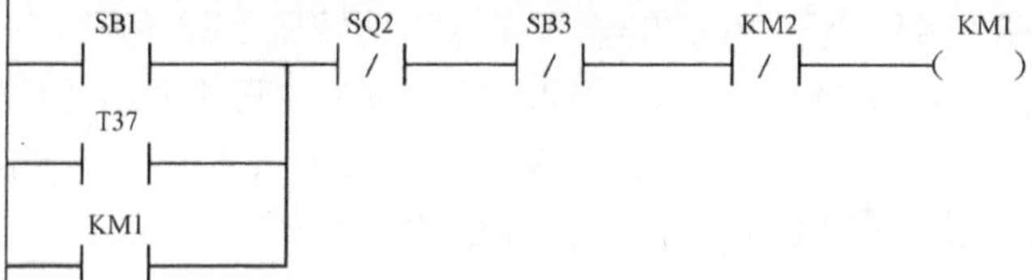

符号	地址	注释
KM1	Q0.0	右行接触器
KM2	Q0.1	左行接触器
SB1	I0.2	右行按钮
SB3	I0.4	停机按钮
SQ2	I0.3	卸料位置

网络4

左行控制：卸料时间到或按下左行按钮，启动小车左行；
到达左边装料位置或按下停车按钮，停机。

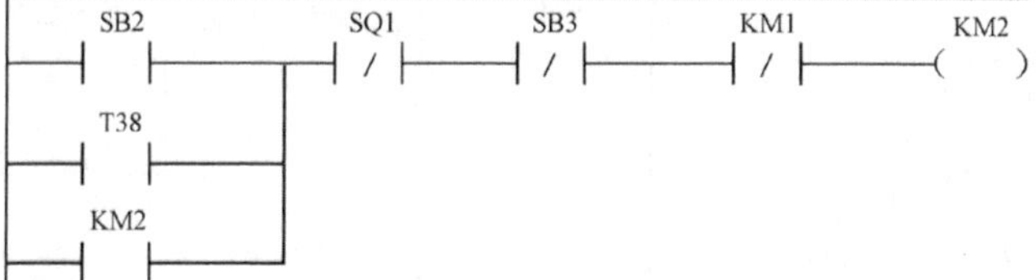

符号	地址	注释
KM2	Q0.0	左行接触器
KM2	Q0.1	左行接触器
SB2	I0.0	左行按钮
SB3	I0.4	停机按钮
SQ1	I0.1	装料位置

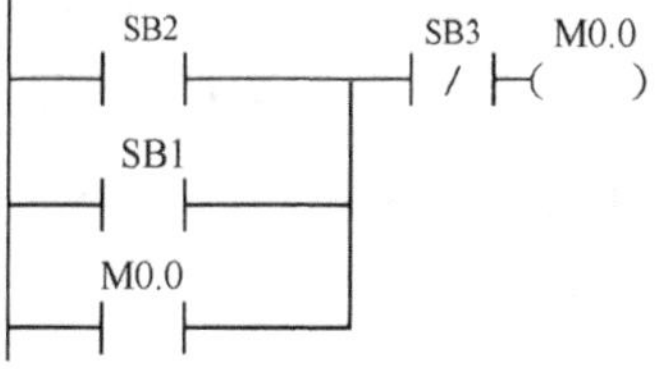

图 5-44　小车控制程序

（5）按控制要求，按下按钮 SB1，观察电动机运行情况；按下按钮 SB2，观察电动机运行情况；按下按钮 SB3，观察电动机运行情况。

（6）应用编程软件的在线监控功能，观察每次按下按钮时 PLC 内部各触点和线圈的值的变化情况。

知识拓展：电动机基本控制环节的 PLC 控制

5.9 PLC 控制电动机 Y-△启动运行

1. 硬件电路设计

主电路见图 5-45（a），当按下启动按钮 SB2 时，电动机在星形连接启动，KM 和 KMY 闭合，延时 10 s 后，断开星形连接控制接触器 KMY，接通三角形连接接触器 KM△，电动机进入正常运行状态。

当按下停止按钮 SB1 时，接触器 KM、KM△同时停止，电动机停转。

PLC 接线图见图 5-45（b），PLC 的输入端接启动按钮 SB2 和停止按钮 SB1，输出端接电动机控制主电源接触器 KM、星形启动接触器 KMY、三角形运行接触器 KM△。KMY 和 KM△不能同时闭合，用常闭触点进行互锁，保证其中只有一个能闭合。热继电器常闭触点串联接在主接触器 KM 的线圈上，减少了 PLC 的输入端口。

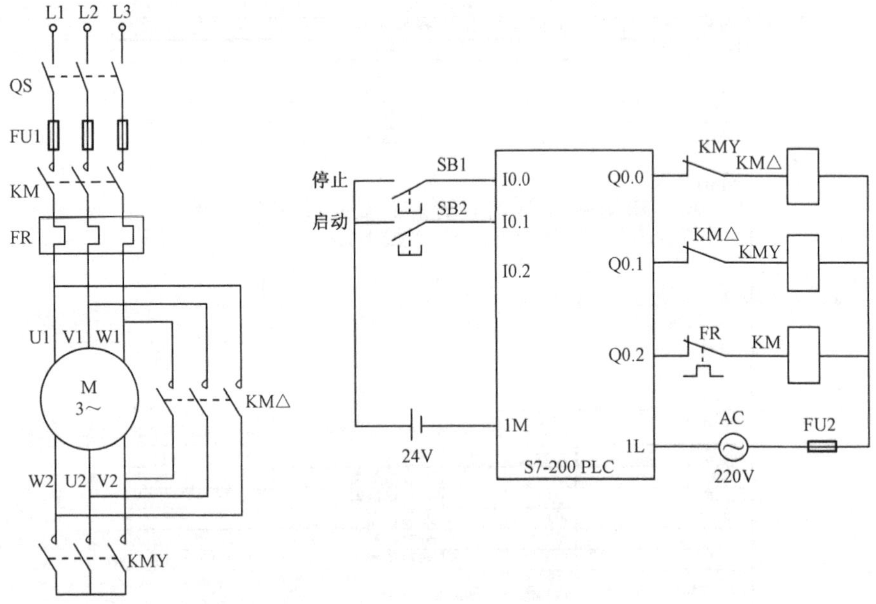

（a）主电路　　（b）PLC接线图

图 5-45　Y-△启动硬件电路图

2. 控制程序设计

电动机的 Y-△启动运行 PLC 控制程序见图 5-46。

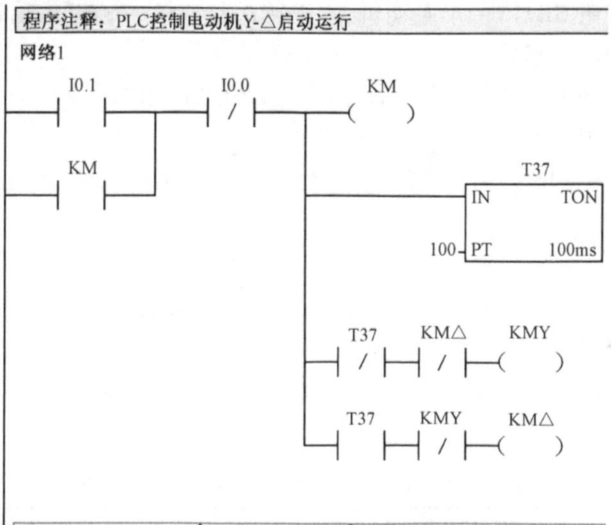

符号	地址	注释
KM	Q0.2	主控制接触器线圈
KMY	Q0.1	星形连接接触器线圈
KM△	Q0.0	三角形连接接触器线圈

图 5-46　电动机 Y-△启动运行 PLC 控制程序

（1）启动过程：按下接在 I0.1 端口的启动按钮 SB2，输出线圈 KM 得电并自锁，主接触器 KM 的触点闭合；同时定时器 T37 开始计时，能流经过 T37 的常闭触点，线圈 KMY 得电，星形连接接触器 KMY 的触点闭合，电动机实现星形启动。

（2）运行过程：当 T37 计时到 10 s 时，T37 的常闭触点断开，常开触点闭合，线圈 KMY 失电，线圈 KM△得电，星形连接接触器 KMY 断开，三角形连接接触器 KM△闭合，电动机切换到正常运行状态。

（3）停止：按下接在 I0.0 端口的停止按钮 SB1，线圈 KM、KM△同时失电，电动机停止运行。

5.10　送料小车三点往返运行 PLC 控制

1. 控制要求

图 5-47 所示为某送料小车三点自动往返控制示意图，其一个工作周期的控制工艺要求如下。

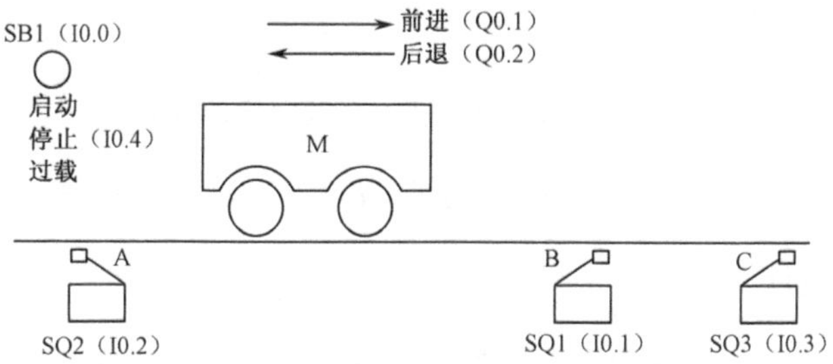

图 5-47　送料小车三点自动往返控制示意图

（1）按下启动按钮 SB1，台车电动机 M 正转，台车从 A 点开始前进碰到限位开关 SQ1 后，台车电动机反转，台车后退。

（2）台车后退碰到限位开关 SQ2 后，台车电动机 M 停转，停 5 s。第二次前进，碰到限位开关 SQ3，再次后退。

（3）当后退再次碰到限位开关 SQ2 时，台车停止。延时 5 s 后重复上述动作。

2．系统的硬件设计

（1）设计主电路。主电路仍然是电气控制的正反转主电路，由 KM1 控制电动机正转往前，KM2 控制电动机反转往后。

（2）设计输入/输出分配，编写元件 I/O 分配表，并画出 PLC 接线图。I/O 分配表如表 5-11 所示，硬件电路图如图 5-48 所示。

表 5-11　送料小车三点往返运行 I/O 分配表

输入信号			输出信号		
名　称	功　能	编　号	名　称	功　能	编　号
SB1	启动	I0.0	KM1	正转	Q0.1
SQ1	B 位置开关	I0.1	KM2	反转	Q0.2
SQ2	A 限位开关	I0.2			
SQ3	C 位置开关	I0.3			
SB2、FR	停止、过载	I0.4			

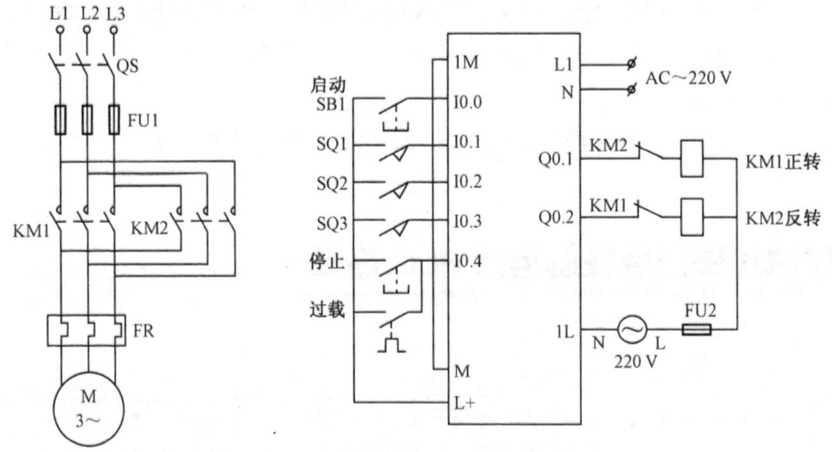

（a）主电路　　（b）PLC接线图

图 5-48　送料小车三点往返运行硬件电路图

由于停止和过载保护控制过程相同，为了节省输入点，可以采用控制同一个输入点 I0.4。

3．系统的软件设计

根据小车运行要求，设计的梯形图如图 5-49 所示。按下启动按钮 SB1，I0.0 闭合，Q0.1 得电自锁，KM1 得电，电动机 M 正转带动小车前进，运行至 SQ1 处，I0.1 动作，Q0.1 失电，

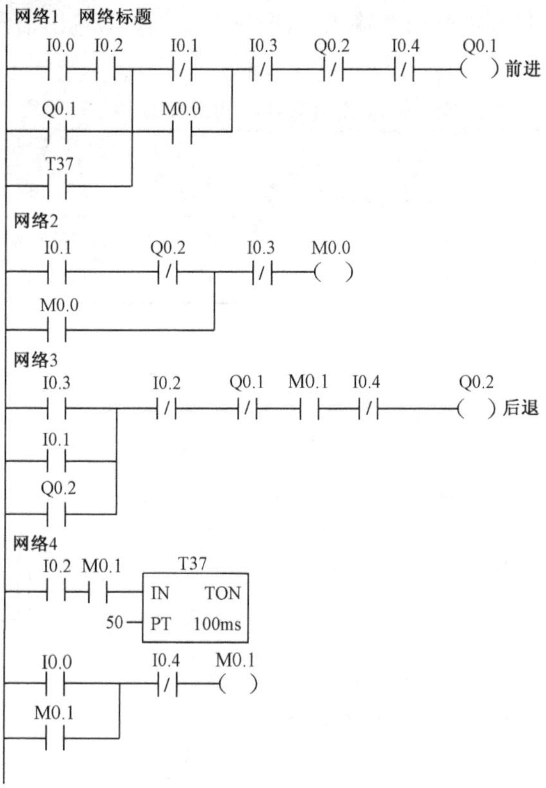

图 5-49　送料小车三点自动往返梯形图

M0.0 和 Q0.2 得电，小车停止前进，KM2 得电，小车后退至 SQ2，I0.2 动作，Q0.2 失电，KM2 失电，定时器 T37 延时 5 s 动作，Q0.1 动作，小车前进，由于 M0.0 动作，因此 I0.1 常闭点被短接，小车运行至 SQ1 处，Q0.1 不失电，小车不停止，小车运行至 SQ3 处，I0.3 动作，Q0.1 失电，Q0.2 得电，M 停止前进，接通后退回路，同时 M0.0 复位，小车后退至 SQ2 处，I0.2 动作，Q0.2 失电，小车停止后退，接通 T37 延时 5 s 动作，小车又开始前进，重复前面的动作。

5.11　两台电动机顺序启停 PLC 控制系统

1. 控制要求

两台电动机相互协调运转，其动作要求是：M1 运转 10 s，停止 5 s，M2 与 M1 相反，即 M1 运行，M2 停止；M2 运行，M1 停止，如此反复动作三次，M1、M2 均停止。动作示意图如图 5-50 所示。

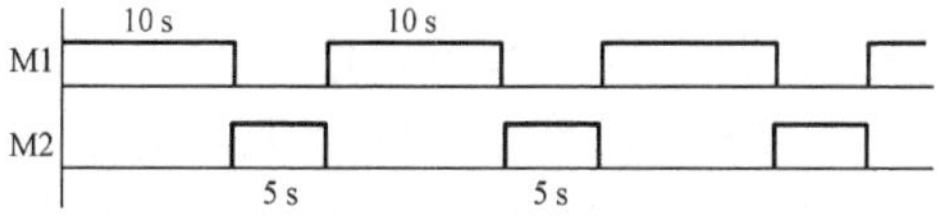

图 5-50　两台电动机顺序启停动作示意图

2. 系统硬件设计

两台电动机的主电路都是电动机单向启动运行电路，设 M1 由 KM1 控制，M2 由 KM2

控制，电路图略。该控制系统有两个输入，两个输出，输入/输出信号与 PLC 地址编号对照表如表 5-12 所示。

表 5-12　输入/输出信号与 PLC 地址编号对照表

输入信号			输出信号		
名　称	功　能	输入继电器编号	名　称	功　能	输出继电器编号
SB1	启动按钮	I0.0	KM1	控制 M1 接触器	Q0.0
SB2	停止按钮	I0.2	KM2	控制 M2 接触器	Q0.1

3. 系统软件设计

设计的梯形图如图 5-51 所示。

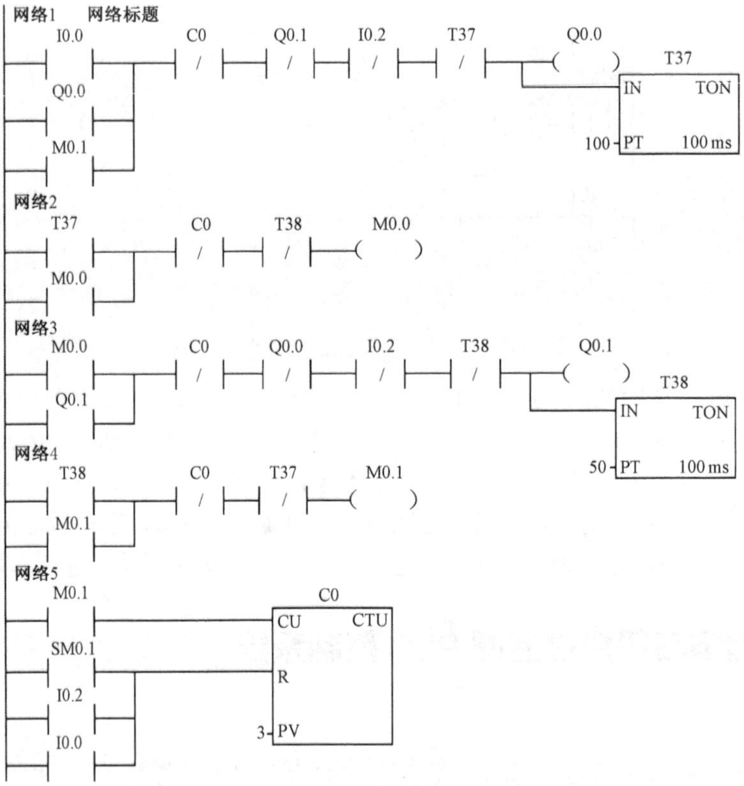

图 5-51　两台电动机顺序启停梯形图

按下启动按钮 SB1，I0.0 动作，Q0.0 动作自锁，驱动 KM1 得电，控制电动机 M1 启动运行，同时 T37 定时 10 s；定时时间到，T37 动作，Q0.0 失电，KM1 断开，M1 停车，M0.0、Q0.1 动作，驱动 KM2 动作，电动机 M2 启动，同时 T38 定时 5 s；5 s 时间到，T38 动作切断 Q0.1，接通 Q0.0，使 KM2 失电，电动机 M2 停车，又驱动 KM1 得电，电动机 M1 启动，计数器计数一次。以上过程重复三次，计数器计数三次，C0 动作，切断电动机回路，M1、M2 停车。

知识梳理与总结

小车往返运动控制广泛地应用于工业生产设备中，通过本项目训练可以学习和掌握基本机械运动的控制规律和方法。在小车自动往返运动 PLC 控制系统的设计、安装与调试过程中，介绍了 PLC 的组成及工作过程，PLC 的输入/输出接口电路、编程器、扩展功能模块，PLC 的内部元器件、程序设计语言、基本指令应用与编程技巧，以及西门子 PLC 的识别与应用、编程软件的运用、PLC 控制程序的调试与监控，最后介绍电动机基本控制环节的 PLC 控制方法等，为常用机械设备的电气控制系统设计、调试打好基础。

练习与思考题 5

5-1 可编程控制器的基本组成有哪些？

5-2 画出 PLC 的输入接口电路和输出接口电路，说明它们各有何特点。

5-3 PLC 的工作原理是什么？工作过程分哪几个阶段？

5-4 PLC 的工作方式有几种？如何改变 PLC 的工作方式？

5-5 可编程控制器有哪些主要特点？

5-6 与一般的计算机控制系统相比可编程控制器有哪些优点？

5-7 与继电器控制系统相比可编程控制器有哪些优点？

5-8 可编程控制器可以用在哪些领域？

5-9 系列 PLC 有哪些编址方式？

5-10 S7-200 系列 CPU 226 PLC 有哪些寻址方式？

5-11 S7-200 系列 PLC 的结构是什么？

5-12 CPU 226 PLC 有哪几种工作方式？

5-13 西门子 PLC 的扩展模块有哪几类？它们的具体作用是什么？

5-14 CPU 226 PLC 有哪些元件？它们的作用是什么？

5-15 利用 PLC 实现 8 个指示灯从左到右循环依次闪亮的控制程序，每个指示灯闪亮时间为 0.5 s。设指示灯从左到右由 Q0.7～Q0.0 来控制。

5-16 有两台三相异步电动机 M1 和 M2，要求：M1（Q0.0）启动后，M2（Q0.1）才能启动，M1 停止后，M2 延时 30 s 后才能停止。启动按钮 I0.0，停止按钮 I0.1。

5-17 设计一个对鼓风机与引风机控制的电路程序。要求：(1) 开机时首先启动引风机，引风机指示灯亮，10 s 后自动启动鼓风机，鼓风机指示灯亮；(2) 停机时同时停止。设开机输入信号由 I0.0 实现，关机由 I0.1 实现。鼓风机启动控制和指示控制由 Q0.1 和 Q0.2 实现，引风机启动控制与指示灯控制由 Q0.3 和 Q0.4 实现。

5-18 电动机启停控制加点动控制。

输入：启动按钮 I0.0，停止按钮 I0.1，点动按钮 I0.3，输出 Q0.0。

5-19 设计电动机两地正反点动 PLC 控制系统。正转点动 I0.3，反转点动 I0.4。正转输出 Q0.0，反转输出 Q0.1。正反转输出要求互锁。

5-20 有三台电动机，能够同时停止，启动时先启动 Q0.0 和 Q0.1，5 s 后再启动 Q0.2。

输入：启动按钮 I0.0，停车按钮 I0.1。

输出：三台电动机的接触器 Q0.0、Q0.1、Q0.2。

5-21 观察距离你所在地最近的一处路口交通灯，用 PLC 实现交通控制功能。

项目6 工业机械手运动的PLC控制

教学导航

教	建议课时	18
	推荐教学方法	1. 理论实践一体化教学； 2. 以工业机械手的运动控制为项目，引导学生学习相关知识
	重　　点	1. 顺序控制功能图的编程思路； 2. 顺序控制功能图与梯形图、语句表的转换； 3. 顺序控制功能图的编程及应用
	难　　点	顺序控制功能图的编程及应用
学	推荐学习方法	1. 以小组为单位，模拟车间班组，每位小组成员扮演工艺员、质检员、安全员、操作员等不同角色完成项目； 2. 边学边做，小组讨论
	学习目标	1. 掌握顺序控制继电器指令； 2. 掌握单序列、选择序列、并行序列顺序功能图编程思想及应用； 3. 会分析使用顺序控制功能图编写的程序； 4. 会利用顺序控制功能图进行顺序控制系统的设计与安装，能熟练输入程序并调试

项目描述

6.1　简易机械手的工作过程与控制

工业机械手是一种能模仿人手动作，能在三维空间完成各种作业，按给定的程序或要求自动地完成对象传送或操作，并具有可改变的和反复编程的机电一体化自动化机械装置，特别适合于多品种、变批量的柔性生产。

现在的机械手不仅用于工业，还用于农业、医学、航天等领域。机械手是柔性生产线的主要设备之一。由于柔性自动化生产线在实际现场的广泛应用，各学校的自动化专业也纷纷建设了自动化生产模块化教学系统，用于教学与职业技能培训。

图6-1所示是注塑机机械手，图6-2所示是简易机械手工作示意图。

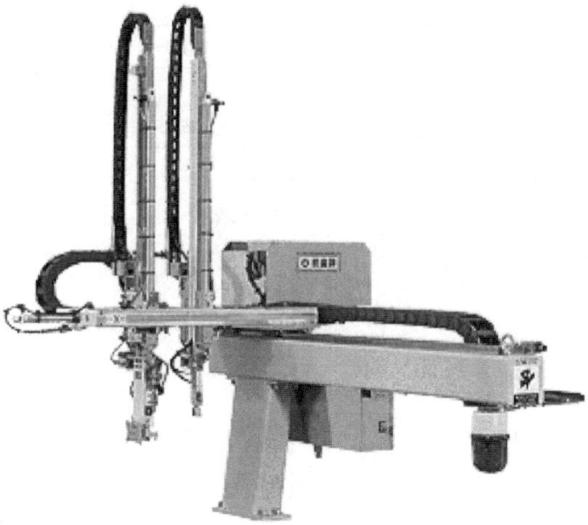

图6-1　注塑机机械手

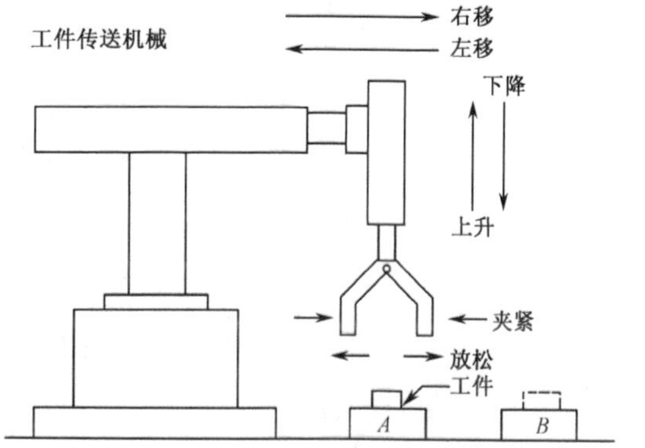

图6-2　简易机械手工作示意图

图6-2中工件传送简易机械手的动作为：机械手将工件从A点向B点移送。机械手的上升、下降与左移、右移都是由双线圈两位电磁阀驱动汽缸来实现的。抓手对物件的松开、夹紧是由一个单线圈两位电磁阀驱动汽缸完成的，只有电磁阀通电时抓手才能夹紧。机械手工作原点在左上方，按下降、夹紧、上升、右移、下降、松开、上升、左移的顺序依次进行。系统可具有手动、自动等几种方式。

显然，机械手的工作过程可以按下降、夹紧、上升、右移、下降、松开、上升、左移划分为很明显的若干个阶段，每个不同的阶段具有不同的动作，具有这样特征的系统称为顺序控制系统。通过前面的学习，知道用基本逻辑指令能够实现顺序控制，但像机械手这种复杂的顺序控制，用基本逻辑指令去完成，会使梯形图比较复杂，相互间的联锁控制也很烦琐，程序不直观，可读性差。图6-3（a）所示是机械手自动方式控制下的工作示意图，图6-3（b）所示是流程图。

在本项目的学习中，将使用顺序控制功能图和顺序控制指令来实现工业机械手程序的设计。顺序功能图具有直观、简单的特点，是设计PLC顺序控制程序的一种有力工具。图6-4所示是用顺序功能图（或称状态转移图）设计的机械手自动工作方式控制程序。要完成本项目，必须学习顺序功能图的编写方法，状态器的使用，顺序控制功能图与梯形图的转换，顺序控制指令及顺序功能图对应的指令表。

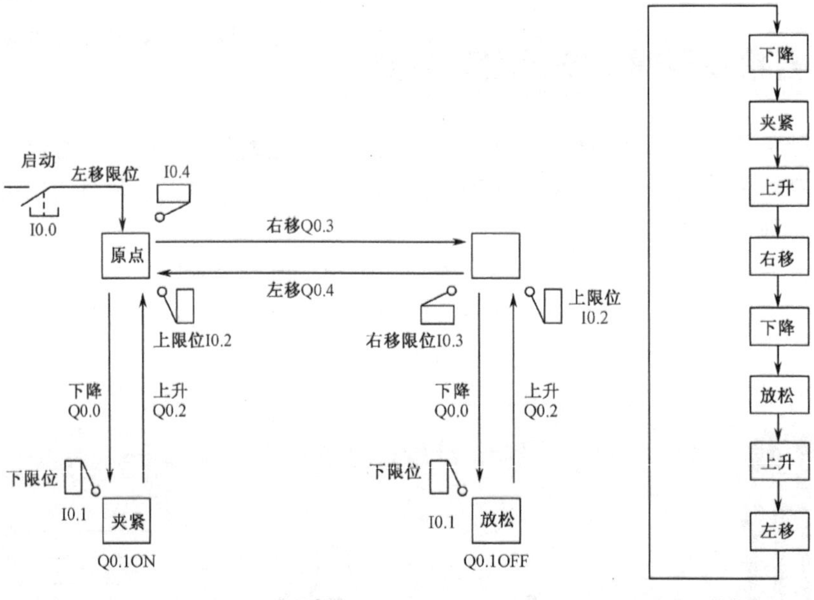

（a）工作示意图　　（b）流程图

图 6-3　工件传送简易机械手自动方式控制流程图

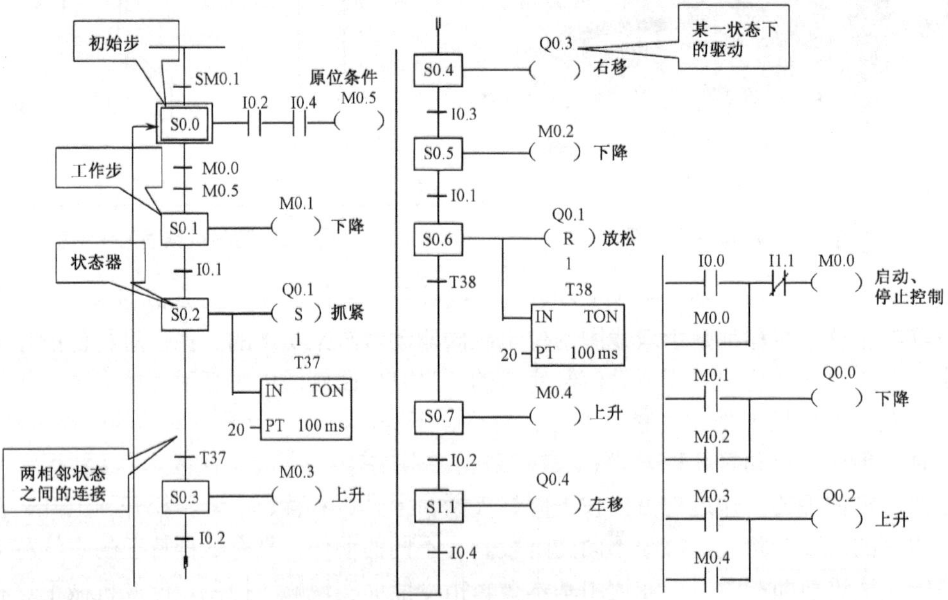

图 6-4　机械手自动工作方式控制程序

相关知识

6.2　顺序功能图（SFC）

顺序功能图是 S7-200 系列 PLC 重要的编程语言，主要用于设计具有明显阶段性工作顺序的系统。假如将一个控制过程分为若干工序（或阶段），在顺序功能图的设计方法中可将这些工序称为状态，则状态与状态之间由转换条件分隔，相邻的状态具有不同的动作形式。

以小车自动往返控制系统为例，以下是工作流程图和顺序控制功能图的转化。运料小车在 *A*、*B* 两点间自动往返控制的流程可用图 6-5（a）来描述，将图中的文字说明用 PLC 的状态元件来表示就得到了送料小车自动往返控制的顺序功能图，见图 6-5（b）。从图中可以看出，顺序功能图设计的小车自动往返程序比用基本指令设计的梯形图更直观、易懂。

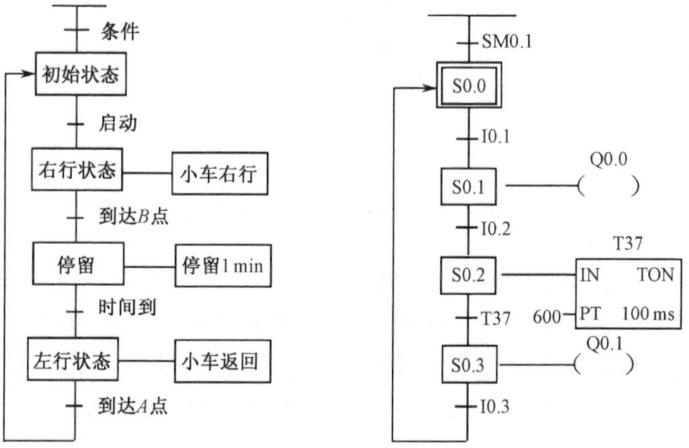

（a）送料小车工作顺序图　　（b）用顺序功能图表示小车工作过程

图 6-5　顺序功能图在顺序控制系统中的应用

在 PLC 中，每个状态用状态软元件——状态继电器 S 表示。S7-200 PLC 的状态继电器编号为 S0.0～S31.7。

6.3　顺序控制指令

将顺序控制功能图转化为梯形图时，由顺序控制指令将程序划分为若干个段，一个段对应一步。顺序控制编程的指令有：

LSCR S_bit：装载顺序控制继电器指令（Load Sequence Control Relay），用来表示一个 SCR（顺序功能图中的步）的开始。指令中的操作数 S_bit 为顺序控制继电器的地址，顺序控制继电器状态为 1 时，执行对应的 SCR 段中的程序，反之则不执行。在梯形图中，SCR 指令直接连接到左侧母线上，用方框表示。

SCRT S_bit：顺序控制继电器转换指令（Sequence Control Relay Transition），用来表示 SCR 段之间的转换，即活动状态的转换。当 SCRT 线圈“通电”时，SCRT 指令中指定的顺序功能图中的后续步对应的顺序控制继电器变为状态 1，同时当前活动步对应的顺序控制继电器被系统复位为状态 0，变为非活动步。

SCRE：顺序控制继电器结束（Sequence Control Relay End）指令，用来表示 SCR 段的结束。

图 6-5（b）中 S0.1 这一步的梯形图及指令表如图 6-6 所示。

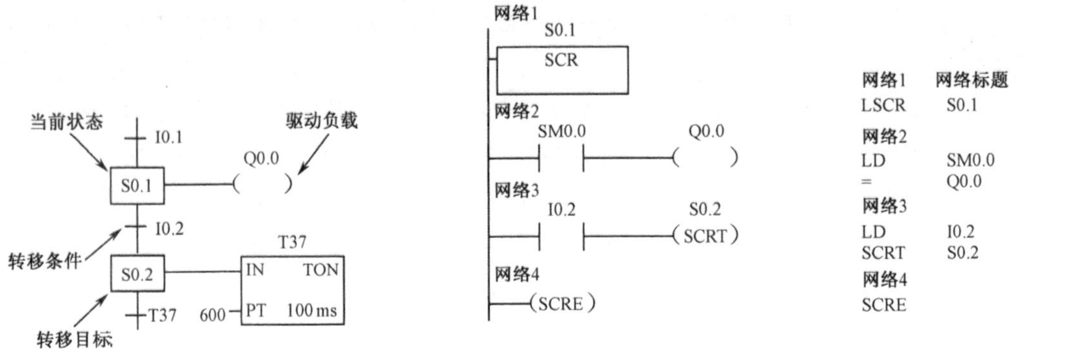

（a） 状态图　（b） S0.1状态对应的梯形图　（c） S0.1状态对应的语句表

图 6-6　顺序控制功能图与梯形图及指令表的转换

从图中可以看出，每个状态程序段（SCR 段）都由三个要素构成：

（1）驱动有关负载，即在本状态下做什么。如图 6-6 所示，在 S0.1 状态下，驱动 Q0.0；在 S0.2 状态下，驱动定时器 T37。状态后的驱动可以使用=指令，也可使用 S 置位指令，区别是使用=指令时驱动的负载在本状态关闭后自动关闭，而使用 S 指令驱动的输出可以保持，直到在程序的其他位置使用了 R 指令使其复位。在顺序控制功能图中适当地使用 S 指令，可以简化某些状态的输出。如在机械手控制过程中，在机械手的抓手抓住工件后，一直都必须保持电磁阀通电，直到把工件放下。因此在抓取工件的这个状态最好使用 S 指令，而在放下工件时使用 R 指令。

（2）指定转移条件。在顺序功能图中相邻的两个状态之间实现转移必须满足一定的条件。如图 6-6 所示，当 I0.2 接通时，系统从 S0.1 转移到 S0.2。

（3）转移方向（目标），即置位下一个状态。如图 6-6 所示，当 I0.2 动作时，如果原来处于 S0.1 这个状态，则程序将从 S0.1 转移到 S0.2。

使用顺序控制功能图编程的注意事项如下。

（1）不用在步进顺序控制程序中时，状态器 S 可作为普通辅助继电器 M 一样在程序中使用。但各状态继电器的常开和常闭接点在梯形图中可以自由使用，次数不限。

（2）不能在不同的程序中使用相同的 S 位。

（3）不能在程序中出现双线圈。

（4）不能在 SCR 段之间使用 JMP 及 LBL 指令，即不允许用跳转的方法跳入或跳出 SCR 段。

（5）不能在 SCR 段中使用 FOR、NEXT 和 END 指令。

（6）当将顺序控制功能图转换成梯形图时，线圈不能直接和母线相连，一般在前面加上 SM0.0 的常开触点。

使用顺序控制功能图编程有三种形式，即单序列的编程方法、选择序列的编程方法、并行序列的编程方法，以下依次介绍。

6.4　顺序功能图的形式

6.4.1　单序列的编程方法

程序只有一个流动路径而没有程序分支的称为单流程。一个顺序功能图一般设定一个初始状态。初始状态的编程要特别注意，在最开始运行时，初始状态必须用其他方法预先驱动，使其处于工作状态。如在图 6-5 中，初始状态在系统最开始工作时是由 PLC 从停止→启动运行切换瞬间使特殊辅助继电器 SM0.1 接通，从而使状态器 S0.0 被激活。初始状态器在程序中起一个等待作用。在初始状态，系统可能什么都不做，也可能复位某些器件，或提供系统的某些指示，如原位指示、电源指示等。

图 6-7 和图 6-8 所示是某小车运动的示意图、顺序功能图与梯形图。设小车在初始位置时停在左边，限位开关 I0.2 为 1 状态。按下启动按钮 I0.0 后，小车向右运动（简称右行），碰到限位开关使 I0.1 动作后，小车停在该处，3 s 后开始左行，碰到 I0.2 后返回初始位置，停止运动。根据 Q0.0 和 Q0.1 状态的变化，可以将一个工作周期分为左行、暂停和右行三步，另外还应设置等待启动的初始步，分别用 S0.0～S0.3 来代表这四步。启动按钮 I0.0 和限位开关的常开触点、T37 延时接通的常开触点是各步之间的转换条件。

在设计梯形图时，用 LSCR（梯形图中为 SCR）和 SCRE 指令表示 SCR 段的开始和结束。

在 SCR 段中用 SM0.0 的常开触点来驱动在该步中应为 1 状态的输出点（Q）的线圈，并用转换条件对应的触点或电路来驱动转换到后续步的 SCRT 指令。

系统工作原理如下。

首次扫描时 SM0.1 的常开触点接通一个扫描周期，使顺序控制继电器 S0.0 置位，初始步变为活动步，只执行 S0.0 对应的 SCR 段。如果小车在最左边，I0.2 为 1 状态，此时按下启动按钮 I0.0，使 S0.1 变为 1 状态，S0.0 变为 0 状态，系统从初始步转换到右行步，执行 S0.1 对应的 SCR 段。在该段中，SM0.0 的常开触点闭合，Q0.0 的线圈得电，小车右行。在操作系统没有执行 S0.1 对应的 SCR 段时，Q0.0 的线圈不会通电。

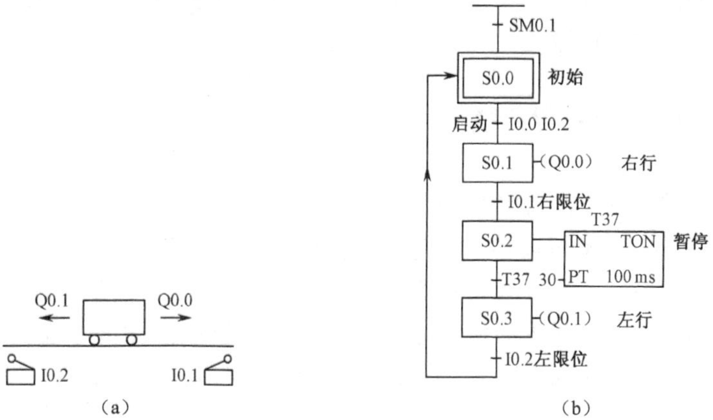

图 6-7　某小车运动示意图、顺序功能图

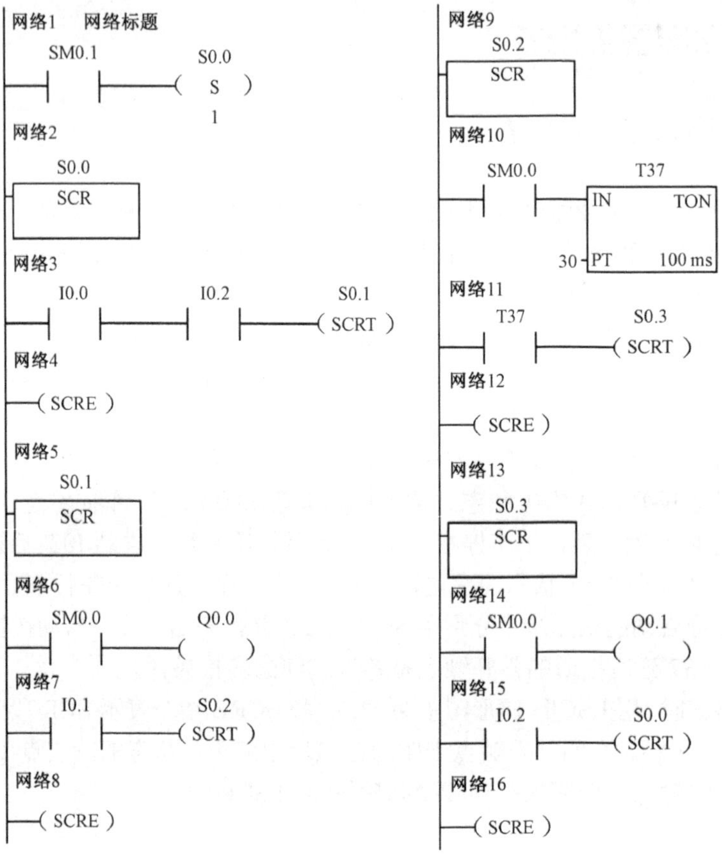

图 6-8　某小车运动梯形图

右行碰到右限位开关时，I0.1 的常开触点闭合，将实现右行步 S0.1 到暂停步 S0.2 的转换。定时器 T37 用来使暂停步持续 3 s。延时时间到时，T37 的常开触点接通，使系统由暂停步转换到左行步 S0.3，直到返回初始步。

在顺序功能图的一个单流程中，一次只有一个状态被激活（为活动步），被激活的状态有自动关闭前一个状态的功能。

6.4.2　选择序列的编程方法

在电动机正反转控制中，当按下正转启动按钮时，KM1 得电，电动机正转；按下反转启动按钮时，KM2 得电，电动机反转。将正反转启动按钮作为条件，电动机正转和反转作为状态，则这种在不同的条件（且每次只能满足一个条件）下进入不同状态的情况，可以用选择性分支程序来实现。如图 6-9 所示是具有两条选择序列的分支与汇合的顺序功能图和对应的梯形图。在编写选择序列的梯形图时，一般从左到右，且每一条分支的编程方法和单流程的编程方法一样。

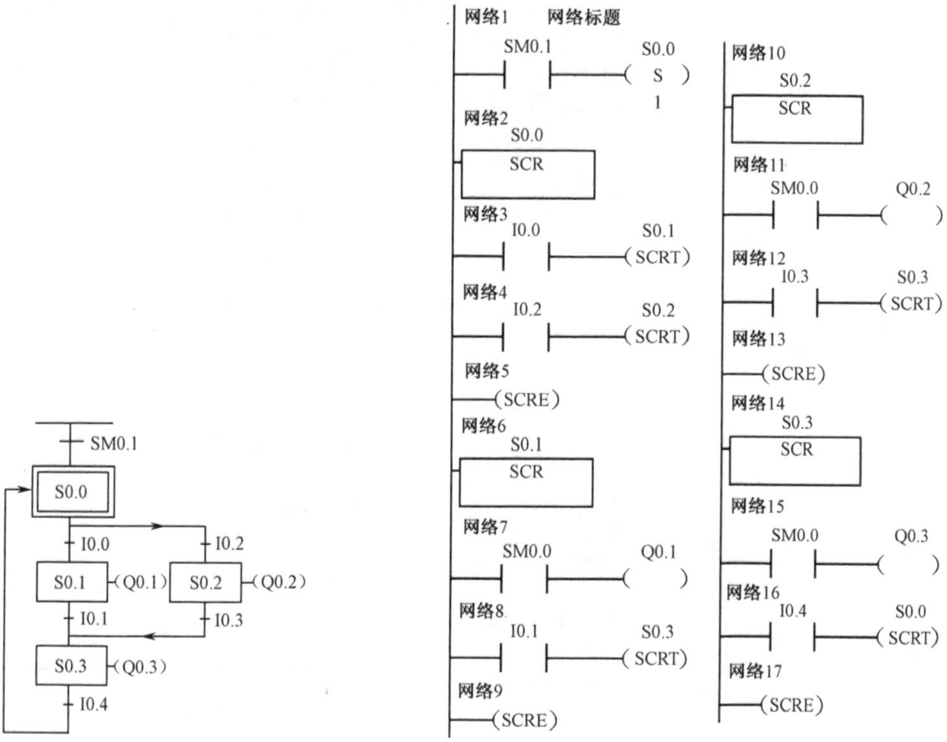

（a）顺序功能图　　（b）梯形图

图 6-9　选择序列顺序功能图和梯形图

6.4.3　并行序列的编程方法

当条件满足后，程序同时转移到多个分支程序执行多个流程的情况，称为并行序列程序。

如图 6-10 所示是并行序列分支与汇合的顺序功能图及梯形图。当 I0.0 接通时，状态转移使 S0.1、S0.3 同时置位，两个分支同时运行，只有在 S0.2、S0.4 两个状态都运行结束，且 I0.3 接通时，才能返回 S0.0，并使 S0.2、S0.4 同时复位。从图 6-10 中可以看出：

（1）并行分支与汇合的顺序功能图为区别于选择性分支与汇合，在分支的开始和汇合处以双横线表示。

（2）分支状态器后的条件对每条支路而言是相同的，应该画在公共支路中，分支汇合时每条支路可能有不同的条件，必须每个条件都满足才能汇合，所以有多个转移条件时应以串联的形式画在公共支路中。

（3）并行序列分支顺序功能图的编程原则是先集中进行并行分支处理，再集中进行汇合处理。即在公共支路的状态器中同时驱动分支的第一个状态器，再按从左到右的顺序编写每一条分支的梯形图，最后一个分支之前的所有支路在 SCR 和 SCRE 之间不用写转移指令，而在最后一条支路集中处理转移。在最后一条支路进行转移时使用 S 指令，同时要将每条支路的最后一个状态器复位。

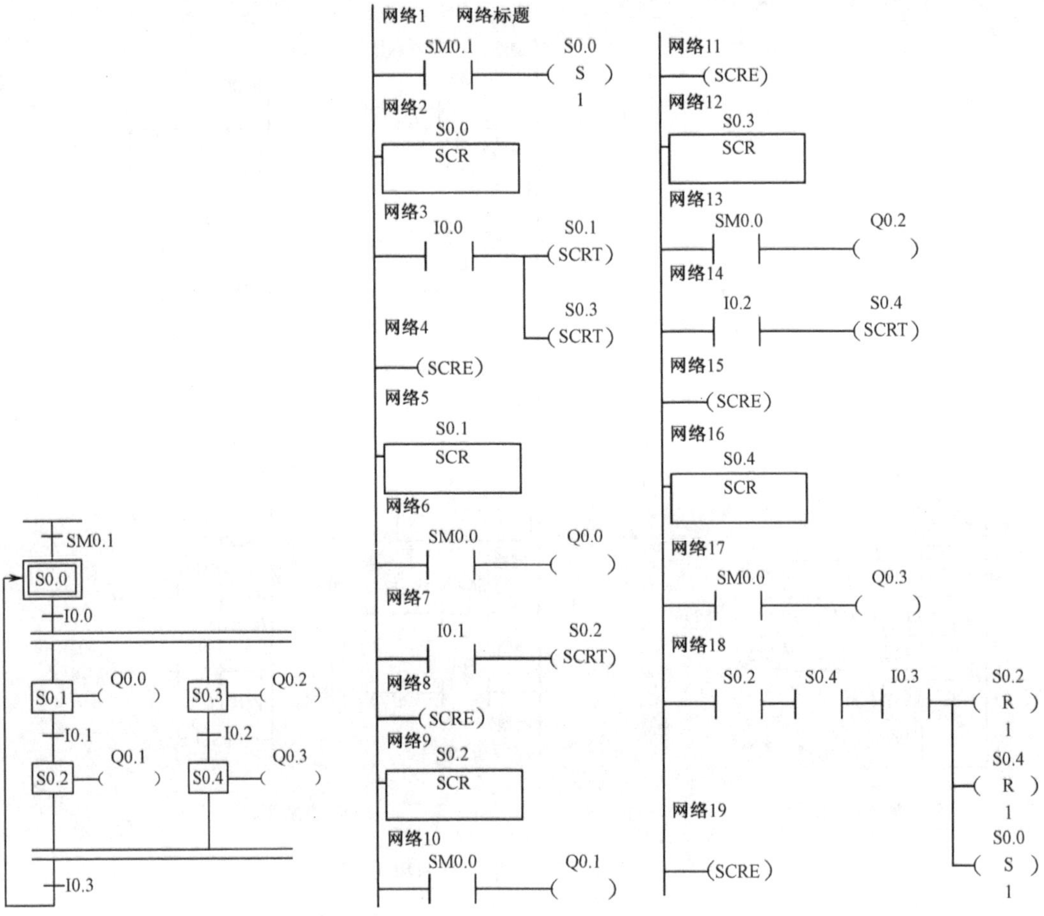

（a）顺序功能图　　（b）梯形图

图6-10　并行序列顺序功能图及梯形图

项目实施：工业机械手的PLC控制设计（自动方式）

1．系统控制要求、工艺过程分析

机械手的控制要求及工艺过程在项目描述中已有了详细的分析，简单归纳为以下几点。

（1）机械手工作原点在左上方，按下降、夹紧、上升、右移、下降、松开、上升、左移的顺序依次进行。设计系统自动工作方式。

（2）机械手的上升、下降与左移、右移都是由双线圈两位电磁阀驱动汽缸来实现的。抓手对物件的松开、夹紧是由一个单线圈两位电磁阀驱动汽缸完成的，只有电磁阀通电时抓手才能夹紧。

（3）为了系统安全可靠，在抓紧和放松环节可以延时1～2 s。

通过对控制要求及工艺过程的分析，可知机械手的工作是一个阶段性非常明显的顺序控制系统，因此使用顺序控制功能图进行程序设计比较方便。

2．PLC 选型和资源配置

本系统 PLC 的输入信号为按钮和限位开关，输出驱动的负载为电磁阀线圈，都是开关量信号，且数量比较少，可以选用各种型号的 PLC。在本例中以西门子 S7-200/CPU 226 为例，I/O 分配表如表 6-1 所示，电气原理图如图 6-11 所示。

表 6-1　机械手控制系统 I/O 分配表

输入信号			输出信号		
名　称	功　能	输入继电器编号	名　称	功　能	输出继电器编号
SB2	启动	I0.0	YV1	下降	Q0.0
SB1	停止	I1.1	YV2	上升	Q0.2
SQ1	下限位	I0.1	YV3	右移	Q0.3
SQ2	上限位	I0.2	YV4	左移	Q0.4
SQ3	右限位	I0.3	YV5	抓紧	Q0.1
SQ4	左限位	I0.4			

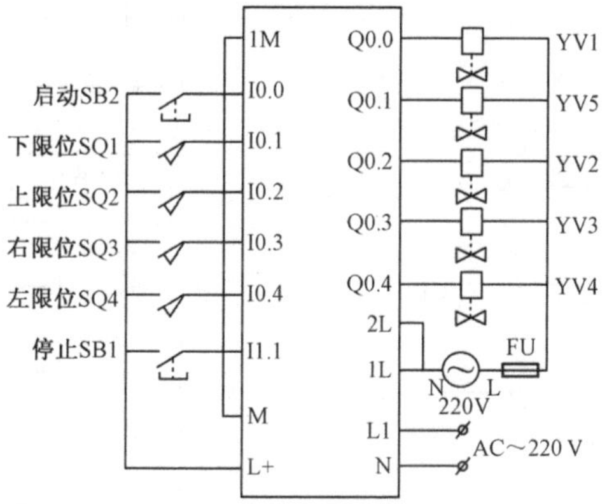

图 6-11　机械手控制系统电气原理图

3．PLC 程序设计

利用顺序控制功能图编写的程序如图 6-4 所示。利用编程软件编写程序时可将其转换为梯形图或指令表，梯形图如图 6-12 所示。

4．系统安装与调试

1）系统安装

按图 6-11 所示进行系统的安装（系统安装和软件设计、调试可以同时进行）。注意 PLC 电源和其他设备的电源应分离开，并正确选择接地点，PLC 最好单独接地，接地线的截面积大于 2 mm^2，接地电阻小于 100 Ω。

2）系统调试

系统调试分为硬件调试和程序调试，是系统正式投入使用之前的必经步骤。硬件调试相对简单，主要是 PLC 程序的调试。PLC 程序调试的过程如下。

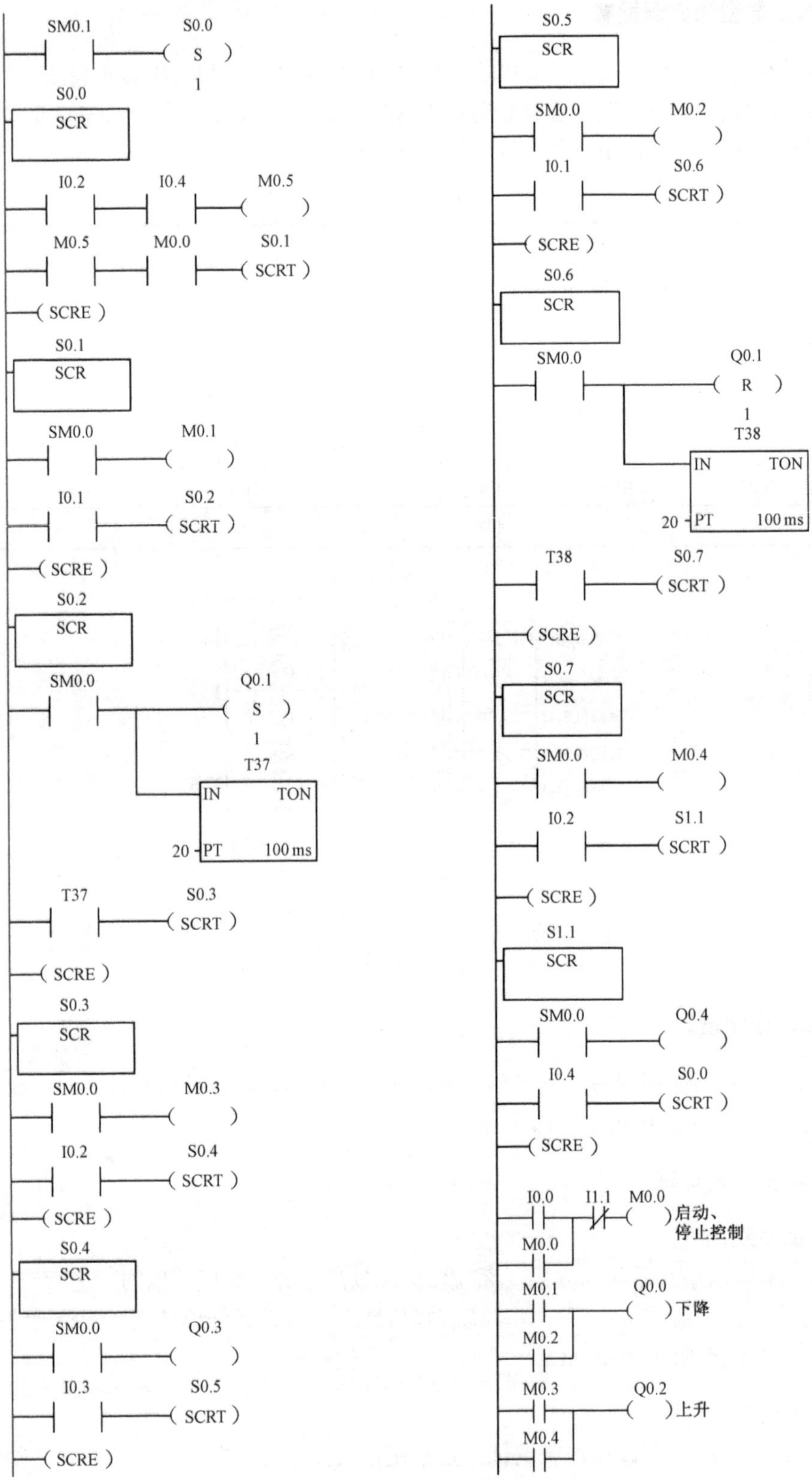

图 6-12　机械手控制系统梯形图

（1）按图 6-13 所示输入如图 6-12 所示的梯形图。

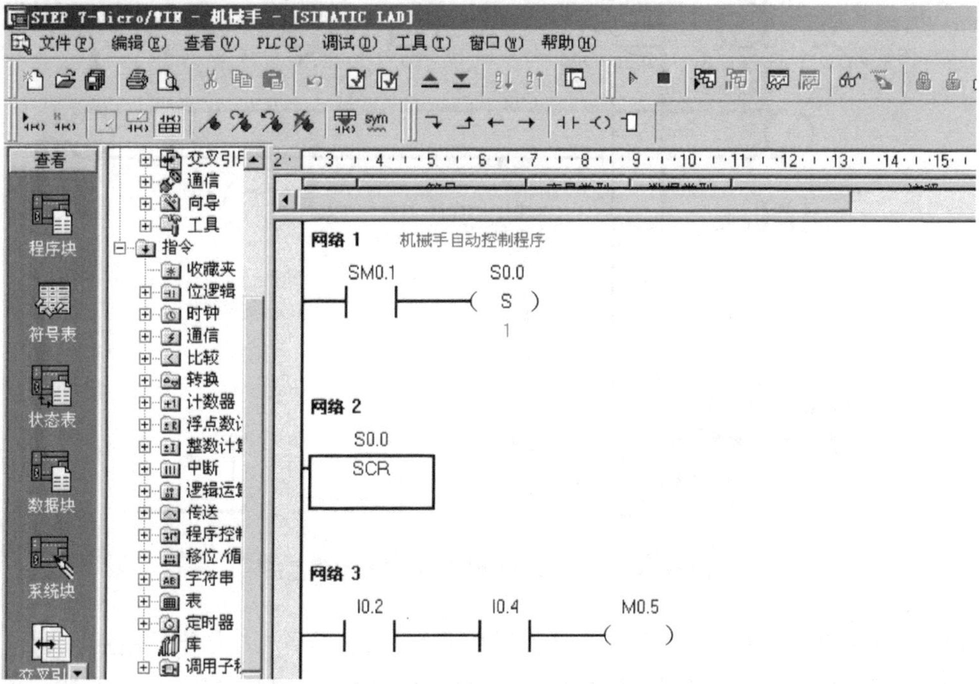

图 6-13　机械手梯形图输入

（2）下载程序。在计算机和 PLC 通信成功后，单击下载图标，将程序下载至 PLC。

（3）模拟调试。根据机械手工艺要求，用按钮或行程开关模拟实际输入信号，用 PLC 上的发光二极管显示输出量的通断状态，发现问题及时修改，直到输出指示完全符合要求。

（4）现场调试。硬件电路安装完成并进行硬件电路的通电检查，无误，且程序经过模拟调试正确后，即可进行现场调试。现场调试可按通电前检查、通电检查、单机或分区、联机总调试等步骤进行。最终使机械手的动作完全符合工艺要求，并安全可靠。

知识拓展：顺序控制功能图的应用

6.5　在大、小球分类选择传送装置中的应用

图 6-14 所示为使用传送带将大、小球分类选择传送装置的示意图。左上为原点，机械臂的动作顺序为下降、吸住、上升、右行、下降、释放、上升、左行。机械臂下降时，当接近开关 PS0 动作，且电磁铁压着大球时，下限位开关 SQ2（I0.2）断开；压着小球时，SQ2 接通，以此可判断吸住的是大球还是小球。左移、右移分别由 Q0.4、Q0.3 控制；上升、下降分别由 Q0.2、Q0.0 控制，吸球电磁铁由 Q0.1 控制。

根据工艺要求，该控制流程根据吸住的是大球还是小球有两个分支，且属于选择性分支。分支在机械臂下降之后根据下限开关 SQ2 的通断，分别将球吸住、上升、右行到 SQ4（小球

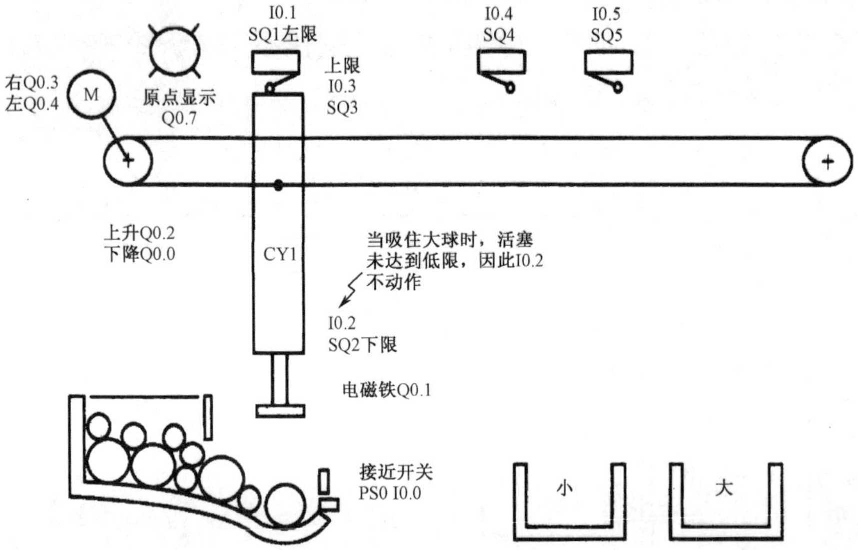

图 6-14　大、小球分类选择传送装置示意图

位置 I0.4 动作）或 SQ5（大球位置 I0.5 动作）处下降，然后再释放、上升、左移到原点。大、小球分类传送控制程序如图 6-16 和图 6-17 所示。在图 6-17 中有两个分支，若吸住的是小球，则 I0.2 为 ON，执行左侧流程；若为大球，则 I0. 2 为 OFF，执行右侧流程。

若需要系统自动循环工作，可将 I1.0 通过下面程序转换为 M0.0，在顺序功能图中将 I1.0 替换为 M0.0，然后增加 I1.1 作为停止信号，如图 6-15 所示。

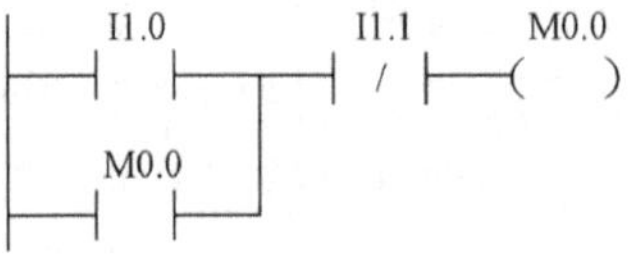

图 6-15　I1.0 转换为保持信号

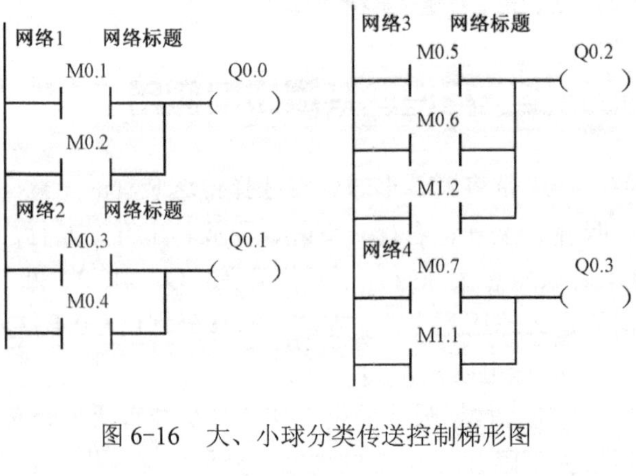

图 6-16　大、小球分类传送控制梯形图

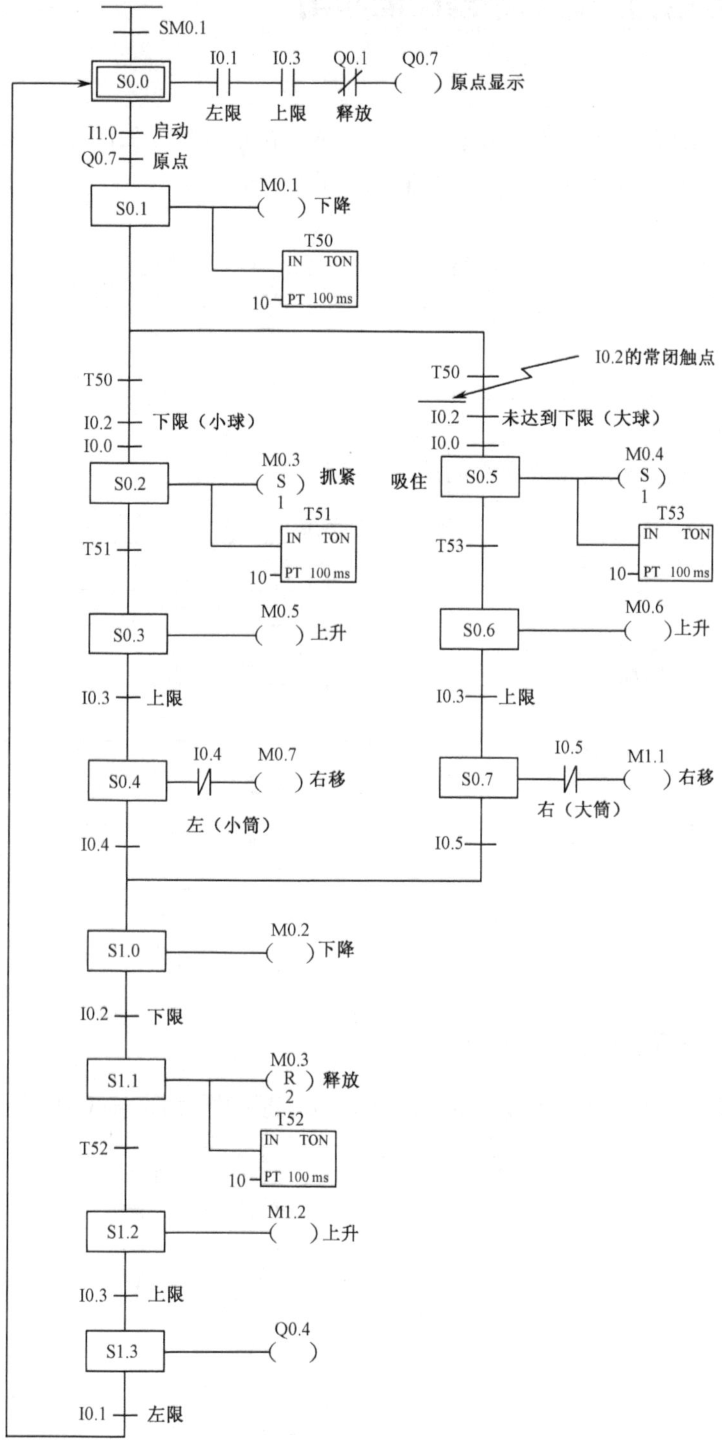

图 6-17　大、小球分类传送控制程序

6.6 在十字路口交通灯控制中的应用

1. 控制要求

某十字路口南北和东西方向均设有红、黄、绿三色信号灯，如图 6-18 所示。交通灯按一定的顺序交替变化，图 6-19 所示是交通灯变化时序图。

交通灯控制要求如下。

（1）合上开关 QS 时，交通灯系统开始工作，红、绿、黄灯按一定时序轮流发亮。

（2）首先东西方向绿灯亮 25 s 后闪 3 s 灭，黄灯亮 2 s 灭，红灯亮 30 s，绿灯亮 25 s……以此循环。

（3）东西绿灯、黄灯亮时，南北红灯亮 30 s；东西红灯亮时，南北绿灯亮 25 s 后闪 3 s 灭，黄灯亮 2 s 后，然后循环。

（4）打开开关时，系统完成当前周期后所有灯熄灭。

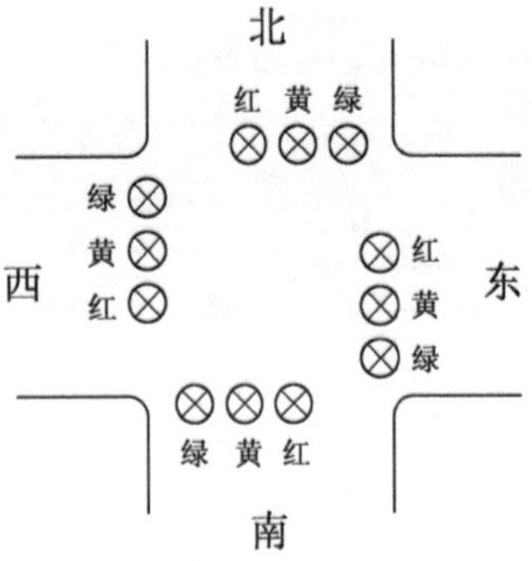

图 6-18 十字路口交通灯示意图

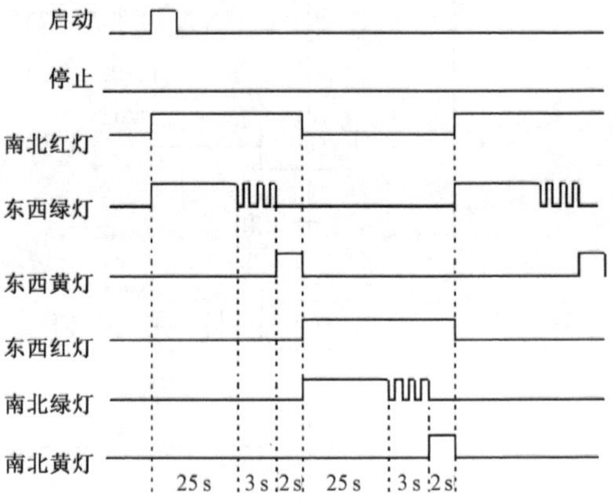

图 6-19 十字路口交通灯变化时序图

2. 系统 I/O 分配及控制回路接线

十字路口交通灯 I/O 分配表如表 6-2 所示，PLC 接线图如图 6-20 所示。

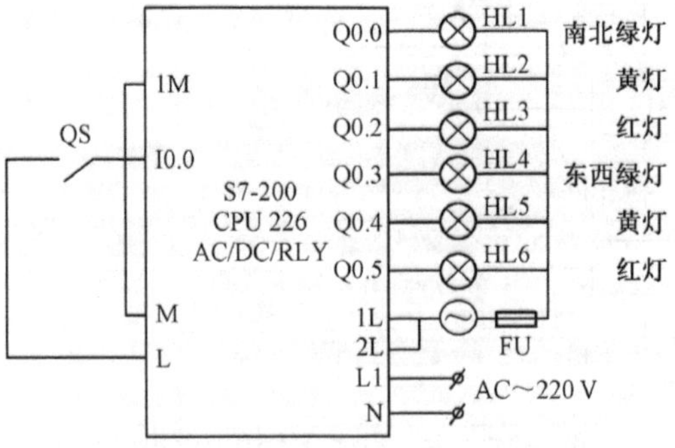

图 6-20 十字路口交通灯 PLC 接线图

表 6-2 十字路口交通灯 I/O 分配表

输入信号			输出信号		
名　称	功　能	输入继电器编号	名　称	功　能	输出继电器编号
QS	启动/停止开关	I0.0	HL1	南北绿灯	Q0.0
			HL2	南北黄灯	Q0.1
			HL3	南北红灯	Q0.2
			HL4	东西绿灯	Q0.3
			HL5	东西黄灯	Q0.4
			HL6	东西红灯	Q0.5

3. 程序设计

根据系统的动作要求及I/O分配，用并行序列顺序控制功能图编写的程序如图6-21所示。本系统也可采用单流程顺序功能图进行设计。读者可自行考虑。

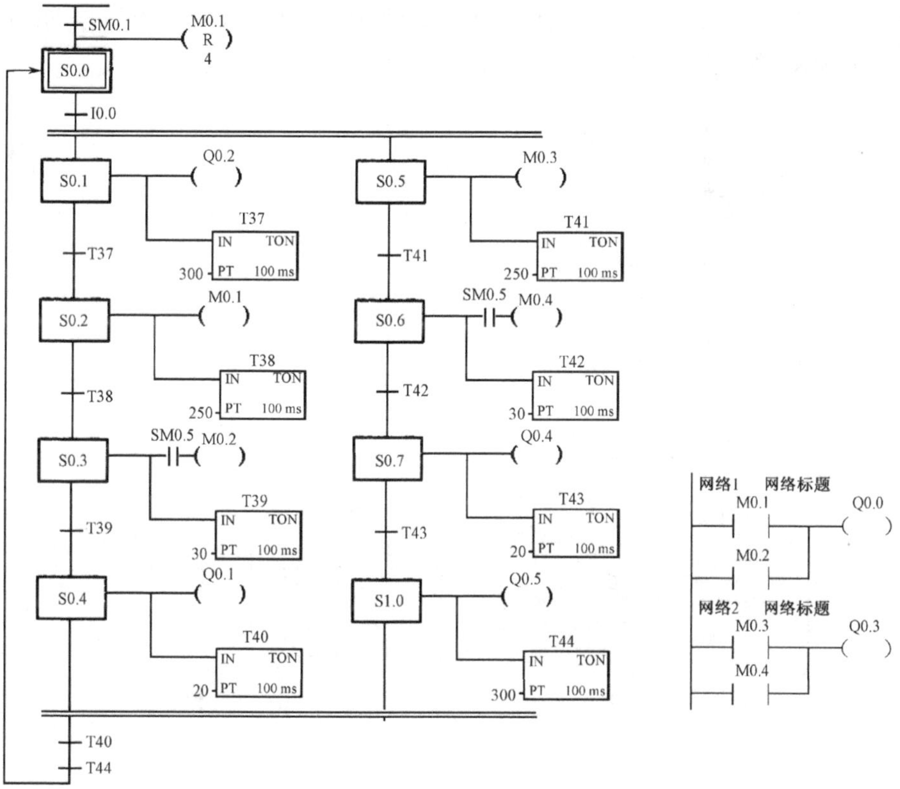

图 6-21 十字路口交通灯控制系统程序

6.7 在液体混合装置中的应用

在工业生产中，经常需要将不同的液体按一定比例进行混合。如图 6-22 所示为液体混合装置示意图。上限位、下限位和中限位液位传感器被液体淹没时为 ON。阀 A、阀 B 和阀

C为电磁阀，线圈通电时打开，线圈断电时关闭。开始时容器是空的，各阀门均关闭，各传感器均为OFF。按下启动按钮（I0.3）后，打开阀A，液体A流入容器，中限位开关变为ON时，关闭阀A，打开阀B，液体B流入容器。当液面到达上限位开关时，关闭阀B，电动机M开始运行，搅动液体，6 s后停止搅动，打开阀C，放出混合液。当液面降至下限位开关之后再过2 s，容器放空，关闭阀C，打开阀A，又开始下一周期的操作。按下停止（I0.4）按钮，在当前工作周期的操作结束后，才停止操作(停在初始状态)。

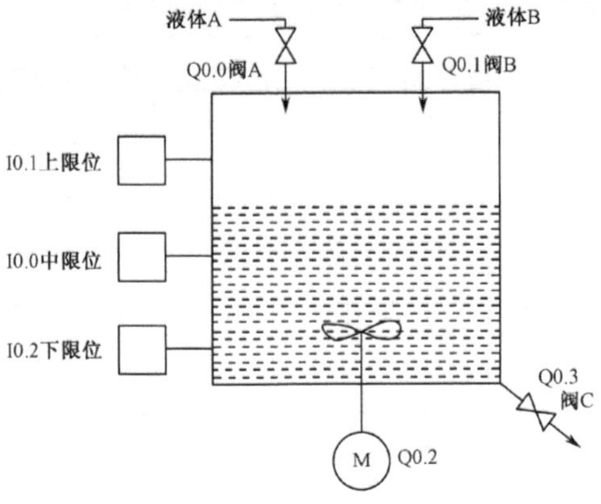

图 6-22　液体混合装置示意图

该系统的顺序控制过程为初始状态→进液体A→进液体B→搅拌→放混合液，我们用S0.0表示初始状态，S0.1、S0.2、S0.3、S0.4状态器分别表示进液体A、进液体B、搅拌、放混合液体四个状态。按控制要求，其顺序功能图和梯形图如图6-23（a)、(b）所示。

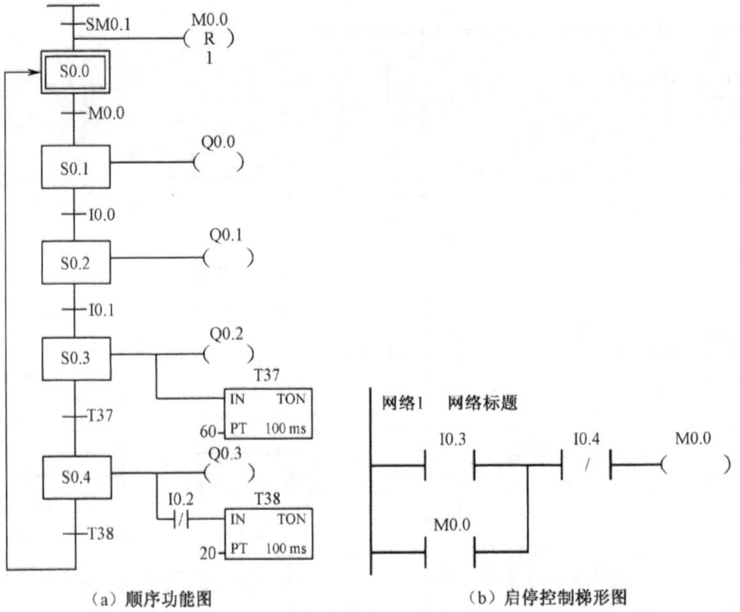

（a）顺序功能图　　（b）启停控制梯形图

图 6-23　液体混合控制的顺序功能图和梯形图

6.8　在电镀生产线上的应用

1. 电镀工艺要求

电镀生产线有三个槽，工件由可升降吊钩的行车移动，经过电镀、镀液回收、清洗工序，实现对工件的电镀。工艺要求是：工件放入电镀槽中，电镀280 s后提起，停放28 s，让镀液从工件上流回电镀槽，然后放入回收液槽中浸30 s，提起后停15 s，再放入清水槽中清洗

30 s，最后提起停 15 s 后，行车返回原位，电镀一个工件的全过程结束。电镀生产线的工艺流程如图 6-24 所示。

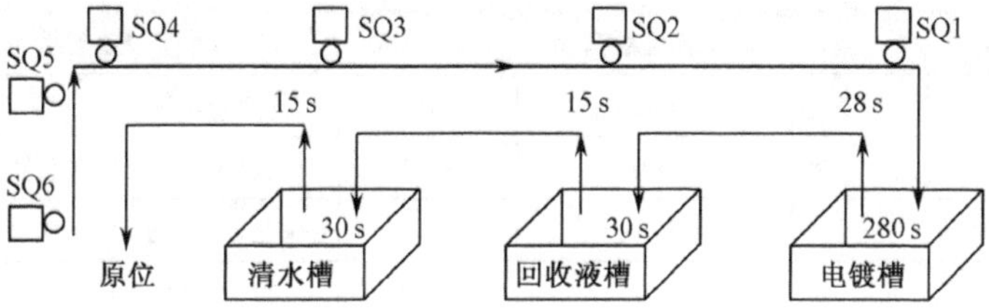

图 6-24　电镀生产线的工艺流程

2. 控制流程

电镀生产线除装卸工件外，要求整个生产过程能自动进行。同时行车和吊钩的正反向运行均能实现点动控制，以便对设备进行调整和检修（在这里，我们主要完成整个生产过程的自动程序）。

行车自动运行的控制过程是：行车在原位，吊钩下降到最下方，行车左限位开关 SQ4、吊钩下限开关 SQ6 被压下动作，操作人员将电镀工件放在挂具上，即准备开始进行电镀。

（1）吊钩上升。按下启动按钮 SB1，吊钩提升电动机正转，吊钩上升，当碰撞到上限位开关 SQ5 后，吊钩上升停止。

（2）行车前进。在吊钩上升停止后，行车电动机正转，行车前进。

（3）吊钩下降。行车前进碰撞到右限位开关 SQ1 后，前进停止。然后吊钩电动机反转，吊钩下降。

（4）定时电镀。吊钩下降碰撞到下限位开关 SQ6 时，吊钩停止下降并停留 280 s。

（5）吊钩上升。280 s 延时完毕，吊钩电动机正转，吊钩上升。

（6）定时滴液。吊钩上升碰撞到上限位开关 SQ5 时，吊钩停止上升，停留 28 s，完成工件的滴液。

（7）行车后退。28 s 延时时间结束，行车电动机反转，行车后退，转入下道镀液回收工序。

后面各道工序的顺序动作过程以此类推。最后行车退回到原位上方，吊钩下放到原位。若再次按下启动按钮 SB1，则开始下一个工作循环。

3. I/O 分配

根据分析，自动控制过程共需输入的信号有 8 个，均为开关量。其中操作按钮开关 2 个，行程开关 6 个。输出信号 5 个，其中 2 个用于驱动吊钩电动机正反转接触器 KM1、KM2，2 个用于驱动行车电动机正反转接触器 KM3、KM4，1 个用于原位指示。

将 8 个输入信号、5 个输出信号按各自的功能类型分好，并与 PLC 的 I/O 点一一对应，得出 I/O 分配表如表 6-3 所示。

表 6-3　电镀生产线 I/O 分配表

输入信号			输出信号		
名　称	功　能	输入继电器编号	名　称	功　能	输出继电器编号
SB1	启动	I0.0	HL	原点指示灯	Q0.0
SB2	停止	I1.0	KM1	提升电动机正转接触器	Q0.1
SQ1	行车右限位	I0.1	KM2	提升电动机反转接触器	Q0.2
SQ2	回收液槽定位	I0.2	KM3	行车电动机正转接触器	Q0.3
SQ3	清水槽定位	I0.3	KM4	行车电动机反转接触器	Q0.4
SQ4	行车左限位（后退）	I0.4			
SQ5	吊钩限位（提升）	I0.5			
SQ6	吊钩限位（下降）	I0.6			

4．自动方式程序设计

图 6-25 所示是电镀生产线顺序控制功能图和梯形图。

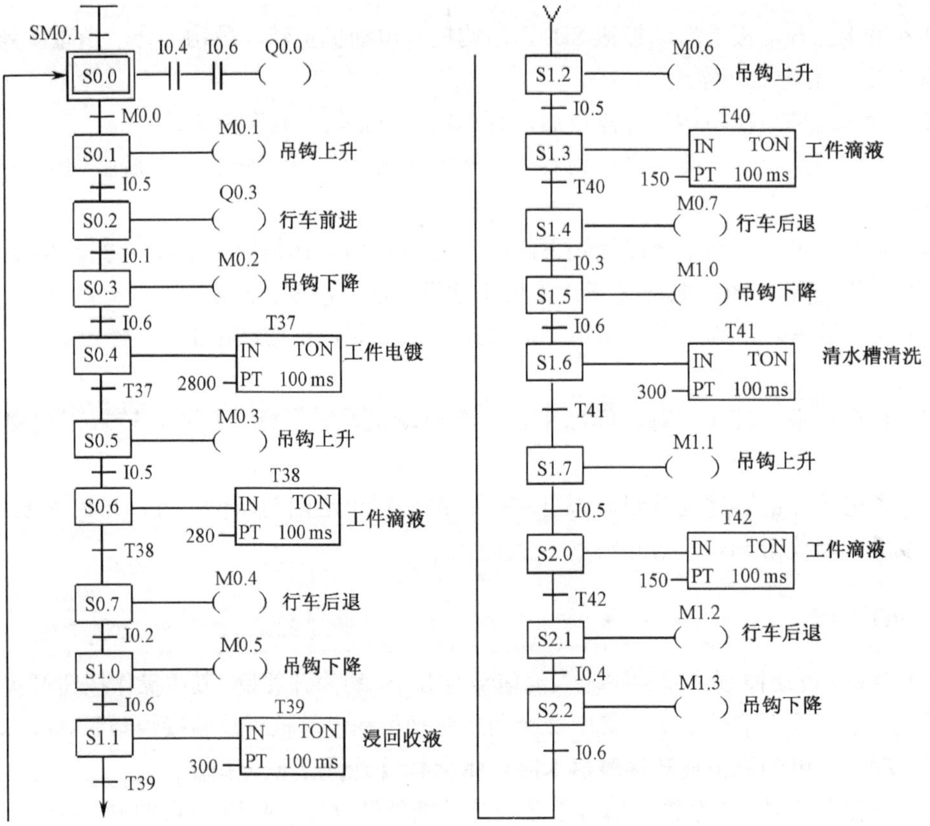

图 6-25　电镀生产线顺序控制功能图和梯形图

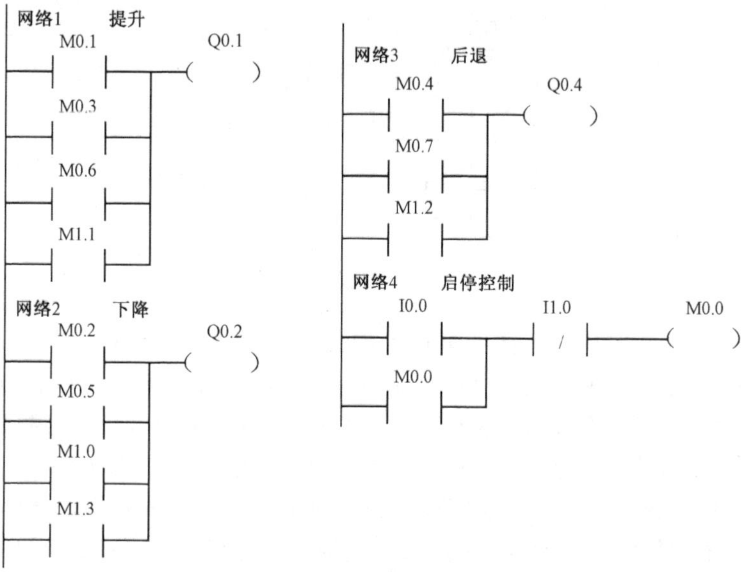

图 6-25　电镀生产线顺序控制功能图和梯形图（续）

知识梳理与总结

本项目以工业机械手的运动控制要求及解决方案为例，引出顺序控制功能图的编程思想、编程方法。顺序控制功能图是用于顺序控制系统编程的一种简单易学、直观易懂的编程方法。顺序控制按控制要求可分为单序列、选择序列和并行序列三种形式。在顺序控制功能图中，用顺序控制继电器 S 表示每个状态（步），每个状态有三个要素，即负载驱动、转移条件和转移目标。

使用顺序控制功能图编程时，一般设计一个初始状态，初始状态可以理解为等待状态，在此阶段可以不驱动任何器件，也可以驱动系统的一些显示或复位程序中的某些器件。

中小型 PLC 的编程软件一般不具备 Graph 编程功能，使用软件编程时需将顺序控制功能图转换成梯形图或语句表输入。将顺序控制功能图转换为梯形图时，每一个状态用一个 SCR 段表示，而每个 SCR 段由顺序控制开始 LSCR、顺序控制转移 SCRT、顺序控制结束 SCRE 构成。

练习与思考题 6

6-1　顺序功能图编程一般应用于什么场合？

6-2　顺序功能图中状态器的三要素是什么？

6-3　顺序控制继电器指令包含哪几条？具体代表什么含义？

6-4　有一选择序列功能图如图 6-26 所示，画出对应的梯形图和语句表。

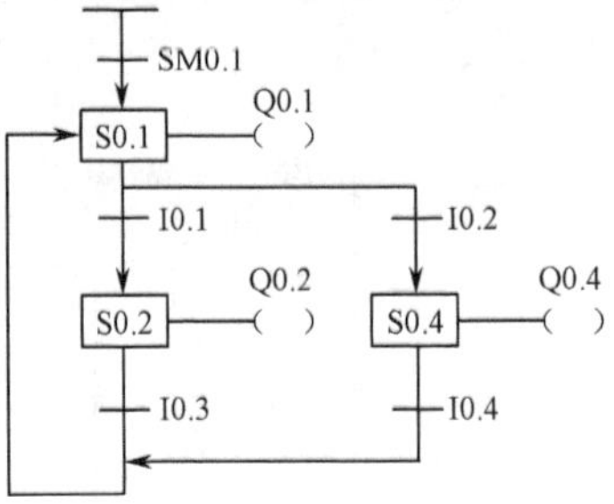

图 6-26

6-5　某自动剪板机动作示意图如图 6-27 所示。该剪板机的送料由电动机驱动，送料电动机由接触器 KM 控制，压钳的下行和复位由液压电磁阀 YV1 和 YV3 控制，剪刀的下行（剪切）和复位由液压电磁阀 YV2 和 YV4 控制。SQ1～SQ5 为限位开关。控制要求：当压钳和剪刀在原位（压钳在上限位 SQ1 处，剪刀在上限位 SQ2 处），按下启动按钮后，电动机送料，板料右行，至 SQ3 处停，压钳下行至 SQ4 处将板料压紧，剪刀下行剪板，板料剪断落至 SQ5 处，压钳和剪刀上行复位，至 SQ1、SQ2 处回到原位，等待下次再启动。编写该系统的顺序控制功能图。

6-6　画出图 6-28 的梯形图。

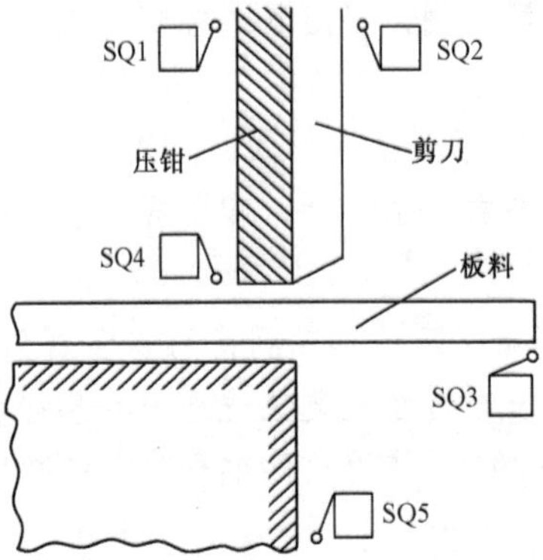

图 6-27　剪板机动作示意图

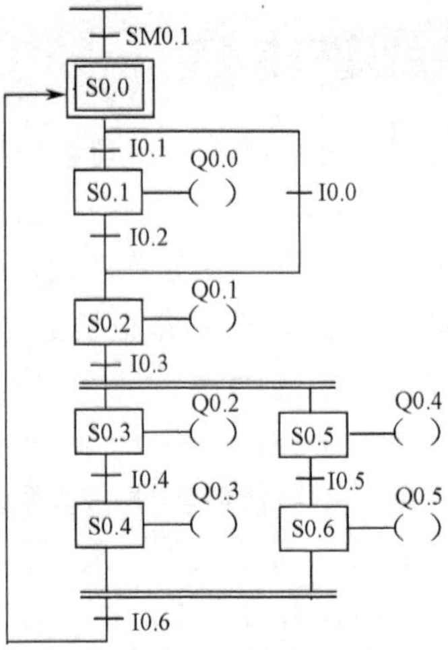

图 6-28　题 6-6 图

项目 7

机械手步进电动机的PLC控制

教学导航

<table>
<tr><td rowspan="4">教</td><td>建议课时</td><td>20</td></tr>
<tr><td>推荐教学方法</td><td>1. 理论实践一体化教学；
2. 以机械手步进电动机的控制为项目，引导学生学习相关知识</td></tr>
<tr><td>重　　点</td><td>1. 使用子程序、中断程序编程；
2. 数据处理指令的应用；
3. 高速脉冲输出指令、高速计数器指令编程及应用</td></tr>
<tr><td>难　　点</td><td>1. 高速脉冲输出指令、高速计数器指令编程及应用；
2. PID 指令编程及应用</td></tr>
<tr><td rowspan="2">学</td><td>推荐学习方法</td><td>1. 以小组为单位，模拟车间班组，每位小组成员扮演工艺员、质检员、安全员、操作员等不同角色完成项目；
2. 边学边做，小组讨论</td></tr>
<tr><td>学习目标</td><td>1. 掌握常用功能指令的形式及作用；
2. 熟悉子程序、中断程序的构建及应用；
3. 会分析功能指令编写的程序；
4. 会利用功能指令编写简单程序</td></tr>
</table>

项目描述

7.1 步进电动机的用途与控制

步进电动机是一种将电脉冲信号转换成相应角位移的电动机，每当一个电脉冲加到步进电动机的控制绕组上时，它的轴就转动一定的角度，角位移量与电脉冲数成正比，转速与脉冲频率成正比，故又称为脉冲电动机。在数字控制系统中，步进电动机常用做执行元件，其应用十分广泛，如机械加工、绘图机、机器人、计算机的外部设备、自动记录仪表等。它主要用于工作难度大，要求的速度快，精度高等场合。步进电动机如图 7-1 所示。

图 7-1　步进电动机

在机械手的控制中，为提高系统精度，机械臂的旋转、上下移动，机械手的左右移动等都可以由步进电动机来驱动，而移动的距离或角度则通过步进电动机所接收的脉冲数量来严格控制。

由于步进电动机控制的特殊性，采用 PLC 控制时，必须选用能发出高速脉冲的晶体管输出类型。不同厂家的 PLC 都规定了用于高速脉冲输出的继电器。以下是采用 S7-200 PLC 编写的一段控制程序，实现机械手在 *X* 轴方向的复位。程序中采用 Q0.0 送出脉冲，每次发出 30 个，当机械手移动到限位位置时，脉冲发送停止。整个程序由主程序、子程序和中断程序构成。程序中 MOV、ATCH、PLS 等指令都属于 PLC 的高级应用指令。在这个项目中，将学习这些指令的形式及应用，并学会结合子程序、中断程序编写较复杂的程序。

机械手 *X* 轴复位控制程序如图 7-2 所示。

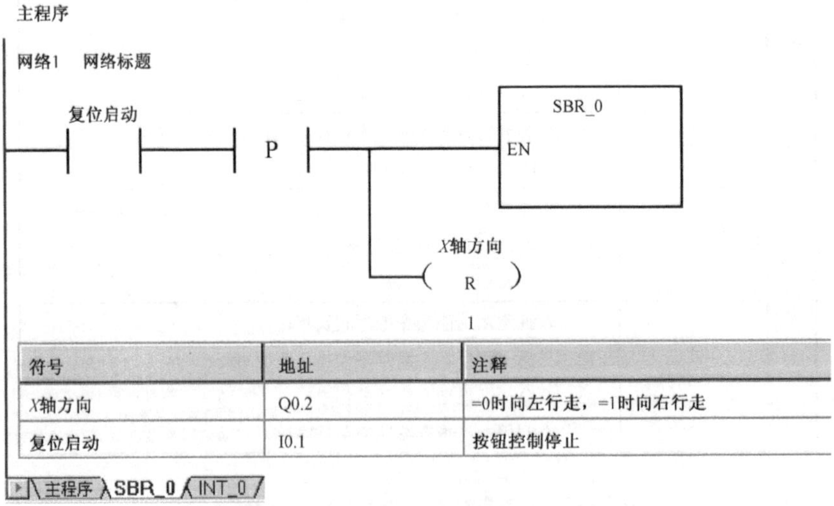

符号	地址	注释
X轴方向	Q0.2	=0时向左行走，=1时向右行走
复位启动	I0.1	按钮控制停止

图 7-2　机械手 *X* 轴复位控制程序

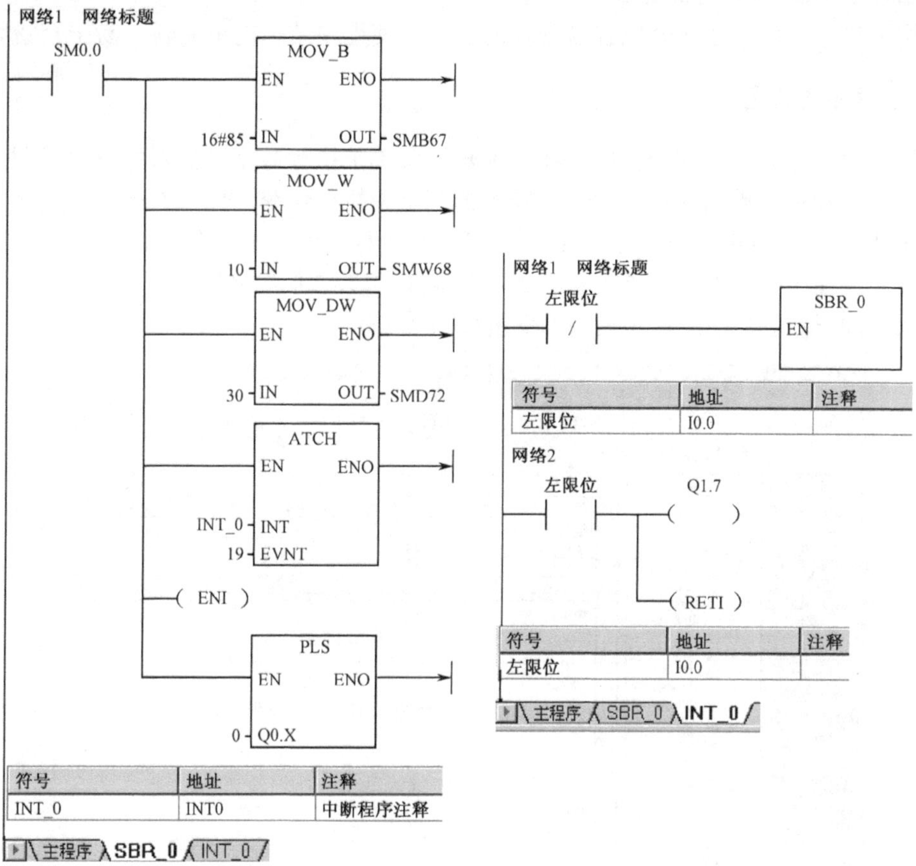

图 7-2　机械手 *X* 轴复位控制程序（续）

相关知识

7.2　S7-200 CPU 控制程序的构成

S7-200 CPU 的控制程序由主程序 OB1、子程序和中断程序组成。STEP 7-Micro/WIN 在程序编辑器窗口里为每个 POU（程序组织单元）提供了一个独立的页。主程序总是在第 1 页，后面是子程序或中断程序。每个程序只能有一个主程序，但可以有多个子程序和中断程序。

因为各个程序在编辑器窗口里被分开，编译时在程序结束的地方自动加入无条件结束指令或无条件返回指令，用户程序只能使用条件结束和条件返回指令。以下介绍子程序和中断程序。

7.2.1　子程序

1. 子程序的作用

子程序常用于需要多次反复执行相同任务的地方，相同任务只需要写一次子程序，别的程序在需要时调用它。子程序的调用是有条件的，未调用它时不会执行子程序中的指令，因此使用子程序可以减少扫描时间。

使用子程序可以将程序分成容易管理的小块，使程序结构简单清晰，易于查错和维护。

2．子程序的创建

可以采用下列方法创建子程序：在“编辑”菜单中执行命令“插入”→“子程序”，或在程序编辑器视窗中单击鼠标右键，从弹出的菜单中执行命令“插入”→“子程序”，程序编辑器将从原来的 POU 显示进入新的子程序。用鼠标右键单击指令树中的子程序或中断程序的图标，在弹出的菜单中选择“重新命名”，可以修改它们的名称。

名为“冲压定位”的子程序及局部变量如图7-3所示。

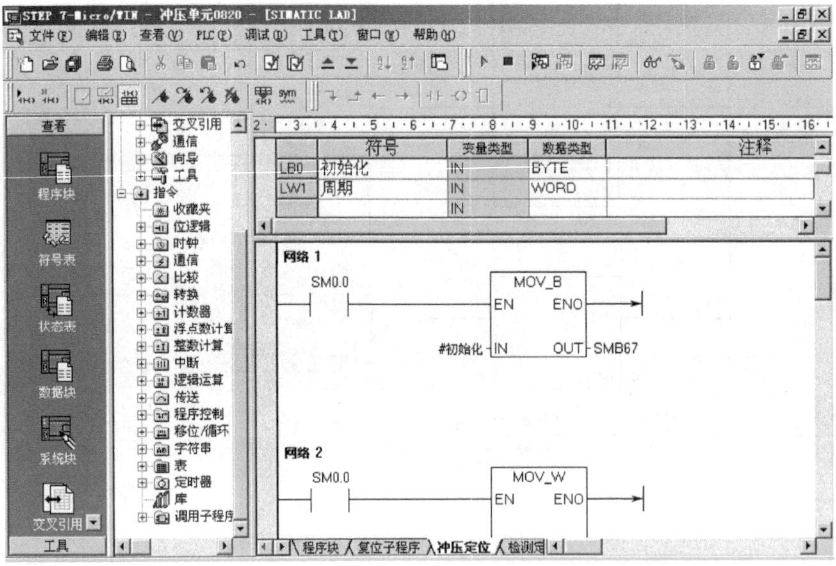

图7-3　子程序及局部变量

3．子程序的调用

子程序可以在主程序、其他子程序或中断程序中调用，调用子程序时将执行子程序的全部指令，直至子程序结束，然后返回调用它的程序中调用该子程序的下一条指令之处。图7-4中在主程序中按下停止按钮时，使机械手朝 X 方向移动，同时调用 SBR_0 用于复位的子程序。

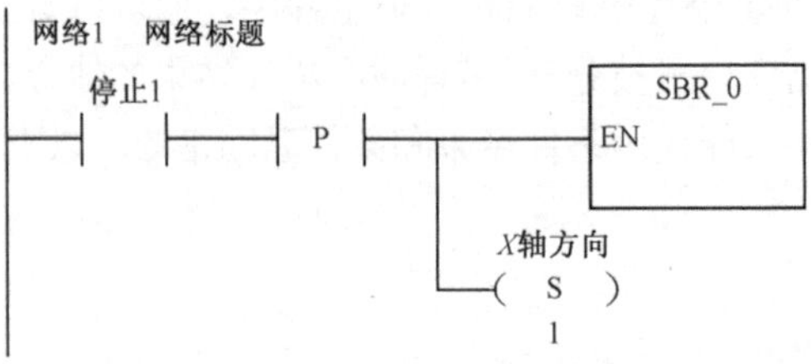

图7-4　调用子程序

一个项目中最多可以创建64个子程序。子程序可以嵌套调用（在子程序中调用别的子程序)，最大嵌套深度为 8。在中断程序中调用的子程序不能再调用别的子程序。不禁止递归调用（子程序调用自己），但是使用时应慎重。

创建子程序后，STEP 7-Micro/WIN 在指令树最下面的“调用子例行程序”文件夹下面自动生成刚创建的子程序图标，如图 7-5 所示。

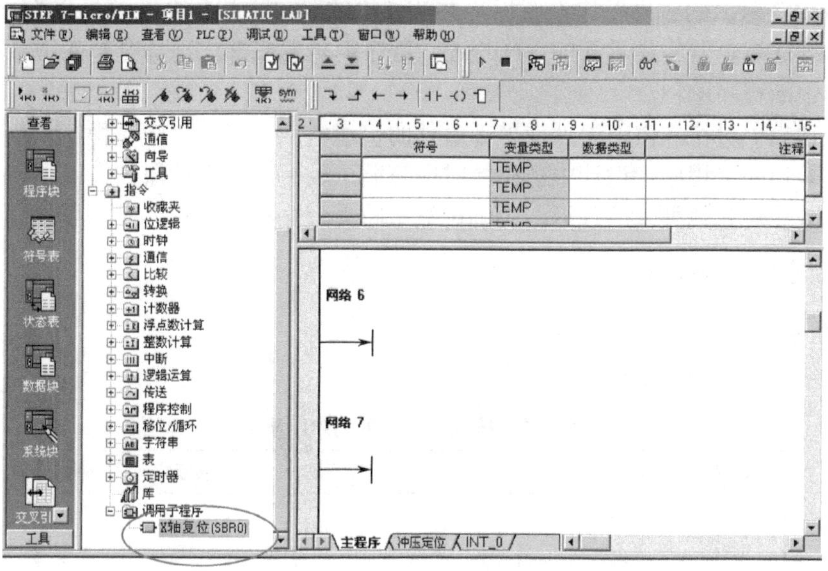

图 7-5　生成的子程序图标

在梯形图程序中插入子程序调用指令时，首先打开程序编辑器视窗中需要调用子程序的 POU，找到需要调用子程序的地方，用鼠标左键双击打开指令树最下面的子程序文件夹，将需要调用的子程序图标从指令树“拖”到程序编辑器中的正确位置，放开左键，子程序块便被放置在该位置。也可以将矩形光标置于程序编辑器视窗中需要放置该子程序的地方，然后双击指令树中要调用的子程序，子程序图标会自动出现在光标所在的位置。

如果用语句表编程，子程序调用指令的格式为：

CALL 子程序号，参数 1，参数 2……参数 *n*

n 为 1～16。

4. 子程序的有条件返回

在子程序中用条件控制 CRET（从子程序有条件返回）指令，条件满足，子程序被中止。程序返回至原调用指令后，编程软件自动地为子程序添加无条件返回指令。如图 7-6 所示为 I0.1 动作时，中止子程序，返回原调用位置。

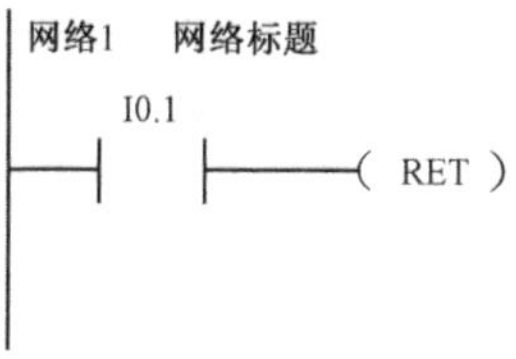

图 7-6　子程序返回指令

7.2.2　中断程序

中断程序不由程序调用，而是在中断事件发生时由操作系统调用。在中断程序中可以调用一级子程序。

1. 中断程序的创建

可以采用下列方法创建中断程序：在“编辑”菜单中执行命令“插入”→“中断”；或在程序编辑器视窗中单击鼠标右键，从弹出的菜单中执行命令“插入”→“中断”；或用鼠标右键单击指令树上的“程序块”图标，并从弹出的菜单中执行命令“插入”→“中断”。创建成功后程序编辑器将显示新的中断程序，程序编辑器底部出现标有新的中断程序的标签，可以对新的中断程序编程。

中断处理提供对特殊内部事件或外部事件的快速响应。应优化中断程序，执行完某项特定任务后立即返回主程序。设计中断程序时应遵循“越短越好”的原则，以减少中断程序的执行时间，减少对其他处理的延迟，否则可能引起主程序控制的设备操作异常。

2. 中断事件与中断指令

1）中断事件

按优先级排列的中断事件如表 7-1 所示。

表 7-1　按优先级排列的中断事件

中 断 号	中 断 描 述	优先级分组	按组排列的优先级
8	端口 0：接收字符	通信（最高）	0
9	端口 0：传输完成		0
23	端口 0：接收信息完成		0
24	端口 1：接收信息完成		1
25	端口 1：接收字符		1
26	端口 1：传输完成		1
19	PTO 0 脉冲输出完成中断	离散（中等）	0
20	PTO 1 脉冲输出完成中断		1
0	上升沿，I0.0		2
2	上升沿，I0.1		3
4	上升沿，I0.2		4
6	上升沿，I0.3		5
1	下降沿，I0.0		6
3	下降沿，I0.1		7
5	下降沿，I0.2		8
7	下降沿，I0.3		9
12	HSC0 CV=PV		10
27	HSC0 方向改变		11
28	HSC0 外部复位		12
13	HSC1 CV=PV		13
14	HSC1 方向改变		14
15	HSC1 外部复位		15

续表

中　断　号	中 断 描 述	优先级分组	按组排列的优先级
16	HSC2 CV=PV		16
17	HSC2 方向改变		17
18	HSC2 外部复位		18
32	HSC3 CV=PV		19
29	HSC4 CV=PV		20
30	HSC1 方向改变		21
31	HSC1 外部复位		22
33	HSC2 CV=PV		23
10	定时中断 0	定时（最低）	0
11	定时中断 1		1
21	定时器 T32 CT=PT 中断		2
22	定时器 T96 CT=PT 中断		3

（1）通信口中断。PLC 的串行通信口可以由用户程序控制，通信口的这种操作模式称为自由端口模式。在该模式下，接收信息完成、发送信息完成和接收一个字符均可以产生中断事件，利用接收和发送中断可以简化程序对通信的控制。

（2）离散中断。离散中断包括 I/O 上升沿中断或下降沿中断、高速计数器（HSC）中断和脉冲列输出（PTO）中断。CPU 可以用输入点 I0.0～I0.3 的上升沿或下降沿产生中断。高速计数器中断允许响应 HSC 的计数当前值等于设定值、计数方向改变（相应于轴转动的方向改变）和计数器外部复位等中断事件。高速计数器可以实时响应高速事件，而 PLC 的扫描工作方式不能快速响应这些高速事件。完成指定脉冲数输出时也可以产生中断，脉冲列输出可以用于步进电动机的控制等。

（3）定时中断。可以用定时中断（Timed Interrupt）来执行一个周期性的操作，以 1 ms 为增量，周期的时间可以取 1～255 ms。定时中断 0 和中断 1 的时间间隔分别写入特殊存储器字节 SMB34 和 SMB35。每当定时器的定时时间到时，执行相应的定时中断程序，例如可以用定时中断来采集模拟量和执行 PID 程序。如果定时中断事件已被连接到一个定时中断程序，为了改变定时中断的时间间隔，首先必须修改 SMB34 或 SMB35 的值，然后重新把中断程序连接到定时中断事件上。重新连接时，定时中断功能清除前一次连接的定时值，并用新的定时值重新开始定时。

定时中断一旦被允许，中断就会周期性地不断产生，每当定时时间到时，就会执行被连接的中断程序。如果退出 RUN 状态或定时中断被分离，则定时中断被禁止。如果执行了全局中断禁止指令，定时中断事件仍会连续出现，每个定时中断事件都会进入中断队列，直到中断队列满。

定时器 T32、T96 中断允许及时地响应一个给定的时间间隔，这些中断只支持 1 ms 分辨率的通电延时定时器（TON）和断电延时定时器（TOF）T32 和 T96。一旦中断被允许，当定时器的当前值等于设定值时，在 CPU 的 1 ms 定时刷新中，执行被连接的中断程序。

中断按固定的优先级顺序执行：通信中断（最高优先级）、离散中断和定时中断（最低优先级）。在上述三个优先级范围内，CPU 按照先来先服务的原则处理中断，任何时刻只能执行一个用户中断程序。一旦一个中断程序开始执行，它要一直执行到完成，即使另一程序的优先级较高，也不能中断正在执行的中断程序。正在处理其他中断时发生的中断事件则排队等待处理。

2）中断指令

表 7-2 所示为所有的中断指令的形式及作用。

表 7-2　中断指令

梯 形 图	语 句 表	描　述
RETI	CRETI	从中断程序有条件返回
ENI	ENI	允许中断
DISI	DISI	禁止中断
ATCH	ATCH　INT,EVNT	连接中断事件和中断程序
DTCH	DTCH　EVNT	断开中断事件和中断程序的连接
CLR_EVNT	CEVNT EVNT	清除中断事件

中断允许指令 ENI（Enable Interrupt）全局性地允许所有被连接的中断事件（见表 7-1）。

禁止中断指令 DISI（Disable Interrupt）全局性地禁止处理所有中断事件，允许中断排队等候，但是不允许执行中断程序，直到用全局中断允许指令 ENI 重新允许中断。

进入 RUN 模式时自动禁止中断，在 RUN 模式执行全局中断允许指令后，各中断事件发生时是否会执行中断程序，取决于是否执行了该中断事件的中断连接指令。

中断程序有条件返回指令 CRETI（Return from Interrupt）在控制它的逻辑条件满足时从中断程序返回，编程软件自动地为各中断程序添加无条件返回指令。

中断连接指令 ATCH（Attach Interrupt）用来建立中断事件（EVNT，见图 7-7）和处理此事件的中断程序（INT）之间的联系。中断事件由中断事件号指定，中断程序由中断程序号指定。为某个中断事件指定中断程序后，该中断事件被自动地允许处理。

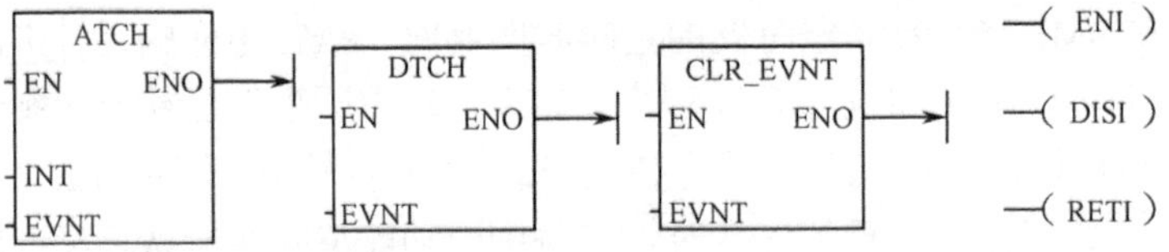

图 7-7　各中断指令在梯形图中的形式

中断分离指令 DTCH（Detach Interrupt）用来断开中断事件（EVNT）与中断程序（INT）之间的联系，从而禁止单个中断事件。

清除中断事件指令 CEVNT（Clear Event）从中断队列中清除所有的中断事件，该指令可以用来清除不需要的中断事件。如果用来清除虚假的中断事件，首先应分离事件。否则，在执行该指令之后，新的事件将增加到队列中。

在启动中断程序之前，应在中断事件和该事件发生时希望执行的中断程序之间，用 ATCH 指令建立联系。执行 ATCH 指令后，该中断程序在事件发生时被自动启动。

多个中断事件可以调用同一个中断程序，但是一个中断事件不能同时调用多个中断程序。

中断被允许且中断事件发生时，将执行为该事件指定的最后一个中断程序。

在中断程序中不能使用 DISI、ENI、HDEF、LSCR 和 END 指令。

图 7-8 所示是 I/O 中断应用举例。在 I0.0 的上升沿通过中断使 Q0.0 立即置位，在 I0.1 的下降沿通过中断使 Q0.0 立即复位。

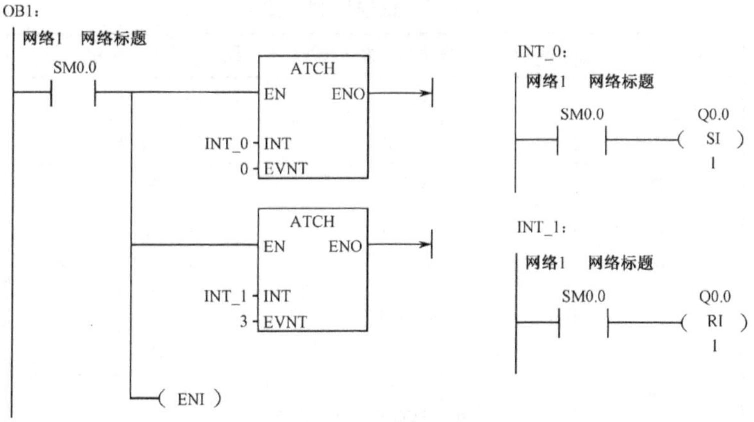

图 7-8　I/O 中断应用举例

中断应用及程序解释如图 7-9 所示。

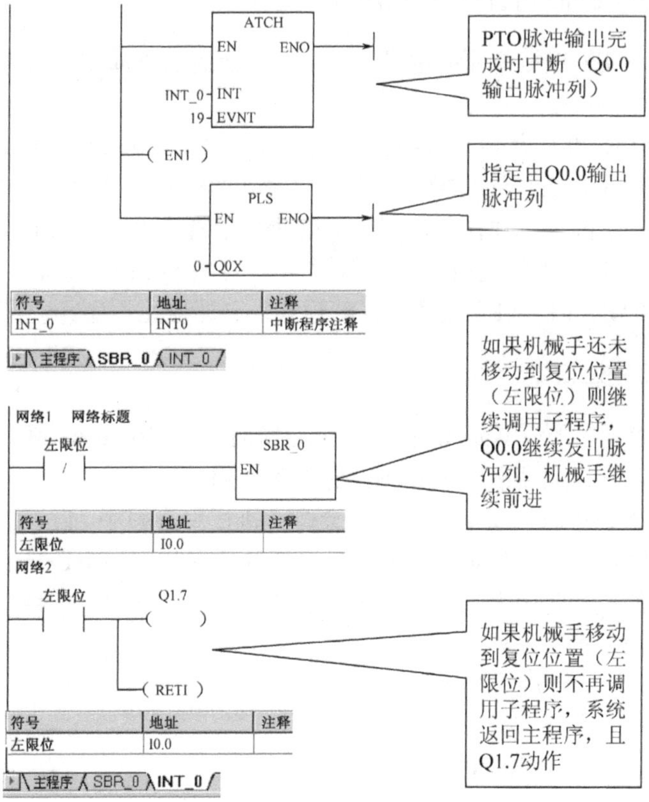

图 7-9　中断应用及程序解释

7.3 S7-200 的程序控制指令

程序控制指令如表 7-3 所示。

表 7-3 程序控制指令

梯形图	语句表	描述
END	END	程序的条件结束
STOP	STOP	切换到 STOP 模式
WDR	WDR	看门狗复位
JMP LBL	JMP n LBL n	跳到定义的标号 定义一个跳转的标号
- RET	CALL n CRET	调用子程序 从子程序条件返回
FOR NEXT	FOR INDX,INIT,FINAL NEXT	循环 循环结束
DIAG_LED	DLED	诊断 LED

1. 条件结束指令 END 与暂停指令 STOP

条件结束指令 END 根据前面的逻辑关系中止当前的扫描周期。只能在主程序中使用条件结束指令。

暂停指令 STOP 使 PLC 从运行（RUN）模式进入停止（STOP）模式，立即中止程序的执行。如果在中断程序中执行停止指令，中断程序立即中止，并忽略全部等待执行的中断，继续执行主程序的剩余部分，并在主程序的结束处，完成从运行方式至停止方式的转换。

END 和 STOP 在程序中的使用如图 7-10 所示。图中当 M0.0 动作时，Q0.0 输出，当前扫描周期中止；I0.0 动作时，PLC 进入 STOP 模式，立即停止程序。

2. 监控定时器复位指令

监控定时器又称看门狗（Watchdog），它的定时时间为 500 ms，每次扫描它都被自动复位一次，正常工作时扫描周期小于 500 ms，它不起作用。

当扫描周期大于 500 ms 时，监控定时器会停止执行用户程序。为了防止在正常情况下监控定时器动作，可以将监控定时器复位（WDR）指令插入到程序中适当的地方，使监控定时器复位。如果程序的执行时间太长，在中止本次扫描之前，下列操作将被禁止。

（1）通信（自由口模式除外）。

（2）I/O 更新（立即 I/O 除外）。

（3）强制更新。

（4）SM 位更新（不能更新 SM0 和 SM5～SM29）。

（5）运行时间诊断。

（6）在中断程序中的 STOP 指令。

带数字量输出的扩展模块也有一个监控定时器，每次使用 WDR 指令时，应对每个扩展模块的某一个输出字节使用立即写（BIW）指令来复位每个扩展模块的监控定时器。

看门狗复位程序的使用如图 7-11 所示。

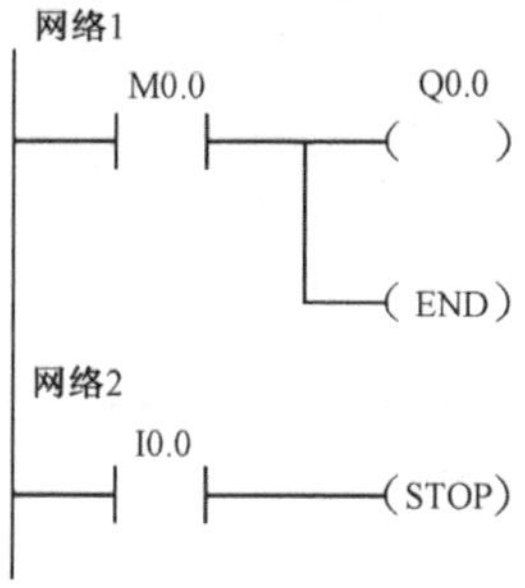

图 7-10　END 指令和 STOP 指令的使用

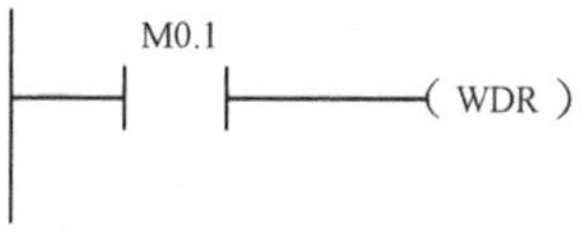

图 7-11　WDR 指令的使用

3. 循环指令

在控制系统中经常遇到需要重复执行若干次同样的任务的情况，这时可以使用循环指令。

FOR 语句表示循环开始，NEXT 语句表示循环结束。驱动 FOR 指令的逻辑条件满足时，反复执行 FOR 与 NEXT 之间的指令。在 FOR 指令中，需要设置指针 INDX（或称为当前循环次数计数器）、起始值 INIT 和结束值 FINAL，它们的数据类型均为整数。

假设 INIT 等于 1，FINAL 等于 10，每次执行 FOR 与 NEXT 之间的指令后，INDX 的值加 1，并将结果与结束值比较。如果 INDX 的值大于结束值，则循环中止，FOR 与 NEXT 之间的指令将被执行 10 次。如果起始值大于结束值，则不执行循环。

FOR 指令必须与 NEXT 指令配套使用。允许循环嵌套，即 FOR/NEXT 循环在另一个 FOR/NEXT 循环之中，最多可以嵌套 8 层。

图 7-12 中的 I2.1 接通时，执行 10 次标有 1 的外层循环；I2.1 和 I2.2 同时接通时，每执行一次外层循环，执行两次标有 2 的内层循环。

4. 跳转与标号指令

条件满足时，跳转指令 JMP（Jump）使程序流程转到对应的标号 LBL（Label）处，标号指令用来指示跳转指令的目的位置。JMP 与 LBL 指令中的操作数 n 为常数 0～255，JMP 和对应的 LBL 指令必须在同一程序块中。图 7-13 中 I0.0 的常开触点闭合时，程序流程将跳到标号 LBL4 处。

5. 诊断 LED 指令

S7-200 检测到致命错误时，SF/DIAG（故障诊断）LED 发出红光。在 V4.0 版编程软件的系统块的“配置 LED”选项卡中，如果选择了有变量被强制或是有 I/O 错误时 LED 亮，出现上述诊断事件时 LED 将发黄光。如果两个选项都没有被选择，SF/DIAGLED 发黄光只受 DIAG-LED 指令的控制。如果此时指令的输入参数 IN 为 0，诊断 LED 不亮。如果 IN 大于 0，诊断 LED 发黄光。图 7-14 的 VB10 中如果有非零的错误代码，将使诊断 LED 亮。

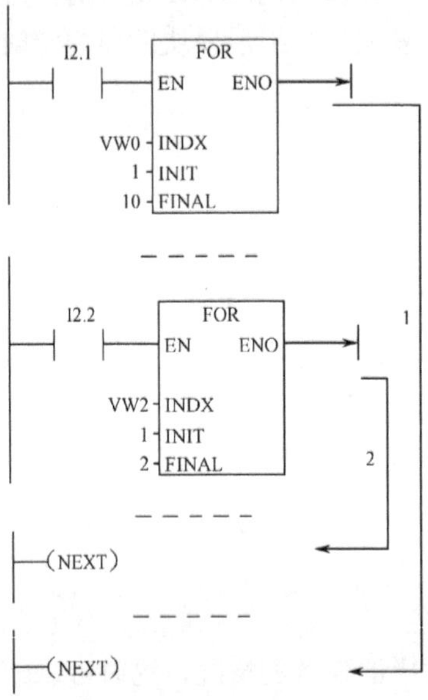

图 7-12　FOR/NEXT 循环指令使用说明

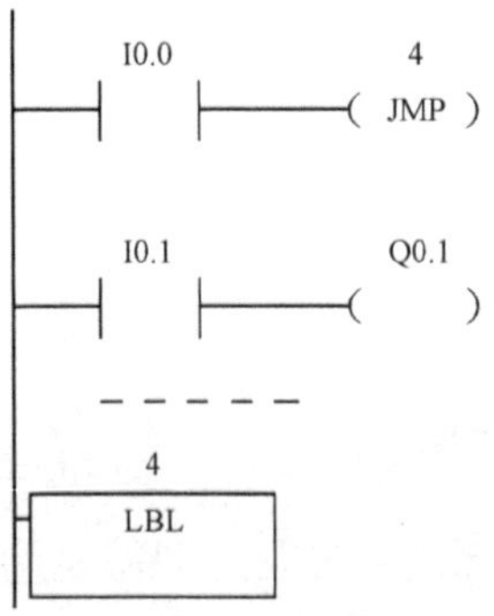

图 7-13　跳转指令的使用

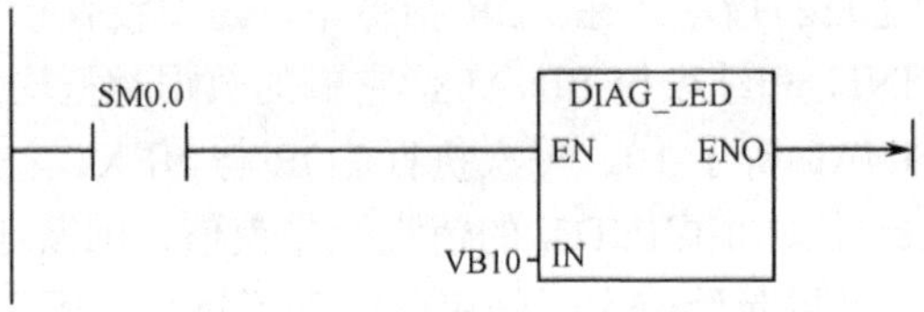

图 7-14　诊断 LED 指令的使用说明

7.4　S7-200 的数据处理指令

在项目程序图 7-2 中使用了数据传送指令 MOV 设置脉冲的数量、周期及脉冲输出对应特殊存储器的控制字节。数据处理指令主要包括传送、移位、交换、填充等。

1. 传送类指令

传送类指令用于在各个编程元件之间进行数据传送。根据每次传送数据的数量，可分为数据传送指令和数据块传送指令。在传送过程中不改变数据的原始值。

1）数据传送指令 MOVB，MOVW，MOVD，MOVR

数据传送指令每次传送 1 个数据，传送数据的类型分为字节传送、字传送、双字传送和实数传送。其梯形图形式如图 7-15 所示。图中 EN 为允许输入端，IN 为操作数输入端，OUT 为结果输出端。

图 7-2 的子程序中各传送指令的含义如图 7-16 所示。

2）数据块传送指令 BMB，BMW，BMD

块传送指令用来一次传送最多可达 255 个数据组成的 1 个数据块。数据块的类型可以是字节块、字块和双字块。梯形图形式如图 7-17 所示。

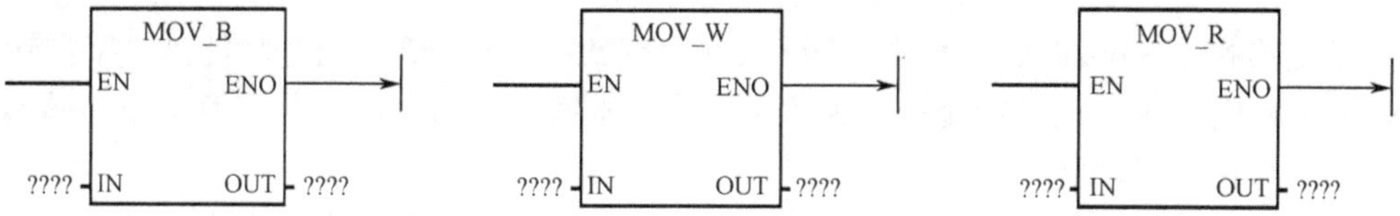

图 7-15　数据传送指令的表示符号

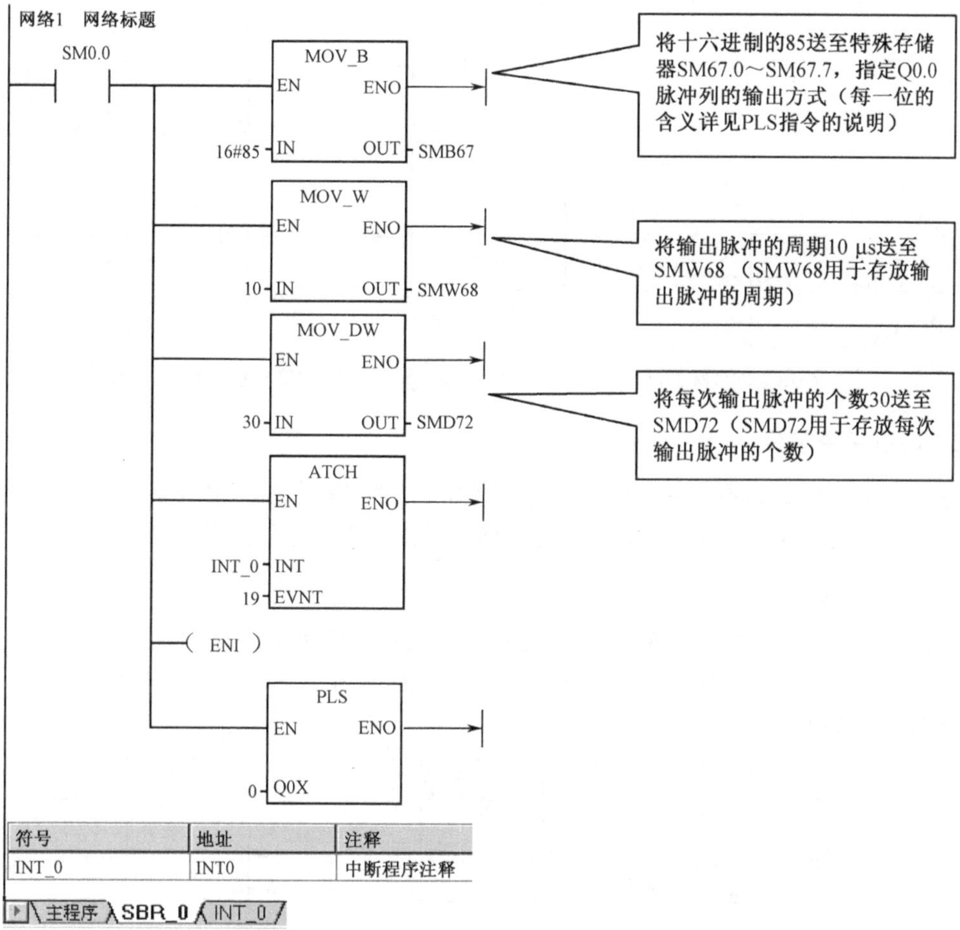

图 7-16　数据传送指令应用

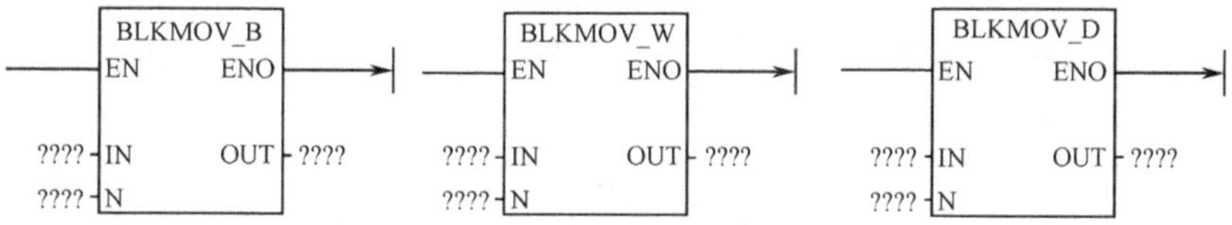

图 7-17　字节块、字块、双字块传送指令的表示符号

2．字节交换指令 SWAP

字节交换指令 SWAP 专用于对 1 个字长的字型数据进行处理，指令功能是将字型输入数据 IN 的高 8 位与低 8 位进行交换，因此又可称为半字交换指令。字节交换指令在梯形图中的表示符号如图 7-18 所示。

图 7-19 所示是传送指令和字节交换指令的综合应用，程序的执行过程是将 16#ABCD 传送至 AC1 中，传送完毕，AC1 中的高 8 位和低 8 位进行互换。程序执行完毕后，AC1 中的数据变为 16#CDAB。

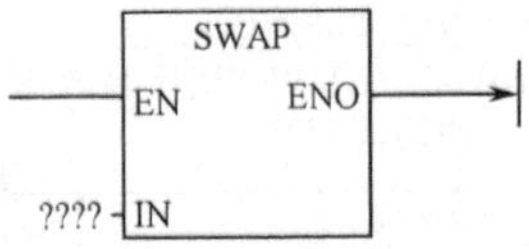

图 7-18　字节交换指令的表示符号

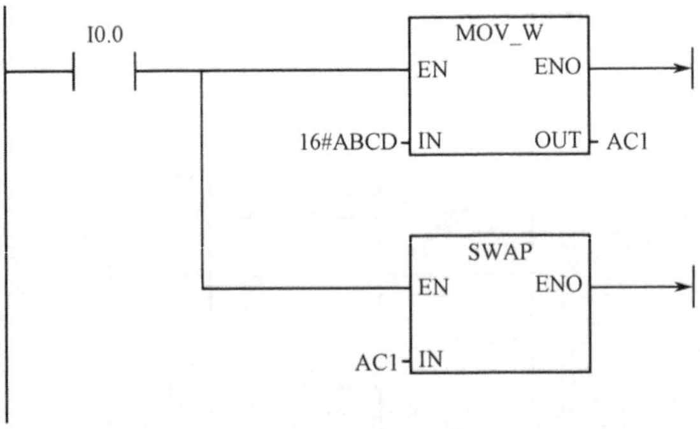

图 7-19　字节交换指令和传送指令的应用

3．移位指令字符

移位指令在 PLC 控制中是比较常用的，根据移位的数据长度可分为字节型移位、字型移位和双字型移位；根据移位的方向可分为左移和右移，还可进行循环移位。

1）*左移位指令*

左移位指令的功能是将输入数据 IN 左移 *N* 位后，把结果送到 OUT。

左移位指令有字节左移位指令 SLB、字左移位指令 SLW 和双字左移位指令 SLD，其表示符号如图 7-20 所示。

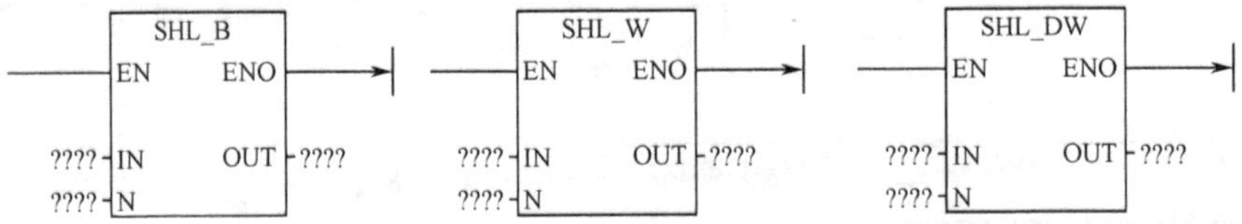

图 7-20　左移位指令的表示符号

2）*右移位指令*

右移位指令的功能是将输入数据 IN 右移 *N* 位后，把结果送到 OUT。

右移位指令也分字节右移位指令 SRB、字右移位指令 SRW 和双字右移位指令 SRD，其表示符号如图 7-21 所示。

使用左移位和右移位指令时，特殊辅助继电器 SM1.1 与溢出端相连，最后一次被移出的位进入 SM1.1，另一端自动补 0。允许移位的位数由移位类型决定，即字节型为 8 位，字型为 16 位，双字型为 32 位。如果移动的位数超过允许的位数，则实际移位为最大允许值。如

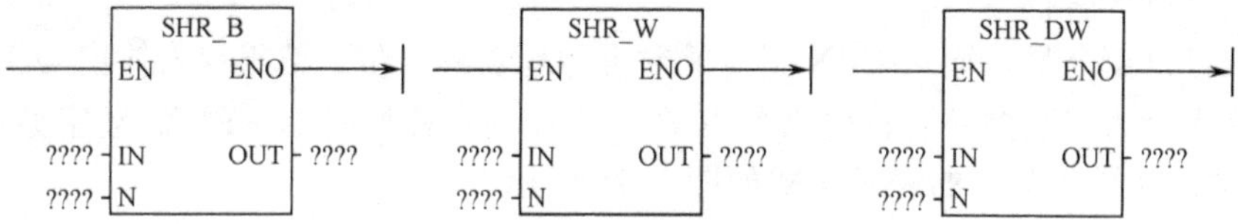

图 7-21 右移位指令的表示符号

果移位后的结果为 0，则零标志位辅助继电器 SM1.0 置 1。

图 7-22 所示是将 VB0 中的数据左移 2 位，VB4 中的数据右移 3 位，移位后的数据仍然存入原来的数据寄存器中。设 VB0 中的数原来为 11110000，VB4 中的数为 11010110，则移动后的结果如图 7-23 所示。

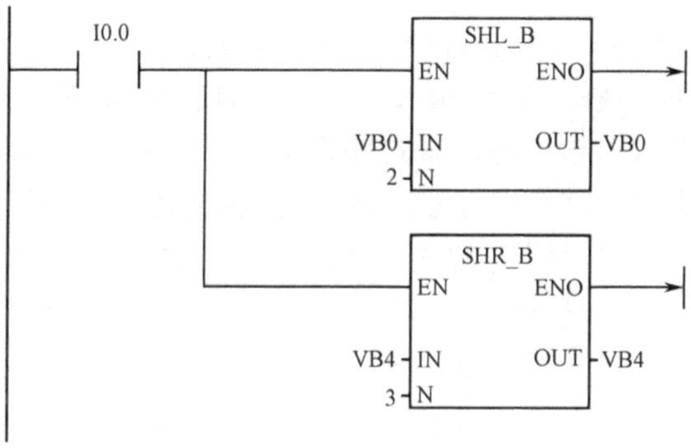

图 7-22 左移位和右移位指令的使用说明

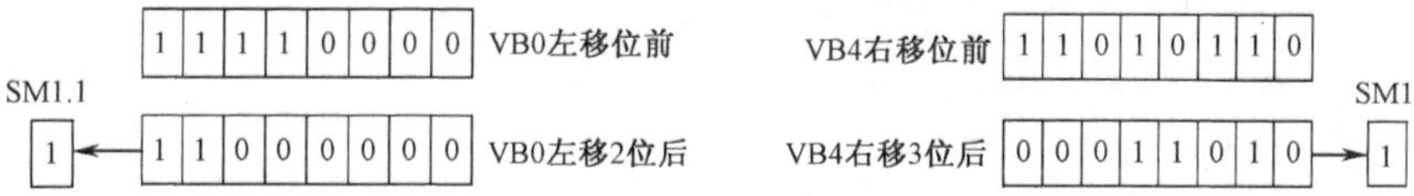

图 7-23 移动后的结果

3）循环左移位指令

循环左移位指令是将输入端 IN 指定的数据循环左移 *n* 位，结果存入输出 OUT 中。循环左移位指令也分为字节循环左移位指令 RLB、字循环左移位指令 RLW、双字循环左移位指令 RLD。它们在梯形图中的表示形式如图 7-24 所示。

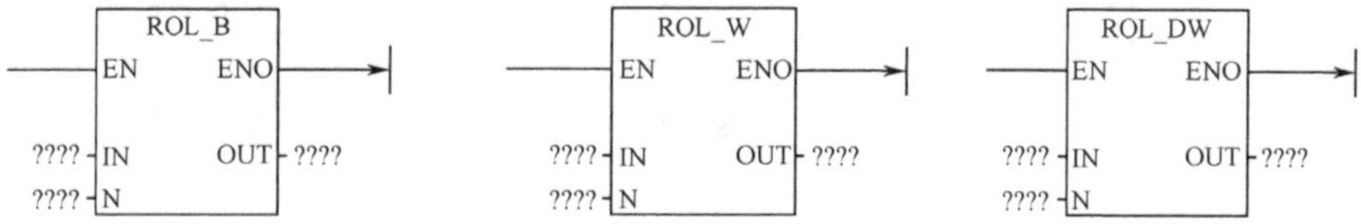

图 7-24 循环左移位指令的梯形图表示符号

4）循环右移位指令

循环右移位指令是将输入端IN指定的数据循环右移 n 位，结果存入输出OUT中。循环右移位指令也分为字节循环右移位指令RRB、字循环右移位指令RRW、双字循环右移位指令RRD。它们在梯形图中的表示形式如图7-25所示。

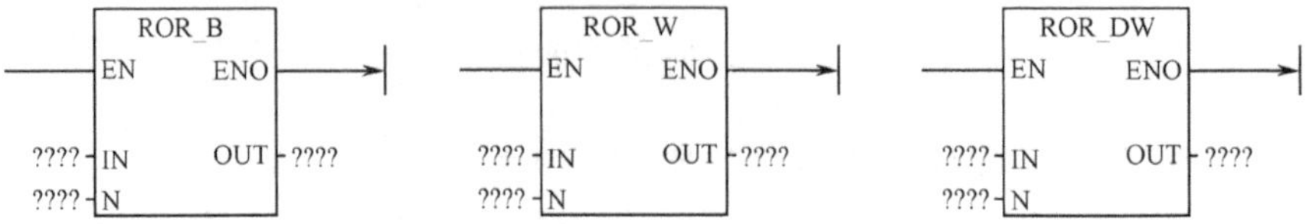

图7-25　循环右移指令的梯形图表示符号

图7-26所示是将VB0中的数据循环右移2位的程序及执行结果。

5）移位寄存器指令SHRB（Shift Register Bit）

在顺序控制或步进控制中，应用移位寄存器编程是很方便的。

移位寄存器指令的功能是：当允许输入端EN有效时，如果 $N>0$，则在每个EN的前沿，将数据输入DATA的状态移入移位寄存器的最低位S_BIT；如果 $N<0$，则在每个EN的前沿，将数据输入DATA的状态移入移位寄存器的最高位；移位寄存器的其他位按照 N 指定的方向（正向或反向），依次串行移位。图7-27所示是移位寄存器指令的表示符号。

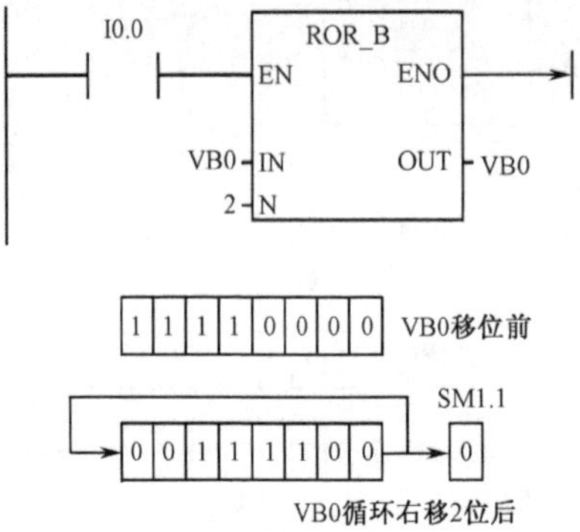

图7-26　循环移位指令的使用说明

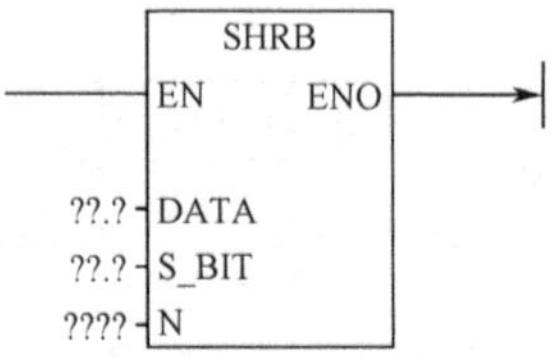

图7-27　移位寄存器指令的表示符号

移位寄存器的移出端同样也与SM1.1（溢出）连接。

若I0.0和I0.1为1，则每隔1 s从Q0.0～Q0.7依次点亮8盏灯的程序如图7-28所示。

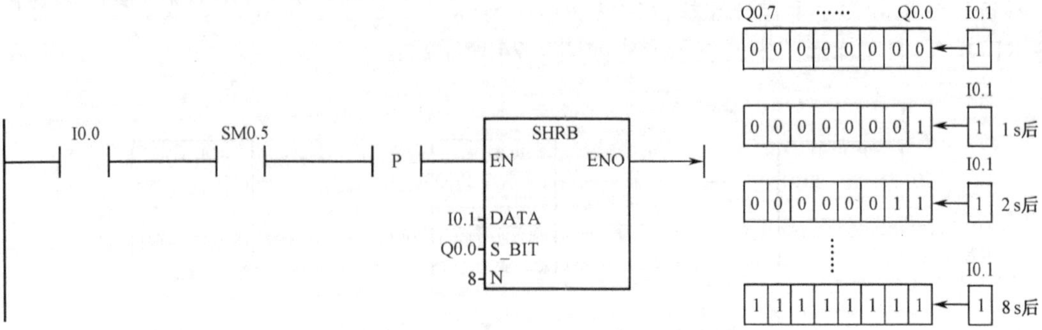

图7-28　移位寄存器的使用说明

4. 填充指令 FILL

填充指令 FILL 用于处理字型数据，指令功能是将字型输入数据 IN 填充到从 OUT 开始的 *N* 个字存储单元。*N* 为字节型数据。图 7-29 所示是填充指令的梯形图表示符号。

5. 比较指令

比较指令用来比较两个数的大小，如表 7-4 所示。

表 7-4　比较指令

比较指令应用对象	起始触点比较	并联触点比较	串联触点比较	比 较 条 件
字节比较	LDBx IN1,IN2	OBx IN1,IN2	ABx IN1,IN2	(=) (>) (<) (<>) (>=) (<=)
字比较	LDWx IN1,IN2	OWx IN1,IN2	AWx IN1,IN2	
双字比较	LDDx IN1,IN2	ODx IN1,IN2	ADx IN1,IN2	
实数比较	LDRx IN1,IN2	ORx IN1,IN2	ARx IN1,IN2	

如图 7-30 所示梯形图表示的含义为：当计数器计数次数大于等于 5 时，输出 Q0.0；计数次数达到 10 时，输出 Q0.1。

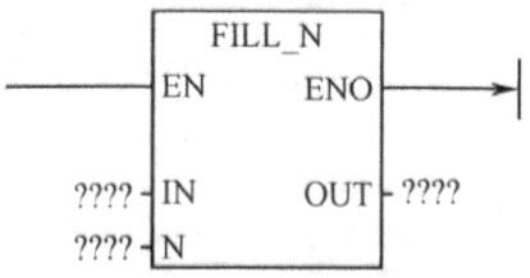

图 7-29　填充指令的梯形图表示符号

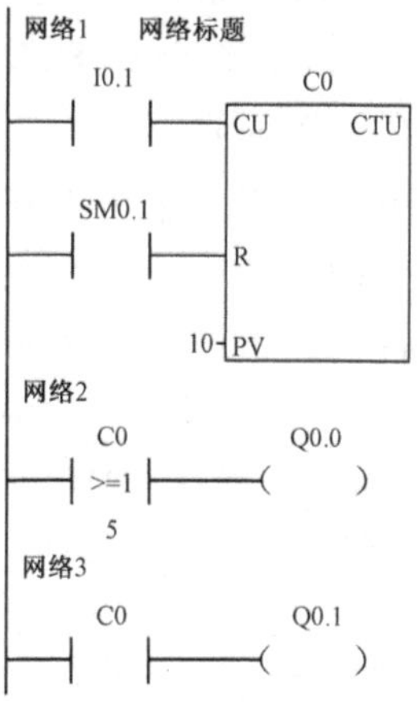

图 7-30　比较指令的应用

7.5　高速脉冲输出指令与高速计数器

1. 高速脉冲输出

1）高速脉冲输出指令

高速脉冲输出可对负载实现高精度的控制，例如项目中对步进电动机的控制。只有晶体管输出类型的 CPU 支持高速脉冲输出功能。

每个 CPU 有两个 PTO/PWM（脉冲列/脉冲宽度调制器）发生器，分别通过数字量输出点 Q0.0 或 Q0.1 输出高速脉冲列或脉冲宽度可调的波形。脉冲输出指令（PLS，见图 7-31）检查为脉冲输出（Q0.0 或 Q0.1）设置的特殊存储器位（SM），然后启动

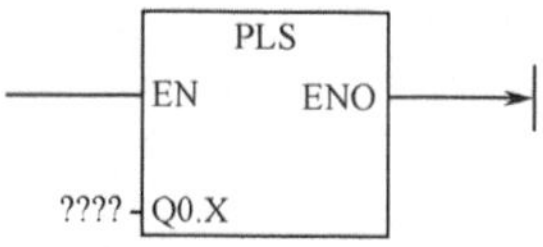

图 7-31　脉冲输出指令的形式

由特殊存储器位定义的脉冲操作。指令的操作数 Q=0 或 1，用于指定是 Q0.0 还是 Q0.1 输出。

PTO/PWM 发生器与输出映像寄存器共同使用 Q0.0 及 Q0.1。当 Q0.0 或 Q0.1 被设置为 PTO 或 PWM 功能时，PTO/PWM 发生器控制输出，在该输出点禁止使用数字输出功能，此时输出波形不受映像寄存器的状态、输出强制或立即输出指令的影响。不使用 PTO/PWM 发生器时，Q 0.0 与 Q0.1 作为普通的数字输出使用。建议在启动 PTO 或 PWM 操作之前，用 R 指令将 Q0.0 或 Q0.1 的映像寄存器置为 0。

脉冲宽度与脉冲周期之比称为占空比，脉冲列（PTO）功能提供周期与脉冲数目可以由用户控制的占空比为 50%的方波输出。周期的单位可以选用μs 或 ms，周期的范围为 10～65 535 μs 或 2～65 535 ms。如果设定的周期为奇数，不能保证占空比为 50%。脉冲计数范围为 1～4 294 967 295。如果周期小于两个时间单位，则周期被默认为两个时间单位。如果指定的脉冲数为 0，则脉冲数默认为 1。

脉冲宽度调制（PWM，简称为脉宽调制）功能提供连续的，周期与脉冲宽度可以由用户控制的输出。周期的变化范围为 10～65 535 μs 或 2～65 535 ms，脉冲宽度的变化范围为 0～65 535 μs 或 0～65 535 ms。

每个 PTO/PWM 生成器有一个 8 位的控制字节，一个 16 位无符号的周期值或脉冲宽度值，以及一个无符号 32 位脉冲计数值。这些值全部存储在指定的特殊存储器（SM）区，它们被设置好后，通过执行脉冲输出指令（PLS）来启动操作。PLS 指令使 S7-200 读取 SM 位，并对 PTO/PWM 发生器进行编程。

2）与 PTO/PWM 有关的特殊存储器

PTO/PWM0 和 PTO/PWMl 的状态字节、控制字节和其他 PTO/PWM 寄存器如表 7-5 所示。如果要装入新的脉冲数、脉冲宽度或周期，应在执行 PLS 指令前将它们装入相应的控制寄存器。

表 7-5　PTO/PWM 控制寄存器与有关的特殊存储器

	Q0.0	Q0.1	描　述
控制字节	SM67.0	SM77.0	PTO/PWM 更新周期值：0 =无更新；1=更新周期
	SM67.1	SM77.1	PWM 更新脉宽时间值：0＝ 无更新；1＝ 更新脉宽
	SM67.2	SM77.2	PTO 更新脉冲值：0＝ 无更新；1＝ 更新脉冲计数
	SM67.3	SM77.3	PTO/PWM 选择：0＝1μs；　　1＝1ms
	SM67.4	SM77.4	PWM 更新方法：0＝ 异步更新；　1＝ 同步更新
	SM67.5	SM77.5	PTO 操作：0＝ 单段操作；　1＝ 多段操作
	SM67.6	SM77.6	PTO/PWM 模式选择：0＝ 选择 PTO；　1＝ 选择 PWM
	SM67.7	SM77.7	PTO/PWM 启用：0＝ 禁用 PTO/PWM；1＝ 启用 PTO/PWM
其他 PTO/PWM 寄存器	SMW68	SMW78	PTO/PWM 周期值（范围：2～65 535）
	SMW70	SMW80	PWM 脉宽值（范围：0～65 535）
	SMD72	SMD82	PTO 脉冲计值（范围：1～4 294 967 295）
	SMB166	SMB176	运行中的段数（仅用于多段 PTO 操作）
	SMW168	SMW178	轮廓表起始位置，用从 V0 开始的字节偏移量表示（仅用于多段 PTO 操作）
	SMB170	SMB180	线性轮廓状态字节
	SMB171	SMB181	线性轮廓结果寄存器
	SMD172	SMD182	手动模式频率寄存器

3）PTO 工作模式

根据管线的实现方式不同，PTO 分为单段管线和多段管线两种工作模式。

（1）单段管线模式。在 PTO 单段管线模式中，每次只能存储一个脉冲串控制参数。在当前脉冲串输出期间，需要为下一个脉冲更新 SM 特色存储器。初始 PTO 一旦启动，则必须按第二个波形的要求改变特色存储器，并再次执行 PLS 指令，第二个脉冲串的属性在单段管线中一直保持到第一个脉冲串发送完成。第一个脉冲串发送完成，接着输出第二个波形，这样可以实现多段脉冲串的连续输出。

（2）多段管线模式。在 PTO 多段管线模式中，在变量存储区 V 建立一个包络表，存放每个脉冲串的参数。执行 PLS 指令时，CPU 自动从 V 存储区包络表中读出每个脉冲串的参数。多段管线 PTO 常用于步进电动机的控制。

包络是一个预先定义的以位置为横坐标，以速度为纵坐标的曲线，它是运动的图形描述。包络表由包络段数和各段构成，每段长度为 8 个字节，由 16 位周期增量值和 32 位脉冲个数值组成，其格式如表 7-6 所示。选择多段操作时，必须装入包络表在 V 存储器中的起始地址偏移量（SMW168 和 SMW178）。包络表中的时间基准可以选择μs 或 ms，所有周期值必须使用同一个时间基准，且在包络运行时时间基准不能改变。

表 7-6　多段 PTO 包络表的格式

字节偏移量	包 络 段 数	描　　述
VBn		包络表中的段数 1～255（0 作为脉冲的段数表示不参数 PTO 输出）
VBn+1	段 1	初始周期（2～65 536 时间基准单位）
VBn+3		每个脉冲的周期增量（有符号值–32 768～32 767，单位为μs 或 ms） 正值表示增加周期，负值表示减小周期，0 表示不变
VBn+5		脉冲数（1～4 294 967 295）
VBn+9	段 2	初始周期（2～65 536 时间基准单位）
VBn+11		每个脉冲的周期增量（有符号值–32 768～32 767，单位为μs 或 ms）
VBn+13		脉冲数（1～4 294 967 295）
VBn+17	段 3	初始周期（2～65 536 时间基准单位）
VBn+19		每个脉冲的周期增量（有符号值–32 768～32 767，单位为μs 或 ms）
VBn+21		脉冲数（1～4 294 967 295）

案例 7-1　单段 PTO 编程如图 7-32 所示。

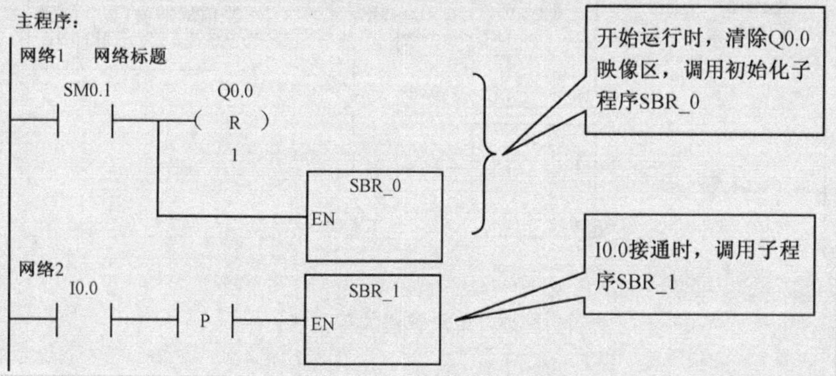

图 7-32　单段管线编程

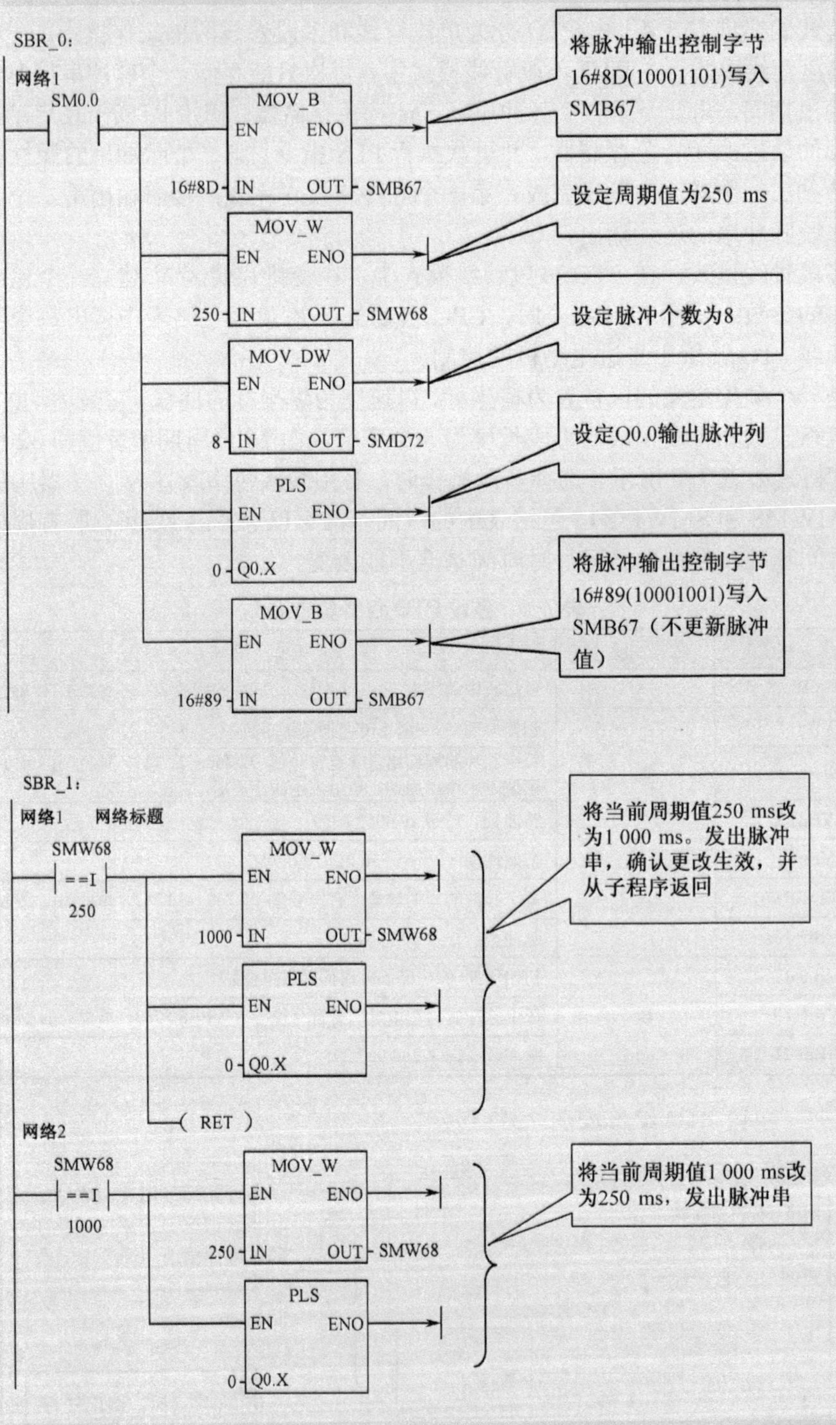

图 7-32　单段管线编程（续）

程序运行结果得到各 8 个，周期交替为 250 ms 和 1 000 ms 的脉冲串。

案例 7-2 多段管线编程。步进电动机的加速和减速控制。

步进电动机运行要求如图 7-33 所示。

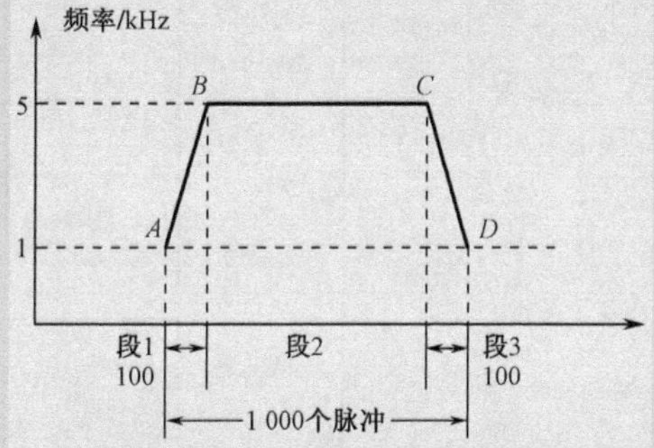

图 7-33 步进电动机运行要求

分析：步进电动机运行分三段，第一段为加速运行，第二段为匀速运行，第三段为减速运行。起始段和终止段的脉冲频率为 1 kHz（周期为 1 000 μs），脉冲数各为 100 个；中间段脉冲数为 800 个，频率为 5 kHz（周期为 200 μs）。

根据以上数据，可得出三段速的控制包络表，如表 7-7 所示，设定 VB300 作为起始存储单元。

表 7-7 步进电动机控制包络表

字节偏移量	包 络 段 数	参数值	描 述
VB300		3	包络表共三段
VW301	段 1	1 000 μs	段 1 初始周期
VW303		−8 μs	段 1 脉冲周期增量
VD305		100	段 1 脉冲数
VW309	段 2	200 μs	段 2 初始周期
VW311		0	段 2 脉冲周期增量
VD313		800	段 2 脉冲数
VW317	段 3	200	段 3 初始周期
VW319		8μs	段 3 脉冲周期增量
VD321		100	段 3 脉冲数

程序如图 7-34 所示。

2. 高速计数器

PLC 的普通计数器的计数过程与扫描工作方式有关，CPU 通过每一扫描周期读取一次被测信号的方法来捕捉被测信号的上升沿，被测信号的频率较高时，会丢失计数脉冲，因为普通计数器的工作频率很低，一般仅有几十赫兹。高速计数器可以对普通计数器无能为力的事件进行计数，S7-200 有 6 个高速计数器 HSC0～HSC5，可以设置多达 12 种不同的操作模式。

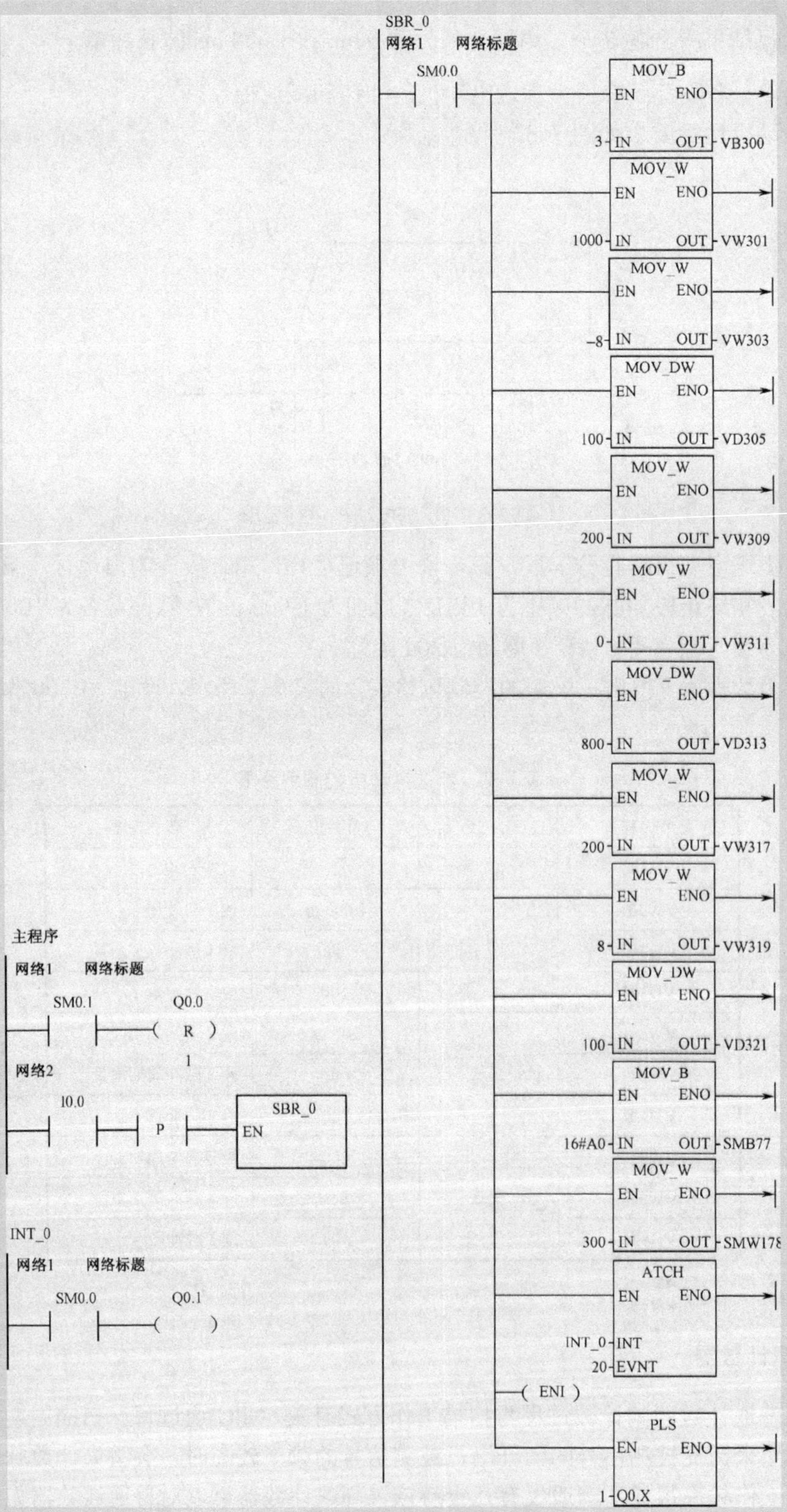

图 7-34　步进电动机多段速控制程序

一般来说，高速计数器被用来作为鼓形定时器使用，设备有一个安装了增量式编码器的轴，它以恒定的转速旋转。编码器每圈发出一定数量的计数时钟脉冲和一个复位脉冲，作为高速计数器的输入。高速计数器有一组预置值，开始运行时装入第一个预置值，当前计数值小于当前预置值时，设置的输出有效。当前计数值等于预置值或有外部复位信号时，产生中断。发生当前计数值等于预置值的中断事件时，装载新的预置值，并设置下一阶段的输出。有复位中断事件发生时，设置第一个预置值和第一个输出状态，循环又重新开始。

因为中断事件产生的速率远远低于高速计数器计数脉冲的速率，用高速计数器可以实现高速运动的精确控制，并且与 PLC 的扫描周期关系不大。

1）高速计数器的工作模式

高速计数器的工作模式分为下面 4 大类。

（1）无外部方向输入信号的单相加/减计数器（模式 0～2）：可以用高速计数器的控制字节的第 3 位来控制加计数或减计数。该位为 1 时为加计数，为 0 时为减计数。

（2）有外部方向输入信号的单相加/减计数器（模式 3～5）：方向输入信号为 1 时为加计数，为 0 时为减计数。

（3）有加计数时钟脉冲和减计数时钟脉冲输入的双相计数器（模式 6～8）：若加计数脉冲和减计数脉冲的上升沿出现的时间间隔不到 0.3 ms，高速计数器会认为这两个事件是同时发生的，当前值不变，也不会有计数方向变化的指示。反之，高速计数器能够捕捉到每一个独立事件。

（4）A/B 相正交计数器（模式 9～11）：它的两路计数脉冲的相位互差 90°（见图 7-35），正转时 A 相时钟脉冲比 B 相时钟脉冲超前 90°，反转时 A 相时钟脉冲比 B 相时钟脉冲滞后 90°。利用这一特点可以实现在正转时加计数，反转时减计数。

A/B 相正交计数器可以选择 1 倍频（1×）模式（见图 7-35）和 4 倍频（4×）模式（见图 7-36）。在 1 倍频模式，时钟脉冲的每一周期计 1 次数；在 4 倍频模式，时钟脉冲的每一周期计 4 次数。

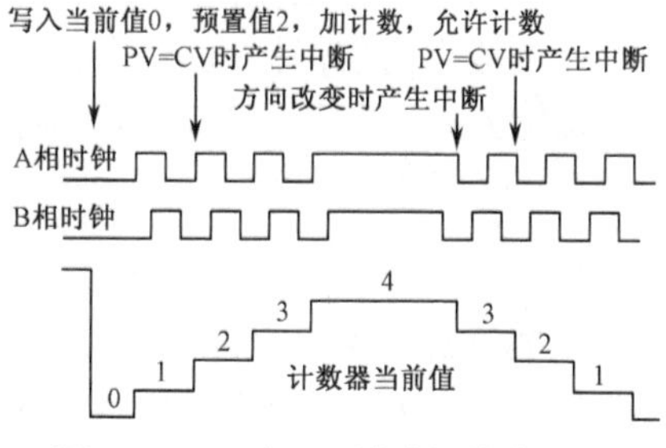

图 7-35　正交 1×模式操作举例

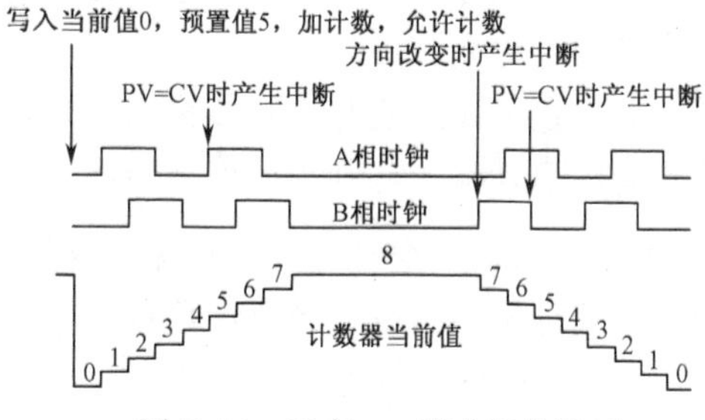

图 7-36　正交 4×模式操作举例

两相计数器的两个时钟脉冲可以同时工作在最大速率，全部计数器可以同时以最大速率运行，互不干扰。

根据有无复位输入和启动输入，上述的 4 类工作模式又可以各分为 3 种，因此 HSC1 和 HSC2 有 12 种工作模式；HSC0 和 HSC4 因为没有启动输入，只有 8 种工作方式；HSC3 和 HSC5 只有时钟脉冲输入，所以只有 1 种工作方式。

2）高速计数器的外部输入信号

高速计数器的外部输入信号如表 7-8 所示。有些高速计数器的输入点相互间，或它们与边沿中断（I0.0～I0.3）的输入点有重叠，同一输入点不能同时用于两种不同的功能。但是高速计数器当前模式未使用的输入点可以用于其他功能。例如，HSC0 工作在模式 1 时只使用 I0.0 及 I0.2，I0.1 可供边沿中断或 HSC3 使用。

表 7-8　高速计数器的外部输入信号

模式	中断描述	输入点			
	HSC0	I0.0	I0.1	I0.2	
	HSCl	I0.6	I0.7	I1.0	I1.1
	HSC2	I1.2	I1.3	I1.4	I1.5
	HSC3	I0.1			
	HSC4	I0.3	I0.4	I0.5	
	HSC5	I0.4			
0	带内部方向输入信号的单相加/减计数器	时钟			
1		时钟		复位	
2		时钟		复位	启动
3	带外部方向输入信号的单相加/减计数器	时钟	方向		
4		时钟	方向	复位	
5		时钟	方向	复位	启动
6	带加/减计数时钟脉冲输入的双相计数器	加时钟	减时钟		
7		加时钟	减时钟	复位	
8		加时钟	减时钟	复位	启动
9	A/B 相正交计数器	A 相时钟	B 相时钟		
10		A 相时钟	B 相时钟	复位	
11		A 相时钟	B 相时钟	复位	启动

当复位输入信号有效时，将清除计数当前值并保持清除状态，直至复位信号关闭。当启动输入有效时，将允许计数器计数。关闭启动输入时，计数器当前值保持恒定，时钟脉冲不起作用。如果在关闭启动时使复位输入有效，将忽略复位输入，当前值不变。如果激活复位输入后再激活启动输入，则当前值被清除。

3）高速计数器指令与有关的特殊存储器

（1）高速计数器指令：高速计数器指令 HDEF 为指定的高速计数器（HSC）设置一种工作模式（MODE）。每个高速计数器只能用一条 HDEF 指令。可以用首次扫描存储器位 SM0.1，在第一个扫描周期调用包含 HDEF 指令的子程序来定义高速计数器。高速计数器指令（HSC）用于启动编号为 N 的高速计数器。HSC 与 MODE 为字节型常数，N 为字型常数。高速计数器指令如图 7-37 所示。

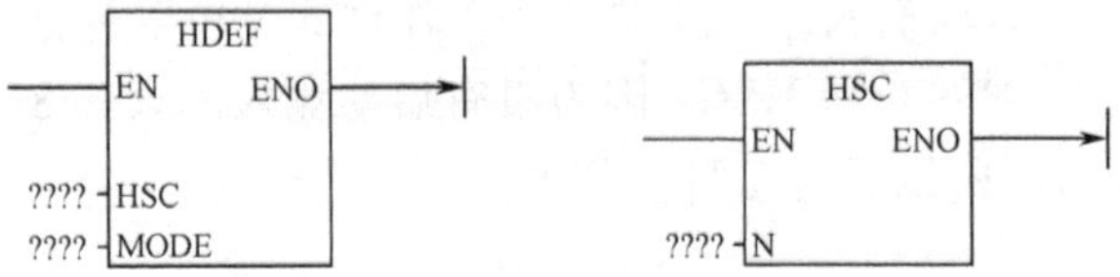

图 7-37　高速计数器指令

（2）高速计数器的状态字节：每个高速计数器都有一个状态字节，给出了当前计数方向和当前值是否大于或等于预置值（见表 7-9）。只有在执行高速计数器的中断程序时，状态位才有效。监视高速计数器状态的目的是响应正在进行的操作所引发的事件产生的中断。

表 7-9　HSC 的状态字节

HSC0	HSC1	HSC2	HSC3	HSC4	HSC5	描　述
SM36.5	SM46.5	SM56.5	SM136.5	SM146.5	SM156.5	计数方向：0=减计数；1=加计数
SM36.6	SM46.6	SM56.6	SM136.6	SM146.6	SM156.6	0=当前值不等于预置值；1=当前值等于预置值
SM36.7	SM46.7	SM56.7	SM136.7	SM146.7	SM156.7	0=当前值小于预置值；1=当前值大于预置值

（3）高速计数器的控制字节：只有定义了高速计数器和它的计数模式，才能对高速计数器的动态参数进行编程。各高速计数器均有一个控制字节，各位的意义如表 7-10 所示。执行 HSC 指令时，CPU 检查控制字节和有关的当前值与预置值。

表 7-10　高速计数器的控制字节

HSC0	HSC1	HSC2	HSC3	HSC4	HSC5	描　述
SM37.0	SM47.0	SM57.0		SM147.0		0=复位信号高电平有效；1=复位信号低电平有效
	SM47.1	SM57.1				0=启动信号高电平有效；1=启动信号低电平有效
SM37.2	SM47.2	SM57.2		SM147.2		0=4 倍频模式；1=1 倍频模式
SM37.3	SM47.3	SM57.3	SM137.3	SM147.3	SM157.3	0=减计数；1=加计数
SM37.4	SM47.4	SM57.4	SM137.4	SM147.4	SM157.4	写入计数方向：0=不更新；1=更新
SM37.5	SM47.5	SM57.5	SM137.5	SM147.5	SM157.5	写入预置值：0=不更新；1=更新
SM37.6	SM47.6	SM57.6	SM137.6	SM147.6	SM157.6	写入当前值：0=不更新；1=更新
SM37.7	SM47.7	SM57.7	SM137.7	SM147.7	SM157.7	HSC 允许：0=禁止；1=允许

执行 HDEF 指令之前必须将这些控制位设置成需要的状态，否则计数器将采用所选计数器模式的默认设置。默认设置为：复位输入和启动输入高电平有效，正交计数速率为输入时钟频率的 4 倍。执行 HDEF 指令后，就不能再改变计数器设置，除非 CPU 进入停止模式。

（4）预置值和当前值的设置：各高速计数器均有一个 32 位的预置值和一个 32 位的当前值，预置值和当前值均为有符号双字整数。为了向高速计数器写入新的预置值和当前值，必须先设置控制字节，令其第 5 位和第 6 位为 1，允许更新预置值和当前值，并将预置值和当前值存入表 7-11 所示的特殊存储器中，然后执行 HSC 指令，从而将新的值送给高速计数器。

表 7-11　高速计数器的控制字节

高速计数器	HSC0	HSC1	HSC2	HSC3	HSC4	HSC5
新的当前值	SMD38	SMD48	SMD58	SMD138	SMD148	SMD158
新的预置值	SMD42	SMD52	SMD62	SMD142	SMD152	SMD162

高速计数器的当前值（双字）可以用 HCx（HC 为高速计数器当前值，x=0～5）的格式读出。因此，读操作可以直接访问当前值，但是写操作只能用上述的 HSC 指令来实现。

在所有的模式下，高速计数器的当前值等于预置值时都会产生中断。如果使用有外部复位输入的计数器模式，外部复位有效时产生中断。除模式 0、1 及 2 以外，其他计数器模式在计数方向改变时可以产生中断，每个中断条件可以分别被允许或禁止。

使用外部复位中断时，不要写入新的当前值，或在与该事件相连的中断程序中先禁止再允许高速计数器工作，否则将会产生一个致命错误。

图 7-38 所示是计数器 HSC1 的一段初始化程序。

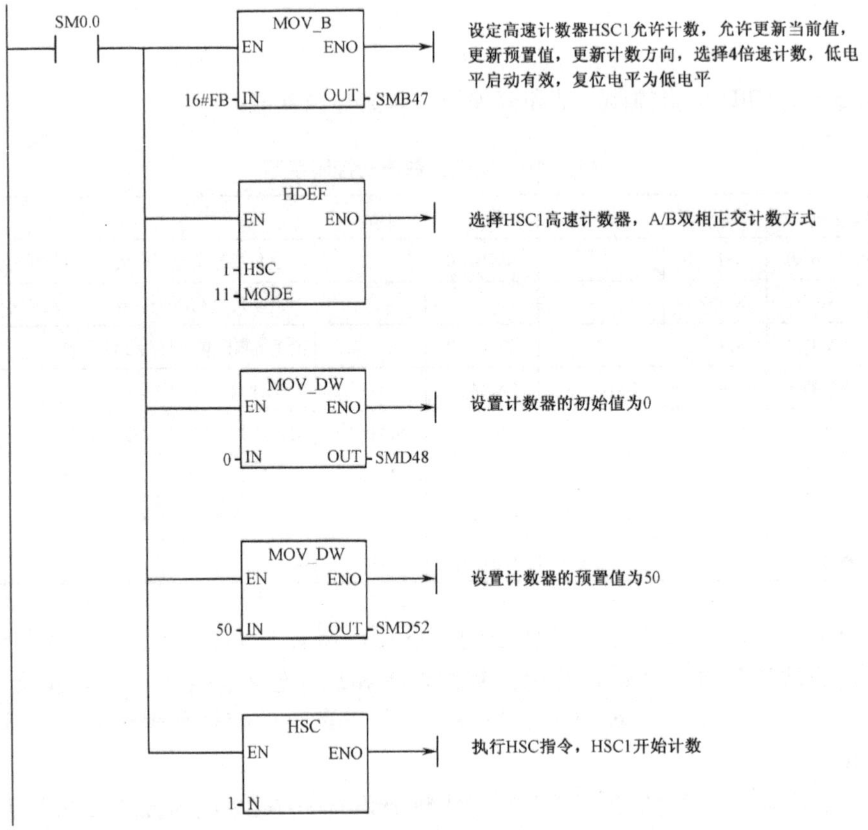

图 7-38　高速计数器初始化程序举例

实例 7-3　某传输带的旋转轴上连接了一个 A/B 两相正交脉冲的旋转编码器。计数脉冲的个数代表旋转轴的位置，即加工器件的传送位移量。旋转编码器旋转一圈产生 10 个 A/B 相脉冲和 1 个复位脉冲，需要在第 5 个和第 8 个脉冲所代表的位置之间打开电磁阀将其进行清洗，其余位置不对加工器件进行清洗。

分析：设电磁阀的打开、关闭由 Q0.0 进行控制，A 相接 I0.0，B 相接 I0.1，复位脉冲接 I0.2，利用 HSC0 的 CV=PV 进行中断，程序如图 7-39 所示。

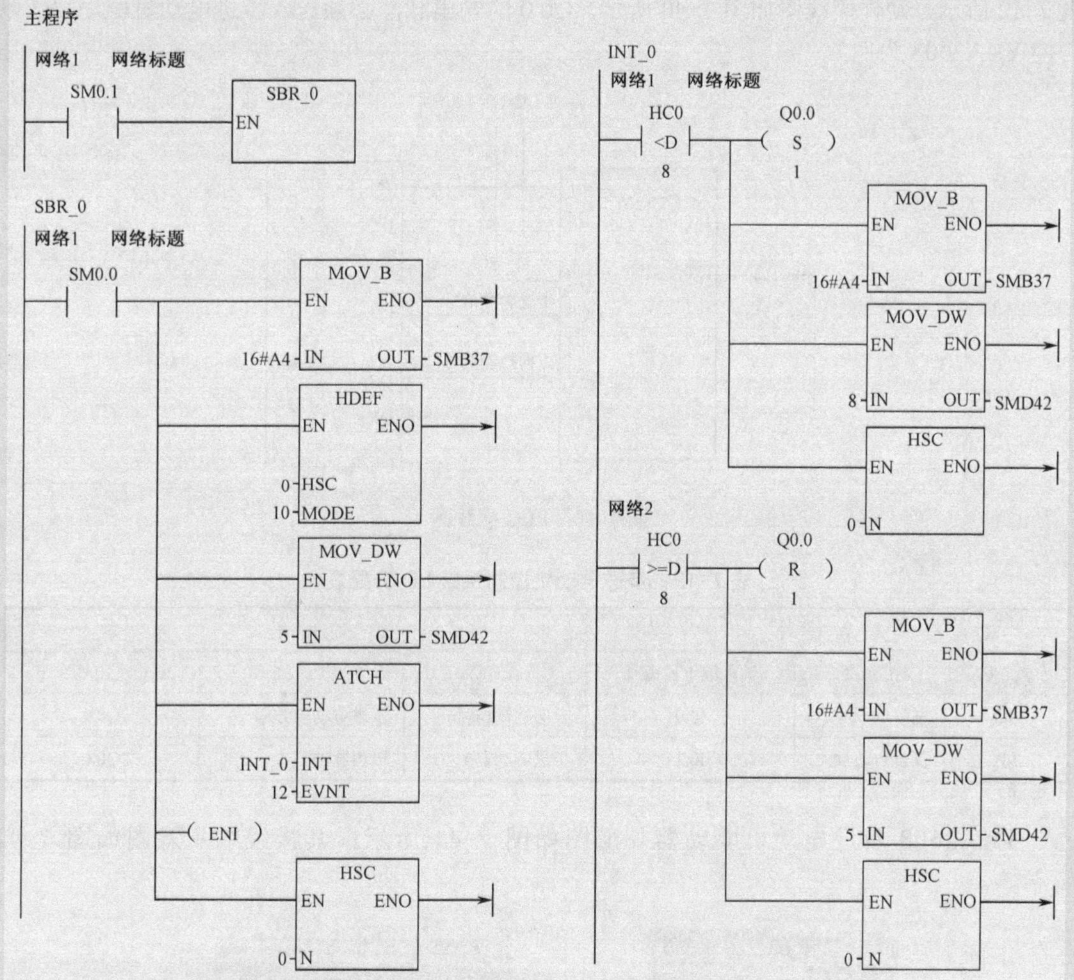

图7-39 高速计数器的应用

项目实施：机械手步进电动机的PLC控制

1. 系统控制要求、工艺过程分析

（1）机械手由步进电动机驱动在 *X* 轴方向移动。

（2）要求机械手移动到限位开关位置自动停止。

由步进电动机的工作原理知，必须给步进电动机提供脉冲信号。可由 PLC 脉冲输出端输出高速脉冲，并通过主程序、子程序、中断程序设置脉冲输出程序。

2. PLC 选型和资源配置

为系统启动提供一个输入信号，输出采用 Q0.0，仅仅考虑本项目要求的实现，则 I/O 要求较少，可以选用各种型号的PLC。在本例中以西门子S7-200/CPU 226为例，I/O分配表如表7-12所示，硬件接线图如图7-40所示。Q0.0的输出脉冲必须送入步进电动机驱动器（以研控YKA2608为例）。

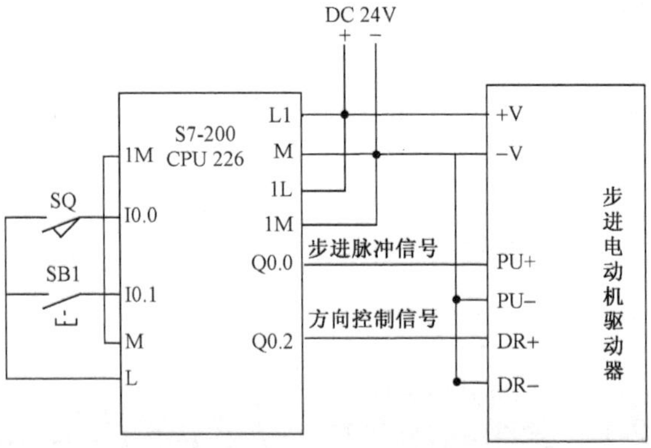

图7-40　PLC接线图

表7-12　步进电动机控制系统I/O分配表

输入信号			输出信号		
名　称	功　　能	输入继电器编号	名　称	功　　能	输出继电器编号
SQ	左限位	I0.0	方向控制信号+	步进电动机方向	Q0.2
SB	复位启动	I0.1	步进驱动器+	输出脉冲列	Q0.0

YKA2608步进电动机驱动器外形图如图7-41所示；其接线端示意图如图7-42所示。

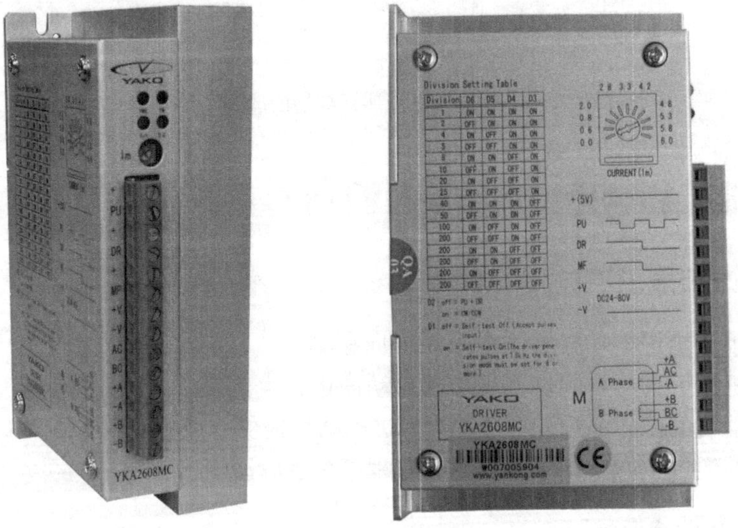

（a）　　（b）

图7-41　YKA2608步进电动机驱动器

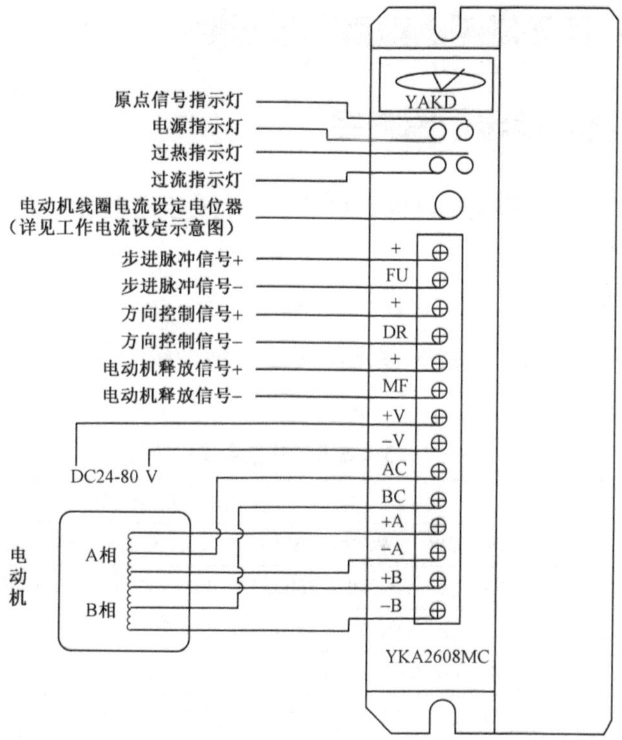

图 7-42　YKA2608 步进电动机驱动器接线端示意图

3. PLC 程序设计

使机械手在 X 轴方向复位的参考程序如图 7-2 所示。

4. 系统安装与调试

1）程序输入及调试

（1）按图 7-2 所示程序在编程软件上输入梯形图。

（2）将程序下载至 PLC。

（3）按图 7-40 所示接入输入信号，用按钮代替机械手控制系统上的复位启动按钮，用行程开关代替机械手控制系统上的限位开关。按控制要求，按下复位启动按钮，观察 Q0.0 是否有输出。增加输出脉冲的周期，观察到 Q0.0 闪烁，则脉冲输出程序调试完毕，将周期值改回原值。按下复位启动按钮，Q0.0 发出脉冲，操作限位开关，模拟机械手运动到复位位置，Q0.0 脉冲输出停止，则程序调试完成。

2）系统安装、调试

按图 7-40 所示进行系统的安装、接线（系统安装和软件设计、调试可以同时进行）。将调试正确的程序下载至 PLC，根据系统控制要求，按下复位启动按钮，观察步进电动机是否工作，机械手按规定方向移动，当机械手移动到左限位时，自动停止。如按下复位按钮，机械手不能正常动作或不能在规定位置停止，应查找线路故障和机械故障并排除。

知识拓展：其他常用高级指令及应用

7.6 算术运算与逻辑运算指令

现代 PLC 能对数据进行运算，也是 PLC 控制相对于继电器控制的优势，是现代 PLC 与传统 PLC 的主要区别。

1．算术运算指令

算术运算指令包含加法、减法、乘法、除法、增 1/减 1 和一些常用的数学函数指令，操作数的类型如表 7-13 所示。

表 7-13　算术运算指令操作数类型

输入/输出	起始触点比较	操　作　数
IN1、IN2	INT	IW、QW、VW、MW、SMW、SW、T、C、LW、AC、AIW、*VD、*AC、*LD、常数
	DINT	ID、QD、VD、MD、SMD、SD、LD、AC、HC、*VD、*AC、*LD、常数
	REAL	ID、QD、VD、MD、SMD、SD、LD、AC、*VD、*AC、*LD、常数
OUT		IW、QW、VW、MW、SMW、SW、T、C、LW、AC、*VD、*AC、*LD
		ID、QD、VD、MD、SMD、SD、LD、AC、*VD、*AC、*LD
		ID、QD、VD、MD、SMD、SD、LD、AC、*VD、*AC、*LD

1）加法、减法、乘法、除法指令

加法、减法指令可以对整数、双整数、实数进行操作。加、减法的使用如图 7-43 所示。梯形图的运行结果是当 I0.0 动作时，将 VW100 中的数据加上 100，VD10 中的数据减去 100。其他加、减法指令的使用方法相同。

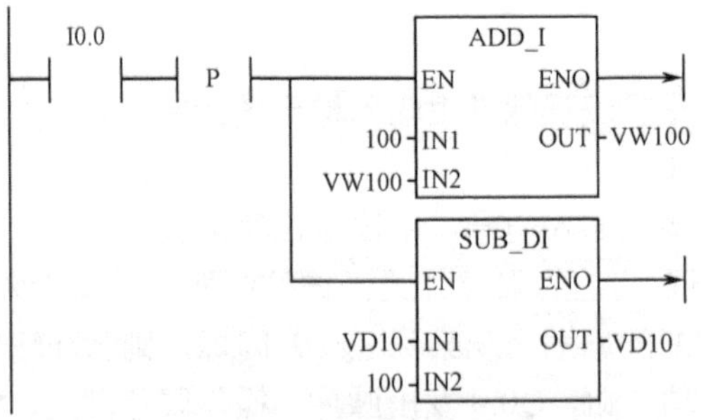

图 7-43　加、减法指令应用举例

乘法、除法指令除可以对整数、双整数、实数进行操作外，还可执行完全整数的操作。完全整数操作是将两个 16 位的有符号整数相乘，产生 1 个 32 位的双整数结果。其使用方法和加、减法指令的使用基本相同。

2）增 1/减 1 指令

增 1/减 1 指令的操作数类型可以是字节（_B）、字（_W）或双字（_DW），其中字节增

1/减 1 只能是无符号整数，其余类型的操作数为有符号整数。增 1/减 1 指令的梯形图形式及应用如图 7-44 所示，其梯形图的运行结果是：当 I0.1 每接通 1 次，VB100（字节）中的数据加 1，VW10（字）中的数据减 1。

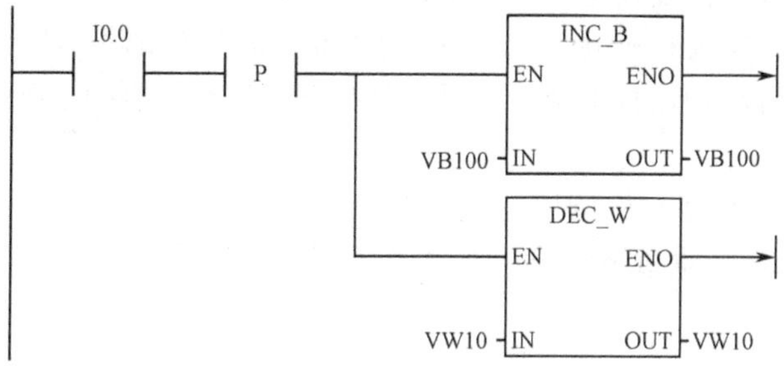

图 7-44　增 1/减 1 指令应用举例

3）常用数学函数指令

常用数学函数指令包括平方根（SQRT）、自然对数（LN）、自然指数（EXP）、正弦（SIN）、余弦（COS）、正切（TAN）等，这些常用的数学函数指令实质是浮点数函数指令。图 7-45 所示是利用自然对数和自然指数实现 2 的 3 次方的运算程序。

2. 逻辑运算指令

逻辑运算指令对无符号数按位进行逻辑“取反”（INV）、“与”（WAND）、“或”（WOR）、“异或”（WXOR），原理与数字电子技术中的运算相同。如图 7-46 所示为逻辑与的一段应用程序，它将 VW100 与 VW102 中的内容相与，运算结果存于 VW102 中。

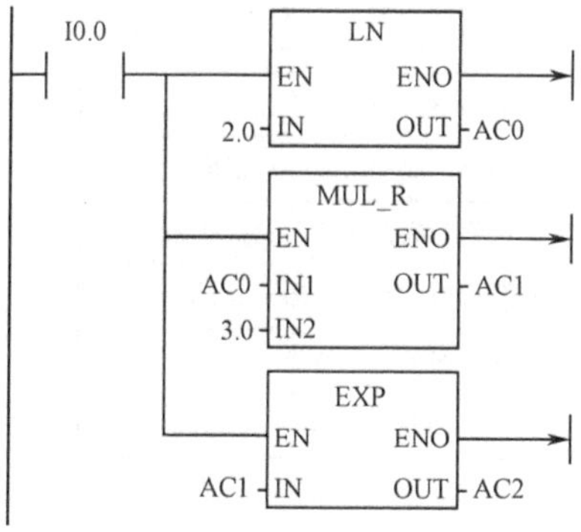

图 7-45　2 的 3 次方运算程序

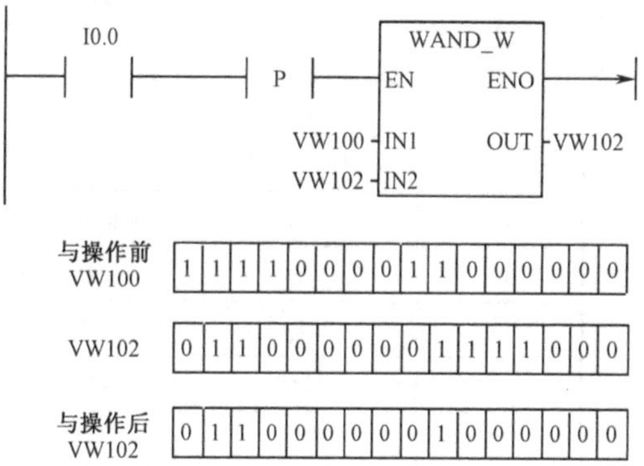

图 7-46　逻辑与操作举例

7.7　PID 回路控制指令

在过程控制中，经常涉及模拟量的控制，构成闭环控制系统。而对于模拟量的处理，除了要对模拟量进行采样检测外，一般还要对采样值进行 PID（Proportional Integral Derivative，比例+积分+微分）运算，根据运算结果，完成对模拟量的控制作用。

在S7-200中，通过PID回路指令来处理模拟量是非常方便的。

1. PID算法

在工业现场中，经常需要使某个物理量保持恒定，例如恒温控制箱中的温度，供水中的水压。PID根据被控制输入的模拟物理量的实际数值与设定值的相对差值，按照PID算法计算的结果，输出到执行机构进行调节，最后达到自动维持被控制的量跟随用户设定的目标值变化的目的。

典型的PID算法一般包括比例项、积分项、微分项。设偏差（E）为系统给定值（SP）与过程变量（PV）之差，即回路偏差，则输出 $M(t)$ 与比例项、积分项和微分项的运算关系为

$$M(t)=K_C\times e+K_C\int e\,\mathrm{d}t+M_0+K_C\,\mathrm{d}e/\mathrm{d}t \tag{7-1}$$

式中的各个量都是时间 t 的连续函数，K_C 为回路增益，M_0 为回路输出的初始值。

为了便于计算机处理，需要将连续函数通过周期性采样的方式离散化。式（7-1）可以转化为在计算机中实际使用的式（7-2）。

$$M_n=K_C\times(SP_n-PV_n)+K_C\times T_S/T_I\times(SP_n-PV_n)+MX+K_C\times T_D/T_S\times(PV_{n-1}-PV_n) \tag{7-2}$$

2. PID参数表及初始化

在式（7-2）中，共包含9个参数，用于进行PID运算的监视和控制。在执行PID指令前，要建立一个PID参数表，格式如表7-14所示。

表7-14　PID回路参数表

地址偏移量	参　数	数据格式	参数类型	说　明
0	PV_n	实数	输入	过程变量，0.0～1.0之间
4	SP_n	实数	输入	给定值，0.0～1.0之间
8	M_n	实数	输入/输出	输出值，0.0～1.0之间
12	K_C	实数	输入	增益，比例常数，可正可负
16	T_S	实数	输入	采样时间，单位为s，正数
20	T_I	实数	输入	积分时间，单位为min，正数
24	T_D	实数	输入	微分时间，单位为min，正数
28	MX	实数	输入/输出	积分项前项，0.0～1.0之间
32	PV_{n-1}	实数	输入/输出	最近一次PID运算的过程变量
36～76	保留给自整定变量	实数	输入/输出	

为执行PID指令，要对PID参数表进行初始化处理，即将PID参数表中有关的参数（给定值 SP_n、回路增益 K_C、采样时间 T_S、积分时间常数 T_I、微分时间常数 T_D），按照地址偏移量写入到变量寄存器V中。一般是调用一个子程序，在子程序中，对PID参数表进行初始化处理。

实例7-4　设PID参数表的首地址为VD100，SP_n 为0.6，K_C 为0.5，T_S 为1 s，T_I 为10 min，T_D 为5 min，则PID参数表的初始化程序如图7-47所示。

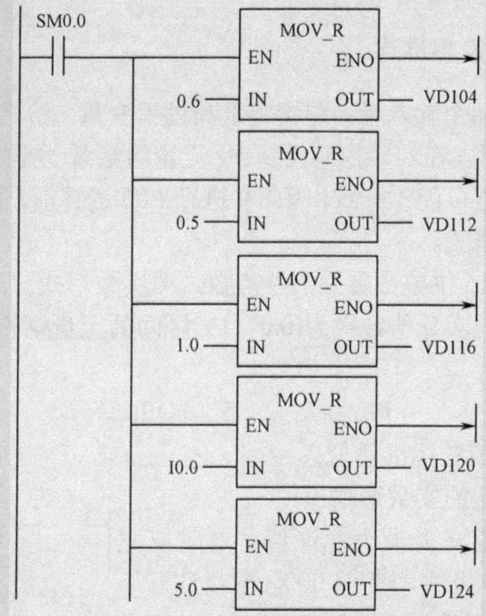

图 7-47 PID 参数表初始化程序

3. PID 回路控制指令

PID 指令的功能是进行 PID 运算。图 7-48 所示是 PID 指令的梯形图形式。

指令中，TBL 是参数表的首地址，是由变量寄存器 VB 指定的字节型数据；LOOP 是回路号，是 0～7 的常数。当允许输入 EN 有效时，根据 PID 参数表中的输入信息和组态信息，进行 PID 运算。在 S7-200 的应用程序中，最多可以使用 8 条 PID 指令，即在一个应用程序中，最多可以使用 8 个 PID 控制回路，一个 PID 控制回路只能使用 1 条 PID 指令，每个 PID 控制回路必须使用不同的回路号。

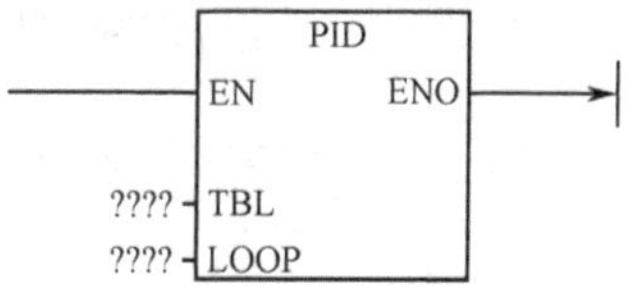

图 7-48 PID 指令的梯形图形式

4. PID 的组合选择

PID 运算是比例+积分+微分运算的组合，在很多控制场合，往往只需要 PID 中的 1 种或 2 种运算（如 PI 运算），不同运算功能的组合选择可以通过设定不同的参数来实现。

1）不需要积分运算

此时，关闭积分控制回路，将积分时间常数设置为无穷大，虽然有初始值 *MX* 使积分项不为 0，但是其作用可忽略。

2）不需要微分运算

此时，将微分时间常数设置为 0，即可关闭微分控制回路。

3）不需要比例运算

此时，将回路增益 K_C 设置为 0，即可关闭比例控制回路，但是积分项和微分项与 K_C 有关系，因此约定，此时用于积分项和微分项的增益为 1。

5．输入模拟量的转换及标准化

每个 PID 控制回路有两个输入量，即给定量和过程变量。给定量一般为固定数值，而过程变量则受 PID 的控制作用。在实际控制问题中，无论给定量还是过程变量都是工程实际值，它们的取值范围和测量单位可能不一致，因此在进行 PID 运算前，必须将工程实际值标准化，即转换成无量纲的相对值格式。

（1）将工程实际值由 16 位整数转换为浮点数，即实数形式。

（2）将实数形式的工程实际值转换为[0.0，1）区间的无量纲相对值，即标准化值，又称为归一化值，转换公式为

$$R_{\mathrm{Norm}}=R_{\mathrm{RaW}}\ /\ S_{\mathrm{pan}}+\mathrm{Offset} \qquad (7-3)$$

式中：R_{Norm}——工程实际值的标准化值；

R_{RaW}——工程实际值的实数形式值：

S_{pan}——最大允许值减去最小允许值，通常取 32 000（单极性）或 64 000（双极性）；

Offset——取 0（单极性）或 0.5（双极性）。

对一个双极性的输入模拟量进行转换的标准化程序如图 7-49 所示。

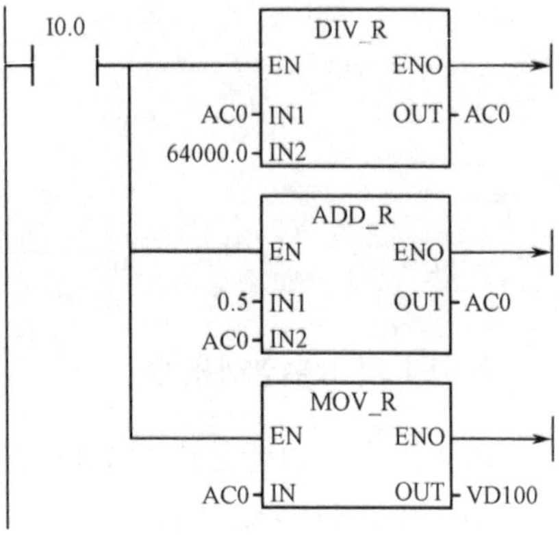

图 7-49　输入模拟量的转换

6．输出模拟量转换为工程实际值

在对模拟量进行 PID 运算后，对输出产生的控制作用是在[0.0～1]范围的标准化值，为了能够驱动实际的驱动装置，必须将其转换成工程实际值。

1）将标准化值转换为按工程量标定的工程实际值的实数格式

这一步实质上是式（7-3）的逆运算，将式（7-3）赋以实际意义，并作整理，得到：

$$R_{\mathrm{scal}}=(M_{\mathrm{n}}-\mathrm{Offset})\times S_{\mathrm{pan}} \qquad (7-4)$$

式中，R_{scal}——按工程量标定的过程变量的实数格式；

M_{n}——过程变量的标准化值。

2）将已标定的工程实际值的实数格式转换为 16 位整数格式

下面的程序段将 PID 控制回路输出转换为按工程量标定的整数值。

```
MOVR VDl08，AC0        //将输出结果存入 AC0
–R0.5，AC0             //对于双极性的场合（单极性时无此条语句）
×R64000.0，AC0         //将 AC0 中的值按工程量标定
TRUNC AC0，AC0         //将实数转换为 32 位整数
MOVW   AC0，AQW0       //将 16 位整数值输出到模拟量模板
```

7．PID 指令的控制方式

在 S7-200 中，PID 指令没有考虑手动/自动控制的切换方式。所谓自动方式，是指只要

PID 功能框的允许输入 EN 有效，就将周期性地执行 PID 运算指令。而手动方式是指 PID 功能框的允许输入 EN 无效时，不执行 PID 运算指令。

在程序运行过程中，如果 PID 指令的 EN 输入有效，即进行手动/自动控制切换。为了保证在切换过程中无扰动、无冲击，在手动控制过程中，就要将设定的输出值作为 PID 指令的一个输入（作为 M_n 参数写到 PID 参数表中），使 PID 指令根据参数表的值进行下列操作。

（1）使 SP_n（设定值）$=PV_n$（过程变量）。

（2）使 PV_{n-1}（前一次过程变量）$=PV_n$。

（3）使 MX（积分值）$=M_n$（输出值）。

一旦 EN 输入有效（从 0～1 的跳变），就从手动方式无扰切换到自动方式。

7.8　运料小车多种工作方式的控制

送料小车在生产中被经常使用，一般用来在两地或多地间实现物资的运输，如给加热炉加料等。现场小车系统的控制根据需要可能有多种方式，如点动控制、单周期控制、连续控制等，此时仅仅使用简单的 PLC 基本指令及步进指令来设计程序是比较复杂的。利用功能强大的功能指令或子程序来实现程序块之间的组织则使设计变得简单、易行。

1．某小车控制系统控制要求

图 7-50 所示是某送料小车工作示意图。小车由电动机拖动，电动机正转时小车前进，电动机反转时小车后退。对送料小车控制的要求如下。

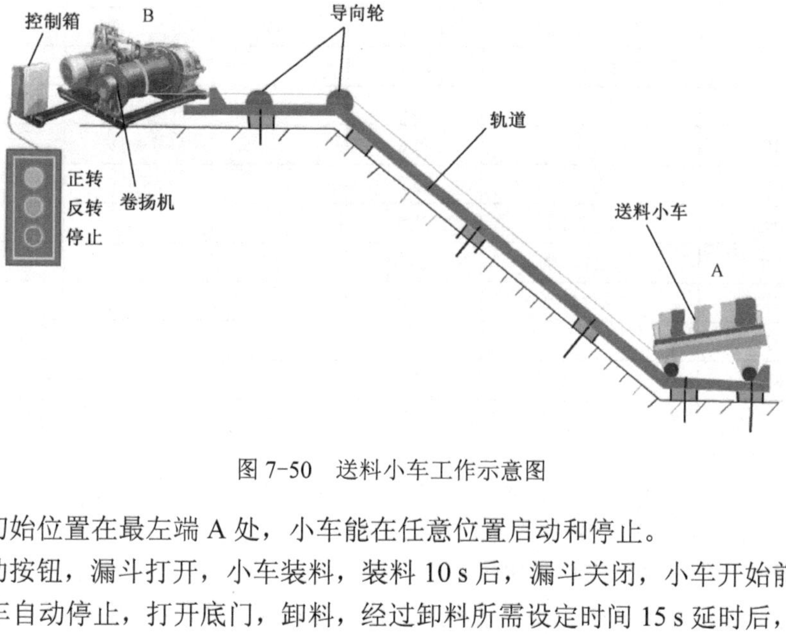

图 7-50　送料小车工作示意图

小车的初始位置在最左端 A 处，小车能在任意位置启动和停止。

按下启动按钮，漏斗打开，小车装料，装料 10 s 后，漏斗关闭，小车开始前进。到达卸料 B 处，小车自动停止，打开底门，卸料，经过卸料所需设定时间 15 s 延时后，小车自动返回装料 A 处。然后再装料，如此自动循环。对小车工作系统有如下几种控制要求。

1）手动工作方式

（1）单一操作。即可用相应按钮来接通或断开各负载。这种工作方式下，选择开关置于手动挡。

（2）返回原位。按下返回原位按钮，小车自动返回初始位置。这种工作方式下，选择开关置于返回原位挡。

2）自动工作方式

（1）连续。小车处于原位，按下启动按钮，小车按前述工作过程连续循环工作。按下停止按钮，小车返回原位后，停止工作。这种工作方式下，选择开关置于连续操作挡。

（2）单周期。小车处于原位，按下启动按钮后，小车系统开始工作，工作一个周期后，小车回到初始位置停止。

2. 小车控制系统设计

送料小车的控制不管是手动还是自动方式，其编程用前述所学基本指令和顺序控制指令都可以很简单地实现，这里不再重复，在以下的编程中以程序块的形式表示。

1）I/O分配

输入/输出信号与PLC地址编号对照表如表7-15所示。

表7-15 输入/输出信号与PLC地址编号对照表

输入信号			输出信号		
名称	功能	编号	名称	功能	编号
SB1	自动方式启动	I0.0	KM1	电动机正转	Q0.0
SB2	自动方式停止	I0.1	KM2	电动机反转	Q0.1
SA1-1	连续模式选择	I0.2	YV1	开漏斗	Q0.2
SA1-2	单周期模式选择	I0.3	YV2	开翻斗	Q0.3
SA1-3	点动模式选择	I0.4			
SA1-4	回原位选择	I0.5			
SB3	点动前进	I0.6			
SB4	点动后退	I0.7			
SB5	点动开漏斗	I1.0			
SB6	点动开翻斗	I1.1			
SB7	回原位启动	I1.2			
SQ1	左限位	I1.3			
SQ2	右限位	I1.4			

2）程序设计

本任务的设计可以采用子程序或跳转指令来实现。图7-51所示是采用子程序实现的方案，图7-52所示是采用跳转指令实现的方案。

采用子程序实现各功能模块的组织，在主程序OB1中编写如图7-51所示的程序。

用基本指令或顺序控制指令在各子程序中编写各对应功能块的程序（略）。

采用跳转指令实现各功能模块的组织的程序如图7-52所示。

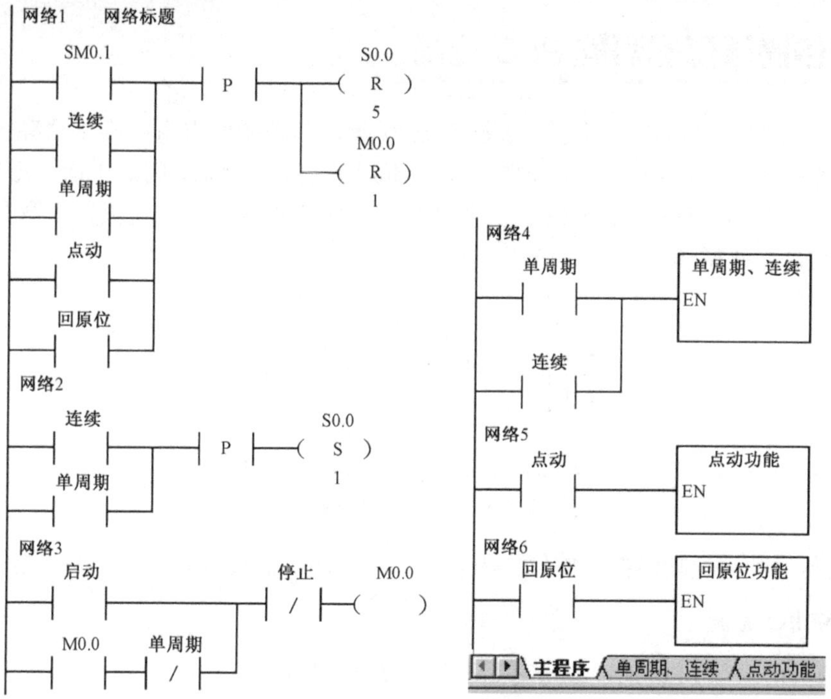

图 7-51　在子程序中编写各功能块的小车控制程序

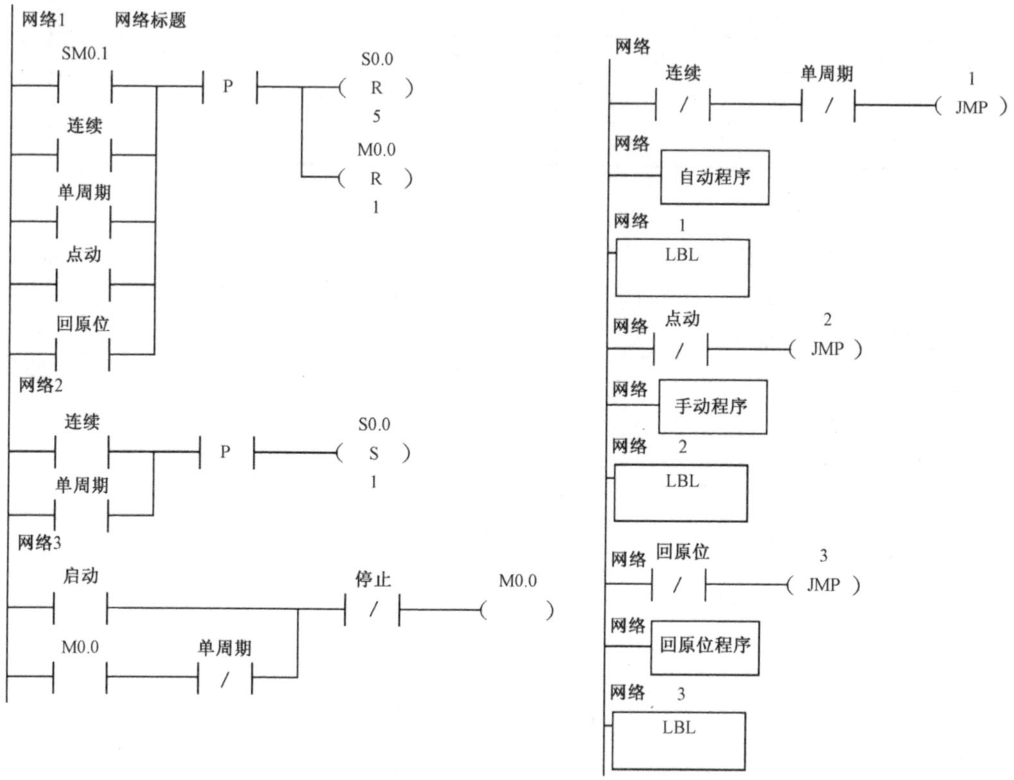

图 7-52　用跳转指令选择执行功能块的小车控制程序

7.9　广告牌循环彩灯的 PLC 控制

设某霓虹灯广告牌共有 8 根灯管如图 7-53 所示，其控制要求为：第 1 根亮→第 2 根亮→ 第 3 根亮→……→第 8 根亮，即每隔 1s 顺序依次点亮，全亮后，闪烁 1 次（灭 1 s 亮 1 s），再反过来按 8→7→6→5→4→3→2→1 反序熄灭，时间间隔仍为 1 s。全灭后，停 1 s，再从第 1 根灯管点亮，开始循环。

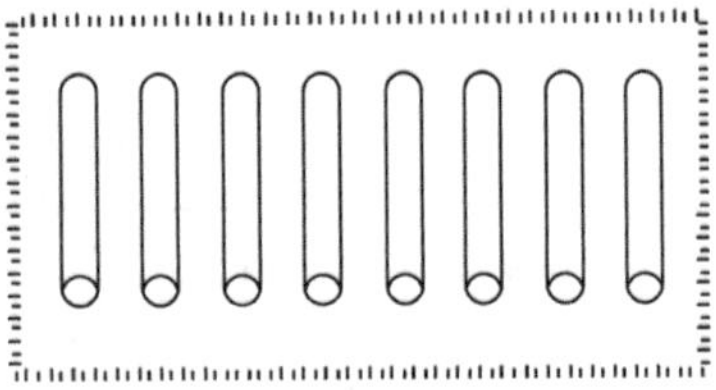

图 7-53　某广告牌霓虹灯

以下用传送和移位功能指令实现广告牌循环彩灯的控制要求。

1．系统 I/O 分配

输入/输出信号与 PLC 地址编号对照表如表 7-16 所示。

表 7-16　输入/输出信号与 PLC 地址编号对照表

输入信号			输出信号		
名　称	功　能	编　号	名　称	功　能	编　号
SB1	启动	I0.0	KA1～KA8	控制 8 根霓虹灯管	Q0.0～Q0.7
SB2	停止	I0.1			

2．PLC 电气接线图

PLC 与霓虹灯广告显示屏之间的 I/O 电气接口电路如图 7-54 所示，考虑到灯管电流较大，输出回路通过中间继电器进行了转换。实际应用中，还应在输出接口电路部分加入适当的保护措施，如阻容吸收电路等。

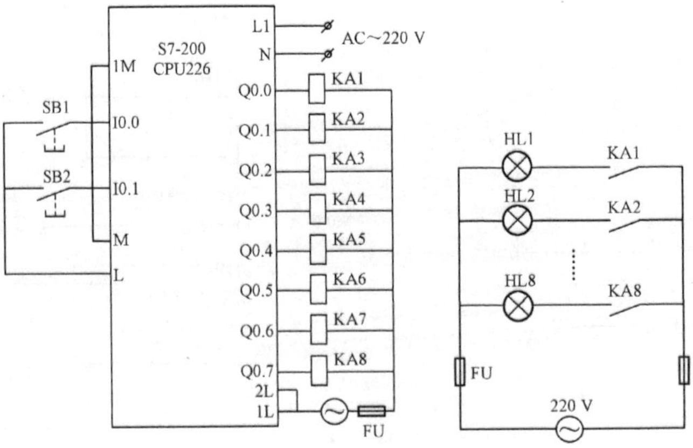

图 7-54　彩灯控制线路

3. 控制程序

根据彩灯要求，采用移位指令及传送指令设计的程序如图 7-55 所示。

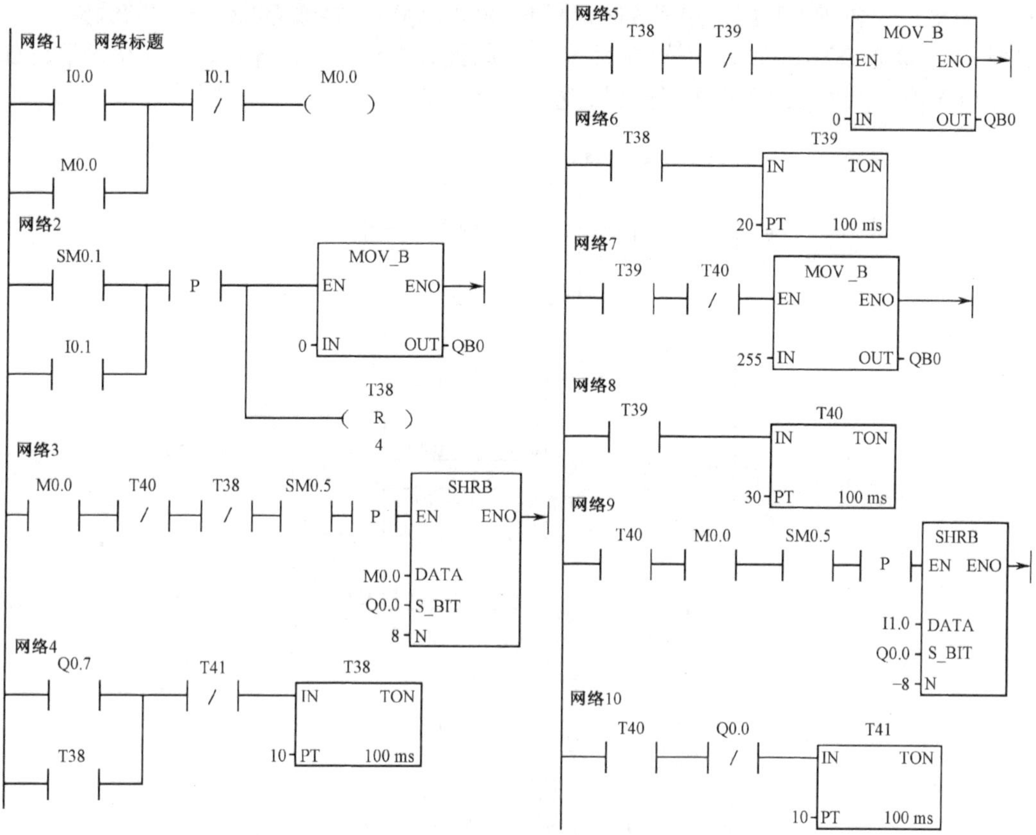

图 7-55　彩灯控制参考程序

7.10 三相异步电动机 Y-D 降压启动控制

电动机 Y-D 降压启动用基本指令很容易完成其控制，以下是采用传送指令完成的程序梯形图。

1. 系统 I/O 分配

输入/输出信号与 PLC 地址编号对照表如表 7-17 所示。

表 7-17　输入/输出信号与 PLC 地址编号对照表

输入信号			输出信号		
名　称	功　能	编　号	名　称	功　能	编　号
SB1	启动	I0.0	KM1	电源接触器	Q0.0
SB2	停止	I0.1	KM2	Y 形接触器	Q0.1
FR	过载	I0.2	KM3	D 形接触器	Q0.2

2．程序设计

根据电动机Y-D启动控制要求，通电时，应使Q0.0、Q0.1为ON（传送常数为3），电动机Y启动；当转速上升到一定程度时，断开Q0.0、Q0.1，接通Q0.2（传送常数为4）。然后延时1 s，接通Q0.0、Q0.2（传送常数5），电动机D接法运行。停止时，应传送常数0。

使用向输出口送数的方式实现控制的程序如图7-56所示。

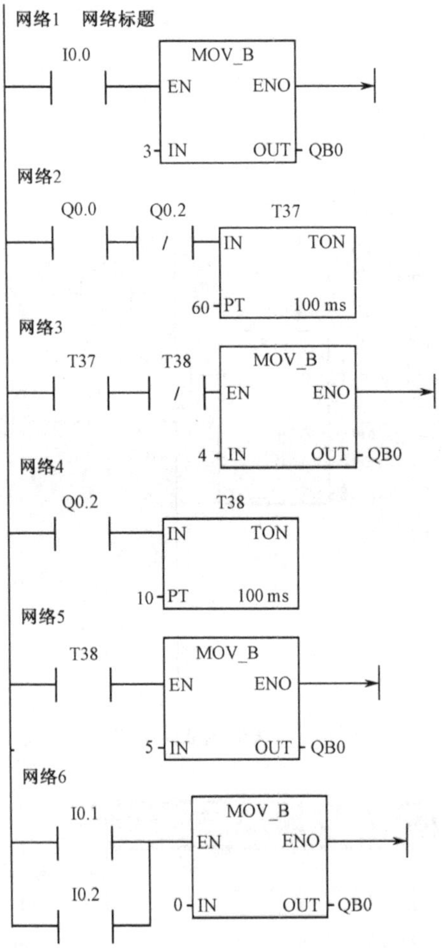

图7-56 用传送指令实现电动机Y-D降压启动控制

7.11 包装生产线产品累计和包装的PLC控制

某产品包装生产线应用高速计数器对产品进行累计和包装，要求每检测到1 000个产品时，自动启动包装机进行包装，计数方向由外部信号控制，设计方案如下。

选择高速计数器HC0，因为计数方向可由外部信号控制，且不要求复位信号输入，确定工作模式为3。采用当前值等于设定值时执行中断事件，中断事件号为12，当12号事件发生时，启动包装机工作子程序SBR_2。高速计数器的初始化采用子程序SBR_1。

调用高速计数器初始化子程序的条件采用 SM0.1 初始脉冲信号。

HC0 的当前值存入 SMD38，设定值 1 000 写入 SMD42。

编写的程序如图 7-57 所示。

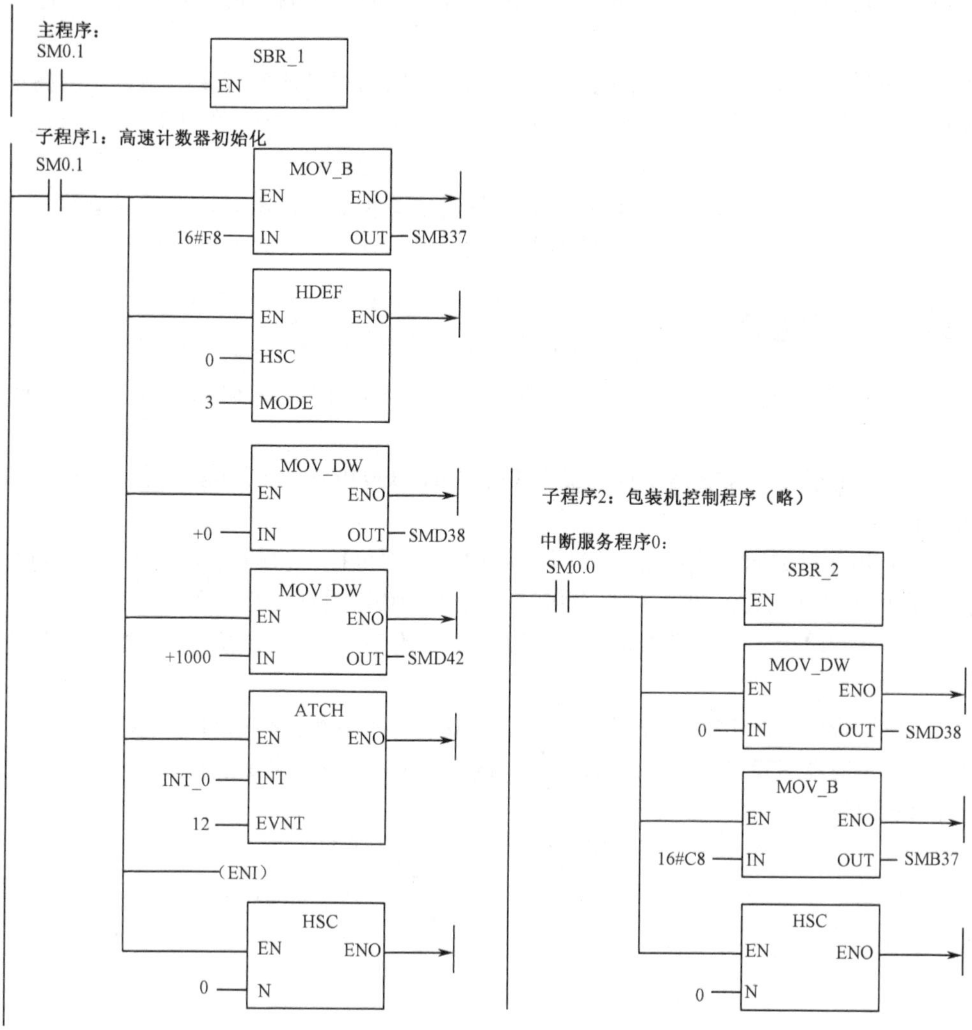

图 7-57　自动包装机控制程序

知识梳理与总结

本项目以步进电动机的控制要求及解决方案为例引出 S7-200 高级指令（功能指令）。高级指令是 PLC 制造商为满足用户不断提出的一些特殊控制要求而开发的指令。一条高级指令即相当于一段程序。使用高级指令可简化程序，提高系统可靠性。本项目重点介绍了数据处理指令、程序控制指令、高速脉冲输出指令及子程序、中断程序。

数据处理指令用来处理数据，如进行数据的传送、移位及运算处理。PLC 能够处理数据是区别于继电器控制的一大特征，PLC 的功能越强大，则数据处理能力越强。

当程序较复杂时，可以根据功能的不同将整个程序分为若干不同的程序块，并使用子程序指令、跳转指令、循环指令、中断指令等优化程序结构。可将程序中不同位置需要多次反复执行相同任务的内容使用子程序编写，则相同任务的子程序只需要写一次，在需要执行的位置调用它，而不需重复编写。子程序的调用是有条件的，未调用时不会执行子程序，因此可以缩短扫描周期。

使用高速脉冲输出，可以完成对步进电动机和伺服电动机的高精度控制。使用高速计数器可以使 PLC 不受扫描周期的限制，实现对位置、行程、角度、速度等物理量的高精度控制。使用 PID 指令可以控制温度、压力、电压等现场物理量的稳定。高速脉冲输出和高速计数器指令都使用了一些特殊继电器进行设定，因此使用这些指令时，必须注意其对应的端口、控制位及相关继电器的设定，一般必须编写初始化程序，初始化程序有固定的模式。

练习与思考题 7

7-1　比较 VW0 与 VW2 中的数，当 VW0 大于 VW2 时，使 M0.1 置位，反之使 M0.1 复位为 0。

7-2　请使用移位寄存器指令设计当 I0.0 动作时，Q0.0～Q0.7 每隔 1 s 依次输出为 1，8 s 后全部输出。

7-3　当 I0.0 接通时，定时器 T32 开始定时，产生每秒一次的周期脉冲。T32 每次定时时间到时调用一个子程序，在子程序中将 IB1 送入 VB0，设计主程序和子程序。

7-4　编写一段程序，检测传输带上通过的产品数量，当产品数达到 100 时，停止传输带。

7-5　设计程序，当 I0.0 动作时，使用 0 号中断，在中断程序中将 0 送入 VB0。

7-6　用定时器 T32 进行中断定时，控制接在 Q0.0～Q0.7 的 8 根彩灯循环左移，每秒移动一次，设计程序。

7-7　编写一段程序，用定时中断 0 实现每隔 4 s 时间 VB0 加 1。

7-8　编写一段程序，用 Q0.0 发出 10 000 个周期为 50 μs 的 PTO 脉冲。

项目8 三菱PLC控制电动机运行

教学导航

教	建议课时	14
	推荐教学方法	1．基于项目实施的工作过程教学法； 2．以电动机的基本控制为项目，引导学生学习三菱 FX_{2N} 可编程控制器的结构、指令和基本编程等相关知识
	重　点	1．三菱 PLC 的端口、数据结构和内部元件； 2．三菱 PLC 基本指令、常用功能指令的应用； 3．三菱 PLC 编程软件的使用； 4. 电动机基本控制项目的实施
	难　点	电动机基本控制项目的实施
学	推荐学习方法	1．PLC 仿真与项目实施相结合； 2．边学边做，小组讨论
	学习目标	1．掌握三菱 PLC 端口结构、数据结构和软元件； 2．掌握三菱 PLC 工作过程； 3．掌握三菱 FX_{2N} 可编程控制器的基本指令； 4．三菱 PLC 编程软件的使用； 5. 掌握 PLC 控制系统的电路组成和软件结构； 6．三菱 PLC 对电动机的基本运行控制调试

8.1 三菱 FX_{2N} 系列 PLC 识别

FX_{2N} 系列是 FX 系列 PLC 家族中最先进的系列。FX_{2N} 系列具备如下特点：最大范围地包容了标准特点，程式执行更快，全面补充了通信功能，适合世界各国不同的电源以及满足单个需要的大量特殊功能模块，它可以为工厂自动化应用提供最大的灵活性和控制能力。三菱 FX_{2N} 可编程控制器如图 8-1 所示。

图 8-1 三菱 FX_{2N} 可编程控制器

8.1.1 三菱 FX_{2N} 系列 PLC 的型号与含义

FX_{2N} - ○○M□□

系列总称

[输入/输出端口数]
16:输入 8/输出 8
32:输入16/输出16
64:输入32/输出32
80:输入40/输出40
128:输入64/输出64

[其他区分]
无标记:AC电源，DC输入
D:DC电源，DC输入
UA1/UL:AC电源，AC输入

[输出形式]
R:继电器输出；T:晶体管输出
S:晶闸管输出

[模块区分]
M:基本单元；E:扩展单元

8.1.2 FX_{2N} 系列 PLC 的性能规格

FX_{2N} 系列 PLC 内部器件和相关技术规格见表 8-1。

表 8-1 FX_{2N} 系列 PLC 内部器件和相关技术规格

项目		规格	备注
运转控制方式		通过储存的程序周期运转	
I/O 控制方法		批次处理方法（当执行 END 指令时）	I/O 指令可以刷新
运转处理时间		基本指令：0.8 μs/指令 应用指令：1.52～几百μs/指令	
编程语言		逻辑梯形图和指令清单	使用步进梯形图能生成 SFC 类型程序
程式容量		8 000 步内置	使用附加寄存盒可扩展到 16 000 步
指令数目		基本顺序指令：27 步进梯形指令：2 应用指令：128	最大可用 298 条应用指令
I/O 配置		最大硬体 I/O 配置点 256，依赖于用户的选择（最大软件可设定地址输入 256、输出 256）	
辅助继电器（M 线圈）	一般	500 点	M0～M499
	锁定	2 572 点	M500～M3071
	特殊	256 点	M8000～M8255

续表

项　目		规　格	备　注
状态继电器（S 线圈）	一般	490 点	S0～S499
	锁定	400 点	S500～S899
	初始	10 点	S0～S9
	信号报警器	100 点	S900～S999
定时器（T）	100 ms	范围：0～3 276.7 s 200 点	T0～T199
	10 ms	范围：0～327.67 s 46 点	T200～T245
	1 ms 保持型	范围：0～32.767 s 4 点	T246～T249
	100 ms	范围：0～3 276.7 s 6 点	T250～T255
计数器（C）	一般 16 位	范围：0～32 767 s 200 点	C0～C199 类型：16 位上计数器
	锁定 16 位	100 点（子系统）	C100～C199 类型：16 位上计数器
	一般 32 位	15 点	C200～C219 类型：16 位上/下计数器
	锁定 32 位	15 点	C220～C234 类型：16 位上/下计数器
高速计数器（C）	单相	范围：–2 147 483 648～+2 147 483 647 数 一般规则：选择组合计数频率不大于 20 kHz 的计数器组合 注意所有的计数器锁定	C235～C240 6 点
	单相 c/w 起始停止输入		C241～C245 5 点
	双相		C246～C250 5 点
	A/B 相		C251～C255 5 点
数据寄存器（D）	一般	200 点	D0～D199 类型：32 位元件的 16 位数据存储寄存器对
	锁定	7 800 点	D200～D7999 类型：32 位元件的 16 位数据存储寄存器对
	文件寄存器	7 000 点	D1000～D7999 通过 14 块 500 程式步的参数设置。 类型：16 位数据存储寄存器
	特殊	256 点	D8000～D8255 类型：16 位数据存储寄存器
	变址	16 点	V0～V7 以及 Z0～Z7 类型：16 位数据存储寄存器
指标（P）	用于 CALL	128 点	P0～P127
	用于中断	6 输入点、3 定时器、6 计数器	100*～150*和 16*～18* （上升触发*=1，下降触发*=0，**=时间（单位：ms））
嵌套层次		用于 MC 和 MRC 时 8 点	N0～N7
常数	十进位 K	16 位：–32 768～+32 768 32 位：–2 147 483 648～+2 147 483 647	
	十六进位 H	16 位：0000～FFFF 32 位：00000000～FFFFFFFF	
	浮点	32 位：$\pm1.175*10^{-38}$，$\pm3.403*10^{-38}$（不能直接输入）	

FX系列PLC编程元件及编号如表8-2所示。PLC编程元件的编号由字母和数字组成，其中输入继电器和输出继电器用八进制数字编号，其他均采用十进制数字编号。

表8-2　FX系列PLC的编程元件及编号

编程元件种类 \ PLC型号		FX0S	FX1S	FX0N	FX1N	FX_{2N} （$FX_{2N}C$）
输入继电器X（按八进制数字编号）		X0～X17（不可扩展）	X0～X17（不可扩展）	X0～X43（可扩展）	X0～X43（可扩展）	X0～X77（可扩展）
输出继电器Y（按八进制数字编号）		Y0～Y15（不可扩展）	Y0～Y15（不可扩展）	Y0～Y27（可扩展）	Y0～Y27（可扩展）	Y0～Y77（可扩展）
辅助继电器M	普通用	M0～M495	M0～M383	M0～M383	M0～M383	M0～M499
	保持用	M496～M511	M384～M511	M384～M511	M384～M1535	M500～M3071
	特殊用	M8000～M8255（具体见使用手册）				
状态寄存器S	初始状态用	S0～S9	S0～S9	S0～S9	S0～S9	S0～S9
	返回原点用	—	—	—	—	S10～S19
	普通用	S10～S63	S10～S127	S10～S127	S10～S999	S20～S499
	保持用	—	S0～S127	S0～S127	S0～S999	S500～S899
	信号报警用	—	—	—	—	S900～S999
定时器T	100 ms	T0～T49	T0～T62	T0～T62	T0～T199	T0～T199
	10 ms	T24～T49	T32～T62	T32～T62	T200～T245	T200～T245
	1 ms	—	—	T63	—	—
	1 ms累积	—	T63	—	T246～T249	T246～T249
	100 ms累积	—	—	—	T250～T255	T250～T255
计数器C	16位增计数（普通）	C0～C13	C0～C15	C0～C15	C0～C15	C0～C99
	16位增计数（保持）	C14、C15	C16～C31	C16～C31	C16～C199	C100～C199
	32位可逆计数（普通）	—	—	—	C200～C219	C200～C219
	32位可逆计数（保持）	—	—	—	C220～C234	C220～C234
	高速计数器	C235～C255（具体见使用手册）				
数据寄存器D	16位普通用	D0～D29	D0～D127	D0～D127	D0～D127	D0～D199
	16位保持用	D30、D31	D128～D255	D128～D255	D128～D7999	D200～D7999
	16位特殊用	D8000～D8069	D8000～D8255	D8000～D8255	D8000～D8255	D8000～D8195
	16位变址用	V Z	V0～V7 Z0～Z7	V Z	V0～V7 Z0～Z7	V0～V7 Z0～Z7
指针N、P、I	嵌套用	N0～N7	N0～N7	N0～N7	N0～N7	N0～N7
	跳转用	P0～P63	P0～P63	P0～P63	P0～P127	P0～P127
	输入中断用	I00*～I30*	I00*～I50*	I00*～I30*	I00*～I50*	I00*～I50*
	定时器中断	—	—	—	—	I6**～I8**
	计数器中断	—	—	—	—	I010～I060
常数K、H	16位	K:–32 768～32 767　H:0000～FFFFH				
	32位	K:–2 147 483 648～2 147 483 647　H:00000000～FFFFFFFF				

8.1.3　常用特殊辅助继电器

常用特殊辅助继电器如表 8-3 所示。

表 8-3　常用特殊辅助继电器

符　　号	名　　称	功 能 描 述
M8000　（M8001）	运行监视用特殊辅助继电器	PLC 运行时 M8000 得电（M8001 断电），PLC 停止时 M8000 失电（M8001 得电）
M8002（M8003）	初始脉冲特殊辅助继电器	M8002（M8003）只在 PLC 开始运行的第一个扫描周期内得电（断电），其余时间均断电（得电）
M8011、M8012、M8013、M8014	周期脉冲特殊辅助继电器	分别为产生周期为 10 ms、100 ms、1 s、1 min 脉冲的特殊辅助继电器（PLC RUN ）
M8004	出错特殊继电器	当 PLC 出现硬件出错、参数出错、语法出错、电路出错、操作出错、运算出错等时，M8004 得电
M8020	零标志	
M8021	错标志	
M8022	进位标志	

8.1.4　FX_{2N} 系列 PLC 的内部继电器

1. 输入继电器 X

输入继电器与输入端相连，它是专门用来接收 PLC 外部开关信号的元件。PLC 通过输入接口将外部输入信号状态（接通时为“1”，断开时为“0”）读入并存储在输入映像寄存器中。

输入继电器必须由外部信号驱动，不能用程序驱动，所以在程序中不可能出现其线圈。由于输入继电器（X）为输入映像寄存器中的状态，所以其触点的使用次数不限。

FX 系列 PLC 的输入继电器以八进制数进行编号，FX_{2N} 输入继电器的编号范围为 X000～X267（184 点）。注意，基本单元输入继电器的编号是固定的，扩展单元和扩展模块按与基本单元最靠近的部分开始，顺序进行编号。例如，基本单元 FX_{2N}-64M 的输入继电器编号为 X000～X037（32 点），如果接有扩展单元或扩展模块，则扩展的输入继电器从 X040 开始编号。

2. 输出继电器 Y

输出继电器用来将 PLC 内部信号输出传送给外部负载（用户输出设备）。输出继电器线圈由 PLC 内部程序的指令驱动，其线圈状态传送给输出单元，再由输出单元对应的硬触点来驱动外部负载。

每个输出继电器在输出单元中都对应有唯一一个常开硬触点，但在程序中供编程的输出继电器，不管是常开还是常闭触点，都可以无数次使用。

FX系列PLC的输出继电器也是八进制数编号，其中FX_{2N}编号范围为Y000～Y267（184点）。与输入继电器一样，基本单元的输出继电器编号是固定的，扩展单元和扩展模块的编号也按与基本单元最靠近的部分开始，顺序进行编号。

在实际使用中，输入、输出继电器的数量，要看具体系统的配置情况。

3. 辅助继电器M

辅助继电器是PLC中数量最多的一种继电器，一般的辅助继电器与继电器控制系统中的中间继电器相似。辅助继电器不能直接驱动外部负载，负载只能由输出继电器的外部触点驱动。辅助继电器的常开与常闭触点在PLC内部编程时可无限次使用。

辅助继电器采用M与十进制数共同组成编号（只有输入/输出继电器才用八进制数）。

1）通用辅助继电器（M0～M499）

FX_{2N}系列共有500点通用辅助继电器。通用辅助继电器在PLC运行时，如果电源突然断电，则全部线圈均OFF。当电源再次接通时，除了因外部输入信号而变为ON的以外，其余的仍将保持OFF状态，它们没有断电保护功能。通用辅助继电器常在逻辑运算中作为辅助运算、状态暂存、移位等。

根据需要可通过程序设定，将M0～M499变为断电保持辅助继电器。

2）断电保持辅助继电器（M500～M3071）

FX_{2N}系列有M500～M3071共2 572个断电保持辅助继电器。它与普通辅助继电器不同的是具有断电保护功能，即能记忆电源中断瞬时的状态，并在重新通电后再现其状态。它之所以能在电源断电时保持其原有的状态，是因为电源中断时用PLC中的锂电池保持它们映像寄存器中的内容。其中M500～M1023可由软件将其设定为通用辅助继电器。

3）特殊辅助继电器

PLC内有大量的特殊辅助继电器，它们都有各自的特殊功能。FX_{2N}系列中有256个特殊辅助继电器，可分成触点型和线圈型两大类。

（1）触点型。其线圈由PLC自动驱动，用户只可使用其触点。例如：

M8000：运行监视器（在PLC运行中接通），M8001与M8000逻辑相反。

M8002：初始脉冲（仅在运行开始时瞬间接通），M8003与M8002逻辑相反。

M8011、M8012、M8013和M8014分别是产生10 ms、100 ms、1 s和1 min时钟脉冲的特殊辅助继电器。

（2）线圈型。由用户程序驱动线圈后PLC执行特定的动作。

M8033：若使其线圈得电，则PLC停止时保持输出映像存储器和数据寄存器内容。

M8034：若使其线圈得电，则将PLC的输出全部禁止。

M8039：若使其线圈得电，则PLC按D8039中指定的扫描时间工作。

4. 状态器S

状态器用来记录系统运行中的状态。它是编制顺序控制程序的重要编程元件，与后述的步进顺控指令 STL 配合应用。

状态器有五种类型：初始状态器 S0～S9 共 10 点；回零状态器 S10～S19 共 10 点；通用状态器 S20～S499 共 480 点；具有状态断电保持的状态器 S500～S899 共 400 点；供报警用的状态器（可用于外部故障诊断输出）S900～S999 共 100 点。

在使用状态器时应注意：

（1）状态器与辅助继电器一样有无数的常开和常闭触点。

（2）状态器不与步进顺控指令 STL 配合使用时，可作为辅助继电器 M 使用。

（3）FX_{2N} 系列 PLC 可通过程序设定将 S0～S499 设置为有断电保持功能的状态器。

5. 定时器 T

PLC 中的定时器（T）相当于继电器控制系统中的通电型时间继电器。它可以提供无限对常开、常闭延时触点。定时器中有一个设定值寄存器（一个字长）、一个当前值寄存器（一个字长）和一个用来存储其输出触点的映像寄存器（一个二进制位），这三个量使用同一地址编号。但使用场合不一样，意义也不同。

FX_{2N} 系列中定时器可分为通用定时器、积算定时器两种。它们是通过对一定周期的时钟脉冲进行累计而实现定时的，时钟脉冲有周期为 1 ms、10 ms、100 ms 三种，当所计数达到设定值时触点动作。设定值可用常数 K 或数据寄存器 D 的内容来设置。

1）通用定时器

通用定时器的特点是不具备断电的保持功能，即当输入电路断开或停电时定时器复位。通用定时器有 100 ms 和 10 ms 通用定时器两种。

100 ms 通用定时器（T0～T199）共 200 点，其中 T192～T199 为子程序和中断服务程序专用定时器。这类定时器是对 100 ms 时钟累积计数，设定值为 1～32 767，所以其定时范围为 0.1～3 276.7 s。

10 ms 通用定时器（T200～T245）共 46 点。这类定时器是对 10 ms 时钟累积计数，设定值为 1～32 767，所以其定时范围为 0.01～327.67 s。

下面举例说明通用定时器的工作原理。如图 8-2 所示，当输入 X0 接通时，定时器 T200 从 0 开始对 10 ms 时钟脉冲进行累积计数；当计数值与设定值 K123 相等时，定时器的常开接通 Y0，经过的时间为 123×0.01 s=1.23 s。当 X0 断开后定时器复位，计数值变为 0，其常开触点断开，Y0 也随之 OFF。若外部电源断电，定时器也将复位。

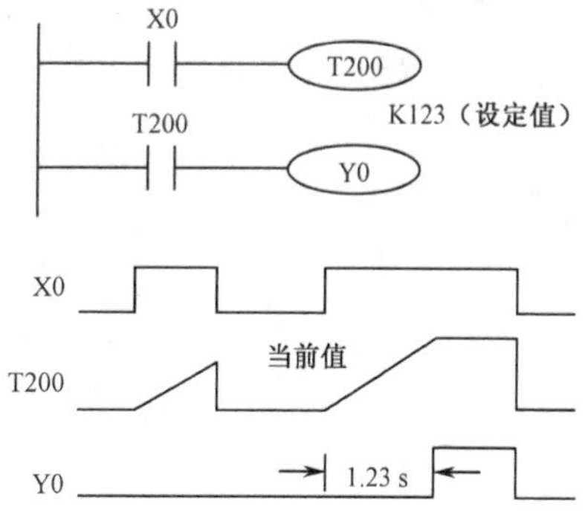

图 8-2　通用定时器工作原理

2）积算定时器

积算定时器具有计数累积的功能。在定时过程中如果断电或定时器线圈 OFF，积算定时器将保持当前的计数值（当前值），通电或定时器线圈 ON 后继续累积，即其当前值具有保持功能，只有将积算定时器复位，当前值才变为 0。

（1）1 ms 积算定时器（T246～T249）共 4 点，是对 1 ms 时钟脉冲进行累积计数的，定时的时间范围为 0.001～32.767 s。

（2）100 ms 积算定时器（T250～T255）共 6 点，是对 100 ms 时钟脉冲进行累积计数的，定时的时间范围为 0.1～3 276.7 s。

以下举例说明积算定时器的工作原理。如图 8-3 所示，当 X0 接通时，T253 当前值计数器开始累积 100 ms 的时钟脉冲的个数。当 X0 经 t_0 后断开，而 T253 尚未计数到设定值 K345，其计数的当前值保留。当 X0 再次接通，T253 从保留的当前值开始继续累积，经过 t_1 时间，当前值达到 K345 时，定时器的触点动作。累积的时间为 $t_0+t_1=0.1\times345=34.5$ s。当复位输入 X1 接通时，定时器才复位，当前值变为 0，触点也跟随复位。

6. 计数器 C

FX_{2N} 系列计数器分为内部计数器和高速计数器两类。

1）内部计数器

内部计数器在执行扫描操作时对内部信号（如 X、Y、M、S、T 等）进行计数。内部输入信号的接通和断开时间应比 PLC 的扫描周期稍长。

16 位增计数器（C0～C199）共 200 点，其中 C0～C99 为通用型，C100～C199 共 100 点为断电保持型（断电保持型即断电后能保持当前值，待通电后继续计数）。这类计数器为递加计数，应用前先对其设置一设定值，当输入信号（上升沿）个数累加到设定值时，计数器动作，其常开触点闭合，常闭触点断开。计数器的设定值为 1～32 767（16 位二进制数），设定值除了用常数 K 设定外，还可间接通过指定数据寄存器设定。

下面举例说明通用型 16 位增计数器的工作原理。如图 8-4 所示，X10 为复位信号，当 X10 为 ON 时 C0 复位。X11 是计数输入，每当 X11 接通一次计数器当前值增加 1（注意 X10 断开，计数器不会复位）。当计数器计数当前值为设定值 10 时，计数器 C0 的输出触点动作，Y0 被接通。此后即使输入 X11 再接通，计数器的当前值也保持不变。当复位输入 X10 接通时，执行 RST 复位指令，计数器复位，输出触点也复位，Y0 被断开。

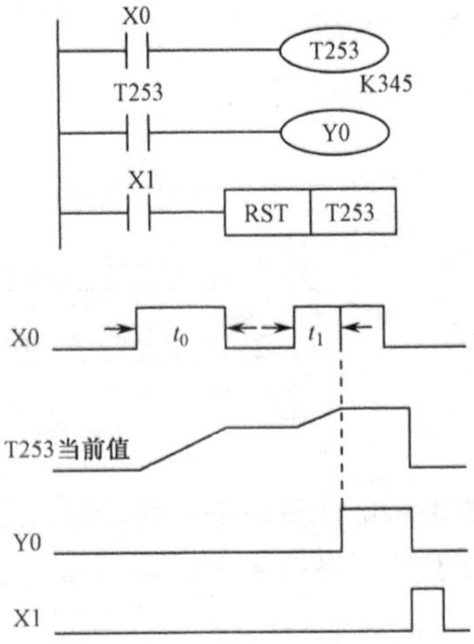

图 8-3　积算定时器工作原理

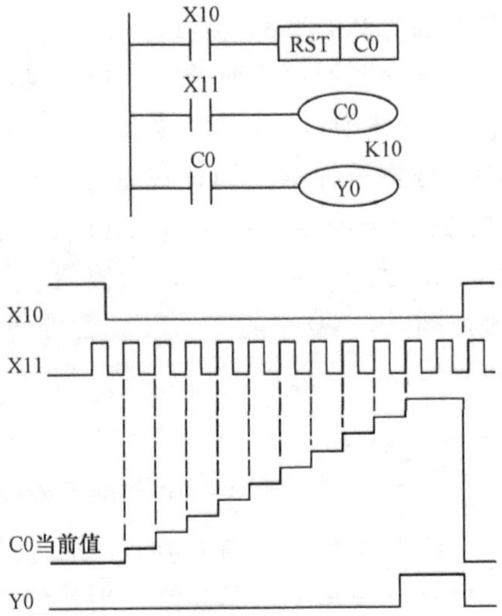

图 8-4　通用型 16 位增计数器

32 位增/减计数器（C200～C234）共有 35 点，其中 C200～C219（共 20 点）为通用型，C220～C234（共 15 点）为断电保持型。这类计数器与 16 位增计数器除位数不同外，还在于它能通过控制实现加/减双向计数。设定值范围均为–214 783 648～+214 783 647（32 位）。

C200～C234 是增计数还是减计数，分别由特殊辅助继电器 M8200～M8234 设定。对应的特殊辅助继电器被置为 ON 时为减计数，置为 OFF 时为增计数。

计数器的设定值与 16 位计数器一样，可直接用常数 K 或间接用数据寄存器 D 的内容作为设定值。在间接设定时，要用编号紧连在一起的两个数据计数器。

如图 8-5 所示，X10 用来控制 M8200，X10 闭合时为减计数方式。X12 为计数输入，C200 的设定值为 5（可正、可负）。设 C200 置为增计数方式（M8200 为 OFF），当 X12 计数输入累加由 4→5 时，计数器的输出触点动作。当前值大于 5 时计数器仍为 ON 状态。只有当前值由 5→4 时，计数器才变为 OFF。只要当前值小于 4，输出即保持为 OFF 状态。复位输入 X11 接通时，计数器的当前值为 0，输出触点也随之复位。

2）高速计数器（C235～C255）

高速计数器与内部计数器相比，除允许输入频率高之外，应用也更为灵活。高速计数器均有断电保持功能，通过参数设定也可变成非断电保持。FX_{2N} 有 C235～C255 共 21 点高速计数器。适合用来作为高速计数器输入的 PLC 输入端口有 X0～X7。X0～X7 不能重复使用，即某一个输入端已被某个高速计数器占用，它就不能再用于其他高速计数器，也不能用做他用。各高速计数器对应的输入端如表 8-4 所示。

高速计数器可分为以下三类。

（1）单相单计数输入高速计数器（C235～C245）。

其触点动作与 32 位增/减计数器相同，可进行增或减计数（取决于 M8235～M8245 的状态）。

如图 8-6（a）所示为无启动/复位端单相单计数输入高速计数器的应用。当 X10 断开，M8235 为 OFF，此时 C235 为增计数方式（反之为减计数）。由 X12 选中 C235，从表 8-4 中可知其输入信号来自于 X0，C235 对 X0 信号增计数，当前值达到 1234 时，C235 常开接通，Y0 得电。X11 为复位信号，当 X11 接通时，C235 复位。

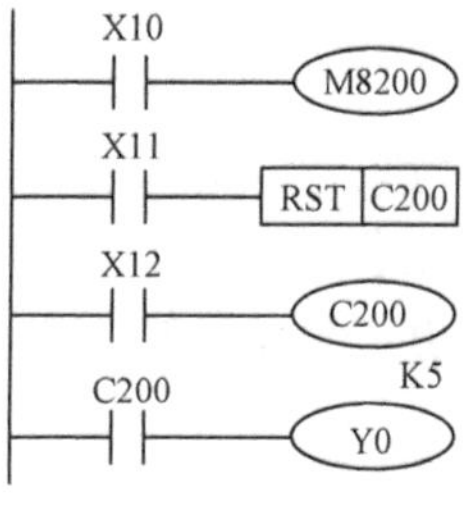

图 8-5　32 位增/减计数器

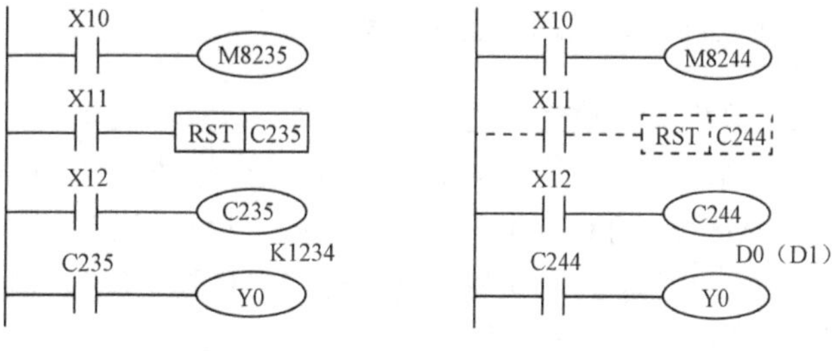

（a）无启动/复位端　（b）带启动/复位端

图 8-6　单相单计数输入高速计数器

如图 8-6（b）所示为带启动/复位端单相单计数输入高速计数器的应用。由表 8-4 可知，X1 和 X6 分别为复位输入端和启动输入端。利用 X10 通过 M8244 可设定其增/减计数方式。

当X12接通，且X6也接通时，则开始计数，计数的输入信号来自于X0，C244的设定值由D0和D1指定。除了可用X1立即复位外，也可用梯形图中的X11复位。

表8-4　高速计数器对应的输入端

输入端		X0	X1	X2	X3	X4	X5	X6	X7
单相单计数输入	C235	U/D							
	C236		U/D						
	C237			U/D					
	C238				U/D				
	C239					U/D			
	C240						U/D		
	C241	U/D	R						
	C242			U/D	R				
	C243				U/D	R			
	C244	U/D	R					S	
	C245			U/D	R				S
单相双计数输入	C246	U	D						
	C247	U	D	R					
	C248				U	D	R		
	C249	U	D	R				S	
	C250				U	D	R		S
双相	C251	A	B						
	C252	A	B	R					
	C253				A	B	R		
	C254	A	B	R				S	
	C255				A	B	R		S

注：U表示增计数输入，D为减计数输入，B表示B相输入，A为A相输入，R为复位输入，S为启动输入。X6、X7只能用做启动信号，而不能用做计数信号。

（2）单相双计数输入高速计数器（C246～C250）。

这类高速计数器具有两个输入端，一个为增计数输入端，另一个为减计数输入端。利用M8246～M8250的ON/OFF动作可监控C246～C250的增计数/减计数动作。

如图8-7所示，X10为复位信号，它有效（ON）则C248复位。由表8-4可知，也可利用X5对其复位。当X11接通时，选中C248，输入来自X3和X4。

（3）双相高速计数器（C251～C255）。

A相和B相信号决定计数器是增计数还是减计数。当A相为ON时，若B相由OFF到ON，则为增计数；当A相为ON时，若B相由ON到OFF，则为减计数，如图8-8（a）所示。

如图8-8（b）所示，当X12接通时，C251计数开始。则由表8-4可知，其输入来自X0

（A 相）和 X1（B 相）。只有当计数使当前值超过设定值时，Y2 才为 ON。如果 X11 接通，则计数器复位。根据不同的计数方向，Y3 为 ON（增计数）或为 OFF（减计数），即用 M8251～M8255，可监视 C251～C255 的增/减计数状态。

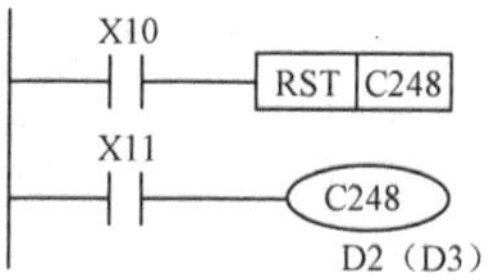

图 8-7 单相双计数输入高速计数器

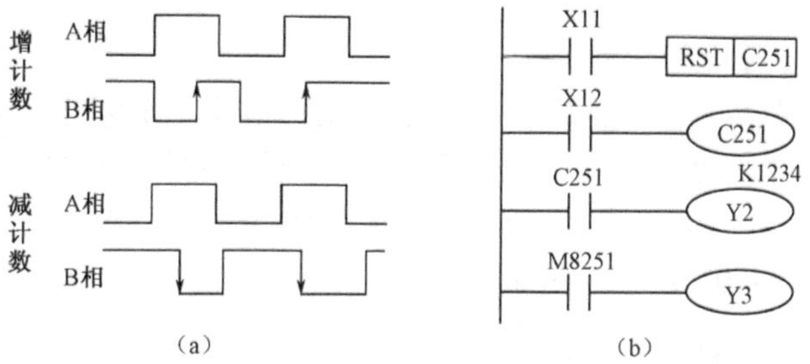

图 8-8 双相高速计数器

注意：高速计数器的计数频率较高，它们的输入信号的频率受两方面的限制。一是全部高速计数器的处理时间，因它们采用中断方式，所以计数器用得越少，则可计数频率就越高；二是输入端的响应速度，其中 X0、X2、X3 最高频率为 10 kHz，X1、X4、X5 最高频率为 7 kHz。

7. 数据寄存器

PLC 在进行输入/输出处理、模拟量控制、位置控制时，需要许多数据寄存器存储数据和参数。数据寄存器为 16 位，最高位为符号位。可用两个数据寄存器来存储 32 位数据，最高位仍为符号位。数据寄存器有以下几种类型。

1）通用数据寄存器（D0～D199）

共 200 点。当 M8033 为 ON 时，D0～D199 有断电保护功能；当 M8033 为 OFF 时，它们无断电保护功能，这种情况 PLC 由 RUN→STOP 或停电时，数据全部清零。

2）断电保持数据寄存器（D200～D7999）

共 7 800 点，其中 D200～D511（共 312 点）有断电保持功能，可以利用外部设备的参数设定改变通用数据寄存器与有断电保持功能数据寄存器的分配；D490～D509 供通信用；D512～D7999 的断电保持功能不能用软件改变，但可用指令清除它们的内容。根据参数设定可以将 D1000 以上作为文件寄存器。

3）特殊数据寄存器（D8000～D8255）

共 256 点。特殊数据寄存器的作用是用来监控 PLC 的运行状态，如扫描时间、电池电压等。未加定义的特殊数据寄存器用户不能使用。具体可参见用户手册。

4）变址寄存器（V/Z）

FX_{2N} 系列 PLC 有 V0～V7 和 Z0～Z7 共 16 个变址寄存器，它们都是 16 位的寄存器。变址寄存器 V/Z 实际上是一种特殊用途的数据寄存器，其作用相当于微机中的变址寄存器，用于改变元件的编号（变址）。例如 V0=5，则执行 D20V0 时，被执行的编号为 D25（D20+5）。变址寄存器可以像其他数据寄存器一样进行读/写，需要进行 32 位操作时，可将 V、Z 串联使用（Z 为低位，V 为高位）。

8. 指针（P、I）

在FX系列中，指针用来指示分支指令的跳转目标和中断程序的入口标号。它分为分支用指针、输入中断指针、定时器中断指针和计数器中断指针。

1）分支用指针（P0～P127）

FX_{2N}有P0～P127共128点分支用指针。分支用指针用来指示跳转指令（CJ）的跳转目标或子程序调用指令（CALL）调用子程序的入口地址。

如图8-9所示，当X1常开接通时，执行跳转指令CJ P0，PLC跳到标号为P0处之后的程序去执行。

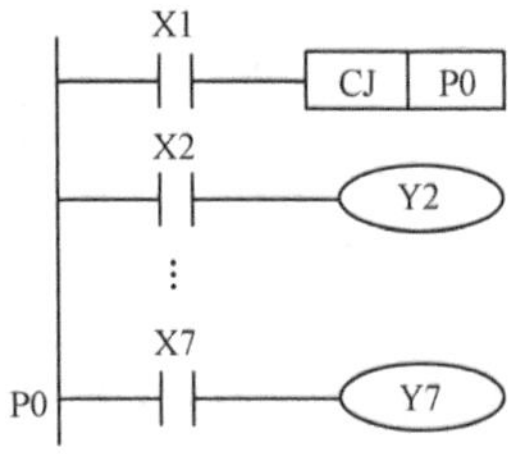

图8-9 分支用指针

2）中断指针（I0□□～I8□□）

中断指针用来指示某一中断程序的入口位置。执行中断后遇到IRET（中断返回）指令，则返回主程序。中断指针有以下三种类型。

（1）输入中断指针（I00□～I50□）。共6点，它用来指示由特定输入端的输入信号而产生中断的中断服务程序的入口位置，这类中断不受PLC扫描周期的影响，可以及时处理外界信息。

（2）定时器中断指针（I6□□～I8□□）。共3点，用来指示周期定时中断的中断服务程序的入口位置，这类中断的作用是PLC以指定的周期定时执行中断服务程序，定时循环处理某些任务。处理的时间也不受PLC扫描周期的限制。□□表示定时范围，可在10～99 ms中选取。

（3）计数器中断指针（I010～I060）。共6点，它们用在PLC内置的高速计数器中。根据高速计数器的计数当前值与计数设定值的关系确定是否执行中断服务程序。它常用于利用高速计数器优先处理计数结果的场合。

8.2 FX_{2N}系列PLC指令分析与应用

8.2.1 基本指令

FX系列PLC有基本逻辑指令20或27条、步进指令2条、功能指令100多条（不同系列有所不同）。本节以FX_{2N}为例，介绍其基本逻辑指令、步进指令及其应用。

FX_{2N}共有27条基本逻辑指令，其中包含了有些子系列PLC的20条基本逻辑指令。

1. 取指令与输出指令（LD/LDI/LDP/LDF/OUT）

（1）LD（取指令）：一个常开触点与左母线连接的指令，每一个以常开触点开始的逻辑行都用此指令。

（2）LDI（取反指令）：一个常闭触点与左母线连接的指令，每一个以常闭触点开始的逻辑行都用此指令。

（3）LDP（取上升沿指令）：与左母线连接的常开触点的上升沿检测指令，仅在指定位元件的上升沿（由OFF→ON）时接通一个扫描周期。

（4）LDF（取下降沿指令）：与左母线连接的常闭触点的下降沿检测指令。

（5）OUT（输出指令）：对线圈进行驱动的指令，也称为输出指令。

取指令与输出指令的使用如图 8-10 所示。

取指令与输出指令的使用说明：

（1）LD、LDI 指令既可用于输入左母线相连的触点，也可与 ANB、ORB 指令配合实现块逻辑运算。

（2）LDP、LDF 指令仅在对应元件有效时维持一个扫描周期的接通。当 M1 有一个下降沿时，则 Y3 只有一个扫描周期为 ON。

（3）LD、LDI、LDP、LDF 指令的目标元件为 X、Y、M、T、C、S。

（4）OUT 指令可以连续使用若干次（相当于线圈并联），对于定时器和计数器，在 OUT 指令之后应设置常数 K 或数据寄存器。

（5）OUT 指令目标元件为 Y、M、T、C 和 S，但不能用于 X。

2. 触点串联指令（AND/ANI/ANDP/ANDF）

（1）AND（与指令）：一个常开触点串联连接指令，完成逻辑“与”运算。

（2）ANI（与非指令）：一个常闭触点串联连接指令，完成逻辑“与非”运算。

（3）ANDP：上升沿检测串联连接指令。

（4）ANDF：下降沿检测串联连接指令。

触点串联指令的使用如图 8-11 所示。

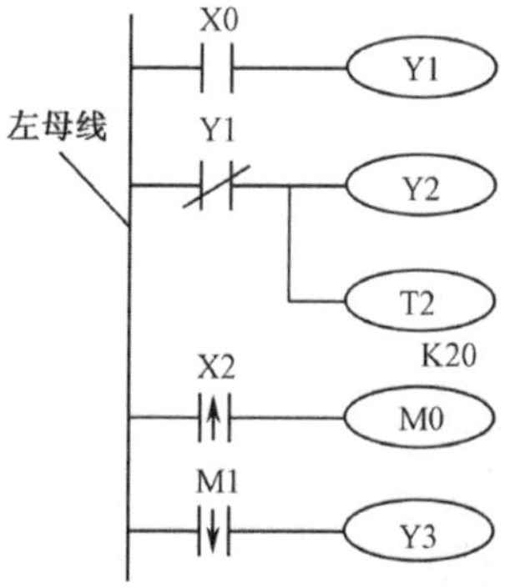

0	LD	X0
1	OUT	Y1
2	LDI	Y1
3	OUT	Y2
4	OUT	T2
		K20
7	LDP	X2
8	OUT	M0
9	LDF	M1
10	OUT	Y3

图 8-10　取指令与输出指令的使用

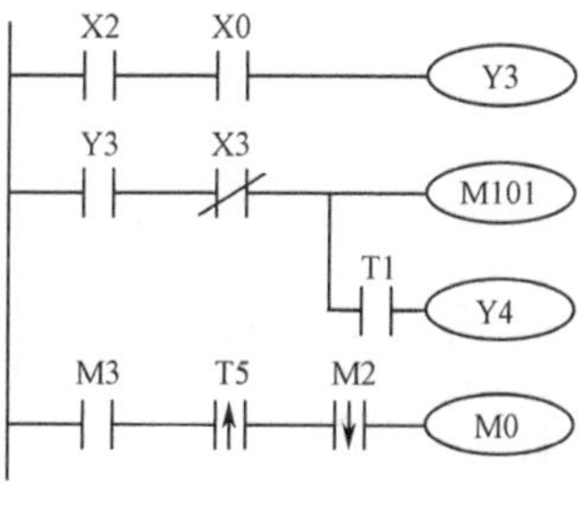

0	LD	X2
1	AND	X0
2	OUT	Y3
3	LD	Y3
4	ANI	X3
5	OUT	M101
6	AND	T1
7	OUT	Y4
8	LD	M3
9	ANDP	T5
10	ANDF	M2
11	OUT	M0

图 8-11　触点串联指令的使用

触点串联指令的使用说明：

（1）AND、ANI、ANDP、ANDF 都是单个触点串联连接的指令，串联次数没有限制，可反复使用。

（2）AND、ANI、ANDP、ANDF 的目标元件为 X、Y、M、T、C 和 S。

（3）图 8-11 中 OUT M101 指令之后通过 T1 的触点去驱动 Y4，称为连续输出。

3. 触点并联指令（OR/ORI/ORP/ORF）

（1）OR（或指令）：用于单个常开触点的并联，实现逻辑“或”运算。

（2）ORI（或非指令）：用于单个常闭触点的并联，实现逻辑“或非”运算。

（3）ORP：上升沿检测并联连接指令。

（4）ORF：下降沿检测并联连接指令。

触点并联指令的使用如图 8-12 所示。

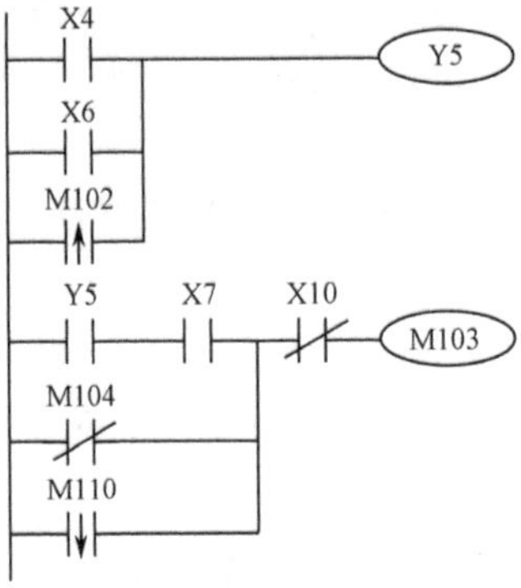

0	LD	X4
1	OR	X6
2	ORP	M102
3	OUT	Y5
4	LD	Y5
5	AND	X7
6	ORI	M104
7	ORF	M110
8	ANI	X10
9	OUT	M103

图 8-12　触点并联指令的使用

触点并联指令的使用说明：

（1）OR、ORI、ORP、ORF 指令都是指单个触点的并联，并联触点的左端接到 LD、LDI、LDP 或 LPF 处，右端与前一条指令对应触点的右端相连。触点并联指令连续使用的次数不限。

（2）OR、ORI、ORP、ORF 指令的目标元件为 X、Y、M、T、C、S。

4. 块操作指令（ORB/ANB）

1）ORB（块或指令）

用于两个或两个以上触点串联连接的电路之间的并联。ORB 指令的使用如图 8-13 所示。ORB 指令的使用说明：

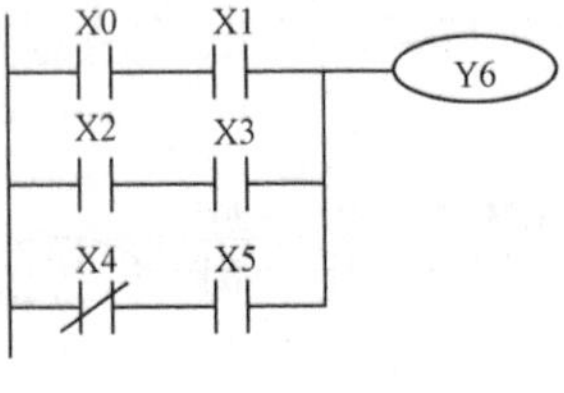

推荐使用					
0	LD	X0	0	LD	X0
1	AND	X1	1	AND	X1
2	LD	X2	2	LD	X2
3	AND	X3	3	AND	X3
4	ORB		4	LDI	X4
5	LDI	X4	5	AND	X5
6	AND	X5	6	ORB	
7	ORB		7	ORB	
8	OUT	Y6	8	OUT	Y6

图 8-13　ORB 指令的使用

（1）几个串联电路块并联连接时，每个串联电路块开始时应该用 LD 或 LDI 指令。

（2）有多个电路块并联回路，如对每个电路块使用 ORB 指令，则并联的电路块数量没有限制。

（3）ORB 指令也可以连续使用，但这种程序写法不推荐使用，LD 或 LDI 指令的使用次数不得超过 8 次，也就是 ORB 只能连续使用 8 次以下。

2）ANB（块与指令）

用于两个或两个以上触点并联连接的电路之间的串联。ANB 指令的使用如图 8-14 所示。

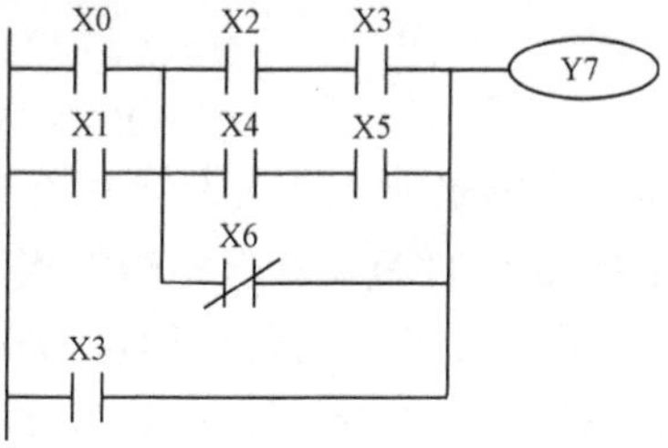


```
0   LD    X0
1   OR    X1
2   LD    X2
3   AND   X3
4   LD    X4
5   AND   X5
6   ORI   X6
7   ORB
8   ANB
9   OR    X3
10  OUT   Y7
```

图 8-14　ANB 指令的使用

ANB 指令的使用说明：

（1）并联电路块串联连接时，并联电路块的开始均用 LD 或 LDI 指令。

（2）多个并联回路块连接按顺序和前面的回路串联时，ANB 指令的使用次数没有限制。也可连续使用 ANB，但与 ORB 一样，使用次数在 8 次以下。

5. 堆栈指令（MPS/MRD/MPP）

堆栈指令是 FX 系列中新增的基本指令，用于多重输出电路，为编程带来便利。在 FX 系列 PLC 中有 11 个存储单元，它们专门用来存储程序运算的中间结果，被称为栈存储器。

（1）MPS（进栈指令）：将运算结果送入栈存储器的第一段，同时将先前送入的数据依次移到栈的下一段。

（2）MRD（读栈指令）：将栈存储器的第一段数据（最后进栈的数据）读出且该数据继续保存在栈存储器的第一段，栈内的数据不发生移动。

（3）MPP（出栈指令）：将栈存储器的第一段数据（最后进栈的数据）读出且该数据从栈中消失，同时将栈中其他数据依次上移。

堆栈指令的使用如图 8-15 所示，其中图 8-15（a）所示为一层栈，进栈后的信息可无限使用，最后一次使用 MPP 指令弹出信号；图 8-15（b）所示为二层栈，它用了两个栈单元。

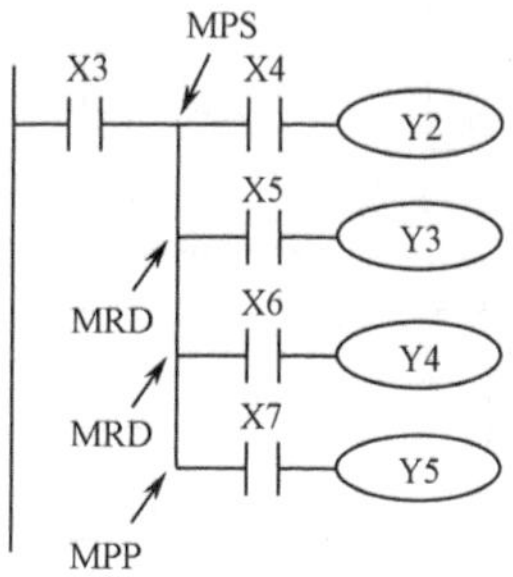


```
0   LD    X3
1   MPS
2   AND   X4
3   OUT   Y2
4   MRD
5   AND   M5
6   OUT   Y3
7   MRD
8   AND   X6
9   OUT   Y4
10  MPP
11  AND   X7
12  OUT   Y5
```

（a）一层栈

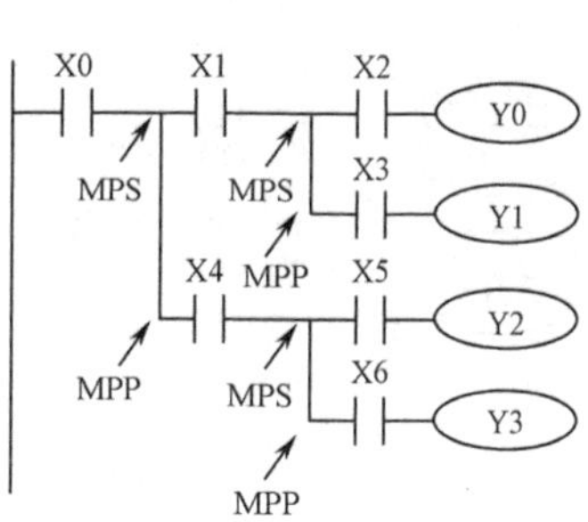


```
0   LD    X0
1   MPS
2   AND   X1
3   MPS
4   AND   X2
5   OUT   Y0
6   MPP
7   AND   X3
8   OUT   Y1
9   MPP
10  AND   X4
11  MPS
12  AND   X5
13  OUT   Y2
14  MPP
15  AND   X6
16  OUT   Y3
```

（b）二层栈

图 8-15　堆栈指令的使用

堆栈指令的使用说明：

（1）堆栈指令没有目标元件。

（2）MPS 和 MPP 必须配对使用。

（3）由于栈存储单元只有 11 个，所以栈的层次最多为 11 层。

6. 置位与复位指令（SET/RST）

（1）SET（置位指令）：它的作用是使被操作的目标元件置位并保持。

（2）RST（复位指令）：使被操作的目标元件复位并保持清零状态。

SET、RST 指令的使用如图 8-16 所示。当 X0 常开接通时，Y0 变为 ON 状态并一直保持该状态，即使 X0 断开，Y0 的 ON 状态仍维持不变；只有当 X1 的常开闭合时，Y0 才变为 OFF 状态并保持，即使 X1 常开断开，Y0 也仍为 OFF 状态。

SET、RST 指令的使用说明：

（1）SET 指令的目标元件为 Y、M、S，RST 指令的目标元件为 Y、M、S、T、C、D、V、Z。RST 指令常被用来对 D、Z、V 的内容清零，还用来复位积算定时器和计数器。

（2）对于同一目标元件，SET、RST 可多次使用，顺序也可随意，但最后执行者有效。

7. 微分指令（PLS/PLF）

（1）PLS（上升沿微分指令）：在输入信号上升沿产生一个扫描周期的脉冲输出。

（2）PLF（下降沿微分指令）：在输入信号下降沿产生一个扫描周期的脉冲输出。微分指令的使用如图 8-17 所示，利用微分指令检测到信号的边沿，通过置位和复位命令控制 Y0 的状态。

PLS、PLF 指令的使用说明：

（1）PLS、PLF 指令的目标元件为 Y 和 M。

（2）使用 PLS 时，仅在驱动输入为 ON 后的一个扫描周期内目标元件 ON，如图 8-17 所示，M0 仅在 X0 的常开触点由断到通时的一个扫描周期内为 ON；使用 PLF 指令时只是利用输入信号的下降沿驱动，其他与 PLS 相同。

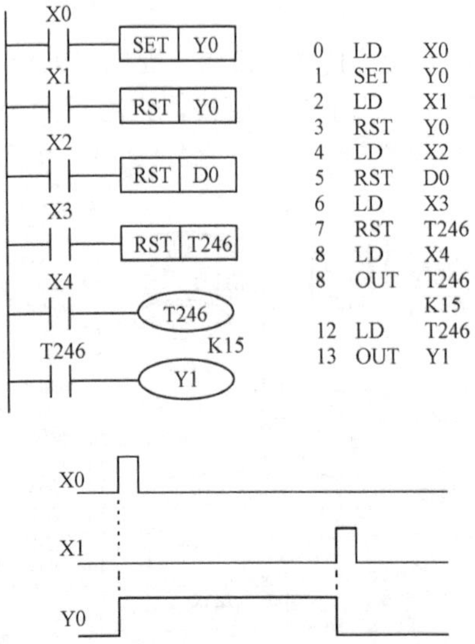

图 8-16　置位与复位指令的使用

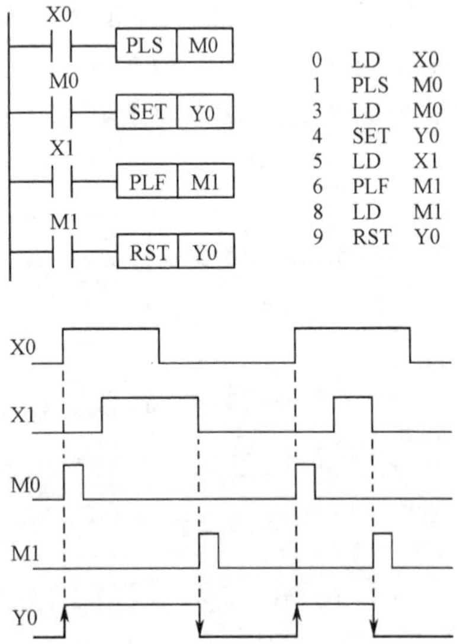

图 8-17　微分指令的使用

8. 主控指令（MC/MCR）

（1）MC（主控指令）：用于公共串联触点的连接。执行 MC 后，左母线移到 MC 触点的后面。

（2）MCR（主控复位指令）：它是 MC 指令的复位指令，即利用 MCR 指令恢复原左母线的位置。

在编程时常会出现这样的情况，多个线圈同时受一个或一组触点控制，如果在每个线圈的控制电路中都串入同样的触点，将占用很多存储单元，使用主控指令就可以解决这一问题。MC、MCR 指令的使用如图 8-18 所示，利用 MC N0 M100 实现左母线右移，使 Y0、Y1 都在 X0 的控制之下。其中，N0 表示嵌套等级，在无嵌套结构中 N0 的使用次数无限制。利用 MCR N0 恢复到原左母线状态。如果 X0 断开则会跳过 MC、MCR 之间的指令向下执行。

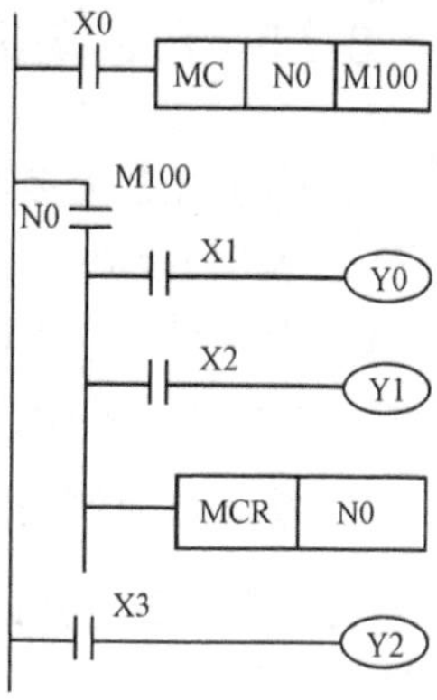

图 8-18 主控指令的使用

MC、MCR 指令的使用说明：

（1）MC、MCR 指令的目标元件为 Y 和 M，但不能用特殊辅助继电器。MC 占 3 个程序步，MCR 占 2 个程序步。

（2）主控触点在梯形图中与一般触点垂直。主控触点是与左母线相连的常开触点，是控制一组电路的总开关。与主控触点相连的触点必须用 LD 或 LDI 指令。

（3）MC 指令的输入触点断开时，在 MC 和 MCR 之内的积算定时器、计数器、用复位/置位指令驱动的元件保持其之前的状态不变。非积算定时器和计数器，用 OUT 指令驱动的元件将复位。

（4）在一个 MC 指令区内若再使用 MC 指令则称为嵌套。嵌套级数最多为 8 级，编号按 N0→N1→N2→N3→N4→N5→N6→N7 顺序增大，每级的返回用对应的 MCR 指令，从编号大的嵌套级开始复位。

9. 常数的表示方法

K 是表示十进制整数的符号，主要用来指定定时器或计数器的设定值及应用功能指令操作数中的数值；H 表示十六进制数，主要用来表示应用功能指令的操作数值。例如，20 用十进制表示为 K20，用十六进制则表示为 H14。

8.2.2 FX_{2N} 步进指令

三菱 PLC 步进指令有两条：步进开始指令 STL 和步进结束指令 RET。图 8-19 所示是步进指令的使用。其编程思想和西门子顺序控制功能图一致。

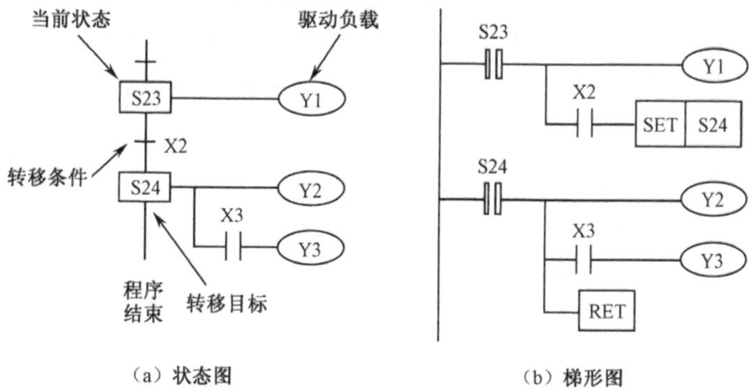

STL	S23
OUT	Y1
LD	X2
SET	S24
STL	S24
OUT	Y2
LD	X3
OUT	Y3
RET	

（c）语句表

图 8-19 步进指令的使用

8.2.3　FX$_{2N}$功能指令

早期的 PLC 大多用于开关量控制，基本指令和步进指令已经能满足控制要求。为适应控制系统的其他控制要求（如模拟量控制等），从 20 世纪 80 年代开始，PLC 生产厂家就在小型 PLC 上增设了大量的功能指令（也称应用指令）。功能指令的出现大大拓宽了 PLC 的应用范围，也给用户编制程序带来了极大方便。

1. 功能指令的表示格式

功能指令表示格式与基本指令不同。功能指令用编号 FNC00～FNC294 表示，并给出对应的助记符（大多用英文名称或缩写表示）。例如 FNC45 的助记符是 MEAN（平均），使用简易编程器时可输入 FNC45，采用智能编程器或在计算机上编程时也可输入助记符 MEAN。

有的功能指令没有操作数，而大多数功能指令有 1～4 个操作数。如图 8-20 所示为一个计算平均值指令，它有三个操作数，[S]表示源操作数，[D]表示目标操作数，如果使用变址功能，则可表示为[S.]和[D.]。当源或目标不止一个时，用[S1.]、[S2.]、[D1.]、[D2.]表示。用 n 和 m 表示其他操作数，它们常用来表示常数 K 和 H，或作为源和目标操作数的补充说明。当这样的操作数多时，可用 n1、n2 和 m1、m2 等来表示。

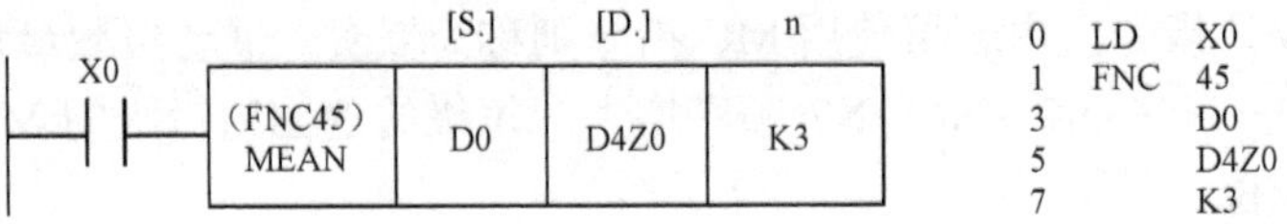

图 8-20　功能指令表示格式

图中源操作数为 D0、D1、D2，目标操作数为 D4Z0（Z0 为变址寄存器），K3 表示有 3 个数。当 X0 接通时，执行的操作为[（D0）+（D1）+（D2）]÷3→（D4Z0），如果 Z0 的内容为 20，则运算结果送入 D24 中。

功能指令的指令段通常占 1 个程序步，16 位操作数占 2 步，32 位操作数占 4 步。

2. 数据传送类指令（MOV/SMOV/CML/BMOV/FMOV）

1）传送指令 MOV

(D)MOV(P)指令的编号为 FNC12，该指令的功能是将源数据传送到指定的目标。如图 8-21 所示，当 X0 为 ON 时，则将[S.]中的数据 K100 传送到目标操作元件[D.]即 D10 中。在指令执行时，常数 K100 会自动转换成二进制数。当 X0 为 OFF 时，则指令不执行，数据保持不变。

使用 MOV 指令时应注意：

（1）源操作数可取所有数据类型，标操作数可以是 KnY、KnM、KnS、T、C、D、V、Z。

（2）16 位运算时占 5 个程序步，32 位运算时则占 9 个程序步。

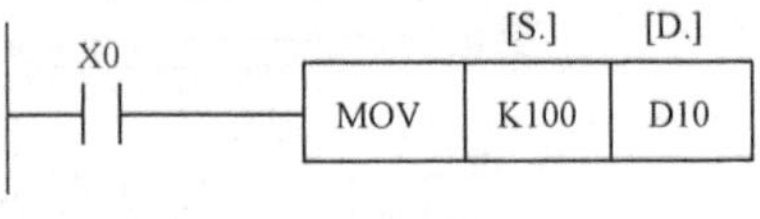

图 8-21　传送指令的使用

2）移位传送指令 SMOV

SMOV(P)指令的编号为 FNC13。该指令的功能是将源数据（二进制数）自动转换成

4 位 BCD 码，再进行移位传送，传送后的目标操作数元件的 BCD 码自动转换成二进制数。如图 8-22 所示，当 X0 为 ON 时，将 D1 中右起第 4 位（m1=4）开始的 2 位(m2=2) BCD 码移到目标操作数 D2 的右起第 3 位(n=3)和第 2 位。然后 D2 中的 BCD 码会自动转换为二进制数，而 D2 中的第 1 位和第 4 位 BCD 码不变。

使用移位传送指令时应该注意：

（1）源操作数可取所有数据类型，目标操作数可为 KnY、KnM、KnS、T、C、D、V、Z。

（2）SMOV 指令只有 16 位运算，占 11 个程序步。

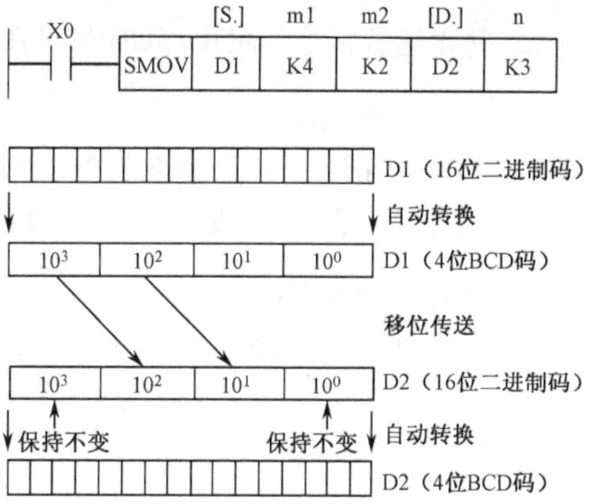

图 8-22　移位传送指令的使用

3）取反传送指令 CML

(D)CML(P)指令的编号为 FNC14。它将源操作数元件的数据逐位取反并传送到指定目标。如图 8-23 所示，当 X0 为 ON 时，执行 CML，将 D0 的低 4 位取反向后传送到 Y3～Y0 中。

使用取反传送指令 CML 时应注意：

（1）源操作数可取所有数据类型，目标操作数可为 KnY、KnM、KnS、T、C、D、V、Z。若源数据为常数 K，则该数据会自动转换为二进制数。

（2）16 位运算占 5 个程序步，32 位运算占 9 个程序步。

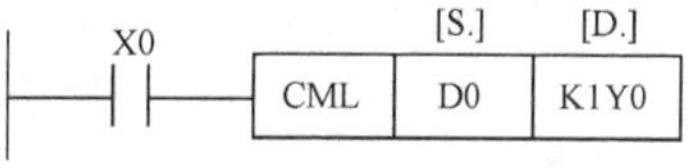

图 8-23　取反传送指令的使用

4）块传送指令 BMOV

BMOV(P)指令的编号为 FNC15，它将源操作数指定元件开始的 n 个数据组成数据块传送到指定的目标。传送顺序既可从高元件号开始，也可从低元件号开始，传送顺序自动决定。若用到需要指定位数的位元件，则源操作数和目标操作数的指定位数应相同。

使用块传送指令时应注意：

（1）源操作数可取 KnX、 KnY、KnM、KnS、T、C、D 和文件寄存器，目标操作数可取 KnT、KnM、KnS、T、C 和 D。

（2）只有 16 位操作，占 7 个程序步。

（3）如果元件号超出允许范围，数据则仅传送到允许范围的元件。

5）多点传送指令 FMOV

(D)FMOV(P)指令的编号为 FNC16。它的功能是将源操作数中的数据传送到指定目标开始的 n 个元件中，传送后 n 个元件中的数据完全相同。

使用多点传送指令 FMOV 时应注意：

（1）源操作数可取所有的数据类型，目标操作数可取 KnX、KnM、KnS、T、C 和 D，$n \leqslant 512$。

（2）16 位操作占 7 个程序步，32 位操作则占 13 个程序步。

（3）如果元件号超出允许范围，则数据仅送到允许范围的元件中。

3. 算术运算指令（ADD/SUB/MUL/DIV）

1）加法指令 ADD

(D)ADD(P)指令的编号为 FNC20。它将指定的源元件中的二进制数相加，结果送到指定的目标元件中去。如图 8-24 所示，当 X0 为 ON 时，执行（D10)+（D12）→（D14）。

2）减法指令 SUB

(D)SUB(P)指令的编号为 FNC21。它将[S1.]指定元件中的内容以二进制形式减去[S2.]指定元件的内容，其结果存入由[D.]指定的元件中。如图 8-25 所示，当 X0 为 ON 时，执行（D10）–（D12）→（D14）。

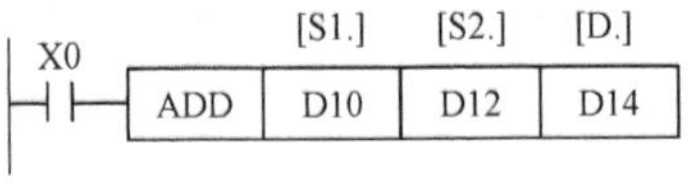

图 8-24　加法指令的使用

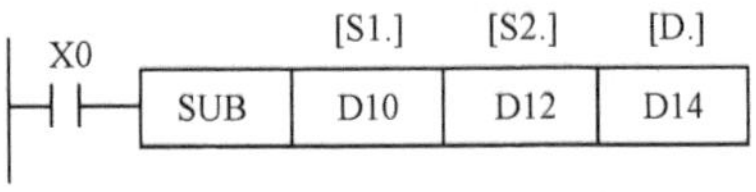

图 8-25　减法指令的使用

使用加法和减法指令时应该注意：

（1）操作数可取所有数据类型，目标操作数可取 KnY、KnM、KnS、T、C、D、V 和 Z。

（2）16 位运算占 7 个程序步，32 位运算占 13 个程序步。

（3）数据为有符号二进制数，最高位为符号位（0 为正，1 为负）。

（4）加法指令有三个标志：零标志（M8020）、借位标志（M8021）和进位标志（M8022）。当运算结果超过 32 767（16 位运算）或 2 147 483 647（32 位运算）时，进位标志置 1；当运算结果小于–32 767（16 位运算）或–2 147 483 647（32 位运算）时，借位标志就会置 1。

3）乘法指令 MUL

(D) MUL (P)指令的编号为 FNC22。数据均为有符号数。如图 8-25 所示，当 X0 为 ON 时，将二进制 16 位数[S1.]、[S2.]相乘，结果送到[D.]中。D 为 32 位，即（D0）×（D2）→（D5，D4）（16 位乘法）；当 X1 为 ON 时，（D1，D0）×（D3，D2）→（D7，D6，D5，D4）（32 位乘法）。

4）除法指令 DIV

(D) DIV (P)指令的编号为 FNC23。其功能是将[S1.]指定为被除数，[S2.]指定为除数，将除得的结果送到[D.]指定的目标元件中，余数送到[D.]的下一个元件中。如图 8-26 所示，当 X0 为 ON 时（D0）÷（D2）→（D4）商，（D5）余数（16 位除法）；当 X1 为 ON 时（D1，D0）÷（D3，D2）→（D5，D4）商，（D7，D6）余数（32 位除法）。

使用乘法和除法指令时应注意：

（1）源操作数可取所有数据类型，目标操作数可取 KnY、KnM、KnS、T、C、D、V 和 Z。要注意 Z 只有 16 位乘法时能用，32 位不可用。

（2）16 位运算占 7 个程序步，32 位运算为 13 个程序步。

（3）32 位乘法运算中，如用位元件作为目标，则只能得到乘积的低 32 位，高 32 位将丢失，这种情况下应先将数据移入字元件再运算；除法运算中将位元件指定为[D.]，则无法得到余数，除数为 0 时发生运算错误。

（4）积、商和余数的最高位为符号位。

5）加 1 和减 1 指令

加 1 指令(D)INC(P)的编号为 FNC24；减 1 指令 (D)DEC(P)的编号为 FNC25。INC 和 DEC 指令在条件满足时分别将指定元件的内容加 1 或减 1。如图 8-27 所示，当 X0 为 ON 时，(D10)+1→（D10）；当 X1 为 ON 时，（D11）−1→（D11）。若指令是连续指令，则每个扫描周期均作一次加 1 或减 1 运算。

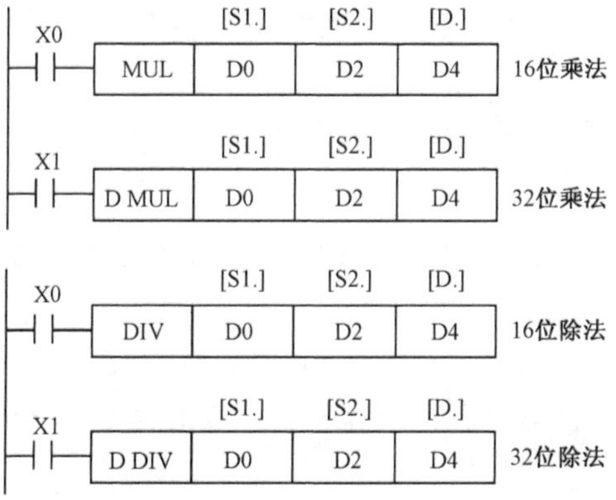

图 8-26 乘法和除法指令的使用

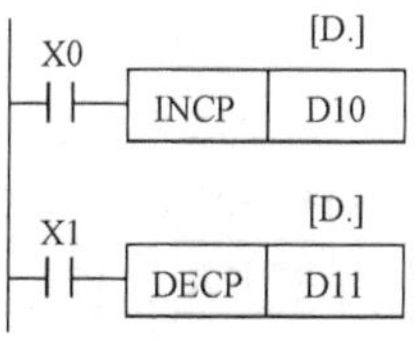

图 8-27 加 1 和减 1 指令

使用加 1 和减 1 指令时应注意：

（1）指令的操作数可为 KnY、KnM、KnS、T、C、D、V、Z。

（2）当进行 16 位操作时为 3 个程序步，32 位操作时为 5 个程序步。

（3）在 INC 运算时，如数据为 16 位，则由+32 767 再加 1 变为−32 768，但标志不置位；同样，32 位运算由+2 147 483 647 再加 1 就变为−2 147 483 648 时，标志也不置位。

（4）在 DEC 运算时，16 位运算−32 768 减 1 变为+32 767，且标志不置位；32 位运算由−2 147 483 648 减 1 变为+2 147 483 647，标志也不置位。

4. 逻辑运算类指令（WAND/WOR/WXOR/NEG）

1）逻辑与指令 WAND

(D)WAND(P)指令的编号为 FNC26。它将两个源操作数按位进行与操作，结果送指定元件。

2）逻辑或指令 WOR

(D)WOR(P)指令的编号为 FNC27。它对两个源操作数按位进行或运算，结果送指定元件。如图 8-28 所示，当 X1 有效时，(D10）∨（D12）→（D14）。

3）逻辑异或指令 WXOR

(D) WXOR (P)指令的编号为 FNC28。它对源操作数位进行逻辑异或运算。

4）求补指令 NEG

(D) NEG (P)指令的编号为 FNC29。其功能是将[D.]指定的元件内容的各位先取反再加 1，将其结果再存入原来的元件中。

WAND、WOR、WXOR 和 NEG 指令的使用如图 8-28 所示。

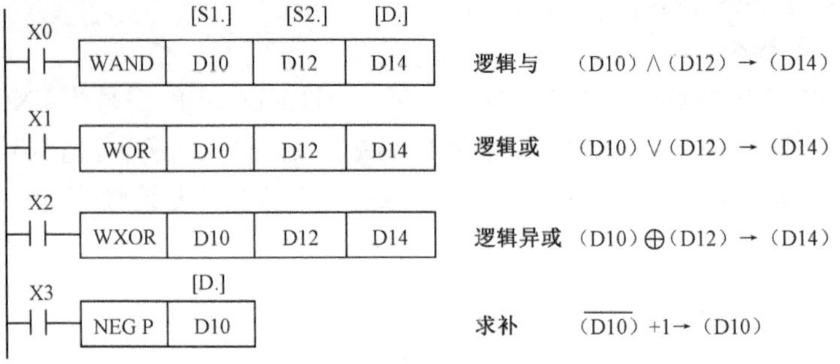

图 8-28 逻辑运算类指令的使用

使用逻辑运算类指令时应该注意：

（1）WAND、WOR 和 WXOR 指令的[S1.]和[S2.]均可取所有的数据类型，而目标操作数可取 KnY、KnM、KnS、T、C、D、V 和 Z。

（2）NEG 指令只有目标操作数，可取 KnY、KnM、KnS、T、C、D、V 和 Z。

（3）WAND、WOR、WXOR 指令 16 位运算占 7 个程序步，32 位运算占 13 个程序步，而 NEG 分别占 3 步和 5 步。

5. 比较指令（CMP/ZCP）

比较指令包括 CMP（比较）和 ZCP（区间比较）两条。

1）比较指令 CMP

(D)CMP(P)指令的编号为 FNC10，它将源操作数[S1.]和源操作数[S2.]的数据进行比较，比较结果用目标元件[D.]的状态来表示。如图 8-29 所示，当 X1 接通时，把常数 K100 与 C20 的当前值进行比较，比较的结果送入 M0～M2 中。X1 为 OFF 时不执行，M0～M2 的状态也保持不变。

2）区间比较指令 ZCP

(D)ZCP(P)指令的编号为 FNC11，指令执行时源操作数[S.]与[S1.]、[S2.]的内容进行比较，并将比较结果送到目标操作数[D.]中。如图 8-30 所示，当 X1 为 ON 时，把 C20 当前值与 K210 和 D10 相比较，将结果送 M10、M11、M12 中。X1 为 OFF 时，则 ZCP 不执行，M10、M11、M12 不变。

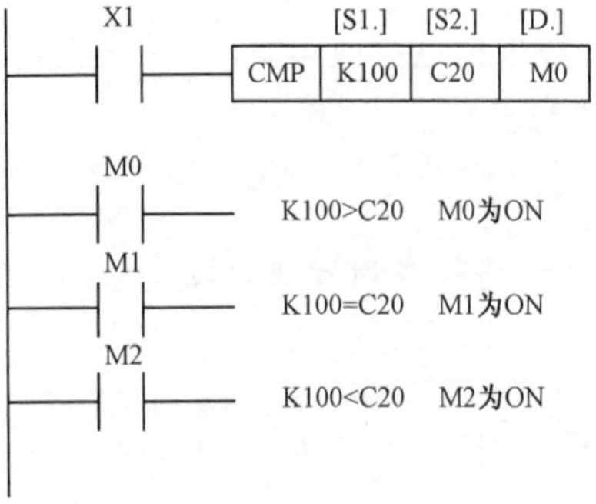

图 8-29 比较指令的使用

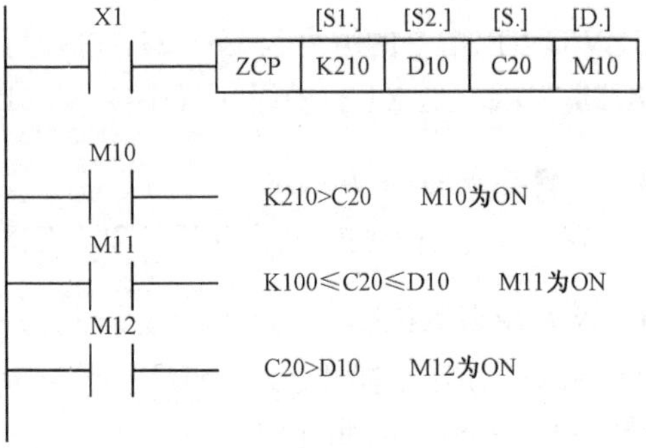

图 8-30 区间比较指令的使用

使用比较指令 CMP/ZCP 时应注意：

（1）[S1.]、[S2.]可取任意数据格式，目标操作数[D.]可取 Y、M 和 S。

（2）使用 ZCP 时，[S2.]的数值不能小于[S1.]

（3）所有的源数据都被看成二进制值处理。

6. 循环与移位类指令（ROR/ROL/RCR/RCL/SFTR/SFTL/WSFR/WSFL/SFWR/SFRD）

1）循环移位指令

右、左循环移位指令(D)ROR(P)和(D)ROL(P)编号分别为 FNC30 和 FNC31。执行这两条指令时，各位数据向右（或向左）循环移动 n 位，最后一次移出来的那一位同时存入进位标志 M8022 中，如图 8-31 所示。

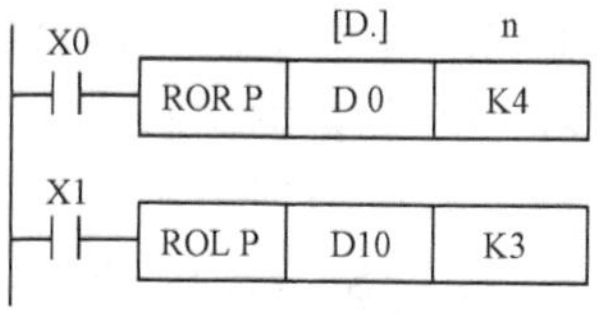

图 8-31　右、左循环移位指令

2）带进位的循环移位指令

带进位的循环右、左移位指令(D)RCR(P)和(D) RCL(P)编号分别为 FNC32 和 FNC33。执行这两条指令时，各位数据连同进位（M8022）向右（或向左）循环移动 n 位。

使用 ROR/ROL/RCR/RCL 指令时应该注意：

（1）目标操作数可取 KnY、KnM、KnS、T、C、D、V 和 Z，目标元件中指定位元件的组合只有在 K4（16 位）和 K8（32 位指令）时有效。

（2）16 位指令占 5 个程序步，32 位指令占 9 个程序步。

（3）用连续指令执行时，循环移位操作每个周期执行一次。

3）位右移和位左移指令

位右移、左移指令 SFTR(P)和 SFTL(P)的编号分别为 FNC34 和 FNC35。它们使位元件中的状态成组地向右（或向左）移动。n_1 指定位元件的长度，n_2 指定移位位数，n_1 和 n_2 的关系及范围因机型不同而有差异，一般为 $n_2 \leqslant n_1 \leqslant 1\,024$。

使用位右移和位左移指令时应注意：

（1）源操作数可取 X、Y、M、S，目标操作数可取 Y、M、S。

（2）只有 16 位操作，占 9 个程序步。

4）字右移和字左移指令

字右移和字左移指令 WSFR(P)和 WSFL(P)指令编号分别为 FNC36 和 FNC37。字右移和字左移指令以字为单位，其工作的过程与位移位相似，是将 n_1 个字右移或左移 n_2 个字。

使用字右移和字左移指令时应注意：

（1）源操作数可取 KnX、KnY、KnM、KnS、T、C 和 D，目标操作数可取 KnY、KnM、KnS、T、C 和 D。

（2）字移位指令只有 16 位操作，占用 9 个程序步。

（3）n_1 和 n_2 的关系为 $n_2 \leqslant n_1 \leqslant 512$。

5）先入先出写入和读出指令

先入先出写入指令和先入先出读出指令 SFWR(P)和 SFRD(P)的编号分别为 FNC38 和 FNC39。

先入先出写入指令 SFWR 的使用如图 8-32 所示，当 X0 由 OFF 变为 ON 时，SFWR 执行，D0 中的数据写入 D2，而 D1 变成指针，其值为 1（D1 必须先清零）；当 X0 再次由 OFF 变为 ON 时，D0 中的数据写入 D3，D1 变为 2，依次类推，D0 中的数据依次写入数据寄存器。D0 中的数据从右边的 D2 顺序存入，源数据写入的次数放在 D1 中，当 D1 中的数达到 n-1 后不再执行上述操作，同时进位标志 M8022 置 1。

先入先出读出指令 SFRD，当 X0 由 OFF 变为 ON 时，D2 中的数据送到 D20，同时指针 D1 的值减 1，D3～D9 的数据向右移一个字，数据总是从 D2 读出，指针 D1 为 0 时，不再执行上述操作且 M8020 置 1。

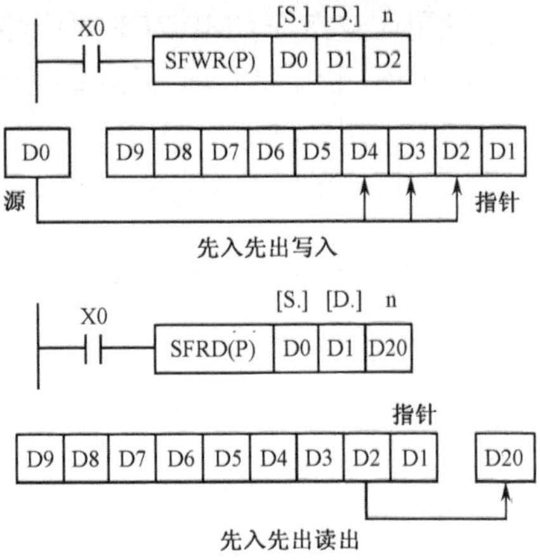

图 8-32　先入先出指令

使用 SFWR 和 SFRD 指令时应注意：

（1）目标操作数可取 KnY、KnM、KnS、T、C 和 D，源操作数可取所有的数据类型。

（2）指令只有 16 位运算，占 7 个程序步。

7. 条件跳转指令 CJ（P）

条件跳转指令 CJ（P）的编号为 FNC00，操作数为指针标号 P0～P127，其中 P63 为 END 所在步序，不需标记。指针标号允许用变址寄存器修改。CJ 和 CJP 都占 3 个程序步，指针标号占 1 步。

如图 8-33 所示，当 X20 接通时，则由 CJ P9 指令跳到标号为 P9 的指令处开始执行，跳过了程序的一部分，减少了扫描周期。如果 X20 断开，跳转不会执行，则程序按原顺序执行。

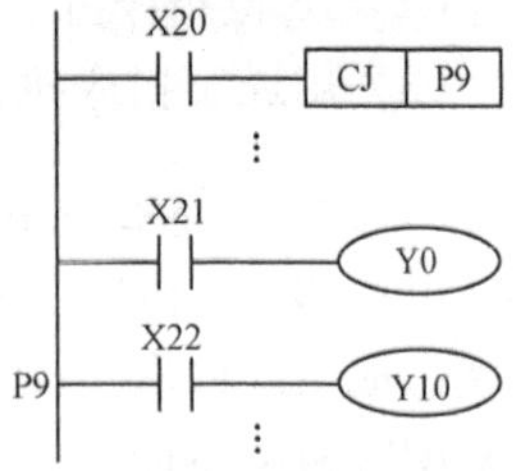

图 8-33　跳转指令的使用

使用跳转指令时应注意：

（1）CJP 指令表示为脉冲执行方式。

（2）在一个程序中一个标号只能出现一次，否则将出错。

（3）在跳转执行期间，即使被跳过程序的驱动条件改变，但其线圈（或结果）仍保持跳转前的状态，因为跳转期间根本没有执行这段程序。

（4）如果在跳转开始时定时器和计数器已在工作，则在跳转执行期间它们将停止工作，到跳转条件不满足后又继续工作。但对于正在工作的定时器 T192～T199 和高速计数器 C235～C255，不管有无跳转仍连续工作。

（5）若积算定时器和计数器的复位（RST）指令在跳转区外，即使它们的线圈被跳转，但对它们的复位仍然有效

其他功能指令请参考三菱 FX_{2N} 系列 PLC 使用手册。

8.3　三菱 PLC 编程软件 SWOPC-FXGP/WIN-C 的使用

8.3.1　主要功能与系统配置

三菱电动机的 SWOPC-FXGP/WIN-C 是专为 FX 系列 PLC 设计的编程软件，其界面和

帮助文件均已汉化，它占用的存储空间少，安装后仅为 1.8 MB，功能较强，在 Windows 操作系统中运行。

1. SWOPC-FXGP/WIN-C 编程软件的主要功能

（1）可用梯形图、指令表和 SFC（顺序功能图）符号来创建 PLC 的程序，可以给编程元件的程序块加上注释。可将程序存储为文件，或用打印机打印出来。

（2）通过串行口通信，可将用户程序和数据寄存器中的值下载到 PLC，可以读出未设置口令的 PLC 中的用户程序，或检查计算机和 PLC 中的用户程序是否相同。

（3）可实现各种监控和测试功能，如梯形图监控，元件监控，强制 ON/OFF，改变 T、C、D 的当前值等。

2. 系统配置

使用个人计算机，CPU 要求为 486 以上，内存 8 MB 以上，显示器的分辨率为 800×600 像素，16 色或更高。一般用价格便宜的三菱 PLC 编程通信转换接口电缆 SC-09 来连接 PLC 和计算机，用它实现 RS-232C 接口（计算机侧）和 RS-422 接口（PLC 侧）的转换。SWOPC-FXGP/WIN-C 编程软件与手持式编程器相比，其功能强大，使用方便，编程电缆的价格比手持式编程要便宜得多。在选择编程工具时，建议优先考虑 SWOPC- FXGP/WIN-C 编程软件。

3. 软件使用的一般性问题

安装好软件后，在桌面上自动生成 FXGP/WIN-C 图标，用鼠标左键双击该图标，可打开编程软件。执行菜单命令“文件”→“退出”，将退出编程软件。

执行菜单命令“文件”→“新建”，可创建一个新的用户程序，在弹出的窗口中选择 PLC 的型号后单击“确认”按钮。

“文件”菜单中的其他命令属于通用的 Windows 软件的操作，不再赘述。

8.3.2 梯形图程序的生成与编辑

1. 一般性操作

按住鼠标左键并拖动鼠标，可在梯形图内选中同一块电路里的若干个元件，被选中的元件被蓝色的矩形覆盖。使用工具条中的图标或“编辑”菜单中的命令，可实现被选中的元件的剪切、复制和粘贴操作。用“Delete”键可将选中的元件删除。执行菜单命令“编辑”→“撤销键入”可取消刚刚执行的命令或输入的数据，回到原来的状态。

使用“编辑”菜单中的“行删除”和“行插入”可删除一行或插入一行。菜单命令“标签设置”和“跳向标签”是为跳到光标指定的电路块的起始步序号设置的。执行菜单命令“查找”→“标签设置”，光标所在处的电路块的起始步序号被记录下来，最多可设置 5 个步序号。执行菜单命令“查找”→“跳向标签”时，将跳至选择的标签设置处。

2. 放置元件

使用“视图”菜单中的命令“功能键”和“功能图”，可选择是否显示窗口底部的触点、线圈等元件图标（见图 8-34）或浮动的元件图标框。

1）放置触点

将光标（深蓝色矩形）放在欲放置元件的位置，用鼠标单击要放置的触点的图标，可以放置常开、常闭、并联常开、并联常闭以及它们的串联上升沿和下降沿触点、并联上升沿和下降沿触点。将弹出“输入元件”窗口，在文本框中输入元件号。输入元件的对话框见图 8-35，单击“确认”按钮就可以放置一个触点。

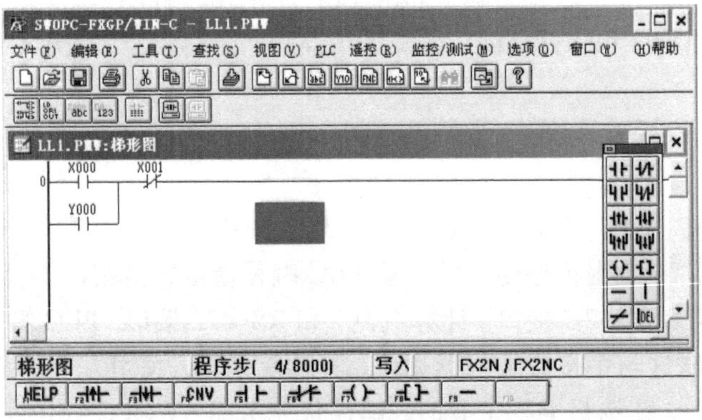

图 8-34　梯形图编辑器

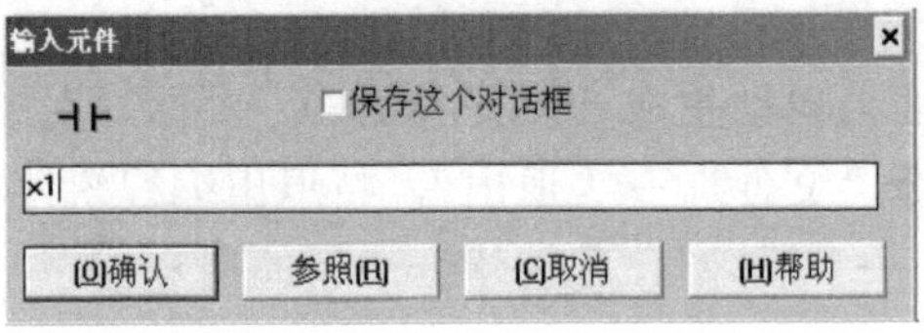

图 8-35　输入元件的对话框（1）

在对话框中输入触点的名称和编号。触点名称和编号范围：X000～377，Y000～377，M0～8255，S0～999，T0～255，C0～255。

2）放置线圈

将光标（深蓝色矩形）放在欲放置元件的位置，用鼠标单击要放置的线圈的图标，可直接输出应用指令的指令助记符和指令中的参数，助记符和参数之间用空格分隔开。再单击“确认”按钮。

在对话框中输入触点的名称和编号。触点名称和编号范围：Y000～377，M0～8255，S0～999，T0～255，C0～255。输入定时器和计数器时要有元件号和设定值，定时器和计数器的元件号和设定值用空格键隔开，见图 8-36。

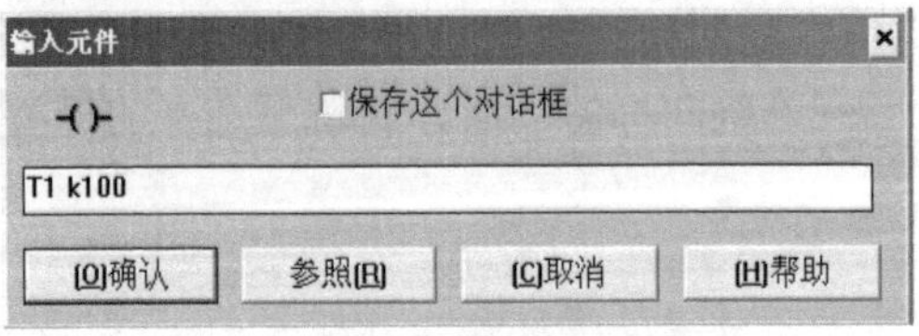

图 8-36　输入元件的对话框（2）

3）输入功能指令

将光标（深蓝色矩形）放在欲放置元件的位置，用鼠标单击要放置的线圈的图标{}。在对话框中输入功能指令名称、源操作数和目标操作数，它们之间用空格隔开，大小写字母都可以。例如输入应用指令“DMOVP D10 D12”，表示在输入信号的上升沿，将 D10 和 D11 中的 32 位数据传送到 D12 和 D13 中去，见图 8-37。

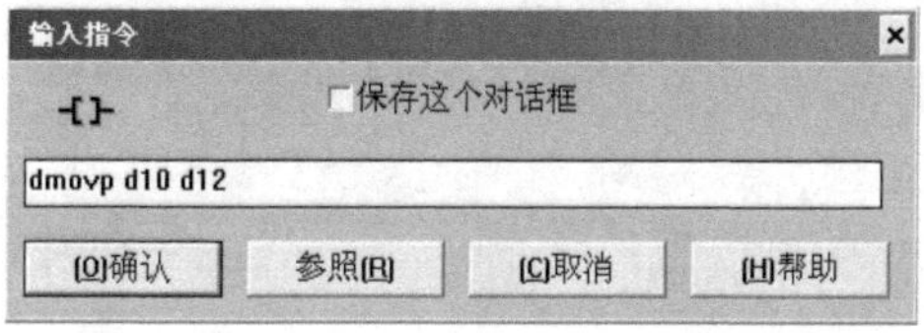

图 8-37　输入指令对话框

如果对功能指令的名称符号不清楚，例如要比较两个数据的大小进行控制的指令，可以单击输入指令对话框中的“参照”按钮，弹出指令表对话框，如图 8-38 所示。

图 8-38　指令表对话框

单击指令表对话框中的指令选项右边的“参照”按钮，弹出指令参照对话框，如图 8-39 所示。拖动指令类型框的上下滚动条选择需要的指令类型“移动、比较等”后，在指令选择框中选择需要的指令 CMP(10)，单击“确认”按钮。

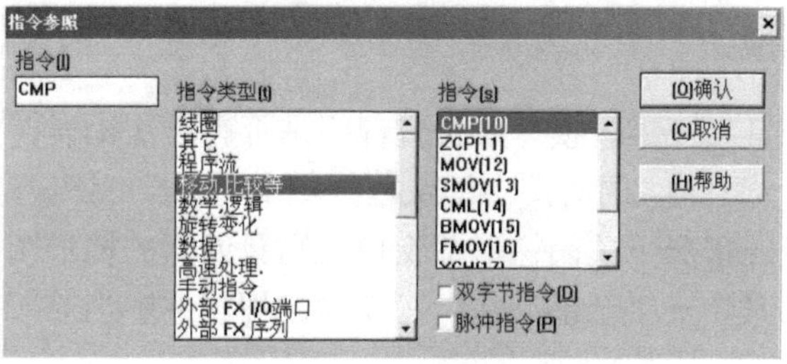

图 8-39　指令参照对话框

回到指令表对话框，这时指令选项中已经有比较指令名称 CMP，见图 8-40。比较指令有三个参数，在元件选项框中的三个参数栏目由灰色变为可用。

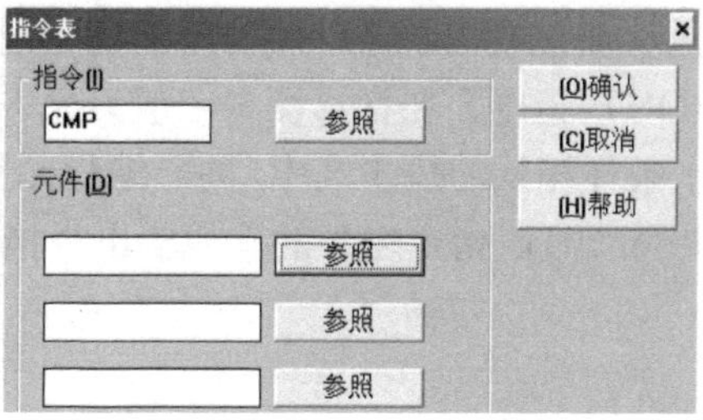

图 8-40　选择 CMP 指令后的指令表对话框

单击第一个参数输入栏右边的“参照”按钮，弹出元件说明对话框（见图 8-41）。“元件范围限制”文本框显示出各类元件的元件号范围，选中其中某一类元件的范围后，“元件名称”文本框中将显示程序中已有的元件名称。选择 D0…8255，在元件输入栏中输入元件编号 D10。数据比较的参数数据类型是字，如果选择位元件，则要将位组合成字，即在“位元件组”的下拉菜单选择 K4。重复这一步骤，完成另外两个参数的设定，最后单击指令表对话框中的“确认”按钮，完成功能指令的输入。

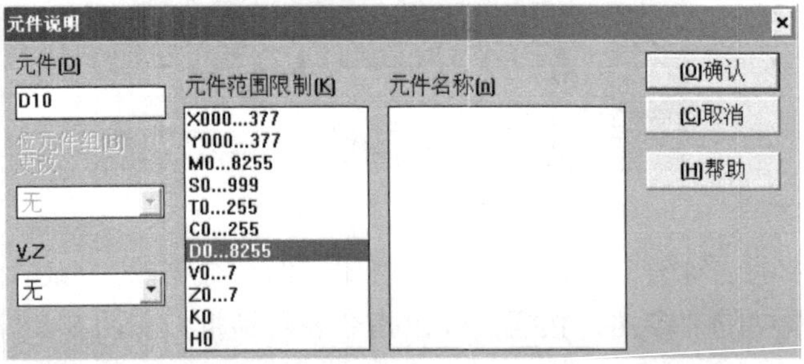

图 8-41　元件说明对话框

4）放置梯形图中的垂直线

放置梯形图中的垂直线时，垂直线从矩形光标左侧中点开始往下面。用“| DEL”图标删除垂直线时，欲删除的垂直线的上端应在矩形光标左侧中点。

用鼠标左键双击某个已存在的触点、线圈或应用指令，在弹出的“输入元件”对话框中可修改其元件中参数。

用鼠标选中左侧母线的左边要设标号的地方，按计算机键盘上的“P”键，在弹出的对话框中输入标号值，单击“确认”按钮完成操作。

3. 程序的转换和清除

使用菜单命令“工具”→“转换”可检查程序是否有语法错误。如果没有错误，梯形图被转换格式并存放在计算机内，同时图中的灰色区域变白。若有错误，将显示“梯形图错误”。

如果在未完成转换的情况下关闭梯形图窗口，则新创建的梯形图并未被保存。

使用菜单命令“工具”→“全部清除”可清除编程软件中当前所有的用户的程序。

4. 程序的检查

执行菜单命令“选项”→“程序检查”，在弹出的对话框中，可选择检查的项目。语法检查主要检查命令代码及命令的格式是否正确，电路检查用来检查梯形图电路中的缺陷，双线圈检查用于显示同一编程元件被重复用于某些输出指令的情况，可设置被检查的指令。同一编程元件的线圈（对应于 OUT 指令）在梯形图中一般只允许出现一次。但是在不同时工作的 STL 电路块中，或在跳步条件相反的跳步区中，同一编程元件的线圈可以分别出现一次。对同一元件一般允许多次使用除 OUT 指令之外的其他输出类指令。

5. 查找功能

使用“查找”菜单中的命令“到顶”和“到底”，可将光标移到梯形图的开始处或结束处。使用“元件名查找”、“元件查找”、“指令查找”和“触点/线圈查找”命令，可查找到指令所在的电路块，单击“查找”窗口中的“向上”和“向下”按钮，可找到光标的上面或下面其他相同的查找对象。通过“查找”菜单中的“跳至标签”命令还可以跳到指定的程序步。

8.3.3　指令表的生成与编辑

使用菜单命令“视图”→“指令表”，进入指令表编辑状态，可逐行输入指令。

8.3.4　PLC 的监控与测试

1. 开始监控

在梯形图方式执行菜单命令“监控/测试”→“开始监控”后，用绿色表示触点或线圈接通，定时器、计数器和数据寄存器的当前值在元件号的上面显示。

2. 元件监控

执行菜单命令“监控/测试”→“元件监控”后，出现元件监控画面，图中绿色的方块表示常开触点闭合，线圈通电。双击左侧的深蓝色矩形光标，出现“设置元件”对话框，输入元件号和要监视的连续的点数（元件数）。可监控元件号相邻的若干个元件，可选择显示的数据是 16 位还是 32 位的。在监控画面中用鼠标选中某一被监控元件后，按 DEL 键可将它删除，停止对它的监控。使用菜单命令“视图”→“显示元件设置”，可改变元件监控时显示的数据位数和显示格式（如十进制/十六进制）。

3. 强制 ON/OFF

执行菜单命令“监控/测试”→“强制 ON/OFF”，在弹出的“强制 ON/OFF”对话框中的“元件”栏内输入元件号，选“设置”（应为置位，Set）后单击“确认”按钮，可令该元件为 ON。选“重新设置”（应为复位，Reset）后单击“确认”按钮，可令该元件为 OFF。单击“取消”按钮后关闭“强制 ON/OFF”对话框。

4. 强制 Y 输出

菜单命令“监控/测试”→“强制 Y 输出”与“监控/测试”→“强制 ON/OFF”的使用方法相同，在弹出的窗口中，ON 和 OFF 选项取代了“强制 ON/OFF”对话框中的“设置”和“重新设置”。

5. 改变当前值

执行菜单命令“监控/测试”→“改变当前值”后，在弹出的对话框中输入元件号和新的当前值，单击“确认”按钮后新的值送入 PLC。

6. 改变计数器或定时器的设定值

该功能仅在监控梯形图时有效，如果光标所在位置为计数器或定时器的线圈，执行菜单命令“监控/测试”→“改变设置值”后，在弹出的对话框中将显示计数器或定时器的元件号和原有的设定值，输入新的设定值，单击“确认”按钮后送入PLC。用同样的方法可以改变D、V或Z的当前值。

8.4 电动机运行控制

8.4.1 电动机正反转控制

1. I/O分配及电路设计

三相异步电动机的正转、反转、停止的主电路图如图8-42所示。

PLC控制的输入/输出配置及外部接线图如表8-5及图8-43所示。电动机在正反转切换时，为了防止因主电路电流过大，或接触器质量不好，某一接触器的主触点被断电时产生的电弧熔焊而黏结，其线圈断电后主触点仍然是接通的，这时，如果另一接触器线圈通电，仍将造成三相电源短路事故。为了防止这种情况的出现，应在可编程控制器的外部设置由KM1和KM2的常闭触点组成的硬件互锁电路，假设KM1的主触点被电弧熔焊，这时其辅助常闭触点处于断开状态，因此KM2线圈不可能得电。

表8-5 电动机正反转控制的I/O分配表

输入信号			输出信号		
名称	功能	编号	名称	功能	编号
正转启动	SB2	X0	正转	KM1	Y0
反转启动	SB3	X1	反转	KM2	Y1
停车	SB1	X2			
过载	FR	X3			

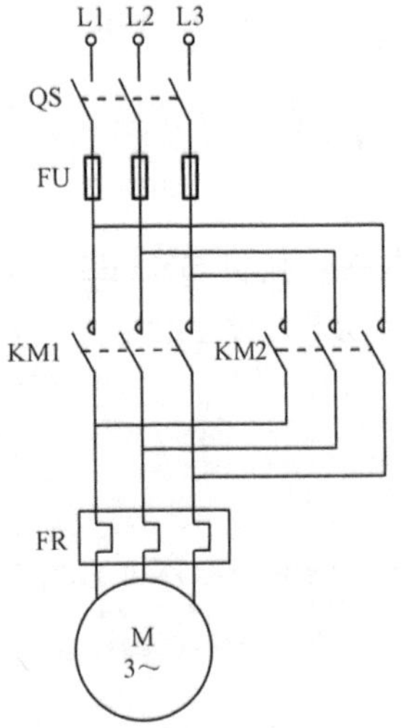

图8-42 电动机正反转主电路图

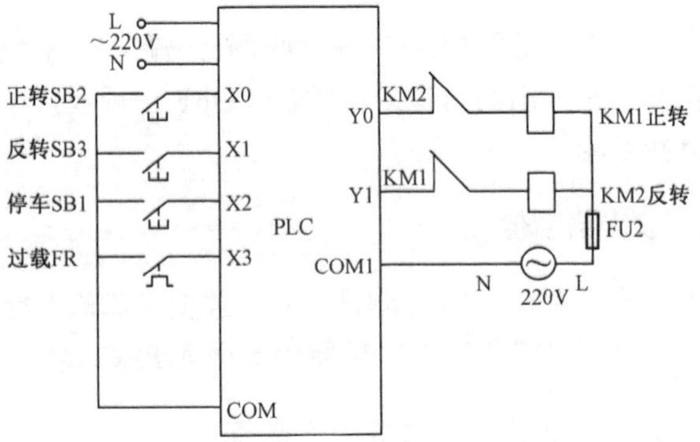

图8-43 电动机正反转PLC接线图

2. 程序设计

采用 PLC 控制的梯形图、语句表设计的程序如图 8-44 所示。图中利用 PLC 输入映像寄存器的 X000 和 X001 的常闭接点实现互锁，以防止正反转换接时的相间短路。

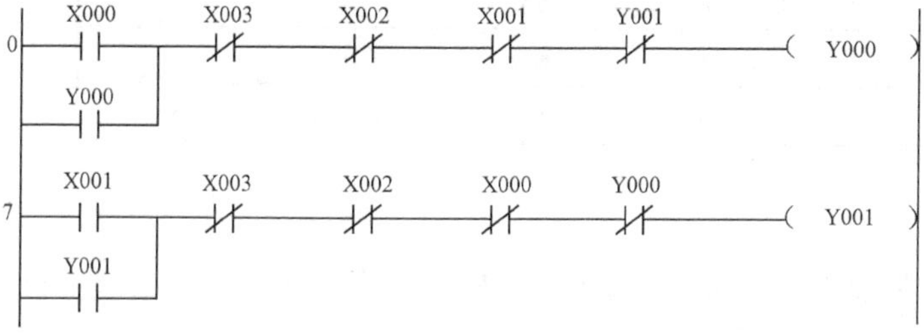

LD X000	LD X001
OR Y000	OR Y001
ANI X003	ANI X003
ANI X002	ANI X002
ANI X001	ANI X000
ANI Y001	ANI Y000
OUT Y000	OUT Y001

图 8-44　控制梯形图和语句表程序

按下正向启动按钮 SB2 时，常开触点 X000 闭合，驱动线圈 Y000 并自锁，通过输出电路，接触器 KM1 得电吸合，电动机正向启动并稳定运行。

按下反转启动按钮 SB3 时，常闭触点 X001 断开 Y000 的线圈，KM1 失电释放，同时 X003 的常开触点闭合接通 Y001 线圈并自锁，通过输出电路，接触器 KM2 得电吸合，电动机反向启动，并稳定运行。

按下停止按钮 SB1，或过载保护 FR 动作，都可使 KM1 或 KM2 失电释放，电动机停止运行。

8.4.2　电动机 Y-△降压启动控制

异步电动机 Y-△降压启动是应用最广泛的启动方式，图 8-45 所示为异步电动机 Y-△降压启动的电气控制线路图，现在用三菱 PLC 来实现控制。

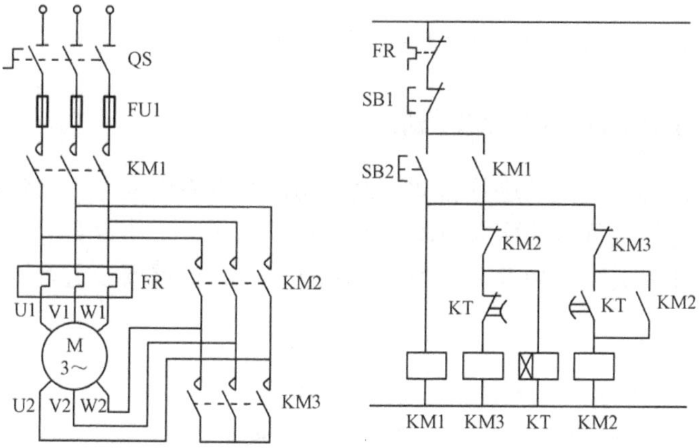

（a）主电路　　（b）控制电路

图 8-45　异步电动机 Y-△降压启动的电气控制线路图

1. I/O 分配及电路设计

（1）设计主电路。主电路仍然是电气控制的主电路，如图 8-45（a）所示。

（2）设计输入/输出分配。编写元件 I/O 分配表，见表 8-6，设计 PLC 接线图，见图 8-46。

表 8-6　异步电动机 Y-△降压启动 I/O 分配表

输入信号			输出信号		
名　称	功　能	编　号	名　称	功　能	编　号
SB2	启动	X0	KM1	电源	Y1
SB1	停止	X1	KM3	Y 启动	Y2
FR	过载	X2	KM2	△运行	Y3

2. 软件设计

根据 Y-△降压启动的控制要求，按下启动按钮 SB2，电源和 Y 接触器得电，即 Y1、Y2 得电，异步电动机接成 Y 降压启动，同时时间继电器得电，延时时间到，Y2 失电，Y3 得电，电动机接成△形正常运行，设计的梯形图如图 8-47 所示。

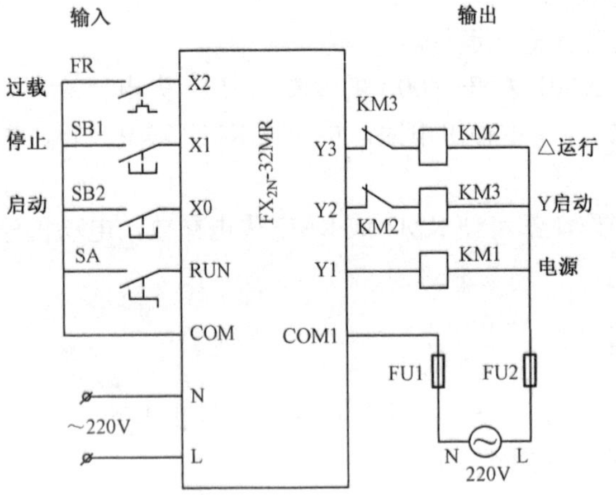

图 8-46　异步电动机 Y-△降压启动 PLC 接线图

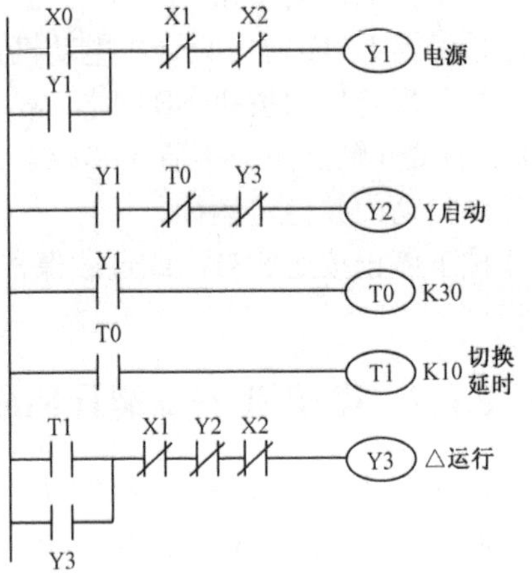

图 8-47　异步电动机 Y-△降压启动梯形图

8.4.3　机床工作台自动往返控制

某机床工作台由电动机拖动进行自动往返运动，左端为原位，工作台在左右两端来回运动，并且当工作台运行到行程的两端时均停留 1 s 再返回。工作台要求连续工作。当按下停止按钮时，工作台在完成当前周期后回到原位后再停止。根据要求进行 PLC 设计。

1. I/O 分配

输入：启动　SB1-X0；　　停止　SB2-X1；
前进限位　SQ1-X3；　　后退限位　SQ2-X2；
前进终端限位　SQ3-X5；　　后退终端限位　SQ4-X4；
过载　FR-X6。

输出：向前　KM1-Y1；　　向后　KM2-Y2。

2. PLC 接线图

工作台自动往返控制 PLC 接线图如图 8-48 所示。

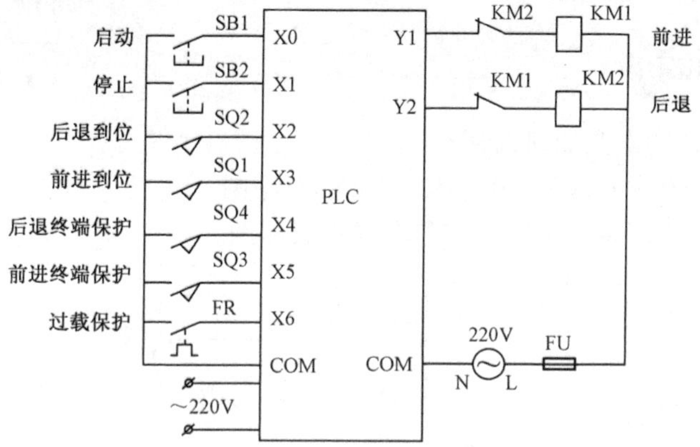

图 8-48　工作台自动往返控制 PLC 接线图

3．程序设计

由于工作台的运动具有明显的顺序和阶段性，在此采用步进指令进行设计，图 8-49 所示是对应的状态转移图与梯形图。

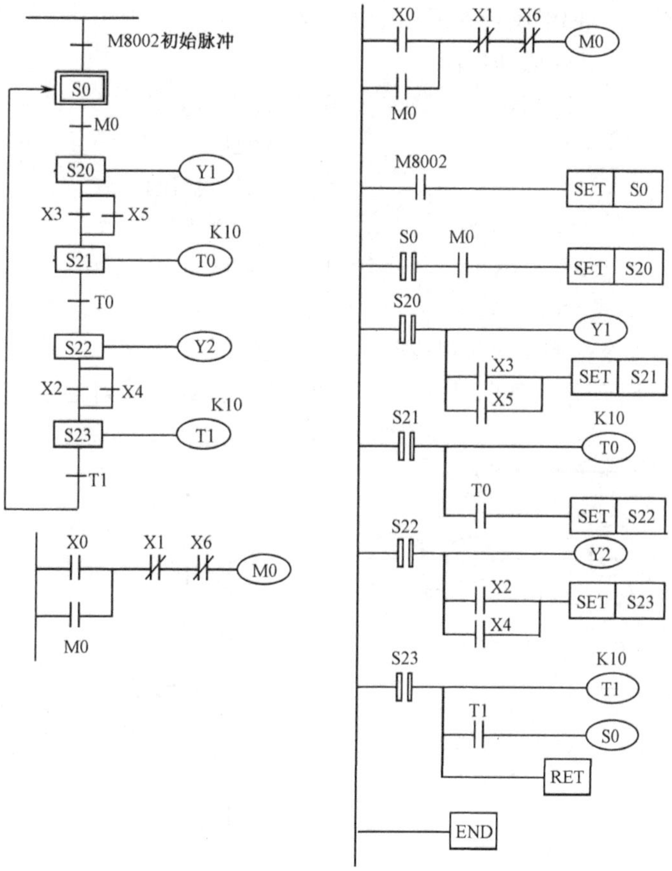

（a）状态转移图和梯形图　　　　（b）完整的梯形图

图 8-49　工作台自动往返控制的状态转移图与梯形图

练习与思考题 8

8-1　FX_{2N} PLC 的电源如何选择？

8-2　分析图 8-50 中对应的 T0、M0、Y0 的时序图。

8-3　画出图 8-51 所示梯形图对应的各元件时序图。

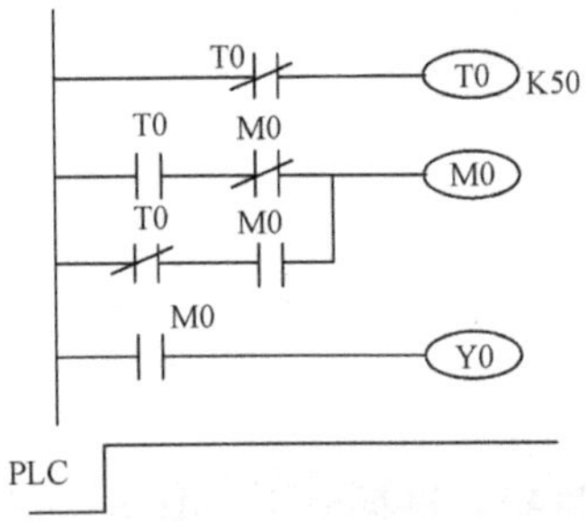

图 8-50

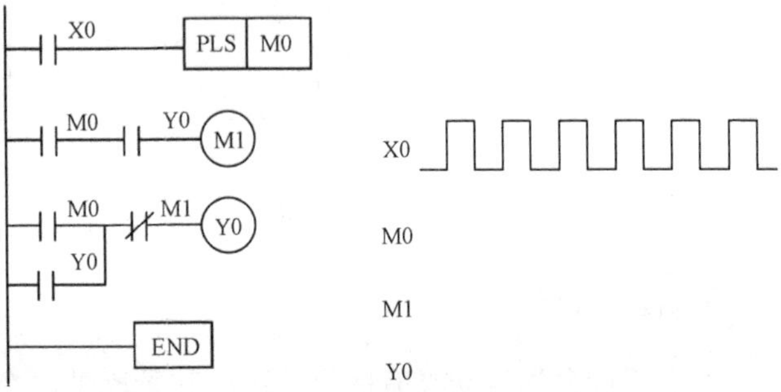

图 8-51

8-4　将图 8-52 所示梯形图转换成指令语句表。

8-5　将下面语句表转换成梯形图。

0	LD	X0	6	OR	M113
1	OR	X1	7	ANB	
2	ANI	X2	8	ORI	M101
3	OR	M100	9	OUT	Y5
4	LD	X3	10	END	
5	AND	X4			

8-6　一条功能指令由哪几部分组成？如何输入到 PLC？

8-7　分析图 8-53 所示梯形图是如何实现彩灯 HL1→HL8 隔灯显示点亮控制的？

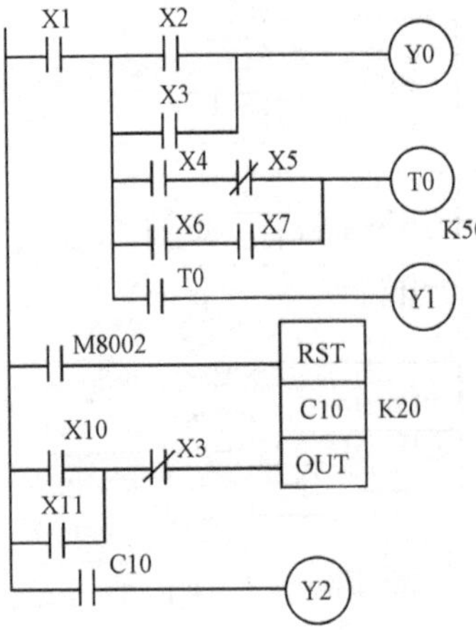

图 8-52

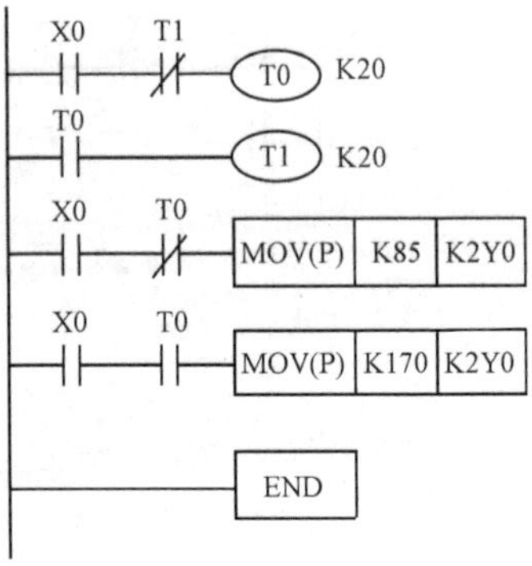

图 8-53

附录 A　常用电气图形符号和文字符号

名　　称	图形符号（GB/T 4728—1996～2000）	文字符号（GB/T 7159—1987）
直流电	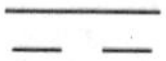	
交流电		
具有交流分量的整流电流	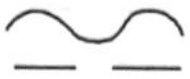	
正、负极性	+　−	
连线、连接		
三根导线	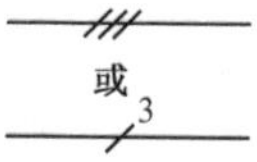	
T 型连接	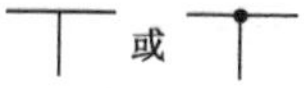	
导线的双重连接	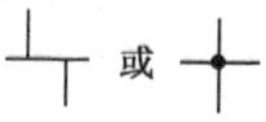	
端子	○	
端子板	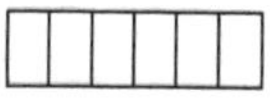	XT
阴接触件（插座）		XS
阳接触件（插头）		XP
电阻器		R
可调电阻器		R
带滑动触点的电位器	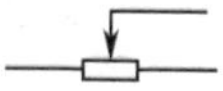	RP
电容器		C
极性电容器		C
可调电容器		C
电感器、线圈、绕组、扼流圈		L
带磁芯的电感器	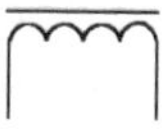	L

续表

名　称	图形符号（GB/T 4728—1996～2000）	文字符号（GB/T 7159—1987）
带固定抽头的电感器		L
半导体二极管		VD
发光二极管		VD
单向击穿二极管 齐纳二极管		VZ
双向击穿二极管		VD
双向二极管		VD
无指定形式的三极晶体闸流管		VT
反向阻断三极晶体闸流管		VT
PNP 型半导体管		V
具有 P 型双基极的单结半导体管		V
N 型沟道结型场效应半导体管		V
三角形连接的三相绕组		
星形连接的三相绕组		
中性点引出的星形连接的三相绕组		
直线电动机		M
步进电动机		M
直流串励电动机	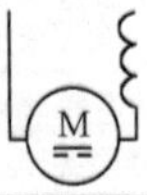	M
直流并励电动机		M
单相串励电动机		M

续表

名　　称	图形符号（GB/T 4728—1996～2000）	文字符号（GB/T 7159—1987）
三相笼型感应电动机	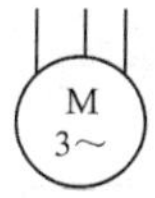	M 3～
三相绕线式转子感应电动机		M 3～
双绕组变压器		T
单相自耦变压器	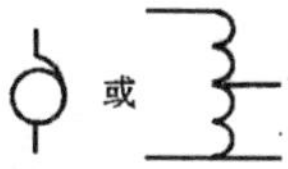	T
扼流圈、电抗器		L
电流互感器、脉冲变压器		TA
绕组间有屏蔽的双绕组单相变压器	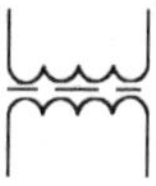	T
三相自耦变压器的星形连接		T
电压互感器		TV
动合（常开）触点	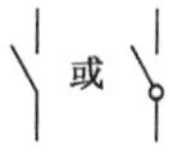	Q
动断（常闭）触点		Q
当操作器件被吸合时延时闭合的动合触点		KT
当操作器件被释放时延时断开的动合触点		KT
当操作器件被吸合时延时断开的动断触点		KT
当操作器件被释放时延时闭合的动断触点		KT

续表

名　称	图形符号（GB/T 4728—1996～2000）	文字符号（GB/T 7159—1987）
当操作器件被吸合时延时闭合、释放时延时断开的动合触点		KT
手动操作开关	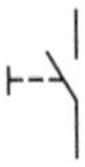	SA
具有动合触点且自动复位的按钮开关	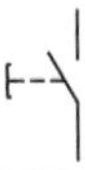	SB
具有动合触点但无自动复位的旋转开关		SA
位置开关动合触点		SQ
位置开关动断触点		SQ
接触器的主动合触点		KM
接触器的主动断触点		KM
断路器		QF
隔离开关		QS
具有中间断开位置的双向隔离开关	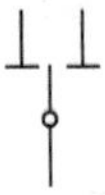	QS
负荷开关		QS
热继电器动断触点	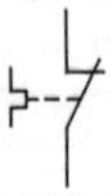	FR
操作器件一般符号 继电器线圈一般符号	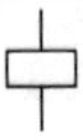	KA
缓慢释放继电器线圈	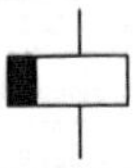	KT

续表

名　　称	图形符号（GB/T 4728—1996～2000）	文字符号（GB/T 7159—1987）
缓慢吸合继电器线圈	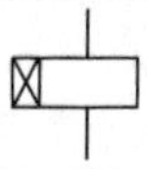	KT
缓吸和缓放继电器线圈	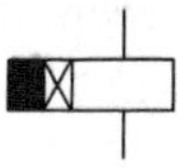	KT
热继电器的驱动器件	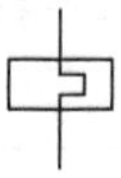	FR
零电压继电器	U=0	KA
过流继电器	I>	KA
欠压继电器	U<	KA
接近传感器	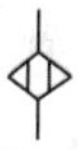	SQ
接近开关动合触点	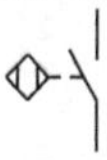	SQ
接近开关动断触点		SQ
熔断器		FU
灯、信号灯		HL
电喇叭	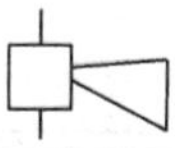	HA
电铃		HA
报警器		HA
蜂鸣器		HA
电磁离合器	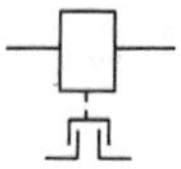	YC
电磁阀	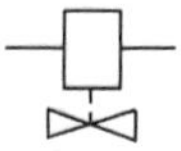	YV
电磁制动器	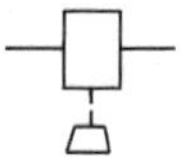	YB

附录B S7-200系列特殊存储器标志位

1．SMB0：状态位

SMB0有8个状态位，在每个扫描周期的末尾，由S7-200更新这些位。

特殊存储器字节SMB0（SM0.0～SM0.7）如表B-1所示。

表B-1 特殊存储器字节SMB0（SM0.0～SM0.7）

SM位	描述（只读）
SM0.0	该位始终为1
SM0.1	该位在首次扫描时为1，用途之一是调用初始化子程序
SM0.2	若保持数据丢失，则该位在一个扫描周期中为1，该位可用做错误存储器位，或用来调用特殊启动顺序功能
SM0.3	开机后进入RUN方式，该位将ON一个扫描周期，该位可在启动操作之前给设备提供一个预热时间
SM0.4	该位提供了一个时钟脉冲，30 s为1，30 s为0，周期为1 min，它提供了一个简单易用的延时或1 min的时钟脉冲
SM0.5	该位提供了一个时钟脉冲，0.5 s为1，0.5 s为0，周期为1 s，它提供了一个简单易用的延时或1 s的时钟脉冲
SM0.6	该位为扫描时钟，本次扫描时置1，下次扫描时置0，可用做扫描计数器的输入
SM0.7	该位指示CPU工作方式开关的位置（0为TERM位置，1为RUN位置），当开关在RUN位置时，用该位可使自由端口通信方式有效，那么当切换至TERM位置时，同编程设备的正常通信也会有效

2．SMB1：状态位

SMB1包含了各种潜在的错误提示。这些位可由指令在执行时进行置位或复位。

特殊存储器字节SMB1（SM1.0～SM1.7）如表B-2所示。

表B-2 特殊存储器字节SMB1（SM1.0～SM1.7）

SM位	描述（只读）
SM1.0	当执行某些指令，其结果为0时，将该位置1
SM1.1	当执行某些指令，其结果溢出或查出非法数值时，将该位置1
SM1.2	当执行数学运算，其结果为负数时，将该位置1
SM1.3	试图除以零时，将该位置1
SM1.4	当执行ATT（Add to Table）指令时，试图超出表范围时，将该位置1
SM1.5	当执行LIFO或FIFO指令，试图从空表中读数时，将该位置1
SM1.6	当试图把一个非BCD数转换为二进制数时，将该位置1
SM1.7	当ASCII码不能转换为有效的十六进制数时，将该位置1

3．SMB2：自由口接收字符

SMB2为自由端口接收字符缓冲区。如表B-3所示，在自由端口通信方式下，接收到的每个字符都放在这里，便于梯形图程序存取。

表 B-3　特殊存储器字节 SMB2

SM 位	描述（只读）
SMB2	在自由口通信方式下，该字符存储从口 0 或口 1 接收到的每一个字符

4．SMB3～SMB6

特殊存储器字节 SMB3～SMB6 如表 B-4～表 B-7 所示。

表 B-4　特殊存储器字节 SMB3

SM 位	描述（只读）
SM3.0	口 0 或口 1 的奇偶校验错（0=无错；1=有错）
SM3.1～SM3.7	保留

表 B-5　特殊存储器字节 SMB4

SM 位	描述（只读）
SM4.0	当通信中断队列溢出时，将该位置 1
SM4.1	当输入中断队列溢出时，将该位置 1
SM4.2	当定时中断队列溢出时，将该位置 1
SM4.3	在运行时刻，发现编程问题时，将该位置 1
SM4.4	该位指示全局中断允许位，当允许中断时，将该位置 1
SM4.5	当（口 0）发送空闲时，将该位置 1
SM4.6	当（口 1）发送空闲时，将该位置 1
SM4.7	当发生强置时，将该位置 1

表 B-6　特殊存储器字节 SMB5

SM 位	描述（只读）
SM5.0	当有 I/O 错误时，将该位置 1
SM5.1	当 I/O 总线上连接了过多的数字量 I/O 点时，将该位置 1
SM5.2	当 I/O 总线上连接了过多的模拟量 I/O 点时，将该位置 1
SM5.3	当 I/O 总线上连接了过多的智能 I/O 模块时，将该位置 1
SM5.4～SM5.7	保留

表 B-7　特殊存储器字节 SMB6

SM 位	描述（只读）
格式	MSB 7 … LSB 0 x x x x r r r r　CPU识别（ID）寄存器
SM6.0～SM6.3	保留
SM6.4～SM6.7	xxxx=　0000=　CPU 222 0010=　CPU 224 0110=　CPU 221 1001=　CPU 226/CPU 226XM

5. SMB7：保留

6. SMB8～SMB21：I/O 模块识别和错误寄存器

偶数位字节为模块识别寄存器，奇数位字节为模块错误寄存器。前者标记着模块类型、I/O 类型、输入和输出点数；后者为对相应模块所测得的 I/O 错误提示。

特殊存储器字节 SMB8～SMB21 如表 B-8 所示。

表 B-8　特殊存储器字节 SMB8～SMB21

SM 位	描述（只读）
格式	偶数字节：模块 ID 寄存器 MSB 7 … LSB 0 m | t | t | a | i | i | q | q m：模块存在　0=有模块 　　　　　　　1=无模块 tt：模块类型 　00　非智能 I/O 模块 　01　智能模块 　10　保留 　11　保留 a：I/O 类型　0=开关量 　　　　　　　1=模拟量 ii：输入 　00　无输入 　01　2AI 或 8DI 　10　4AI 或 16DI 　11　8AI 或 32DI qq：输出 　00　无输出 　01　2AQ 或 8DQ 　10　4AQ 或 16DQ 　11　8AQ 或 32DQ 奇数字节：模块错误寄存器 MSB 7 … LSB 0 c | 0 | 0 | b | r | p | f | t c：配置错误　0=无错误 b：总线错误或校验错误　1=错误 r：超范围错误 p：无用户电源错误 f：熔断器错误 t：端子块松错误
SMB8 SMB9	模块 0 识别（ID）寄存器 模块 0 错误寄存器
SMB10 SMB11	模块 1 识别（ID）寄存器 模块 1 错误寄存器
SMB12 SMB13	模块 2 识别（ID）寄存器 模块 2 错误寄存器
SMB14 SMB15	模块 3 识别（ID）寄存器 模块 3 错误寄存器
SMB16 SMB17	模块 4 识别（ID）寄存器 模块 4 错误寄存器
SMB18 SMB19	模块 5 识别（ID）寄存器 模块 5 错误寄存器
SMB20 SMB21	模块 6 识别（ID）寄存器 模块 6 错误寄存器

7．SMW22～SMW26：扫描时间

SMW22、SMW24 和 SMW26 提供扫描时间信息：以毫秒计的最短扫描时间、最长扫描时间及上次扫描时间。

特殊存储器字节 SMW22～SMW26 如表 B-9 所示。

表 B-9　特殊存储器字节 SMW22～SMW26

SM 字	描述（只读）
SMW22	上次扫描时间
SMW24	进入 RUN 方式后，所记录的最短扫描时间
SMW26	进入 RUN 方式后，所记录的最长扫描时间

8．SMB28～SMB29：模拟电位器

特殊存储器字节 SMB28～SMB29 如表 B-10 所示。

表 B-10　特殊存储器字节 SMB28～SMB29

SM 位	描述（只读）
SMB28	存储模拟调节器 0 的输入值，在 STOP/RUN 方式下，每次扫描时更新该值
SMB29	存储模拟调节器 1 的输入值，在 STOP/RUN 方式下，每次扫描时更新该值

9．SMB30 和 SMB130：自由端口控制寄存器

特殊存储器字节 SMB30、SMB130 如表 B-11 所示。

表 B-11　特殊存储器字节 SMB30、SMB130

口 0	口 1	描　述
SMB30 的格式	SMB130 的格式	自由口模式控制字节 MSB 7 … LSB 0 p | p | d | b | b | b | m | m
SM30.0 和 SM30.1	SM130.0 和 SM130.1	mm：协议选择　00=点到点接口协议（PPI/从站模式） 01=自由口协议 10=PPI/主站模式 11=保留（默认是 PPI/从站模式） 注意：当选择 mm=10（PPI 主站）时，PLC 将成为网络的一个主站，可以执行 NETR 和 NETW 指令，在 PPI 模式下忽略 2～7 位
SM30.2～SM30.4	SM130.2～SM130.4	bbb：自由口波特率　000=38 400 波特　100=2 400 波特 001=19 200 波特　101=1 200 波特 010=9 600 波特　110=115 200 波特 011=4 800 波特　111=57 600 波特
SM30.5	SM130.5	d：每个字符的数据位　0=8 位/字符 1=7 位/字符
SM30.6 和 SM30.7	SM130.6 和 SM130.7	pp：校验选择　00=不校验　10=不校验 01=偶校验　11=奇校验

10．SMB31 和 SMW32：永久存储器（EEPROM）写控制

在用户程序的控制下可以把 V 存储器中的数据存入永久存储器，亦称非易失存储器。先把被存数据的地址存入 SMW32 中，然后把存入命令存入 SMB31 中。一旦发出存储命令，则直到 CPU 完成存储操作 SM31.7 被置 0 之前，不可以改变 V 存储器的值。

在每次扫描周期末尾，CPU 检查是否有向永久存储器区中存数据的命令。如果有，则将该数据存入永久存储器中。

如表 B-12 所示，SMB31 定义了存入永久存储器的数据大小，且提供了初始化存储操作的命令。SMW32 提供了被存数据在 V 存储器中的起始地址。

表 B-12　特殊存储器字节 SMB31 和特殊存储器字 SMW32

SM 位	描　述
格式	SMB31：软件命令　MSB 7 … LSB 0 c | 0 | 0 | 0 | 0 | 0 | s | s SMW32：V存储器地址　MSB 15 … LSB 0 V存储器地址
SM31.0 和 SM31.1	ss：被存数据类型　00=字节　10=字节　01=字节　11=双字
SM31.7	c：存入永久存储器　0=无执行存储器操作的请求 1=用户程序申请向永久存储器存储数据 每次存储操作完成后，S7-200 复位该位
SMW32	SMW32 中是所存数据的 V 存储器地址，该值是相对于 V0 的偏移量。当执行存储命令时，把该数据存到永久存储器中相应的位置

11．SMB34 和 SMB35：定时中断的时间间隔寄存器

如表 B-13 所示，SMB34 分别定义了定时中断 0 和 1 的时间间隔，可以在 1～255 ms 之间以 1 ms 为增量进行设定。若定时中断事件被中断程序所采用，当 CPU 响应中断时，就会获取该时间间隔值。若要改变该时间间隔，必须把定时中断事件再分配给同一或另一中断程序，也可以通过撤销该事件来终止定时中断事件。

表 B-13　特殊存储器字节 SMB34 和 SMB35

SM 位	描　述
SMB34	定义定时中断 0 的时间间隔（1～255 ms，以 1 ms 为增量）
SMB35	定义定时中断 1 的时间间隔（1～255 ms，以 1 ms 为增量）

12．SMB36～SMB65：HSC0、HSC1 和 HSC2 寄存器

SMB36～SMB65 用于监视和控制高速计数 HSC0、HSC1 和 HSC2 的操作。

特殊存储器字节 SMB36～SMD62（含 SMB62～SMB65）如表 B-14 所示。

表 B-14　特殊存储器字节 SMB36～SMD62

SM 位	描　述
SM36.0～SM36.4	保留
SM36.5	HSC0 当前计数方向位：1=增计数
SM36.6	HSC0 当前值等于预置值位：1=等于

续表

SM 位	描　述
SM36.7	HSC0 当前值大于预置值位：1=大于
SM37.0	复位的有效控制位：0=高电平复位有效，1=低电平复位有效
SM37.1	保留
SM37.2	正交计数器的计数速率选择：0=4×计数速率；1=1×速率
SM37.3	HSC0 方向控制位：1=增计数
SM37.4	HSC0 更新方向：1=更新方向
SM37.5	HSC0 更新预置值：1=向 HSC0 写新的预置值
SM37.6	HSC0 更新当前值：1=向 HSC0 写新的初始值
SM37.7	HSC0 有效位：1=有效
SMD38	HSC0 新的初始值
SMD42	HSC0 新的预置值
SM46.0～SM46.4	保留
SM46.5	HSC1 当前计数方向：1=增计数
SM46.6	HSC1 当前值等于预置值位：1=等于
SM46.7	HSC1 当前值大于预置值位：1=大于
SM47.0	HSC1 复位有效电平控制位：0=高电平，1=低电平
SM47.1	HSC1 启动有效电平控制位：0=高电平，1=低电平
SM47.2	HSC1 正交计数器速率选择：0=4×速率，1=1×速率
SM47.3	HSC1 方向控制位：1=增计数
SM47.4	HSC1 更新方向：1=更新方向
SM47.5	HSC1 更新预置值：1=向 HSC1 写新的预置值
SM47.6	HSC1 更新当前值：1=向 HSC1 写新的初始值
SM47.7	HSC1 有效位：1=有效
SMD48	HSC1 新的初始值
SMD52	HSC1 新的预置值
SM56.0～SM56.4	保留
SM56.5	HSC2 当前计数方向：1=增计数
SM56.6	HSC2 当前值等于预置值位：1=等于
SM56.7	HSC2 当前值大于预置值位：1=大于
SM57.0	HSC2 复位有效电平控制位：0=高电平，1=低电平
SM57.1	HSC2 启动有效电平控制位：0=高电平，1=低电平
SM57.2	HSC2 正交计数器速率选择：0=4×速率，1=1×速率
SM57.3	HSC2 方向控制位：1=增计数
SM57.4	HSC2 更新方向：1=更新方向
SM57.5	HSC2 更新预置值：1=向 HSC2 写新的预置值
SM57.6	HSC2 更新当前值：1=向 HSC2 写新的初始值
SM57.7	HSC2 有效位：1=有效
SMD58	HSC2 新的初始值
SMD62	HSC2 新的预置值

13．SMB66～SMB85：PTO/PWM寄存器

SMB66～SMB85用于监视和控制脉冲串输出（PTO）和脉宽调制（PWM）功能，见表B-15。

表B-15　特殊存储字节SMB66～SMB85

SM位	描　　述
SM66.0～SM66.3	保留
SM66.4	PTO0包络终止：0=无错，1=由于增量计算错误而终止
SM66.5	PTO0包络终止：0=不由用户命令终止；1=由用户命令终止
SM66.6	PTO0管道溢出（当使用外部包络时由系统清除，否则由用户程序清除）：0=无溢出，1=有溢出
SM66.7	PTO0空闲=PTO忙，1=PTO空闲
SM67.0	PTO0/PWM0更新周期：1=写新的周期值
SM67.1	PWM0更新脉冲宽度值：1=写新的脉冲宽度
SM67.2	PTO0更新脉冲量：1=写新的脉冲量
SM67.3	PTO0/PWM0基准时间单元：0=1 μs/格，1=1 ms/格
SM67.4	同步更新PWM0：0=异步更新，1=同步更新
SM67.5	PTO0操作：0=单段操作（周期和脉冲数存在SM存储器中），1=多段操作（包络表存在V存储区）
SM67.9	PTO0/PWM0模式选择：0=PTO，1=PWM
SM67.7	PTO0/PWM0有效位：1=有效
SMW68	PTO0/PWM0周期（2～65 535个时间基准）
SMW70	PWM0脉冲宽度值（0～65 535个时间基准）
SMW72	PTO0脉冲计数值（12^{32}-1）
SM76.0～SM76.3	保留
SM76.4	PTO1包络终止；0=无错，1=由于增量计算错误终止
SM76.5	PTO1包络终止；0=不由用户命令终止；1=由用户命令终止
SM76.6	PTO1管道溢出（当使用外部包络时由系统清除，否则由用户程序清除）：0=无溢出，1=有溢出
SM76.7	PTO1空闲位：0=PTO忙，1=PTO空闲
SM77.0	PTO1/PWM1更新周期值：1=写新的周期值
SM77.1	PWM1更新脉冲宽度值：1=写新的脉冲宽度
SM77.2	PTO1更新脉冲计数值：1=写新的脉冲量
SM77.3	PTO1/PWM1时间基准：0=1 μs点，1=1 ms点
SM77.4	同步更新PWM1：0=异步更新，1=同步更新
SM77.5	PTO1操作：0=单段操作（周期和脉冲数存在SM存储器中），1=多段操作（包络表存在V存储器区）
SM77.6	PTO1/PWM1模式选择：0=PTO，1=WPM
SM77.7	PTO1/PWM1有效位：1=有效
SMW78	PTO1/PWM1周期值（2～65 635个时间基准）
SMW80	PWM1脉冲宽度值（0～65 635个时间基准）
SMD82	PTO1脉冲计数值（1～2^{32}-1）

14．SMB86～SMB94和SMB186～SMB194：接收信息控制

SMB86～SMB94和SMB186～SMB194用于控制和读出接收信息指令的状态，见表B-16。

表 B-16　特殊存储器字节 SMB86～SMB94，SMB186～SMB194

口 0	口 1	描　述
SMB86	SMB186	接收信息状态字节 MSB 7 … LSB 0 n | r | e | 0 | 0 | t | c | p 1=接收用户的禁止命令终止接收信息 1=接收信息终止：输入参数错误或无起始或结束条件 1=收到结束字符 1=接收信息终止：超时 1=接收信息终止：超出最大字符数 1=接收信息终止：奇偶校验错误
SMB87	SMB187	接收信息控制字节 MSB 7 … LSB 0 en | sc | ec | il | c/m | tmr | bk | 0 en：　0=禁止接收信息功能 1=允许接收信息功能 每次执行 RCV 指令时检查允许/禁止接收信息位 sc：　0=忽略 SMB88 或 SMB188 1=使用 SMB88 或 SMB188 的值检测起始信息 ec：　0=忽略 SMB89 或 SMB189 1=使用 SMB89 或 SMB189R 的值检测结束 il：　0=忽略 SMW90 或 SMW190 1=使用 SMW90 或 SMW190 的值检测空闲状态 c/m：0=定时器是内部字符定时器 1=定时器是信息定时器 tmr：忽略 SMW92 或 SMW192 1=当 SMW92 或 SMW192 中的定时时间超出时终止接收 bk：　0=忽略中断条件 1=用中断条件作为信息检测的开始
SMB88	SMB188	信息字符的开始
SMB89	SMB189	信息字符的结束
SMW90	SMW190	空闲行时间间隔用毫秒给出。在空闲行时间结束后接收的第一个字符是新信息的开始
SMW92	SMW192	字符间/信息间定时器超时值（用毫秒表示）。如果超过时间，就停止接收信息
SMB94	SMB194	接收字符的最大数（1～255 字节） 注意：这个区一定要设为希望的最大缓冲区，即使不使用字符计数信息终止

15. SMW98：扩展 I/O 总线错误

SMW98 给出有关扩展 I/O 总线的错误数的信息，见表 B-17。

表 B-17　特殊存储器字节 SMW98

SM 位	描　述
SMW98	当扩展总线出现校验错误时，该处每次增加 1。当系统得电时或用户程序写入零，可以进行清零

16．SMB130：自由口控制寄存器（见 SMB30）

参考表 B-11。

17．SMB131～SMB165：HSC3、HSC4 和 HSC5 寄存器

SMB131～SMB165 用于监视和控制高速计数器 HSC3、HSC4 和 HSC5 的操作，见表 B-18。

表 B-18　特殊存储字节 SMB131～SMB165

SM 位	描　述
SMB131～SMB135	保留
SMB136.0～SMB136.4	保留
SMB136.5	HSC3 当前计数方向状态位：1 增计数
SMB136.6	HSC3 当前值等于预置值状态位：1=等于
SMB136.7	HSC3 当前值大于预置值状态位：1=大于
SMB137.0～SMB137.2	保留
SMB137.3	HSC3 方向控制位：1=增计数
SMB137.4	HSC3 更新方向：1=更新方向
SMB137.5	HSC3 更新设定值：1=向 HSC3 写入新预置值
SMB137.6	HSC3 更新当前值：1=向 HSC3 写新的初始值
SMB137.7	HSC3 有效位：1=有效
SMD138	HSC3 新初始值
SMD142	HSC3 新预置值
SM146.0～SM146.4	保留
SM146.5	HSC4 当前计数方向状态位：1=增计数
SM146.6	HSC4 当前值等于预置值状态位：1=等于
SM146.7	HSC4 当前值大于预置值状态位：1=大于
SM147.0	复位的有效控制位：0=高电平有效，1=低电平有效
SM147.1	保留
SM147.2	正效计数器的计数速率选择：0=4×计数速率，1=1×计数速率
SM147.3	HSC4 方向控制位：1=增计数
SM147.4	HSC4 更新方向：1=更新方向
SM147.5	HSC4 更新预置值：1=向 HSC4 写新的预置值
SM147.6	HSC4 更新当前值：1=向 HSC4 写新的初始值
SM147.7	HSC4 有效位：1=有效
SMD148	HSC4 新初值
SMD152	HSC4 预置值
SM156.0～SM156.4	保留
SM156.5	HSC5 当前计数方向状态位：1=增计数
SM156.6	HSC5 当前值等于预置值状态位：1=等于

18．SMB166～SMB185：PTO0、PTO1 包络定义表

SMB166～SMB194 用来显示包络步的数量、包络表的地址和 V 存储器区中表的地址，见表 B-19。

表 B-19　特殊存储字节 SMB166～SMB185

SM 位	描　述
SMB166	PTO0 的包络步当前计数值
SMB167	保留
SMW168	PTO0 的包络表 V 存储器地址（从 V0 开始的偏移量）
SMB170	线性 PTO0 状态字节
SMB171	线性 PTO0 结果字节
SMD172	指定线性 PTO0 发生器工作在手动模式时产生的频率。频率是一个以 Hz 为单位的双整型值。SMB172 是 MSB，而 SMB175 是 LSB
SMB176	PTO1 的包络步当前计数值
SMB177	保留
SMW178	PTO1 的包络表 V 存储器地址（从 V0 开始的偏移量）
SMB180	线性 PTO1 状态字节
SMB181	线性 PTO1 结果字节
SMD182	指定线性 PTO1 发生器工作在手动模式时产生的频率。频率是一个以 Hz 为单位的双整型值。SMB182 是 MSB，而 SMB178 是 LSB

19．SMB186～SMB194：接收信息控制（见 SMB86～SMB94）

参考表 B-16。

20．SMB200～SMB549：智能模块状态

SMB200～SMB549 预留存储智能扩展模块的信息，如 EM277PROFIBUS-DP 模块，见表 B-20。

表 B-20　特殊存储字节 SMB200～SMB549

智能模块 0	智能模块 1	智能模块 2	智能模块 3	智能模块 4	智能模块 5	智能模块 6	描　述
SMB200～SMB215	SMB250～SMB265	SMB300～SMB315	SMB350～SMB365	SMB400～SMB415	SMB450～SMB465	SMB500～SMB515	模块名称（16 个 ASCII 字符）
SMB216～SMB219	SMB266～SMB269	SMB316～SMB319	SMB366～SMB369	SMB416～SMB419	SMB466～SMB469	SMB516～SMB519	S/W 修订号（4 个 ASCII 字符××××）
SMW220	SMW270	SMW320	SMW370	SMW420	SMW470	SMW520	错误代码
SMB222～SMB249	SMB272～SMB299	SMB322～SMB349	SMB372～SMB399	SMB422～SMB449	SMB472～SMB499	SMB522～SMB549	与特定模块类型相关的信息

参考文献

[1] 戴月根，费新华. 中级维修电工技能操作与考核. 北京：电子工业出版社，2008.
[2] 劳动和社会保障部教材办公室. 维修电工（中级）. 北京：中国劳动社会保障出版社，2007.
[3] 机械工业职业技能鉴定指导中心. 维修电工技术（中级）. 北京：机械工业出版社，2000.
[4] 祁和义，王建. 维修电工实训与技能考核实训教程. 北京：机械工业出版社，2008.
[5] 李益民，刘小春. 电机与电气控制技术. 北京：高等教育出版社，2006.
[6] 廖常初. PLC编程及应用. 北京：机械工业出版社，2007.
[7] 胡学林. 可编程控制器教程. 北京：电子工业出版社，2003.
[8] 华满香，刘小春. 电气控制与PLC. 北京：人民邮电出版社，2009.
[9] 李长久. PLC原理及应用. 北京：机械工业出版社，2008.
[10] 西门子公司. S7-200可编程控制器系统手册. 2002.
[11] 孙海维. SIMATIC可编程序控制器及应用. 北京：机械工业出版社，2005.
[12] 熊琦，周少华，陈忠平. 电气控制与PLC原理及应用. 北京：中国电力出版社，2008.

反侵权盗版声明

举报电话：（010）88254396；（010）88258888

传　　真：（010）88254397

E-mail：dbqq@phei.com.cn

通信地址：北京市海淀区万寿路 173 信箱

　　　　　电子工业出版社总编办公室

邮　　编：100036